中国科学院院长 白春礼院士 题

论侦毁并筑器件
致广大 而尽精微

白春礼

戊戌 善月

中国科学院科学出版基金资助出版

低维材料与器件丛书

成会明 总主编

低维半导体光子学

潘安练 著

科学出版社

北 京

内 容 简 介

本书为"低维材料与器件丛书"之一。全书主要介绍低维半导体光子学的物理基础，低维半导体材料制备与能带调控、瞬态光学特性、光传输与光反馈、光子调控、非线性光学性质和纳米尺度光学表征与应用，以及基于低维半导体材料或结构的发光二极管、激光器、光调制器和非线性光学器件等，最后介绍了基于低维半导体结构集成光子器件与技术。本书力求为读者全面系统地介绍低维半导体纳米材料的各种基本物理性质与光学特性，以及相关的光学器件设计与制备等。希望本书的出版能帮助读者获得必要的背景知识和了解国内外相关的研究成果与技术。

本书可作为普通高等学校与科研院所相关专业的研究生教材，也可作为高年级本科生的教学参考书，同时还可供从事低维半导体科学研究的科研人员参考阅读。本书大多数章节相对独立，读者可灵活选择所需章节进行参考学习。

图书在版编目（CIP）数据

低维半导体光子学/潘安练著. —北京：科学出版社，2020.10
（低维材料与器件丛书/成会明总主编）
ISBN 978-7-03-065436-6

Ⅰ. ①低… Ⅱ. ①潘… Ⅲ. ①半导体材料－纳米材料－光子－研究
Ⅳ. ①TN304②TB383

中国版本图书馆 CIP 数据核字（2020）第 099265 号

责任编辑：翁靖一 / 责任校对：杜子昂
责任印制：徐晓晨 / 封面设计：耕者设计工作室

科学出版社 出版
北京东黄城根北街 16 号
邮政编码：100717
http://www.sciencep.com
北京建宏印刷有限公司 印刷
科学出版社发行 各地新华书店经销
*
2020 年 10 月第 一 版 开本：720×1000 1/16
2024 年 1 月第三次印刷 印张：25 1/4
字数：488 000
定价：198.00 元
（如有印装质量问题，我社负责调换）

总　序

人类社会的发展水平，多以材料作为主要标志。在我国近年来颁发的《国家创新驱动发展战略纲要》、《国家中长期科学和技术发展规划纲要（2006—2020年）》、《"十三五"国家科技创新规划》和《中国制造 2025》中，材料都是重点发展的领域之一。

随着科学技术的不断进步和发展，人们对信息、显示和传感等各类器件的要求越来越高，包括高性能化、小型化、多功能、智能化、节能环保，甚至自驱动、柔性可穿戴、健康全时监/检测等。这些要求对材料和器件提出了巨大的挑战，各种新材料、新器件应运而生。特别是自 20 世纪 80 年代以来，科学家们发现和制备出一系列低维材料（如零维的量子点、一维的纳米管和纳米线、二维的石墨烯和石墨炔等新材料），它们具有独特的结构和优异的性质，有望满足未来社会对材料和器件多功能化的要求，因而相关基础研究和应用技术的发展受到了全世界各国政府、学术界、工业界的高度重视。其中富勒烯和石墨烯这两种低维碳材料的发现者还分别获得了 1996 年诺贝尔化学奖和 2010 年诺贝尔物理学奖。由此可见，在新材料中，低维材料占据了非常重要的地位，是当前材料科学的研究前沿，也是材料科学、软物质科学、物理、化学、工程等领域的重要交叉，其覆盖面广，包含了很多基础科学问题和关键技术问题，尤其在结构上的多样性、加工上的多尺度性、应用上的广泛性等使该领域具有很强的生命力，其研究和应用前景极为广阔。

我国是富勒烯、量子点、碳纳米管、石墨烯、纳米线、二维原子晶体等低维材料研究、生产和应用开发的大国，科研工作者众多，每年在这些领域发表的学术论文和授权专利的数量已经位居世界第一，相关器件应用的研究与开发也方兴未艾。在这种大背景和环境下，及时总结并编撰出版一套高水平、全面、系统地反映低维材料与器件这一国际学科前沿领域的基础科学原理、最新研究进展及未来发展和应用趋势的系列学术著作，对于形成新的完整知识体系，推动我国低维材料与器件的发展，实现优秀科技成果的传承与传播，推动其在新能源、信息、光电、生命健康、环保、航空航天等战略新兴领域的应用开发具有划时代的意义。

为此，我接受科学出版社的邀请，组织活跃在科研第一线的三十多位优秀科学家积极撰写"低维材料与器件丛书"，内容涵盖了量子点、纳米管、纳米线、石墨烯、石墨炔、二维原子晶体、拓扑绝缘体等低维材料的结构、物性及其制备方法，并全面探讨了低维材料在信息、光电、传感、生物医用、健康、新能源、环境保护等领域的应用，具有学术水平高、系统性强、涵盖面广、时效性高和引领性强等特点。本套丛书的特色鲜明，不仅全面、系统地总结和归纳了国内外在低维材料与器件领域的优秀科研成果，展示了该领域研究的主流和发展趋势，而且反映了编著者在各自研究领域多年形成的大量原始创新研究成果，将有利于提升我国在这一前沿领域的学术水平和国际地位、创造战略新兴产业，并为我国产业升级、提升国家核心竞争力提供学科基础。同时，这套丛书的成功出版将使更多的年轻研究人员和研究生获取更为系统、更前沿的知识，有利于低维材料与器件领域青年人才的培养。

历经一年半的时间，这套"低维材料与器件丛书"即将问世。在此，我衷心感谢李玉良院士、谢毅院士、俞书宏教授、谢素原教授、张跃教授、康飞宇教授、张锦教授等诸位专家学者积极热心的参与，正是在大家认真负责、无私奉献、齐心协力下才顺利完成了丛书各分册的撰写工作。最后，也要感谢科学出版社各级领导和编辑，特别是翁靖一编辑，为这套丛书的策划和出版所做出的一切努力。

材料科学创造了众多奇迹，并仍然在创造奇迹。相比于常见的基础材料，低维材料是高新技术产业和先进制造业的基础。我衷心地希望更多的科学家、工程师、企业家、研究生投身于低维材料与器件的研究、开发及应用行列，共同推动人类科技文明的进步！

成会明

中国科学院院士，发展中国家科学院院士
清华大学，清华-伯克利深圳学院，低维材料与器件实验室主任
中国科学院金属研究所，沈阳材料科学国家研究中心先进炭材料研究部主任
Energy Storage Materials 主编
SCIENCE CHINA Materials 副主编

前　言

低维半导体材料是 20 世纪伴随着纳米科学技术的发展而快速兴起的一类材料。近年来由于新一代集成电路与光电集成技术快速发展的需求，低维半导体材料的设计与可控制备以及光电特性与集成器件研究，成为后摩尔时代半导体技术可持续发展的当务之急。低维半导体材料是指材料体系中至少有一个维度对其载流子输运和跃迁等物理行为具有量子限域作用的半导体材料或结构，其相应维度的电子态与光子态能量也由体材料的连续分布变为一系列的分立能级。典型的低维半导体材料按维度可分为二维超晶格与量子阱材料、一维量子（纳米）线材料和零维量子点材料，它们分别对载流子具有一维、二维和三维的量子限域作用。此外，2004 年单层石墨烯的发现使得另一类低维材料即二维原子晶体半导体激起了人们极大的兴趣，并将低维半导体材料的研究推向了一个新的高潮，这些二维原子晶体半导体因其拥有许多新奇的物理化学性质而在纳米电子学、纳米光子学和能源等领域展现出巨大的应用前景。

当今人们已对低维半导体材料的制备与器件应用等方面进行了丰富的研究，并有相关的专著和教材供大家参考学习。然而，关于低维半导体物理研究的书籍相对较少，尤其缺少介绍低维半导体光子学的相关书籍。基于这一现状，作者在长期从事低维半导体纳米光子学研究和教学的基础上，根据国内外研究进展和作者自身的科研成果，几易其稿撰写成了此书，力求为读者全面系统地介绍与探讨低维半导体材料的基本物理性质与光学特性，以及相关的光学器件设计与制备等。

本书共 11 章。第 1 章简要介绍低维半导体材料的研究背景、分类及其光学特性的研究范围；第 2 章介绍低维半导体光子学的物理基础；第 3 章介绍低维半导体材料制备与能带调控；第 4 章介绍低维半导体材料的瞬态光谱学研究；第 5 章介绍基于低维半导体材料的光传输与光反馈；第 6 章介绍基于低维半导体材料的微纳发光二极管；第 7 章介绍基于低维半导体材料的微纳激光；第 8 章介绍多种低维半导体光子调控方法，如电光调控、全光调控和磁光调控等，以及相关光调制器件的研究；第 9 章介绍低维半导体材料的非线性光学性质及相关的非线性光学器件；第 10 章介绍纳米尺度光学表征与应用；第 11 章介绍基于低维半导体结构的集成光子器件与技术。

在本书的整体策划和撰写过程中，特别感谢马仁敏老师在百忙之中对本书第 2 章、第 5 章和第 7 章，以及鲍桥梁老师对第 9 章提供的指导和极大帮助与支持；为其付出的大量心血及做出的重要贡献表示钦佩与感谢！本书其他章节在撰写中也得到了刘红军、钟海政、刘瑞斌、张清林、庄秀娟、王笑、陈舒拉、朱小莉、蒋英、李东、李晟曼等老师的积极参与和热心帮助，在此为他们的辛勤付出表示衷心的感谢！

在本书撰写过程中，本人所在科研团队的硕士研究生、博士研究生和博士后还做了大量工作，在此特别感谢单正平、郑弼元、刘勇、谭亲、曾周晓松、杨鑫、郑玮豪、王晓霞、张玉双、李洪来、杨铁锋、付现伟、刘华伟、范鹏、徐哲元、姜峰、杨兴、李方、邹子星、张丹亮等对本书的资料收集、整理和成稿的重要贡献和支持！感谢团队中所有同事对完善本书所做的努力！为了反映该领域的先进水平，本书总结了国内外相关行业的前沿成果，引用了相关的图表或数据等，在此向有关作者表示感谢！

本书撰写过程中得到了"低维材料与器件丛书"总主编成会明院士及编委会专家的鼓励和指导，在此深表感谢；也特别感谢责任编辑翁靖一女士在本书的组织和编写过程中付出的巨大努力。此外，感谢科学出版社的相关领导对本书出版的支持和帮助！

鉴于作者时间和精力有限，书中难免存在不妥之处，敬请广大读者批评指正。

潘安练

2020 年 6 月

目　录

第1章

绪　论

1947年，美国贝尔实验室的巴丁（J. Bardeen）、布拉顿（W. Brattain）和肖克莱（W. Shockley）成功研究出世界上第一个点接触式晶体管，并观察到其对电信号的放大作用，由此拉开了微电子材料与器件研究的序幕。1959年美国仙童公司发明了平面工艺并提出了集成电路的概念，并于1961年制成一种数字集成电路的触发器。此后集成电路便走上了规模化发展的新时期，其中金属-氧化物-半导体场效应晶体管（MOSFET）的发明更使集成电路在集成度、功耗和尺寸等方面不断更新换代。近几十年来，基于MOSFET的大规模集成电路在性能和功能上都获得了突飞猛进的发展，这主要源于两方面[1-3]：一是器件尺寸的不断缩小；二是芯片面积的不断扩大。前者使电路的性能得到不断改善以及电路的密度不断增加，后者促使电路的成本不断降低以及电路的功能不断增多。这两方面的共同作用使得集成电路芯片基本上遵循摩尔定律：其集成度约每隔18个月增加一倍，同时金属氧化物半导体（MOS）晶体管的特征尺寸每缩小 A^2 倍，其速度可提高 A 倍，功耗降低为 $1/A^2$。截至目前，高性能集成电路中的器件尺寸可缩小到10nm以内。然而，随着器件尺寸缩小到纳米尺度，量子效应开始显现，器件的性能并不随器件尺寸缩小以预期的程度提高，摩尔定律逐渐失效，通过缩减器件尺寸提高性能的方法即将触碰其物理极限，传统的理论和技术也都将面临严峻的挑战，因此有必要探索新材料、新器件结构、新制备工艺以及新的物理运行机理等。其中纳米半导体技术被许多专家视为微电子领域中突破下一代科技的关键技术，已悄然成为一门新兴的学科。通过有效地制备各类纳米半导体材料和结构，研发基于量子效应工作的纳米电子器件，已成为集成电路发展的一个新方向。正是在现今科技不断追求设备的体积缩小且运算加快的产业背景下，人们不断探索和研究各种新型纳米半导体材料的制备方法、物理特性及其加工工艺，以期在未来能够制造出尺寸更小且性能更优的电子器件。

此外，随着电子集成电路的出现，光子集成也紧随其后出现。事实上，以往的光学和光电子学教材都会强调，电子和光子这两种微观粒子在性质上本身就有很强的并行性和互补性[1, 2]。例如，电子和光子都兼具波动性和粒子性；电子有两个相反的自旋方向，而光子有两个相互正交的偏振方向；电子在半导体晶体中运动形成能带和带隙，而光子也可在光子晶体中形成光子带隙。同时，电子与光子之间可以相互转换，在光发射器件如电泵激光器和发光二极管（light emitting diode，LED）中，电子转变为光子，而在光探测器中光子又可以转换为电子。准确地说，光子集成其实是光电子集成，因为光子与电子不可避免地会存在于同一芯片上来实现功能多样化。1969 年，美国贝尔实验室的米勒（S. E. Miller）就提出"集成光学"的概念[4]。如今，随着光纤通信网络传输容量的快速上升（约每10 年提高 1000 倍），电子路由器容量的增加使其功耗、体积都达到了难以承受的程度，寻求以光子集成为平台的光子路由和交换成为解决这一问题的关键技术[2]。此外，超大容量高性能计算机近年来也得到快速发展，其高效的信息交换和计算速度背后所消耗的功率达到 MW 量级，利用光互联技术即利用光传输速度快和损耗低的特点来降低功耗和减少通信延迟时间，已成为超级计算机的一个发展方向[2]。无论是光纤通信网络还是光互联技术，都需要微型半导体激光器、发光二极管、光波导、光调制器、光开关和光探测器等光电子器件参与集成，以便降低功耗和提高传输与运算速度。显然，这进一步加速了人们对纳米半导体材料及其特性与器件的研究和开发。

综上，正是集成电路与光子集成快速发展的需求，使得纳米半导体材料及其特性的研究以及相关器件的设计与制备，成为当今半导体领域突破极限与可持续发展的当务之急。纳米半导体材料也称低维半导体材料[3, 5]，是指材料体系至少在一个维度上对其载流子输运和跃迁等物理行为具有量子限域作用的半导体材料或结构，这是它们区别于体材料的一个主要特征。量子限域是指当材料在某一方向上的特征尺寸与电子的德布罗意波长或电子的平均自由程相比拟或更小时，电子沿这个方向的运动受到限制而不能自由运动，相应地，电子的能态由体材料的连续分布变为一系列的离散量子能级。典型的低维半导体材料可分为以下三类。

（1）二维超晶格与量子阱材料。这类材料中的载流子仅在一个方向上受到量子限制，而在其他两个方向上的运动是自由的。"超晶格"这个概念由著名物理学家江崎及其合作者朱兆祥于 1970 年首次提出[6]，一年后 Cho 利用分子束外延（MBE）工艺首次制备出 AlGaAs/GaAs 超晶格[7]，1974 年，贝尔实验室的 Dingle 等首次从 AlGaAs/GaAs 单量子阱的光吸收谱中发现了量子化能级的形成[8]，即证实了量子阱中量子约束效应的存在。此后，各种超晶格/量子阱逻辑器件如异质结双极晶体管、共振隧穿量子器件，以及各种量子阱光电子器件如量子阱激光器和量子阱红外光探测器等，都陆续被研制成功。

（2）一维量子（纳米）线材料。这类低维材料中的载流子在两个空间方向的运动受到量子限制，而仅在剩下的一个方向上可以自由运动。受具有一维量子限域的超晶格/量子阱启发，人们想到制备出具有二维量子限域的量子线结构。

1976 年，日本东京大学的 Sakaki 等提出了"超精细量子细线"这个概念[9]。1988 年，van Wees 等首次观测到了量子线中的量子化电导现象[10]，证实了一维量子线中的量子约束效应。20 世纪 90 年代日本科学家 Iijima 发现的同轴多层碳纳米管引发了人们对碳纳米管的研究热潮[11]，并制备出了各种单壁和多壁碳纳米管以及超长碳纳米管等准一维纳米结构。时至今日，碳纳米管的研究仍然是人们关注的热点。此外，自 1998 年硅（Si）纳米线被 Morales 等合成成功后[12]，各种半导体（GaAs、CdS、CdSe、ZnO、GaN 和 TiO$_2$ 等）纳米线、纳米带、纳米棒和纳米管等准一维纳米结构也相继被制备成功并在全球范围内引发了人们的研究热潮。大量研究成果表明这些准一维纳米材料和结构将在纳米光电子器件和电子器件中拥有广阔的应用前景。

（3）零维量子点材料。这类低维材料中的载流子在三个方向上的运动都受到量子约束，因此载流子在三个维度上运动的能量都是量子化的。1982 年日本东京大学 Arakawa 等就提出了量子点激光器的概念[13]，并预言量子点激光器将比量子阱激光器具有更优异的性能，如更低的激发阈值和更高的增益等。之后，1988 年 Reed 等从实验上观测到了量子点的共振隧穿现象[14]。但是由于早期工艺条件的限制，人们很难制备出高质量小尺寸的量子点及其阵列结构，对量子点及其器件的研究进展比较缓慢。20 世纪 90 年代，随着先进工艺及纳米科学技术的兴起，特别是利用自组织生长技术制备各种Ⅲ-Ⅴ族半导体量子点和纳米晶粒成为纳米材料研究的热点。此外，1990 年纳米多孔硅的室温可见发光的发现[15]，使得 Si 量子点和 Si 纳米晶粒等 Si 基低维结构的制备及其特性与器件的研究受到了人们的高度重视。Si 量子点和 Si 纳米晶粒所呈现出的光致发光和电致发光特性，引导人们去设计和制备各种 Si 基光电子器件，并期盼借助非常成熟的 Si 微电子技术在未来实现全 Si 光电子集成。

除了上述典型的三类低维半导体材料，另一类迅速兴起的低维材料即二维原子晶体近年来引起了人们极大的兴趣，开启了一场二维层状材料的研究热潮。2004 年，曼彻斯特大学的 Novoselov 等用机械剥离法首次从块体石墨中分离出单层石墨烯[16]，这是人类第一次制备出单原子厚度级别的二维材料，这项凝聚态物理学领域中的颠覆性工作获得了 2010 年诺贝尔物理学奖。此后，多种二维层状材料如氮化硼、二硫化钼和硅烯等被成功合成，这些二维材料因具有许多奇特的物理和化学性质而在纳米电子学、纳米光电子学和新能源等方面具有巨大的应用潜力。其中，由二维过渡金属硫族化合物（transition metal dichalcogenides，TMDs）等原子晶体半导体材料制备的场效应管具有十分优异的电学特性，如极高的开关比、超薄的沟道以及极低的功耗，这使其在数字逻辑电路中有着广泛的应用前景，在后摩尔时代主流集成电路器件的竞争中很有可能成为领跑者。此外，在过去几年里，基于二维原子晶体半导体材料的集成电路分立器件已被成功制备，如存储器、反相器以及射频晶体管等。研究如何提高基于二维原子晶体材料的逻辑器件、射频器件的性能以及在二维平面上的有效集成，已成为集成电路领域所关注的焦点和难点。与此同时，基于二维原子晶体材料的光电器件因具有低噪声、高灵敏度、功耗小、易集成以及发光波段可选范围宽等优点，有望部分或者全部替代传统光互联技术部件，从而突破目前光互联技术瓶颈。事实上，二维材料已被用来实现许多新型光电原型器件，如基于二维原子晶体半导体材料的发光二极管、光致激光器、光调制器、光探测器等。提升现有基于二维原子晶体材料的光电器件性能，以及研究基于二维原子晶体材料的光源，特别是电致激光器，已成为二维光电器件研发的一个重要方向。

如今低维半导体材料已在信息、能源、传感器和生物等诸多领域展示了广阔的应用前景，并产生了相应的新兴纳米产业，如纳米信息产业、纳米能源产业、纳米传感器和纳米生物技术等。这些振奋人心的应用都离不开低维半导体材料具有的与体材料截然不同的优异特性，如量子尺寸效应、量子隧穿效应、多体相互作用和非线性光学效应等。纵观低维半导体材料的发展，不管是哪种类型的低维半导体材料或结构，人们对其特性的研究基本上都是从输运特性和光学性质两方面同时展开的[5]：即研究电场与磁场作用下载流子的输运特性，以及电场与光激发作用下激子与载流子的能级跃迁，如光吸收与光发射性质等。这其实映射到当前纳米半导体技术发展的两大方向：纳米半导体电子学和纳米半导体光子学。纳米半导体电子学[3]主要指在纳米尺度内研究半导体材料的电子学现象及其运动规律，在此基础上构筑纳米半导体电子器件，发展纳米集成电路的一门学科。而纳米半导体光子学，准确地说应该是纳米半导体光电子学[3]，主要指研究纳米半导体结构中电子与光子的相互作用，在此基础上构筑纳米半导体光电子器件，以及发展光互联技术的一门新兴学科。目前在纳米尺度内主要从三方面研究光与电子的相互作用[17]：一是将材料尺寸进行纳米级限制，即制备纳米材料从而将光与物质的相互作用限制在纳观范围；二是对光辐射进行纳米级限制，如使用近场光学传播来研究光与物质的相互作用；三是对光处理进行纳米级限制，即通过纳米加工来制备各类纳米结构。总的来说，纳米半导体光电子学主要围绕如何加强低维半导体中电子与光子的相互作用，以及如何提高电子与光子能量相互转换的效率而展开[2, 3, 5, 18]。以半导体激光器为例，从同质结、单异质结到双异质结半导体激光器，再到量子阱、量子线、量子点和二维半导体激光器，基本上都是围绕着如何将注入的载流子和辐射复合产生的光子在空间上进行限制，使电子和光子的相互作用得到不断加强，从而提高半导体激光器的性能[2]。正是半导体激光器的出现和不断发展，以及光纤通信对各种微型半导体光电器件如光源、光放大器、光调制器和光探测器等的强烈需求，拉动着纳米半导体光子学的发展，使其成为当今极具活力的一个研究领域。本书聚焦于纳米半导体光子学这一领域，探讨低维半导体材料的各种基本物理性质与光学特性，以及相关的器件设计与制备。具体包括以下几章。

第 2 章介绍低维半导体光子学物理基础，包括不同类型的低维半导体材料的电子能带结构、基本光学过程以及基本光学表征技术。

第 3 章介绍低维半导体材料制备与能带调控，包括零维半导体材料、一维纳米线材料和二维原子晶体的制备与能带调控。

第 4 章介绍低维半导体瞬态光学特性，包括低维半导体材料或结构常用的瞬态光谱技术、量子点的瞬态光学特性、一维纳米线和二维材料的瞬态光学特性。

第 5 章介绍低维光传输与光反馈，如低维光限域（一维、二维、三维等维度的光限域）、低维介质与半导体光波导的基本概念与特性以及低维结构中的光耦合与反馈等。

第 6 章介绍微纳发光二极管，包括量子点、一维纳米线和二维半导体发光二极管的相关研究。

第 7 章介绍微纳激光，包括零维纳米颗粒、一维纳米线和二维半导体激光器的相关研究以及纳米激光器的工作特性及纳米激光器在集成光学互联、传感、生物领域和远场等方面的应用以及纳米激光器的前景和挑战。

第 8 章介绍低维半导体光子调控，包括不同的调控方式，如电光调控、全光调控和磁光调控等，以及基于低维纳米结构的各类光调制器的相关研究。

第 9 章介绍低维半导体非线性光学性质及器件，主要讨论低维半导体纳米材料与结构中两种典型的非线性光学效应，即饱和吸收效应与倍频效应，以及相关的非线性光学器件。

第 10 章介绍纳米尺度光学表征与应用，包括超衍射极限光学显微方法简介、超分辨光学与光谱成像、不同低维半导体材料（量子点、一维和二维材料）中的单光子出射光学特性以及低维半导体在高分辨成像中的应用。

第 11 章介绍基于低维半导体结构集成光子器件与技术，包括纳米光子集成光源、纳米光子集成光探测器、集成光子非线性器件、范德瓦耳斯纳米集成光子器件以及该领域所面临的前景和挑战等。

参 考 文 献

[1]　黄德修. 信息科学导论. 北京：中国电力出版社，2001.

[2]　黄德修，黄黎蓉，洪伟. 半导体光电子学. 3 版. 北京：电子工业出版社，2018.

[3]　肖奇. 纳米半导体材料与器件. 北京：化学工业出版社，2013.

[4]　Miller S E. Integrated optics: an introduction. Bell System Technical Journal，1969，48：2059-2069.

[5]　彭英才，赵新为，傅广生. 低维半导体物理. 北京：国防工业出版社，2011.

[6]　Esaki L，Tsu R. Superlattice and negative differential conductivity in semiconductors. IBM Journal of Research and Development，1970，14（1）：61-65.

[7] Cho A Y. Growth of periodic structures by the molecular-beam method. Applied Physics Letters，1971，19（11）：467-468.

[8] Dingle R，Wiegmann W，Henry C H. Quantum states of confined carriers in very thin $Al_xGa_{1-x}As$-GaAs-Al_xGa_{1-x}as heterostructures. Physical Review Letters，1974，33（14）：827-833.

[9] Sakaki H，Wagatsuma K，Hamasaki J，et al. Possible applications of surface-corrugated quantum thin films to negative-resistance devices. Thin Solid Films，1976，36（2）：497-501.

[10] van Wees B J，van Houten H，Beenakker C W J，et al. Quantized conductance of point contacts in a two-dimensional electron gas. Physical Review Letters，1988，60（9）：848-850.

[11] Iijima S. Helical microtubules of graphitic carbon. Nature，1991，354：56-58.

[12] Morales A M，Lieber C M. A laser ablation method for the synthesis of crystalline semiconductor nanowires. Science，1998，279（5348）：208-211.

[13] Arakawa Y，Sakaki H. Multidimensional quantum well laser and temperature dependence of its threshold current. Applied Physics Letters，1982，40（11）：939-941.

[14] Reed M A，Randall J N，Aggarwal R J，et al. Observation of discrete electronic states in a zero-dimensional semiconductor nanostructure. Physical Review Letters，1988，60（6）：535-537.

[15] Canham L T. Silicon quantum wire array fabrication by electrochemical and chemical dissolution of wafers. Applied Physics Letters，1990，57（10）：1046-1048.

[16] Novoselov K S，Geim A K，Morozov S V，et al. Electric field effect in atomically thin carbon films. Science，2004，306（5696）：666-669.

[17] 帕拉斯·N. 普拉萨德. 纳米光子学. 张镇西，译. 西安：西安交通大学出版社，2018.

[18] 何杰，夏建白. 半导体科学与技术. 2 版. 北京：科学出版社，2017.

第2章

低维半导体光子学物理基础

2.1 引言

1970 年，IBM 实验室的江崎与朱兆祥首次提出超晶格的概念[1]，此后各种超晶格和量子阱材料与器件相继问世，由此拉开了低维半导体研究的序幕；20 世纪 80 年代，贝尔实验室的 Brus 等首次提出了胶体量子点概念[2]；20 世纪 90 年代，随着碳纳米管被发现[3]，一维纳米线开始被广泛研究；伴随着 2004 年曼彻斯特大学 Geim 课题组首次制备出单层的石墨烯[4]，二维原子晶体概念被提出。在过去几十年，零维（0D）半导体量子点（QDs）、一维（1D）半导体纳米线、二维（2D）半导体薄膜以及二维原子晶体等低维半导体材料被广泛研究。这些低维半导体材料由于在空间上某个或某几个维度受到限制，因而展现出有别于体材料的奇特的光学性质。本章介绍低维半导体光子学物理基础，主要从零维量子点、一维及准一维量子线（纳米线）、二维半导体薄膜以及二维原子晶体的电子能带结构出发，介绍基本的光学过程（包括带间光吸收跃迁和带间复合发光），最后介绍一些目前常用的基本光学表征技术。

2.2 电子能带结构

孤立原子和分子中的电子在原子核和其他电子的共同作用下，会出现在不同的分立能级上。而对于固体中的电子而言，由于受到严格周期性的晶格势场限制，其运动与孤立原子中的电子和自由电子有很大不同，其能级为准连续分布，一般用电子态密度（DOS）来描述固体中的电子行为。电子态密度是指单位能量间隔内的电子态数目，电子态密度与能带结构密切相关，是一个重要的基本函数。固体材料的各种物理和化学性质，如电子比热、光和 X 射线的吸收和发射等，都与该固体材料的能带结构和电子态密度的分布有关。在低维半导体里，自由电子的迁移受到了不同维度的晶格势场的限制，表现出完全不一样的行为，在不同维度下电子态密度的分布有着很大的区别。下面将分别介绍二维、一维及零维量子体系中的电子态密度分布。

2.2.1 二维量子体系电子态

对于一个三维（3D）体系来说，根据薛定谔方程进行求解，电子的能量和电子态密度分别为

$$E = \frac{\hbar^2}{2m^*}(k_x^2 + k_y^2 + k_z^2) \tag{2-1}$$

$$\rho_{\text{DOS}}^{\text{3D}} = \frac{1}{2\pi^2}\left(\frac{2m^*}{\hbar^2}\right)^{\frac{3}{2}}\sqrt{E - E_0} \tag{2-2}$$

其中，E 为电子的能量；k 为电子的波矢；m^* 为电子的有效质量；$\hbar = h/2\pi$，为约化普朗克常数（h 为普朗克常数）。当固体材料在某一个方向的厚度减薄到量子相干的尺寸以后，电子在该方向的运动受到限制，只能在平面内运动，此时固体材料就形成了一个二维势阱。处于两个绝缘体之间的半导体超薄薄膜和二维原子晶体都属于这种情况，它们的电子均在二维势阱中运动。对于这个二维势阱，如果将其势函数设定为零，求解下列薛定谔方程[5-8]

$$\left(-\frac{\hbar^2}{2m^*}\nabla^2\right)\Psi = E\Psi \tag{2-3}$$

将波矢 $k = \sqrt{\frac{2mE}{\hbar^2}}$ 代入式（2-3），可以得到

$$\frac{\partial^2\Psi}{\partial x^2} + \frac{\partial^2\Psi}{\partial y^2} + k^2\Psi = 0 \tag{2-4}$$

通过变量分离，波函数的形式可以进行转化：

$$\Psi(x,y) = \Psi_x(x)\Psi_y(y) \tag{2-5}$$

代入式（2-4）以后，可以得到

$$\frac{1}{\Psi_x}\frac{\partial^2\Psi}{\partial x^2} + \frac{1}{\Psi_y}\frac{\partial^2\Psi}{\partial y^2} + k^2 = 0 \quad (k\text{为常数}) \tag{2-6}$$

因为上式对于任何变量 x，y 都成立，因此上式左边两个包含 x，y 的表达式都分别等于一个常数，于是就有

$$\left.\begin{aligned}\frac{1}{\Psi_y}\frac{\partial^2\Psi}{\partial y^2} + k^2 = 0 \\[2mm] \frac{1}{\Psi_x}\frac{\partial^2\Psi}{\partial x^2} + k^2 = 0\end{aligned}\right\} \quad (\text{其中}\,k^2 = k_x^2 + k_y^2) \tag{2-7}$$

解式（2-7），可以得到波函数的表达式为一个正弦函数和一个余弦函数的和：

$$\Psi_x(x) = A\sin(k_x x) + B\cos(k_x x)$$
$$\Psi_y(y) = A\sin(k_y y) + B\cos(k_y y)$$

（2-8）

由于波函数在势阱的边界值为 0，所以只有正弦函数才能成立（$B = 0$，图 2-1）。因此

$$k_x = \frac{n_x \pi}{L}, k_y = \frac{n_y \pi}{L} \quad n_x, n_y = \pm 1, \pm 2, \pm 3, \cdots$$

（2-9）

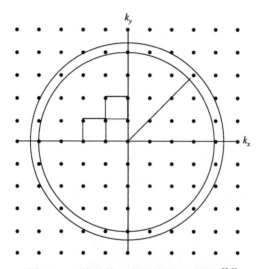

图 2-1 二维结构 k 空间的圆环示意图[5-8]

对于一个二维的量子阱结构来说，可以用一个圆环模型来计算其电子态密度。如果把单一的电子态当成一个边长为 $\frac{\pi}{L}$ 的正方形，那么该单电子态在 k 空间的体积可以计算为

$$V_{\text{single-state}} = \left(\frac{\pi}{L}\right)\left(\frac{\pi}{L}\right) = \frac{\pi^2}{L^2}$$

（2-10）

而对于整个 k 空间来说，其体积可以表示为：$V_{\text{circle}} = \pi k^2$。

因此，在这个半径为 k 的圆环空间里能够容纳的状态数量为

$$N = \frac{V_{\text{circle}}}{V_{\text{single-state}}} \times 2 \times \left(\frac{1}{2} \times \frac{1}{2}\right)$$

（2-11）

上式中的第一个 2 是考虑了泡利不相容原理，同一个能级上可以容纳两个自旋相反的电子，后面的两个 $\frac{1}{2}$ 是避免因为波函数 k_x，k_y 可以为 $\pm\frac{n\pi}{L}$ 而进行的重复计算。将上述结果代入，可以得到

$$N = \frac{\pi k^2}{\frac{\pi^2}{L^2}} \times 2 \times \left(\frac{1}{4}\right) = \frac{k^2 L^2}{2\pi} \tag{2-12}$$

将波矢 $k = \sqrt{\dfrac{2mE}{\hbar^2}}$ 代入，可以得到

$$N = \frac{\left(\sqrt{\dfrac{2mE}{\hbar^2}}\right)^2 L^2}{2\pi} = \frac{mL^2 E}{\pi \hbar^2} \tag{2-13}$$

所以，二维结构的单位能量下的态密度可以用下式表达：

$$\frac{\mathrm{d}N}{\mathrm{d}E} = \frac{L^2 m}{\pi \hbar^2} = \frac{\mathrm{d}N}{\mathrm{d}k}\frac{\mathrm{d}k}{\mathrm{d}E} \tag{2-14}$$

因此，二维结构的电子态密度为

$$\rho_{\mathrm{DOS}}^{2\mathrm{D}} = \frac{\mathrm{d}k}{\mathrm{d}E} = \frac{\dfrac{\mathrm{d}N}{\mathrm{d}E}}{\dfrac{\mathrm{d}N}{\mathrm{d}k}} = \frac{\dfrac{mL^2}{\pi \hbar^2}}{L^2} = \frac{m}{\pi \hbar^2} \tag{2-15}$$

在上式中，如果考虑晶体的晶格结构对于电子的限制作用，可以用有效质量 m^* 来代替电子质量 m，则

$$\rho_{\mathrm{DOS}}^{2\mathrm{D}} = \frac{\mathrm{d}k}{\mathrm{d}E} = \frac{m^*}{\pi \hbar^2} \tag{2-16}$$

从上式可以看出，如果在一个理想的二维体系中，有效质量 m^* 可以看成一个与能量无关的常数，那么二维结构的电子态密度就是一个常数，与电子的能量没有关系（见图 2-2 中虚线框内二维电子态密度分布）。

2.2.2 一维量子体系电子态

如果固体材料的维度降低，使电子的运动在两个互相垂直的方向都受到了限制，固体材料就变成了一维量子线或纳米线。对于这个一维势阱，同样可以将这个势阱的边界能量设定为零，则一维的薛定谔方程变为[7]

$$\left(-\frac{\hbar^2}{2m^*}\nabla^2\right)\Psi = E \tag{2-17}$$

将波矢 $k = \sqrt{\dfrac{2mE}{\hbar^2}}$ 代入，可以得到

$$\frac{\partial^2 \Psi}{\partial x^2} + k^2 \Psi = 0 \tag{2-18}$$

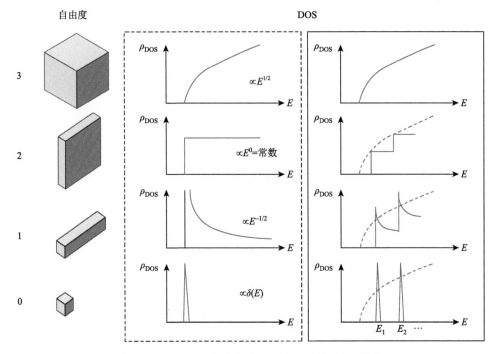

图 2-2　半导体中自由度和电子态密度的分布图[5, 6]

虚线框内的是理想的自由电子气的情形，实线框内的是实际不同维度的电子态密度分布图

通过解上述方程，可以得到波函数的表达式为一个正弦函数和一个余弦函数的和，即 $\Psi = A\sin(k_x x) + B\cos(k_x x)$。由于波函数在势阱的边界值为 0，所以只有正弦函数才能成立（$B = 0$）。因此，

$$k_x = \frac{n_x \pi}{L}, \quad n_x = \pm 1, \pm 2, \pm 3, \cdots \tag{2-19}$$

对于一个一维的量子结构来说，可以用一个直线模型来计算其电子态密度。如果把单一的电子态当成一个边长为 $\frac{\pi}{a}$ 的正方形（另外两个方向的长度可以忽略），那么该单电子态在 k 空间的体积可以计算为

$$V_{\text{single-state}} = \frac{\pi}{a} = \frac{\pi}{V} = \frac{\pi}{L} \tag{2-20}$$

而对于整个 k 空间来说，其体积可以表示为：$V_{\text{line}} = k$。

同样，在这个长度为 k 的直线空间里能够容纳的状态数量为

$$N = \frac{V_{\text{line}}}{V_{\text{single-state}}} \times 2 \times \left(\frac{1}{2}\right) \tag{2-21}$$

将上述结果代入，可以得到

$$N = \frac{k}{\frac{\pi}{L}} = \frac{kL}{\pi} \tag{2-22}$$

将波矢 $k = \sqrt{\frac{2mE}{\hbar^2}}$ 代入，可以得到

$$N = \frac{\sqrt{\frac{2mE}{\hbar^2}}L}{\pi} = \frac{\sqrt{2mE}L}{\pi\hbar} \tag{2-23}$$

所以，一维结构的单位能量态密度可以用下式表达

$$\frac{\mathrm{d}N}{\mathrm{d}E} = \frac{\frac{1}{2}(2mE)^{-\frac{1}{2}} \cdot 2mL}{\pi\hbar} = \frac{(2mE)^{-\frac{1}{2}} \cdot mL}{\pi\hbar} = \frac{\mathrm{d}N}{\mathrm{d}k}\frac{\mathrm{d}k}{\mathrm{d}E} \tag{2-24}$$

因此，一维结构的电子态密度为

$$\rho_{\mathrm{DOS}}^{\mathrm{1D}} = \frac{\mathrm{d}k}{\mathrm{d}E} = \frac{\left(\frac{\mathrm{d}N}{\mathrm{d}E}\right)}{\left(\frac{\mathrm{d}N}{\mathrm{d}k}\right)} = \frac{\frac{(2mE)^{-\frac{1}{2}} \cdot mL}{\pi\hbar}}{L} = \frac{1}{\pi\hbar} \cdot \sqrt{\frac{m}{2E}} \tag{2-25}$$

在上式中，同样如果考虑晶体的晶格结构对于电子的限制作用，可以用有效电子质量 m^* 来代替电子质量 m，以费米面为参照面，用 $E-E_{\mathrm{c}}$ 来代替 E，于是

$$\rho_{\mathrm{DOS}}^{\mathrm{1D}} = \frac{1}{\pi\hbar} \cdot \sqrt{\frac{m^*}{2(E - E_{\mathrm{c}})}} \tag{2-26}$$

从上式可以看出，如果同样在一个理想体系中把电子的有效质量当成一个与能量无关的常数，那么一维结构的电子态密度与电子的能量的平方根成反比（见图 2-2 中虚线框内一维电子态密度分布）。

2.2.3　零维量子体系电子态

如果固体材料的维度继续降低，电子的运动在三个互相垂直的方向都受到限制，电子将不能在固体中自由移动，电子运动的维度降为零。此时，k 空间将不再存在，只会出现一系列不连续的能级。因此，零维的电子态密度将用 δ 函数来表示（见图 2-2 中虚线框内零维电子态密度分布）：

$$\rho_{\mathrm{DOS}}^{\mathrm{0D}} = 2\delta(E - E_{\mathrm{c}}) \tag{2-27}$$

在实际半导体中，电子的运动不同于上述讨论的理想模型，因此不同维度的电子态密度分布比上述讨论的要复杂得多。例如，对于一个二维的量子阱体系，电子的运动是一个准二维运动，E_z 是一系列分立的能量值，对于最低的能量 E_1，根据式（2-16），有

$$\rho(E_1) = (\pi\hbar^2)^{-1} m_e^* H(E - E_1) \tag{2-28}$$

其中，$H(E - E_1)$ 为阶梯函数，具有如下性质：

$$\left.\begin{array}{l} H(E - E_1) = 1, E > E_1 \\ H(E - E_1) = 0, E < E_1 \end{array}\right\} \tag{2-29}$$

这意味着总能量 E 小于最低能量 E_1 的电子态不存在，而能量大于 E_1 的态密度由式（2-28）决定。

同样对于能量为 E_z（$E_z > E_1$）的电子态密度，满足以下方程：

$$\rho(E_z) = (\pi\hbar^2)^{-1} m_e^* H(E - E_z) \tag{2-30}$$

其中，$H(E - E_z)$ 为阶梯函数，同样满足式（2-29）。

因此，总能量为 E 的电子态密度应该是所有允许能量 E_z 的电子态密度总和：

$$\rho(E) = \sum \rho(E_n) = (\pi\hbar^2)^{-1} m_e^* \times \sum_{n=1}^{l} H(E - E_z) \tag{2-31}$$

综上，对于实际的二维半导体体系，其电子态密度的分布如图 2-2 中实线框中态密度分布所示，应该随着能量的增加，出现一系列台阶式的分布。同时可以根据二维量子阱的 E_z 的表达式和 $\rho(E)$ 的计算公式，推论出二维量子阱的每一个台阶的顶点都位于 $L \times L \times L_z$ 的三维系统的态密度曲线上（见图 2-2 中实线框内的虚线）。具体的推论可以参考其他固体物理教材[5, 6]，在此不做详细阐述。同样可以将上述二维量子阱的结论推广到一维和零维半导体结构中，其电子态密度的分布如图 2-2 中实线框内所示的曲线。

2.3　基本光学过程

2.3.1　吸收与发射

光与物质相互作用可以分为吸收光子和发射光子两个过程。一方面，光子能量可以被物质吸收，将物质中的电子、声子等从基态激发到激发态，光的吸收包括多种物理过程，如半导体的本征吸收、激子吸收、自由载流子吸收、晶格振动吸收、杂质吸收等。另一方面，处于激发态的电子可以通过自发辐射、受激辐射或者无辐射跃迁的形式回到基态，前两者将电子的跃迁能量以光的形式辐射出来，第三种方式将电子的跃迁能量以发热的形式释放出来。

半导体的本征吸收对应于价带电子吸收光子跃迁到导带的物理过程，它的光谱可以位于紫外到近红外区，具有吸收系数高的特点，在本征吸收区的低能端存在吸收系数迅速下降的吸收边，吸收边的位置与半导体能带的宽度相对应；在吸收边存在一些吸收峰，这与激子的吸收相关，此类吸收在离子晶体中尤为显著；当吸收谱从吸收边进一步向低能区移动时，吸收系数又开始缓慢上升，这个区域的吸收对应于导带中的电子或者价带中的空穴的带内跃迁，称为自由载流子吸收；在吸收谱的低能区还存在与晶格振动吸收相关的吸收峰和与杂质电子态跃迁相联系的吸收峰。

1. 带间吸收特性

固体中的电子吸收光子后，可能发生直接带间的跃迁 [图 2-3（a）]，也可能有间接带间的跃迁 [图 2-3（b）]。直接跃迁的电子吸收一个光子后从价带直接跃迁到波矢相同的导带，中间无其他过程参与，此类跃迁可以分为允许和禁戒两类；间接跃迁的电子吸收一个光子后从价带跃迁到波矢不同的导带，过程中可能伴随着声子的产生或吸收，也可能伴随着杂质的散射。

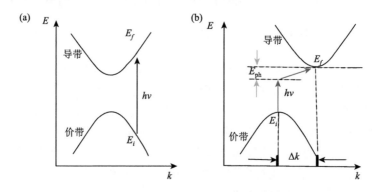

图 2-3 固体中电子带间跃迁示意图

（a）直接跃迁，处于价带的电子吸收光子能量 $h\nu$ 从初态 E_i 跃迁到导带的末态 E_f，跃迁过程中初、末态的动量满足 $k_i = k_f$；（b）间接跃迁，处于价带的电子吸收光子能量 $h\nu$ 从初态 E_i 跃迁到导带的末态 E_f，跃迁过程中初、末态的动量满足 $k_f - k_i = \Delta k$，其中动量差 Δk 由声子或者杂质散射提供

1）吸收过程的理论描述

当光子能量 $h\nu$ 大于禁带宽度时，可以提供足够的能量使电子发生带间跃迁，处于价带 $\Psi_{v,k}$ 状态的电子吸收光的能量跃迁到导带 $\Psi_{c,k'}$ 状态（k 和 k' 为电子的波矢状态），需要满足能量和动量守恒选择定则，下面利用量子力学理论给出电子的跃迁矩阵元，描述吸收光子过程的选择定则，并采用有效质量近似和抛物线型的能带结构，以及 δ 函数积分的性质，导出联合态密度，利用联合态密度对跃迁概率进行描述。

在分析光场与晶体中的电子的相互作用时，为了使理论模型更加简明，采用两个近似：①绝热近似，也就是忽略电子与晶格振动的相互作用；②单电子近似，也就是忽略电子间的相互作用。在此基础上，电子的哈密顿量为

$$H = \frac{1}{2m}(\boldsymbol{p} + e\boldsymbol{A})^2 - \phi \tag{2-32}$$

其中，m 和 e 分别为电子的质量和电荷；ϕ 为带电粒子的标量势；$\boldsymbol{A}$ 为电磁波的矢量势：

$$A = A_0 \mathrm{e}^{-\mathrm{i}(\omega t - \boldsymbol{k} \cdot \boldsymbol{r})} + \mathrm{h.c.} \tag{2-33}$$

由此可得电场强度 $\boldsymbol{E} = -\dfrac{\partial \boldsymbol{A}}{\partial t}$。利用 $\nabla \cdot \boldsymbol{A} = 0$，并采用一级近似，略去 $\boldsymbol{A}^2$ 项，式（2-32）可以写作

$$H = \frac{\boldsymbol{p}^2}{2m} + \frac{e}{m} \boldsymbol{A} \cdot \boldsymbol{p} - \phi \tag{2-34}$$

其中，电子与电磁波相互作用的哈密顿量为

$$H_I = \frac{e}{m} \boldsymbol{A} \cdot \boldsymbol{p} \tag{2-35}$$

入射光强度较小的情况下，式（2-35）可以看作电磁场对晶体系统的微扰。

无外加电磁场时，电子在晶格的周期势场中运动，系统的本征态为调幅的平面波，称为布洛赫波函数：

$$\Psi_{i,\boldsymbol{k}} = \mathrm{e}^{\mathrm{i}\boldsymbol{k} \cdot \boldsymbol{r}} u(\boldsymbol{k}, \boldsymbol{r}) \tag{2-36}$$

其中，u 为调幅函数，具有平移一个晶格矢量 $\boldsymbol{T}$ 保持不变的特性，即 $u(\boldsymbol{k}, \boldsymbol{r} + \boldsymbol{T}) = u(\boldsymbol{k}, \boldsymbol{r})$。

由于电磁场的微扰，电子将在微扰前的系统本征态 $\Psi_{i,\boldsymbol{k}}$ 之间跃迁，跃迁概率的大小可以由量子力学的方法给出。根据含时微扰论，对于直接跃迁的情况，电子在不同本征态之间的跃迁概率为

$$W = \frac{2\pi}{\hbar} \left(\frac{e}{m} \int \Psi_{f,\boldsymbol{k}_f}^* \mathrm{e}^{\pm \mathrm{i}\boldsymbol{k}_p \cdot \boldsymbol{r}} A_0 \cdot \boldsymbol{p} \Psi_{i,\boldsymbol{k}_i} \mathrm{d}\tau \right)^2 \delta[E_f(\boldsymbol{k}_f) - E_f(\boldsymbol{k}_i) \mp \hbar\omega] \tag{2-37}$$

其中，$\Psi_{i,\boldsymbol{k}_i}$ 和 $\Psi_{f,\boldsymbol{k}_f}$ 分别为电子跃迁的初态波函数和末态波函数；$E_f(\boldsymbol{k}_i)$ 和 $E_f(\boldsymbol{k}_f)$ 分别为跃迁前后电子的本征能量；$\boldsymbol{k}$ 为电子的波矢；$\hbar$ 为约化普朗克常数；$\boldsymbol{k}_p$ 和 ω 分别为光子的波矢和对应的电磁波频率；"+"号表示跃迁过程中吸收光子，来源于式（2-33）右侧第一项；"−"号表示跃迁过程中发出光子，来源于式（2-33）右侧第二项。

由式（2-37）最后一项可得，电子在两个本征态之间的跃迁概率不为零，需要满足

$$E_f(\boldsymbol{k}_f) - E_f(\boldsymbol{k}_i) \mp \hbar\omega = 0 \tag{2-38}$$

式（2-38）的含义是，对于无声子、杂质或者缺陷等参与的直接跃迁，跃迁前后的本征态本征能量之差 $E_f(\boldsymbol{k}_f) - E_f(\boldsymbol{k}_i)$ 需要与光子的能量 $\hbar\omega$ 相同，体现了能量守恒原理。

式（2-37）中的积分号为偶极跃迁矩阵元 $M_{i,f}$，利用 $\langle \Psi_{f,\boldsymbol{k}_f} | \boldsymbol{p} | \Psi_{i,\boldsymbol{k}_i} \rangle =$ $\mathrm{i} \dfrac{m[E_f(\boldsymbol{k}_f) - E_f(\boldsymbol{k}_i)]}{\hbar} \langle \Psi_{f,\boldsymbol{k}_f} | \boldsymbol{r} | \Psi_{i,\boldsymbol{k}_i} \rangle$，可得

$$M_{i,f} = \frac{m[E_f(\boldsymbol{k}_f) - E_f(\boldsymbol{k}_i)]}{\hbar} \int \Psi_{f,\boldsymbol{k}_f}^* \mathrm{e}^{\pm \mathrm{i}\boldsymbol{k}_p \cdot \boldsymbol{r}} \boldsymbol{a} \cdot \boldsymbol{r} \Psi_{i,\boldsymbol{k}_i} \mathrm{d}\tau \qquad (2\text{-}39)$$

其中，$\boldsymbol{a}$ 为电磁波矢量势 $\boldsymbol{A}$ 的单位方向矢量。

由于晶体具有平移对称性，跃迁矩阵元的周期性平移操作应该保持不变，因此，对偶极跃迁矩阵元［式（2-39）］平移一个晶格周期矢量 $\boldsymbol{T}$，其大小保持不变：

$$\boldsymbol{T}M_{i,f} = M_{i,f} \qquad (2\text{-}40)$$

将布洛赫波函数［式（2-36）］代入式（2-40），利用 $u(\boldsymbol{k}_p, \boldsymbol{r})$ 的平移周期矢量不变的性质，可得

$$\begin{aligned}
&\int \Psi_{f,\boldsymbol{k}_f}^* \mathrm{e}^{\pm \mathrm{i}\boldsymbol{k}_p \cdot \boldsymbol{r}} \boldsymbol{a} \cdot \boldsymbol{r} \Psi_{i,\boldsymbol{k}_i} \mathrm{d}\tau \exp(\mathrm{i}(-\boldsymbol{k}_f \pm \boldsymbol{k}_p + \boldsymbol{k}_i) \cdot \boldsymbol{T}) \\
&= \int \Psi_{f,\boldsymbol{k}_f}^* \mathrm{e}^{\pm \mathrm{i}\boldsymbol{k}_p \cdot \boldsymbol{r}} \boldsymbol{a} \cdot \boldsymbol{r} \Psi_{i,\boldsymbol{k}_i} \mathrm{d}\tau
\end{aligned} \qquad (2\text{-}41)$$

对比式（2-41）等号两侧的表达式可得，跃迁矩阵元不为零的情况下式（2-41）成立的前提条件为

$$-\boldsymbol{k}_f \pm \boldsymbol{k}_p + \boldsymbol{k}_i = 0 \qquad (2\text{-}42)$$

由上式可知，对于在无声子、杂质或者缺陷等参与的直接跃迁，跃迁前后的本征态布洛赫波矢量之差 $\boldsymbol{k}_f - \boldsymbol{k}_i$ 需要与光子的波矢量 $\boldsymbol{k}_p$ 相同，即需要满足动量守恒。

如果体系具有空间反演对称性，利用波函数的奇偶性可以判断是否出现光学跃迁。由于体系具有空间反演对称性，偶极跃迁矩阵元［式（2-39）］在空间反演算符 I 的作用下应保持不变，这要求价带波函数 $\Psi_{i,\boldsymbol{k}_i}$ 和导带波函数 $\Psi_{f,\boldsymbol{k}_f}$ 具有相反的宇称，即对于具有空间反演对称性的系统，相反宇称的本征态之间才可以发生光学跃迁，称为宇称选择定则。

2）直接跃迁

在频率为 ω 的光场的作用下，晶体系统对光的受激吸收系数可以表示为

$$\alpha_{\mathrm{vc}}(\omega) = A \sum_{\mathrm{vc}} W_{\mathrm{vc}} N_{\mathrm{v}}(E_{\mathrm{v}}) N_{\mathrm{c}}(E_{\mathrm{c}}) f_{\mathrm{v}}(1 - f_{\mathrm{c}}) \qquad (2\text{-}43)$$

其中，W_{vc} 为电子从价带 v 到导带 c 的跃迁概率；$N_{\mathrm{v}}(E_{\mathrm{v}})$ 和 $N_{\mathrm{c}}(E_{\mathrm{c}})$ 分别为价带和导带的电子态密度；f_{v} 和 f_{c} 分别为价带和导带电子态的占据概率；$1 - f_{\mathrm{c}}$ 表示电子跃迁的末态未被占据的概率。

晶体系统在光作用下的受激辐射系数可以表示为

$$\alpha_{\mathrm{cv}}(\omega) = A \sum_{\mathrm{cv}} W_{\mathrm{cv}} N_{\mathrm{v}}(E_{\mathrm{v}}) N_{\mathrm{c}}(E_{\mathrm{c}}) f_{\mathrm{c}}(1 - f_{\mathrm{v}}) \qquad (2\text{-}44)$$

其中，W_{cv} 为电子从导带 c 到价带 v 的跃迁概率；$1-f_v$ 表示电子跃迁的末态未被占据的概率。

由于光和晶体相互作用的过程中，受激吸收和受激辐射两个过程同时存在，因此，体系对光的净吸收系数为受激吸收系数和受激辐射系数的差值

$$\alpha(\omega) = A\sum_{cv}W_{cv}N_v(E_v)N_c(E_c)(f_v - f_c) \qquad (2\text{-}45)$$

在系统满足特定条件时，可以用费米-狄拉克分布给出电子在不同本征态的占据概率，这里给出两种情况下的概率分布：第一种情况，在热平衡状态，系统有统一的费米能级 E_F，电子在不同能态的占据概率依赖于能态的本征能级和系统的温度 T，可以用费米-狄拉克分布描述：

$$f(E) = \frac{1}{\exp((E - E_F)/k_BT) + 1} \qquad (2\text{-}46)$$

第二种情况，当外界的影响破坏了能带间热平衡，使系统处于非平衡状态的情况下，如果和外界条件的变化相比，带内电子弛豫速率足够快，电子在导带和价带可以通过迅速弛豫过程达到热平衡，电子的费米-狄拉克分布在导带和价带仍然各自适用：

$$f_c(E_c) = \frac{1}{\exp((E_c - E_F^c)/k_BT) + 1} \qquad (2\text{-}47)$$

$$f_v(E_v) = \frac{1}{\exp((E_v - E_F^v)/k_BT) + 1} \qquad (2\text{-}48)$$

其中，E_F^c 和 E_F^v 分别为导带和价带描述电子分布的费米能级；k_B 为玻尔兹曼常数。

通常情况下，跃迁主要发生在带边附近，跃迁概率 W_{cv} 为电子布洛赫波矢 K 的缓变函数，因此可以从式（2-45）的求和号中提取出来，另外，对于一个确定的导带与价带之间的跃迁，电子和空穴的费米-狄拉克分布也可以提取到求和号外面，于是得到

$$\alpha(\omega) = AW_{cv}(f_v - f_c)\sum_{cv}N_v(E_v)N_c(E_c) \qquad (2\text{-}49)$$

其中，$\sum_{cv}N_v(E_v)N_c(E_c)$ 为价带态密度和导带态密度的卷积，称为联合态密度。

下面采用有效质量近似对联合态密度的计算进行讨论。价带和导带的能带结构在带边附近近似为抛物线型（图 2-4），以价带顶为坐标原点，价带和导带可以分别表示为

$$E_i(k_i) = -\frac{\hbar^2 k_i^2}{2m_h^*} \qquad (2\text{-}50)$$

和

$$E_f(k_f) = E_g + \frac{\hbar^2 k_f^2}{2m_e^*} \qquad (2\text{-}51)$$

其中，k 为布洛赫波矢；m_h^* 和 m_e^* 分别为空穴和电子的有效质量；E_g 为价带和导带之间的带隙。根据能量守恒条件，图 2-4 中具有波矢量 K_1 和 K_2 ($K_2 = K_1 + \mathrm{d}k$) 的能态对应的电子跃迁过程可以分别表示为

$$\hbar\omega = E_g + \frac{\hbar^2 K_1^2}{2}\left(\frac{1}{m_e^*} + \frac{1}{m_h^*}\right) \tag{2-52}$$

和

$$\hbar(\omega + \mathrm{d}\omega) = E_g + \frac{\hbar^2 K_2^2}{2}\left(\frac{1}{m_e^*} + \frac{1}{m_h^*}\right) \tag{2-53}$$

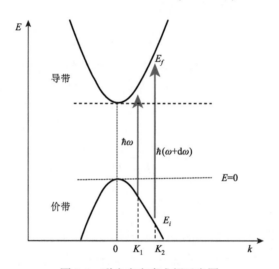

图 2-4 联合态密度求解示意图

基于式（2-52）、式（2-53）和 $K_2^2 = (K_1 + \mathrm{d}k)^2$，可得

$$\mathrm{d}k = \frac{\mu}{\hbar K_1}\mathrm{d}\omega \tag{2-54}$$

其中，$\mu = \left(\dfrac{1}{m_e^*} + \dfrac{1}{m_h^*}\right)^{-1}$，为电子-空穴对的约化质量。

由于频率 $\omega - (\omega + \mathrm{d}\omega)$ 的能态在布洛赫波矢量空间 $k - (k + \mathrm{d}k)$ 形成一个球壳，所以频率 $\omega - (\omega + \mathrm{d}\omega)$ 的状态数等于 k 空间 $4\pi k^2 \mathrm{d}k$ 体积元中的状态数，因此，单位体积中 $\omega - (\omega + \mathrm{d}\omega)$ 间的联合态密度 $J_{VC}(\omega)$ 可以表示为

$$J_{VC}(\omega)\mathrm{d}\omega = \rho(k)4\pi k^2 \mathrm{d}k \tag{2-55}$$

其中，$\rho(k) = 2/(2\pi)^3$，为 k 空间单位体积的状态数。将式（2-54）代入上式，联合态密度表示为

$$J_{VC}(\omega) = \frac{1}{2\pi^2}\left(\frac{2\mu}{\hbar}\right)^{3/2}(\omega - \omega_\mathrm{g})^{1/2} \tag{2-56}$$

其中，$\omega_\mathrm{g} = E_\mathrm{g}/\hbar$，$E_\mathrm{g}$ 为能带带隙。利用频率和能量的对应关系，式（2-56）可以写为

$$J_{VC}(E) = \frac{(2\mu)^{3/2}}{2\pi^2\hbar^3}(E - E_\mathrm{g})^{1/2} \tag{2-57}$$

因此，吸收系数为

$$\alpha(\omega) = A^*(f_\mathrm{v} - f_\mathrm{c})(E - E_\mathrm{g})^{1/2} \tag{2-58}$$

其中，$A^* \approx \dfrac{e^2(2\mu)^{3/2}}{nch^2 m_\mathrm{e}}$，$n$ 为材料的折射率。

3）间接跃迁

在间接带隙半导体（如锗、硅等）中，导带底和价带顶不在 k 空间同一点，跃迁过程中，因为光子的动量非常小，无法补偿跃迁前后能态波矢的改变，因此，跃迁过程需要和晶格交换动量或者借助杂质散射实现动量守恒，这种除了吸收光子外还要借助晶格或者杂质实现的跃迁称为间接跃迁。下面首先分析声子参与的间接跃迁，然后分析杂质散射参与的间接跃迁。

声子伴随的间接跃迁过程中不仅光子数发生变化，声子数也会发生变化，声子数可以增加也可以减少，对应于跃迁过程中放出或者吸收声子，放出或者吸收声子的数目可以是一个也可以是多个。放出声子实现间接跃迁的概率要高于吸收声子实现间接跃迁的概率，这是因为体系激发的声子数很少，而且随着温度的降低快速减少，因此要通过吸收声子实现间接跃迁的概率相对较小。

对于一个声子参与的间接跃迁过程，动量守恒要求波矢满足

$$\boldsymbol{k}_f = \boldsymbol{k}_i + \boldsymbol{k}_\mathrm{p} \pm \boldsymbol{q} \tag{2-59}$$

其中，$\boldsymbol{k}_\mathrm{p}$ 和 $\boldsymbol{q}$ 分别为光子和声子的动量，声子波矢 $\boldsymbol{q}$ 前的正负号对应于声子的吸收和产生。

声子参与的间接跃迁过程要满足的能量守恒的条件是

$$E_\mathrm{c}(\boldsymbol{k}_f) = E_\mathrm{v}(\boldsymbol{k}_i) + \hbar\omega \pm E_\mathrm{q} \tag{2-60}$$

其中，$\hbar\omega$ 和 E_q 分别为光子和声子的能量，E_q 前的正负号分别对应于吸收和放出一个声子。

声子来源于构成晶体的原子实的振动，前面处理直接跃迁问题时采用了绝热近似，也就是假设在相互作用过程中原子实的位置保持不变，但实际上在电子的运动过程中，原子实也有可能振动，两种运动过程关联在一起，在电子与光场相互作用的同时还与原子实的集体振动（声子）相互作用，因此，存在声子参与的间接跃迁。间接跃迁是一个二级过程，其发生的概率要比直接跃迁小得多。间接

跃迁涉及电子、光子和声子，整个系统的微扰哈密顿量包括两部分：

$$H' = H_{er} + H_{ep} \tag{2-61}$$

其中，H_{er} 为电子与光场之间相互作用的哈密顿量；H_{ep} 为电子与声子之间相互作用的哈密顿量。对于一个声子参与的跃迁过程，跃迁的初态波函数 $|i\rangle$ 和末态波函数 $|f\rangle$ 可以分别表示为

$$|i\rangle = |a, \boldsymbol{k}_i, s\rangle |n\rangle |n_q\rangle \tag{2-62}$$

和

$$|f\rangle = |b, \boldsymbol{k}_f, s\rangle |n-1\rangle |n_q \pm 1\rangle \tag{2-63}$$

其中，式（2-62）和式（2-63）右侧的第一个因子表示电子的波函数，a 和 b 为能带量子数，$\boldsymbol{k}_i$ 和 $\boldsymbol{k}_f$ 为电子的等效波矢，s 为电子的自旋；第二个因子表示光子态，n 为光子的数目；第三个因子为声子态，n_q 为声子数，$n_q \pm 1$ 中的正负号分别为放出和吸收一个声子。

由式（2-61）～式（2-63）可得，一级近似下初末态间的微扰矩阵元为

$$\langle f|H'|i\rangle = \langle f|H_{er}|i\rangle + \langle f|H_{ep}|i\rangle \tag{2-64}$$

式（2-64）包括两部分，其中，$\langle f|H_{er}|i\rangle$ 为电子和光场相互作用项，因为 H_{er} 与晶格的振动无关，作用到晶格本征态上不会改变晶格的本征态，而跃迁初末态的晶格振动态不同，由振动模式的正交性可知这一项为零：

$$\langle f|H_{er}|i\rangle = \langle b, \boldsymbol{k}_f, s|\langle n-1|H_{er}|n\rangle |a, \boldsymbol{k}_i, s\rangle \langle n_q \pm 1|n_q\rangle = 0 \tag{2-65}$$

与式（2-65）类似，对于电子与晶格相互作用项 $\langle f|H_{ep}|i\rangle$，因为 H_{ep} 与光场无关，不会改变光场态，而跃迁的初末态对应的光场态不同，由光场模式的正交性可知这一项也为零

$$\langle f|H_{ep}|i\rangle = \langle b, \boldsymbol{k}_f, s|\langle n_q \pm 1|H_{er}|n_q\rangle |a, \boldsymbol{k}_i, s\rangle \langle n-1|n\rangle = 0 \tag{2-66}$$

因此，一级微扰近似下得出的跃迁矩阵元为零。下面考虑二阶微扰对跃迁概率的贡献：

$$P_{i \to f} = \frac{2\pi}{\hbar} \left| \sum_m \frac{\langle f|H'|m\rangle \langle m|H'|i\rangle}{E_i - E_m} \right|^2 \delta(E_f - E_i) \tag{2-67}$$

其中，$|m\rangle$ 为系统所有可能的量子态，当 $|m\rangle$ 存在特殊的项，使得 $\langle f|H_{er} + H_{ep}|m\rangle$ 和 $\langle m|H_{er} + H_{ep}|i\rangle$ 同时不为零，则二阶微扰对应的跃迁概率不为零。

由于间接吸收过程中声子的参与，在计算吸收系数时，要考虑声子的态密度，此外，由于声子提供能量和动量，因此价带中的态与导带中的任何一个态都有可能存在跃迁，这一点在计算跃迁过程的态密度的卷积时需要考虑。通过计算，可以得到声子参与的间接跃迁的吸收系数（表 2-1）。当 $\hbar\omega \leqslant E_g - E_q$ 时，吸收系数为零，吸收过程不能发生；当 $E_g - E_q < \hbar\omega \leqslant E_g + E_q$ 时，吸收声子的过程可以发

生，但发射声子的跃迁不存在；当 $\hbar\omega > E_g + E_q$ 时，跃迁过程既可以伴随声子的吸收，也可以伴随声子的发射，表 2-1 第一行第一个单元中吸收表达式的第一项对应于吸收一个声子的跃迁过程，第二项对应于发射一个声子的跃迁过程。

表 2-1　声子参与的间接跃迁吸收系数

跃迁吸收系数 $\alpha/\hbar\omega$	光子能量范围
$A\left[\dfrac{(\hbar\omega - E_g + E_q)^2}{\exp(E_q/kT)-1} + \dfrac{(\hbar\omega - E_g - E_q)^2}{1-\exp(E_q/kT)}\right]$	$\hbar\omega > E_g + E_q$
$A\dfrac{(\hbar\omega - E_g + E_q)^2}{\exp(E_q/kT)-1}$	$E_g - E_q < \hbar\omega \leqslant E_g + E_q$
0	$\hbar\omega \leqslant E_g - E_q$

和直接跃迁相比，声子伴随的间接跃迁的温度依赖性更加明显。这是因为直接跃迁的温度依赖性是由电子在各能态上分布的温度依赖性导致的，而声子伴随的间接跃迁的温度依赖性是由声子在各能态上分布的温度依赖性导致的，与 k_BT 相比，电子能带宽度较大，根据费米-狄拉克分布，温度较低时，电子在价带的分布概率几乎为 1，在导带的分布几乎为零；与电子相比，声子的能量 E_q 较小，根据费米-狄拉克分布，其激发和温度密切相关，所以光的吸收系数和温度密切相关。

以上分析针对的是单个声子伴随的间接跃迁，实际的间接跃迁过程也可能是多个、多种声子参与，如此复杂的跃迁过程需要满足电子、多个声子和光子的动量守恒和能量守恒。另外，间接跃迁不仅可以在间接带隙结构的半导体中出现，而且可以在直接带隙结构的半导体中出现。直接带隙结构的半导体中间接跃迁过程同样满足动量守恒和能量守恒，体系首先吸收一个光子，然后通过发射或者吸收声子，使电子跃迁到与初态波矢不同的导带能态中。

前面提到的间接跃迁是通过声子提供动量实现的，实际上，间接跃迁也可以通过杂质或者载流子散射实现。因为跃迁过程依赖于被杂质散射的概率，所以光的吸收系数正比于掺杂的浓度 ρ_N，吸收系数可以表示为

$$\alpha(\omega) = A\rho_N(\hbar\omega - E_g' - \xi_n)^2 \tag{2-68}$$

其中，A 为常数；E_g' 为掺杂后半导体的带隙；ξ_n 为由掺杂引起的导带电子的填充移动的大小。可以推出杂质散射引起的间接跃迁的光谱吸收边斜率为 $\sqrt{AN}$，也就是正比于杂质掺杂的浓度的平方根。

2. 带间复合发光

价带中的电子被激发到导带后处于非平衡态，它可以通过多种途径回到平

衡态，这些过程有的伴随着光子的发射，有的无光子的发射。导带底部的电子可能与价带的空穴复合，发出光子；此外，还存在多种形式的跃迁，跃迁过程中的电子的能量传递到其他能量载体，不放出光子，如被激发到导带的电子可以与晶格相互作用，通过晶格弛豫过程，将能量全部以声子的形式释放出去，回到平衡基态，不发出光子；此外，激发到导带的电子也可以通过俄歇复合过程回到基态，这个过程也不辐射光子。俄歇复合有两种形式：①激发到导带的电子与另一个电子碰撞，通过激发另一个电子的方式释放能量，与价带空穴复合；②价带空穴与另一个空穴碰撞，通过激发另一个空穴的方式与导带的电子复合。

半导体的带间复合发光率用单位体积光子的产生率来衡量。带间复合发光的光谱不同于吸收光谱，带间吸收是价带电子到导带电子态的跃迁，由于导带可能的电子态的能量范围较大，所以形成宽带吸收谱；而发光过程是导带底部很窄的能量范围的电子到价带空穴的跃迁，所以发射光谱较窄。发光和吸收之间的关系可以用 R-S（van Roosbröck-Shockley）关系描述，发光过程的辐射率可以表示为

$$L(v) \approx \frac{8\pi v^2 n^2}{c^2} \alpha(v) \exp(-hv / k_B T) \qquad (2\text{-}69)$$

其中，$\alpha(v)$ 为吸收系数；v 为光子的频率；n 为材料的折射率；c 为光速；h 和 k_B 分别为普朗克常数和玻尔兹曼常数。由式（2-69）可知：①材料的光辐射率与材料的吸收系数成正比；②由于辐射率由吸收系数和 $\exp(-hv / k_B T)$ 因子乘积决定，所以带间发射光谱不像吸收光谱那样宽，而是宽度在 $k_B T$ 量级的发光峰。

半导体带间的复合发光可以分为直接带隙的复合发光和间接带隙的复合发光，两者的发光特性存在很大差别。

直接带隙半导体的导带底与价带顶在布里渊区的同一点，当导带底的电子跃迁到价带顶，与一个空穴复合时，波矢 k 不发生改变，符合动量守恒定律（忽略光子微小的动量）。因此在计算发光跃迁概率时只与电子跃迁前后的电子态有关，采用有效质量近似，同时将价带和导带的能带结构近似为抛物线型，类比于吸收系数的量子力学处理方法，可以得到发光跃迁概率：

$$\begin{aligned} L(v) &\approx A(hv - E_g)^{1/2} \exp\left(-\frac{hv - E_g}{k_B T}\right) \\ &= B\alpha(v) \exp\left(-\frac{hv - E_g}{k_B T}\right) \end{aligned} \qquad (2\text{-}70)$$

其中，$(hv - E_g)^{1/2}$ 与联合态密度有关。由于式（2-70）中的吸收系数 $\alpha(v)$ 具有吸收边，因此，当光子能量在带隙附近的低能区时，发光跃迁概率迅速下降，

另外，当光子的能量大于带隙时，虽然 $\alpha(\nu)$ 随着光子能量的增加而增加，但是 $\exp[-(h\nu - E_g)/k_B T]$ 随着光子能量的增加而迅速下降，因此发光跃迁概率在能隙附近的高能区也迅速下降，发光跃迁概率在带隙附近形成宽度大约为几个 $k_B T$ 的峰值。随着价带电子激发到导带数目的增加，导带中高能态被电子占据的概率增加，高能光子的跃迁发射概率增加，因此，在跃迁概率的高能区存在发光尾，另外，由于带尾态和杂质态之间存在跃迁发光，所以直接带隙的跃迁光谱在低能边也被扩展。

间接带隙半导体的导带底和价带顶不在布里渊区的同一点，电子从导带底跃迁到价带顶的过程中，波矢 k 发生变化，不符合动量守恒定律，此时电子和空穴无法直接复合，所以间接带隙半导体的带间复合发光需要借助声子的动量才可以实现。虽然间接复合发光可以伴随声子的发射，也可以伴随声子的吸收，但间接复合发光主要伴随声子的发射，这是因为：①复合发光过程是一个发射能量的过程，容易伴随声子的发射；②在温度不高的情况下，系统被激发的声子很少，可供吸收的声子很少；③通过吸收声子过程辐射出的光子的能量大于带隙，很容易被再次吸收。同时考虑到电子态和声子态的跃迁，间接吸收过程的发光跃迁概率可以表示为

$$L(\nu) \approx A'\left(h\nu - E_g + E_q\right)^2 \exp\left(-\frac{h\nu - E_g + E_q}{k_B T}\right) \qquad (2\text{-}71)$$

其中，E_q 为声子的能量，这里考虑发出声子的间接跃迁过程。与直接跃迁的跃迁概率 [式（2-70）] 比较，可以发现，对于低能区形成的发光边，间接跃迁的跃迁概率随着光子能量的增加具有平方增加的形式，直接跃迁的跃迁概率随着光子能量的增加具有平方根的增加形式（图 2-5）。

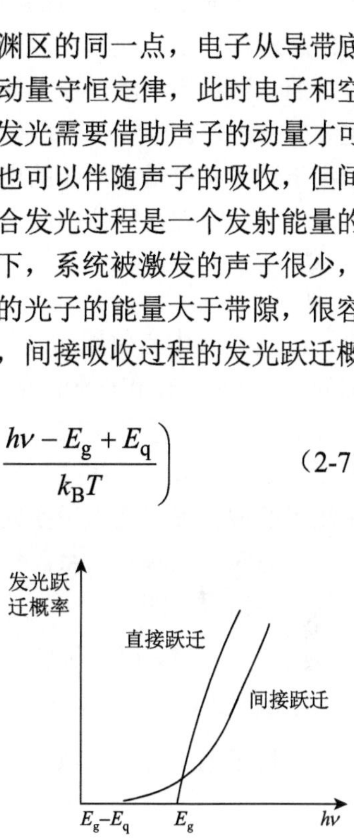

图 2-5　直接跃迁和间接跃迁概率的比较

2.3.2　激子光谱

激子是固体中的一种基本的元激发，是库仑相互作用束缚的电子-空穴对。半导体中的电子吸收一个光子后，被激发到导带，同时在价带形成一个空穴，由于电子和空穴之间存在库仑引力，两者可能重新束缚在一起形成激子。构成激子的电子-空穴对可以作为整体在晶体中运动、传播能量和动量，但由于电子-空穴对无净电荷，激子在固体中运动，形成跃迁光谱的过程中，不伴随光电导，其跃迁光谱具有分立的光谱结构。

通常根据电子与空穴之间的束缚强度，激子分为万尼尔（Wannier）激子和弗仑克尔（Frenkel）激子。万尼尔激子主要存在于半导体中，它的电子-空穴间束缚

较弱，两者扩展到固体中较大空间区域，电子受到空穴的静电库仑势场和整个晶格势场的调制，电子和空穴的运动可以视为类氢轨道运动，可以使用有效质量近似模型来描述。弗仑克尔激子主要存在于绝缘体中，它的电子-空穴间的束缚较强，两者束缚在体元胞范围内，库仑相互作用较强，电子主要受到空穴的静电库仑势场的调制，需要用紧束缚模型进行描述，伴随着强烈的电子-声子相互作用。激子密度低时，激子可以作为独立的粒子来处理，在激子密度较高时，激子之间也可以相互作用形成激子分子，在强耦合的情况下，激子进一步凝聚成电子-空穴液滴。激子的跃迁形成激子光谱。激子的吸收和发光光谱不同于能带间的跃迁光谱，具有特征的光谱结构。激子在半导体的光吸收、发光和激射等物理过程中起到了非常重要的作用，在半导体光电器件的研究中有重要应用。

由于激子是束缚在一起的电子-空穴对，两者在固体中运动需要保持空间上的同步。电子和空穴在固体中的运动的速度可以用波包的群速度描述：

$$V_g = \frac{1}{\hbar}[\nabla_k E(k)]_{k_0} \tag{2-72}$$

其中，k_0 为波包中心位置的波矢。在布里渊区的高对称点上，电子和空穴的群速度都为零，此外，在布里渊区的一些高对称线上，电子和空穴具有相同的群速度，在这种情况下，电子和空穴可以束缚在一起，形成共同运动的整体——激子。

激子是一个双粒子体系，激子的能量为 $E(K) = E_e + E_h$，波矢为 $K = k_e - k_h$，这里激子的波矢表示为电子空穴相对运动波矢。现在讨论万尼尔激子的有效质量方程并导出对应的吸收关系。一般将激子波函数表示为电子波函数和空穴波函数的积的线性组合，即

$$\Psi_{n,K}(r_e, r_h) = \sum_{ck_ev k_h} A(k_e, k_h)\Psi_{c,k_e}(r_e)\Psi_{v,k_h}(r_h) \tag{2-73}$$

其中，k_e, k_h 为电子和空穴波矢；r_e, r_h 为电子和空穴位置矢量；$\Psi_{c,k_e}(r_e)$，$\Psi_{v,k_h}(r_h)$ 为导带和价带电子的波函数，它们分别满足

$$H_{0e}\Psi_{c,k_e}(r_e) = E_c(k_e)\Psi_{c,k_e}(r_e) \tag{2-74}$$

$$H_{0h}\Psi_{v,k_h}(r_h) = E_v(k_h)\Psi_{v,k_h}(r_h) \tag{2-75}$$

而电子空穴的状态可以用布洛赫波函数来描述，参见式（2-36），并考虑弱电子-空穴相互作用，采用 Hartree-Fok 近似以及万尼尔函数展开，可以得到激子包络函数满足的有效质量方程。并且其本征矢给出激子态的波函数。

$$[E_c(k_e) - E_v(k_h) + V(R_e - R_h)]\Phi_{nK}(R_e, R_h) = E\Phi_{nK}(R_e, R_h) \tag{2-76}$$

此时激子波函数为

$$\Psi_{n,K}(r_e, r_h) = \Omega\Phi_{nK}(R_e, R_h)a_{R_e}(r_e)a_{R_h}(r_h) \tag{2-77}$$

即激子的波函数等于电子空穴波函数的积再乘以一个调制函数。

考虑电子和空穴各自的能量，以及相互作用为库仑作用，可知

$$E_c(\boldsymbol{k}_e) = \frac{P_e^2}{2m_e^*} \tag{2-78}$$

$$E_v(\boldsymbol{k}_h) = \frac{P_h^2}{2m_h^*} \tag{2-79}$$

$$V(\boldsymbol{R}_e - \boldsymbol{R}_h) = -\frac{e^2}{4\pi\varepsilon_0\varepsilon_r(0)(\boldsymbol{R}_e - \boldsymbol{R}_h)} \tag{2-80}$$

其中，P_e，P_h 分别为电子和空穴动量；m_e^*，m_h^* 分别为电子和空穴的有效质量；$\varepsilon_r(0)$ 为相对静态介电函数。将式（2-78）～式（2-80）代入式（2-76）中，可以得到类氢原子运动方程。将激子运动分为质心运动和相对运动两部分，可以得到激子的解为

$$\Phi(\boldsymbol{R}_e, \boldsymbol{R}_h) = \varphi(\boldsymbol{R})\phi(\boldsymbol{r}) \tag{2-81}$$

其中，$\varphi(\boldsymbol{R})$，$\phi(\boldsymbol{r})$ 分别为质心运动部分和相对运动部分。其质量和坐标及各部分本征解分别为

$$M = m_e^* + m_h^* \tag{2-82}$$

$$\boldsymbol{R} = \frac{m_e^*\boldsymbol{R}_e + m_h^*\boldsymbol{R}_h}{m_e^* + m_h^*} \tag{2-83}$$

$$\frac{1}{\mu} = \frac{1}{m_e^*} + \frac{1}{m_h^*} \tag{2-84}$$

$$\boldsymbol{r} = \boldsymbol{R}_e - \boldsymbol{R}_h \tag{2-85}$$

$$\varphi(\boldsymbol{R}) = \frac{1}{\sqrt{N}}e^{i\boldsymbol{K}\cdot\boldsymbol{R}} \tag{2-86}$$

$$E_M = \frac{\hbar^2 K^2}{2M} + E_g \tag{2-87}$$

$$\phi(\boldsymbol{r}) = R_{nl}(\boldsymbol{r})Y_{lm}(\theta, \varphi) \tag{2-88}$$

$$E_n = -\frac{R^*}{n^2} \tag{2-89}$$

其中，$R^* = \dfrac{\mu e^4}{32\pi^2\varepsilon_0^2\varepsilon_r^2\hbar^2}$，为激子的等效里德伯（Rydberg）能量。则激子的总能量为

$$E_n = E_g + \frac{\hbar^2 K^2}{2M} - \frac{R^*}{n^2} \tag{2-90}$$

可以看到，激子可以视为类氢粒子，当电子空穴的群速度相等，$K = 0$ 时，激子有着分立的能谱。其玻尔半径为

$$\alpha^* = \frac{4\pi\varepsilon\hbar^2}{\mu e^2} = \frac{m_0}{\mu}\varepsilon_r\alpha^H \tag{2-91}$$

其中，α^H 为氢原子的玻尔半径。一般来说，只有在较纯的半导体晶体中才能观察到激子态，这是由于高自由载流子浓度对电子-空穴相互作用强的屏蔽作用，在此基础上，如果想通过补偿来研究掺杂半导体的激子效应，高掺杂浓度将导致激子谱线增宽，以致超过某一杂质浓度时，分立的激子谱线将不再能分辨。

由激子的波函数结合之前讨论的方法，可以计算得到由基态到各个激子态的跃迁概率和吸收系数，这是一项十分复杂的运算，在简单能带模型和 M_0 型临界点附近直接跃迁情况下，考虑激子态效应的吸收系数为

$$\alpha(\hbar\omega) = \frac{4\pi^2 e^2}{\varepsilon_0 \eta m^* c\omega}|\Psi_n(0)|^2 |M|^2 D(\hbar\omega) \tag{2-92}$$

其中，$\Psi_n(0)$ 为 $K = 0$ 处激子的波函数；$D(\hbar\omega)$ 为联合态密度。

对于分立的激子态，

$$|\Psi_n(0)|^2 = \frac{1}{\pi a^{*3}}\frac{1}{n^3} \tag{2-93}$$

其中，$n = 1,2,3,\cdots$，为激子态的量子数，分立的激子态对应的吸收系数为

$$\alpha_{\text{分立}}(\hbar\omega) = \frac{4\pi^2 e^2}{\varepsilon_0 \eta m^* c\omega}\frac{1}{\pi a^{*3}}|M|^2 \sum_{n=1}^{\infty}\frac{1}{n^3}\delta\left[\hbar\omega - E_g + \frac{R^*}{n^2}\right] \tag{2-94}$$

由上式可知，在此假设下，分立激子谱线的强度随 $1/n^3$ 递减，不同量子数激子谱线间的能量间距也随 $1/n^3$ 递减。当量子数 n 很大时，分立的激子谱线紧密分布，形成准连续的吸收带，在此情况下，跃迁联合态密度

$$D_{\text{qc}}(\hbar\omega) \propto 2\left(\frac{\mathrm{d}E}{\mathrm{d}n}\right)^{-1} = \frac{n^3}{R^*} \tag{2-95}$$

对应的吸收系数为

$$\alpha_{\text{qc}}(\hbar\omega) = \frac{4\pi^2 e^2}{\varepsilon_0 \eta m^* c\omega}\left(\frac{2\mu}{\hbar^2}\right)^{3/2} R^{*1/2}|M|^2 \tag{2-96}$$

上式中，可以发现在准连续带情况下，吸收系数与量子数 n 无关，可以近似为常数。对于 $E > E_g$ 处的连续带，其吸收系数

$$\alpha(\omega) = \alpha_a(\omega)\frac{\pi\nu e^{\pi\nu}}{\sinh(\pi\nu)} \tag{2-97}$$

其中，$\dfrac{\pi\nu e^{\pi\nu}}{\sinh(\pi\nu)}$ 为索末菲因子，$\nu = \left(\dfrac{R^*}{\hbar\omega - E_g}\right)^{1/2}$；$\alpha_a(\omega)$ 为不存在激子效应情况下的直接带间跃迁吸收系数。

2.3.3　杂质和缺陷态参与的跃迁

在半导体材料中,当材料具有完整的周期晶格时,电子只能处于禁带之外的能带中,在禁带中不存在电子态。在实际材料中,严格的周期晶格并不存在,而是不同程度地含有各种杂质和缺陷,它们的存在使得晶格的严格的周期势场遭到破坏,在严格的周期势场之上叠加了由杂质和缺陷引起的附加势场。附加的势场将会使得电子或空穴被束缚在它们的周围,产生局域化的电子态,这些局域电子态的能量通常处于禁带之中,这些存在的电子态将会引起多种形式的吸收或发光。

在半导体中,杂质可以引起多种形式的吸收,本小节将介绍电离杂质吸收和中性杂质吸收,更详细的有关杂质吸收的内容参见《半导体光谱和光学性质》[9]。

对于电离杂质吸收而言,电离施主上的空穴或电离受主上的电子可以吸收一个适当能量的光子跃迁到价带或导带。对于浅施主或浅受主,这种跃迁要求光子能量与禁带宽度接近,表现为基本吸收边以下的附加吸收。电离杂质吸收将形成连续谱,以电离浅施主为例,价带中不同能量的电子都有可能跃迁到施主态上。对于直接禁带半导体中的类氢杂质,若给定其电离杂质浓度 N_1,由跃迁的终末态密度,易求得其吸收系数。与直接跃迁不同的是,杂质吸收过程中,和杂质态相联系的初态或末态是固定的,且初态或末态的能量也是固定的。其对应的吸收系数为

$$\alpha = \frac{128\pi^2 \mu_0 c e^2}{\eta m_0^2 \omega} |\boldsymbol{e} \cdot \boldsymbol{p}|^2 \left(\frac{2m}{\hbar^2}\right)^{3/2} \frac{\pi a^{*3} N_1 \epsilon^{1/2}}{\left(1 + \frac{\epsilon}{\epsilon_i}\right)^4} \tag{2-98}$$

其中,ϵ_i 为施主基态电离能,$\epsilon_i = \dfrac{\hbar^2}{2ma^{*2}}$;$\epsilon = \dfrac{\hbar^2 k^2}{2m}$。

中性杂质吸收是指中性施主或中性受主上处于基态的电子或空穴,可以通过吸收一个适当能量的光子被激发到一个激发态上,或者电离至导带或价带,分别形成线状谱或连续谱。视电离能的大小,中性杂质吸收谱可出现在从近红外直到亚毫米波之间。和电离杂质吸收类似,给定中性杂质浓度 N_n 时,对于连续谱,其吸收系数为

$$\alpha = \frac{256\pi^2 \mu_0 c e^2}{3\eta m_0^2 \omega} \left(\frac{2m}{\hbar^2}\right)^{\frac{3}{2}} \frac{\pi a^{*3} N_\mathrm{n}}{\left(1 + \frac{\epsilon}{\epsilon_i}\right)^4} (\hbar\omega - \epsilon_i) \tag{2-99}$$

在半导体材料中,和杂质或缺陷有关的发光过程被称为非本征辐射复合过程。研究表明,即使当杂质含量很低时,非本征辐射复合发光对半导体辐射复合光谱的影响仍然十分显著。常见的非本征辐射复合过程包括导带-受主间辐射复合、施主-价带间辐射复合和施主-受主对辐射复合等。

导带-受主间辐射复合和施主-价带间辐射复合统称为连续带-杂质能级间辐射复合,最简单的非本征辐射复合发光是仅存在单一的浅杂质(施主或受主)的情况,这些杂质的能量状态可以用有效质量理论来描述。对类氢类受主,直接计算得到的这一辐射复合跃迁的速率为

$$R_{BA}(\hbar\omega)\mathrm{d}\hbar\omega = np_A B_{BA} 2\pi \left(\frac{\beta}{\pi} \right)^{3/2} \frac{x^{1/2}\exp(-\beta x)}{(1+x)^4}\mathrm{d}x \qquad (2\text{-}100)$$

其中,n 为导带电子浓度;p_A 为中性受主浓度;B_{BA} 为一个与跃迁矩阵元、受主波函数等有关的函数;$\beta = \dfrac{m_A E_A}{m_e^* k_B T}$,$x = \dfrac{m_e^*}{m_A E_A}[\hbar\omega - (E_g - E_A)]$,$m_A$ 为受主态有效质量,通常比 m_e^* 大一个数量级左右。在低温下,

$$R_{BA}(\hbar\omega) \propto [\hbar\omega - (E_g - E_A)]^{\frac{1}{2}} \exp\left[-\frac{\hbar\omega - (E_g - E_A)}{k_B T} \right] \qquad (2\text{-}101)$$

从上式可知,连续带-杂质能级间辐射复合发光谱带的峰值能量位置为

$$\hbar\omega_p = E_g - E_I + \frac{1}{2}k_B T \qquad (2\text{-}102)$$

其中,E_I 为杂质电离能;$\dfrac{1}{2}k_B T$ 源于连续能带中自由载流子的热分布。

当半导体中既含有施主杂质又含有受主杂质时,施主离子及其束缚的电子和受主离子及其束缚的空穴可以构成施主-受主对复合物从而发生施主-受主对辐射复合发光跃迁。这个辐射跃迁的概率取决于施主电子波函数和受主空穴波函数的重叠程度。对于相距较远的施主-受主对复合物,其辐射复合跃迁能量为

$$\hbar\omega(R) = E_g - (E_A + E_D) + \frac{e^2}{4\pi\varepsilon R} = \hbar\omega(\infty) + \frac{e^2}{4\pi\varepsilon R} \qquad (2\text{-}103)$$

其中,$\hbar\omega(R)$ 为施主-受主对复合物距离为 R 时的辐射复合发光光子的能量;$\hbar\omega(\infty)$ 为假定 $R \to \infty$ 时发光光子能量;E_A 和 E_D 分别为从相应的带边缘量起的受主电离能和施主电离能。当中性施主和受主存在极化时,其对辐射复合发光光子能量也会产生影响,极化的中性施主与受主之间的相互作用可以认为是一种范德瓦耳斯极化,因此上式中的辐射复合跃迁能量应加上极化产生的修正项 $f(R)$,且

$$f(R) = -\frac{6.5e^2}{\varepsilon_0 R}\left(\frac{a_D}{R}\right)^5$$，其中 a_D 是施主-受主对中束缚较松的杂质态（通常是施主）

的玻尔半径。

2.3.4　声子参与的跃迁

在晶体中存在原子间作用力，原子的振动将通过原子间的相互作用在晶体中传播，表现为晶格振动波，简称格波。当每个原胞中只包含一个原子时，格波的每一个波矢相对应的有三种振动模式：一个纵波，两个横波，它们都是声学波。当每个原胞中含两个原子时，对应于格波的每一个波矢存在六种振动模式：三个声学波，三个光学波，它们分别具有一个纵波和两个横波。

根据晶格振动理论，描述振动频率为 ω_q 的振动的简正坐标所遵守的方程和频率为 ω_q 的谐振子相同。因此，每个振动模式的振动能量 E_n 是量子化的，且

$$E_n = \left(n + \frac{1}{2}\right)\hbar\omega_q \tag{2-104}$$

即振动能量的变化只能是 $\hbar\omega_q$ 的整数倍，因此可以将量子数为 n 的格波看作能量为 $\hbar\omega_q$，动量为 $\hbar q$ 的 n 个准粒子，即声子。其中 q 为格波的波矢。根据量子统计，声子作为玻色子，每个模式中所包含的声子数为

$$N(\omega_q) = \frac{1}{e^{\hbar\omega_q/k_B T} - 1} \tag{2-105}$$

在谐振子近似模型中，声子被认为是互相独立的，晶格离子像硬球那样位移而不引起周围电子云的畸变，偶极矩是离子位移的线性函数。这样的辐射场和声子场的相互作用对应于和单个光子相互作用的单声子的产生和湮没，在吸收光谱图上则现一个以该单声子频率为中心的吸收带，其吸收系数可以很大，以至极性半导体晶体在这一狭窄频段内完全不透明。

然而对于金刚石结构半导体，如 C、Si、Ge 等，是由两个完全一样的面心立方格子沿主对角线方向位移对角线的 1/4 距离套构而成的，由于这种高晶体对称性，理想情况下，一个亚晶格相对于另一个亚晶格的位移并不导致点偶极矩，因而它们的晶格振动模式是红外不活跃的，所以不存在离子性晶体的那种单声子吸收带或反射带。然而，事实上声子模并非完全相互独立，它们的相互作用导致运动方程出现非简谐的势能项，从而导致电偶极矩的非简谐项，进而导致多声子跃迁过程的产生。

实验中，吸收系数和温度的依赖关系是判断跃迁过程级次的一个重要依据。吸收红外光子、产生单声子的一级跃迁过程与声子态密度的占据情况 $N(\omega_q)$ 无关，因而也和温度无关，它对应的吸收带也不随温度变化。而吸收光子发射两个声子的二级跃迁过程的概率 α_1 可以表示为

$$\alpha_1 \propto [1+N(\omega_1)][1+N(\omega_2)] - N(\omega_1)N(\omega_2) = 1 + N(\omega_1) + N(\omega_2) \quad (2\text{-}106)$$

其中，$N(\omega_1)N(\omega_2)$ 为已被占据的声子态。

吸收光子伴随着吸收一个较低能量声子和发射一个较高能量声子的二级过程，其概率 α_2 可以表示为

$$\alpha_2 \propto [1+N(\omega_1)]N(\omega_2) - [1+N(\omega_2)]N(\omega_1) = N(\omega_2) - N(\omega_1) \quad (2\text{-}107)$$

可见多声子过程跃迁概率与声子态密度及分布函数有关，因而它们对应的吸收带的强度都要随温度而改变，并且对和过程与差过程，这种温度关系是不一样的。更详细的有关声子的光学性质的内容参见《半导体光谱和光学性质》[9]。

2.4 基本光学表征技术

光学表征可以实现无损、快速、多环境检测，被广泛应用于研究半导体材料的基本物理特性。通过不同的光学表征手段，如吸收光谱、荧光光谱、拉曼光谱及相应的偏振光谱可以获得材料的不同物理参数，包括基本光吸收特性、微结构、电子结构等信息。传统的光学表征手段是基于测试大量集合样品的统计光学性质。随着纳米材料及器件的出现和发展，传统表征方法已经无法适应对单个纳米结构光学性质研究的需求。目前，随着技术的发展，结合光学或电学显微镜技术，可以实现空间分辨率到亚微米量级的微区光学特性表征，通过这些方法测量光谱的技术被称为微区光谱技术。这也为低维半导体材料的光子学研究提供了有力的技术保障。

2.4.1 微区吸收光谱技术

吸收光谱（absorption spectrum）是指物质吸收光子，从低能级跃迁到高能级而产生的光谱。吸收光谱可是线状谱或吸收带。研究吸收光谱可了解原子、分子和其他许多物质的结构和运动状态，以及它们同电磁场或粒子相互作用的情况。对半导体材料吸收光谱的研究对于理解能带电子结构极其重要，对光学及光电器件的制备具有指导作用。

对于使用传统自由光路的光谱测量系统，其光斑约在厘米量级，如大型分光光度计。在微纳光子学领域中，为了研究微观样品的光谱性能，经常需要将光谱测量系统的空间分辨率提高至微米量级。而做到这一点的难点在于，必须将光斑缩小约百倍，同时将系统的灵敏度提高约百倍。

为了实现微米量级的空间分辨率，微区光谱的测量通常基于显微镜展开。图 2-6 所示是一种采用了 Kohler 照明系统的现代商用显微镜架构（上海复享光

学股份有限公司）。显微镜中存在一组重要的共轭面，包括样品平面、视场光阑平面和图像平面。

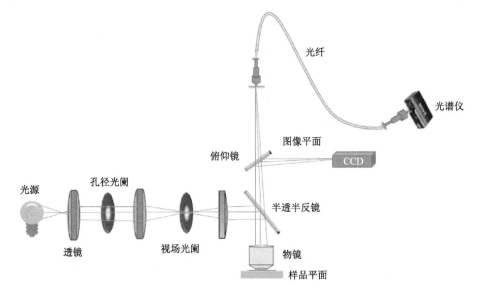

图 2-6　显微镜光谱测量原理

CCD，电荷耦合器件

　　这三个共轭面互为共轭关系，在这组共轭面上的图像具有固定的放大比率，这个比率主要受物镜放大倍数的影响。考虑最简单的情况，忽略系统中其他光学镜片的影响，视场光阑平面的图像大小等于样品平面的图像大小乘上物镜的放大倍数，即视场光阑平面和图像平面的像都是样品平面物体的放大实像。一般来说，会使用较大的视场光阑以实现样品平面全视场的照明，而使用一根光纤实现较高空间分辨的光谱收集。

　　图 2-7 是利用微区吸收谱获得的各种二维材料，包括石墨烯、过渡金属硫族化合物（TMDs）和黑磷的吸收谱[10-12]。石墨烯的微区吸收谱 [图 2-7（a）] 是通过分段测试获得：中红外至近红外波段利用同步辐射光源作为光源（0.2～1.2eV），可见光波段利用卤素灯作为光源，结合共焦显微镜进行测试。石墨烯光导率 $[\sigma(E)]$ 是通过反射比 $\Delta R/R$（由样品引起的衬底反射率变化）获得。TMDs 的微区吸收谱是利用卤钨灯结合共焦显微镜测得。信号处理是通过差分反射法获得。通过对 TMDs 微区反射谱分析可以得到不同材料（MoS_2，$MoSe_2$，WS_2，WSe_2）的各个激子吸收能量位置。图 2-7（c）是通过偏振的方法测试层数依赖的黑磷的微区吸收谱，得到关于黑磷各向异性的吸收特性，进而获得沿 x 方向的偏振与价带和导带间的跃迁有关，而 y 方向的偏振来源于布里渊区的其他跃迁。

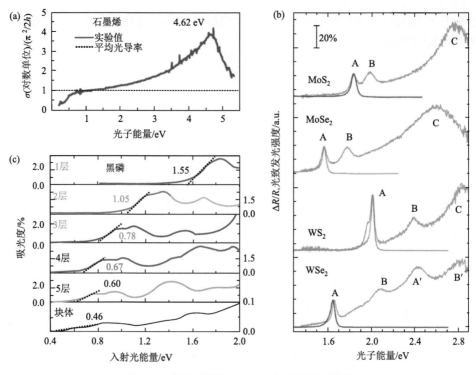

图 2-7　单层石墨烯、TMDs 和黑磷的吸收谱

（a）实验测得单层石墨烯的光导率（实线）和平均值（虚线）[10]；（b）单层 TMDs（MoS₂，MoSe₂，WS₂，WSe₂）的差分反射谱（灰色曲线）和在 C 峰激发时的荧光光谱[11]；（c）不同层数的黑磷的光学吸收谱[12]

　　通过反射谱的测量也可以获得其他半导体材料的光谱精细结构。图 2-8 是在 77K 下 CdS 纳米线的偏振依赖的反射谱（上图）和相应发光光谱（下图）。从图中可以获得 CdS 纳米线的 A，B，C 激子的精细结构和能量位置及其偏振依赖特性[13]。

　　微区反射谱可以应用于微纳米结构与分布式布拉格反射腔（distributed Bragg reflector，DBR）复合结构的光学模式测量[14]。图 2-9（a）～（c）是把 CdS 纳米带与介质 DBR 微腔相结合的微结构。由于纳米带的宽度尺寸在微米量级，无法用传统的方法测试与带相关的腔模。利用微区反射谱可以确定具体的微区腔模位置［图 2-9（d）中插图］。这对实现低阈值纳米激光器具有重要意义。

2.4.2　微区荧光光谱技术

　　荧光是指半导体材料在吸收了相对其带隙较高能量的粒子（光子或电子等）后，电子从价带跃迁至导带，然后处于激发态的电子自发跃迁到价带与价带中的空穴复合后所发出的光。所以，荧光光谱的研究可以获得材料基本的能带结构等信息。随着低维材料的发展，传统的宏观集合样品的荧光检测方法已经无

法满足需要。结合光学或电子显微镜的微区荧光检测方法是研究低维材料的有
力工具。

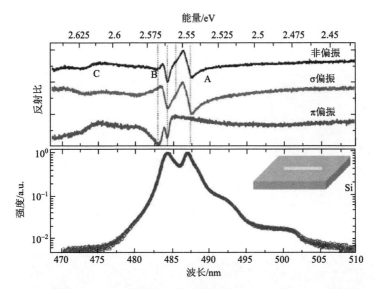

图 2-8　分散在硅衬底上的 CdS 纳米线的偏振依赖的反射谱（上图）和 PL 光谱（下图）[13]

在 77K 下测试，从图中可以分辨出 A（红色虚线）、B（蓝色虚线）、C 激子

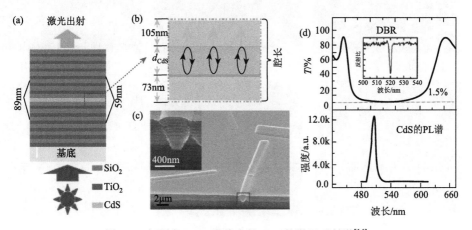

图 2-9　包覆在 DBR 微腔中的 CdS 的微区反射谱[14]

（a，b）结构示意图；（c）微腔的截面 SEM 图像；（d）上图为半腔透射谱，插图为全腔的微区反射谱，下图为
CdS 自发辐射谱

1. 共聚焦荧光光谱测试技术

共聚焦荧光光谱测试技术和共聚焦拉曼测试技术相同，通过引入合适的针

孔，通过共聚焦系统使物点与像共轭，即物点的像在针孔位置。这样可减少周围杂散光的进入，提高成像的对比度。结合扫描系统，可以将不同位置的荧光成像。图 2-10 是 WS_2-WSe_2 横向异质结的 AFM、光学显微图像、微区拉曼和微区荧光的成像结果[15]。

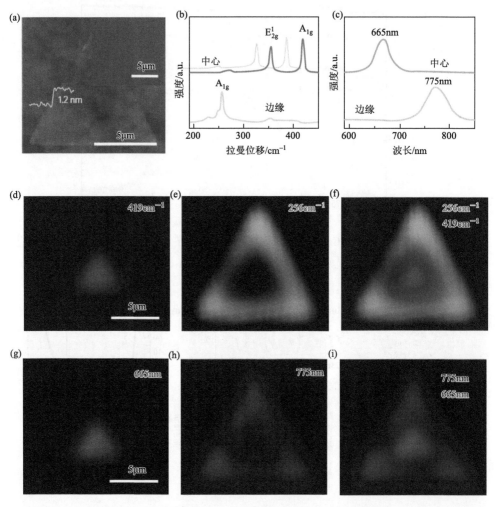

图 2-10 （a）WS_2-WSe_2 横向异质结的 AFM 图像，插图为光学显微图像，比例尺为 $5\mu m$；（b）样品不同位置的拉曼谱；（c）样品不同位置的荧光光谱；（d~f）不同拉曼响应峰对应的空间位置拉曼成像；（g~i）不同发光峰对应微区荧光成像；（d）和（g）图中比例尺为 $5\mu m$[15]

2. 阴极射线荧光光谱技术

阴极射线荧光是利用聚焦的电子束作为激发源实现对样品从基态到激发态的

激发，其荧光产生原理和光致荧光相同。通常阴极射线荧光结合扫描或透射电子显微镜使用，由于电子能量极高，所以可以将电子聚焦至纳米量级，从而获得纳米级的空间分辨率。图 2-11 为阴极射线荧光光谱检测装置示意图。电子束被聚焦在样品上，样品在电子激发下发出荧光，光信号被光纤接收，导入光谱仪进行检测[16]。

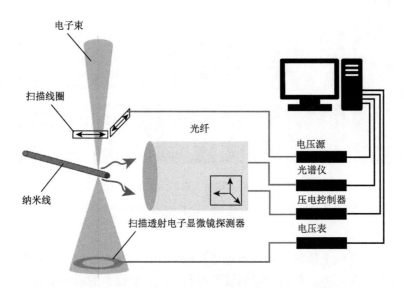

图 2-11　阴极射线荧光光谱检测的实验装置示意图[16]

利用阴极射线荧光法可以获得纳米尺度的荧光显微图像。图 2-12 为 CdS 纳米线的荧光微区光谱及成像结果。通过高分辨成像可以分辨不同缺陷发光所对应的空间位置[16]。另外，阴极射线荧光技术结合脉冲电子束及快速光谱检测技术可以实现微区超快光谱测量[17]。

2.4.3　微区拉曼散射光谱技术

拉曼散射是指入射粒子为光子时，与靶粒子相互作用后，波数变化大于 $1cm^{-1}$ 以上的散射，是一种非弹性散射（瑞利散射为弹性散射，入射光与散射光能量相同）。迄今人们对拉曼散射效应的主要应用是利用拉曼光谱分析分子内部自由度。

传统的拉曼表征手段只能测试大量样品的集合信号，无法给出纳米单体的拉曼信号，无法满足材料制备和理论发展的需求。所以，具有高空间分辨功能的拉曼表征技术，如共焦显微拉曼技术，被广泛应用于研究低维体系的拉曼特性[18]。

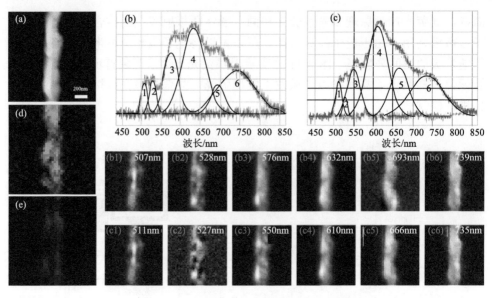

图 2-12　CdS 纳米线阴极射线荧光成像结果[16]

（a）CdS 纳米线一端的暗场 TEM 图像；（b，c）在 CdS 纳米线一端采集的两个不同的光谱；（d，e）对应于图（b）和图（c）光谱的荧光成像图

　　共焦即使光轴上的物点和像点相互共轭。在共焦光路设计中，照明光阑和探测光阑是互相共轭的，使得空间滤波器对照明点和接收点的影响都得到放大，从而提高空间分辨率并抑制样品焦外区域的杂散光。在常规显微镜中，一个较大面积的物体被照明并成像，由于没有保证只对光轴上物体成像，必然出现成像质量差的缺点。但是，共焦光学显微镜采用点光源（通常是激光）经过显微镜物镜聚焦成仅受衍射限制的一个小光点去照明物体和提取信息，并且只对该小光点照明的物体成像，即只对光轴上物体成像，达到了理想成像的要求，有可能达到只受衍射限制的成像。共焦的关键部件是置于被照明物体和成像区的空间滤波器——针孔，它可以保证形成一个和照明物体面积相同而又不使像边缘的杂散光混入物体的像。

　　图 2-13 是共聚焦显微镜的原理图。点状光源通过物镜聚焦后照射样品，样品产生的信号通过同一个物镜收集并通过分束镜反射入探测器，在探测器前有一针孔，信号光被聚焦在针孔处，这样就保证了物点和像点的共轭。图 2-13 中的点划线表示的是离焦平面的信号经过物镜和聚焦透镜后到达针孔处的状态，可以发现只有极少量的光进入针孔。这也表明共焦可以大大减少非焦面的光学信号。这也使得共焦拉曼显微镜不仅具有相对普通光学显微镜更高的横向空间分辨率（可达半波长），也具有普通光学显微镜所没有的纵向分辨能力。

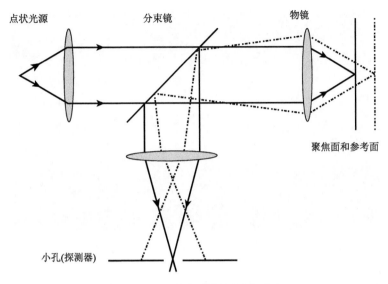

图 2-13　共聚焦显微镜的原理图

图 2-14 是德国 Witec 公司提供的多层聚合物薄膜的纵向分辨的拉曼成像，可以通过微区拉曼技术检测到各层材料的纵向分布。

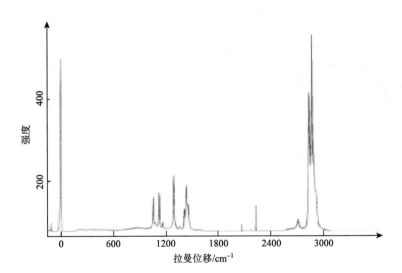

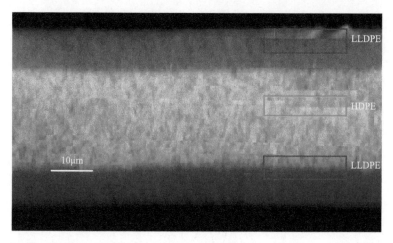

图 2-14　多层聚合物薄膜 LLDPE/HDPE/LLDPE 的拉曼光谱（上图）与纵向拉曼图像（下图）

参 考 文 献

[1] Tsu L E R. Superlattice and negative differential conductivity in semiconductors. IBM Journal of Research and Development，1970，14（1）：61-65.

[2] Rossetti R，Nakahara S，Brus L E. Quantum size effects in the redox potentials，resonance Raman spectra，and electronic spectra of CdS crystallites in aqueous solution. The Journal of Chemical Physics，1983，79（2）：1086-1088.

[3] Iijima S. Helical microtubules of graphitic carbon. Nature，1991，354（6348）：56-58.

[4] Novoselov K S，Geim A K，Morozov S V，et al. Electric field effect in atomically thin carbon films. Science，2004，306（5696）：666-669.

[5] Strzalkowski I. The physics of semiconductors：with applications to optoelectronic devices. European Journal of Physics，1999，20（5）：351.

[6] 刘恩科，朱秉升，罗晋升. 半导体物理学. 7 版. 北京：电子工业出版社，2003.

[7] Shubert E F. Physical Foundations of Solid State Devices. New York：Rensselaer Polytechnic Institute，2015.

[8] Pierret R F. Adlvanced Semiconductor Fundamentals.2nd Ed. Upper Saddle River：Prentice Hall，2002.

[9] 沈学础. 半导体光谱和光学性质. 2 版. 北京：科学出版社，2002.

[10] Mak K F，Shan J，Heinz T F. Seeing many-body effects in single-and few-layer graphene：observation of two-dimensional saddle-point excitons. Physical Review Letters，2011，106（4）：046401.

[11] Kozawa D，Kumar R，Carvalho A，et al. Photocarrier relaxation pathway in two-dimensional semiconducting transition metal dichalcogenides. Nature Communications，2014，5：4543.

[12] Qiao J，Kong X，Hu Z X，et al. High-mobility transport anisotropy and linear dichroism in few-layer black phosphorus. Nature Communications，2014，5：4475.

[13] Sun L，Kim D H，Oh K H，et al. Strain-induced large exciton energy shifts in buckled CdS nanowires. Nano Letters，2013，13（8）：3836-3842.

[14] Zhang Q，Wang S W，Liu X，et al. Low threshold，single-mode laser based on individual CdS nanoribbons in dielectric DBR microcavity. Nano Energy，2016，30：481-487.

[15]　Duan X，Wang C，Shaw J C，et al. Lateral epitaxial growth of two-dimensional layered semiconductor heterojunctions. Nature Nanotechnology，2014，9（12）：1024-1030.

[16]　Cretu O，Zhang C，Golberg D. Nanometer-scale mapping of defect-induced luminescence centers in cadmium sulfide nanowires. Applied Physics Letters，2017，110（11）：111904.

[17]　Fu X，Jacopin G，Shahmohammadi M，et al. Exciton drift in semiconductors under uniform strain gradients: application to bent ZnO microwires. ACS Nano，2014，8（4）：3412-3420.

[18]　张树霖. 拉曼光谱学与低维纳米半导体. 北京：科学出版社，2008.

第3章

低维半导体材料制备与能带调控

3.1 引言

低维半导体纳米材料,包括零维量子点、一维纳米线以及二维纳米片,是构建未来光电子集成器件,如发光二极管、半导体激光器、高速场效应晶体管以及非易失性存储器最基本的结构单元。伴随着纳米材料的诸多优异性质被发现,其合成和表征逐渐成为探索纳米科技的重要研究方向。由于纳米材料的维度不同,其制备方法各有差异,但总体可以概括为自上而下(从大到小)和自下而上(从小到大)两大类。自上而下(top-down)的合成方法是指采用激光消融、电化学、液相剥离和超声剥离等方法将材料在空间尺度上逐渐变小到纳米尺度的一种制备方法;而自下而上(bottom-up)是指利用原子或者分子通过化学或者物理反应过程使尺寸由小逐渐变大并转化到纳米尺度的一种制备方法,通常包含了成核和外延生长两个过程。这些纳米材料制备方法各有长处与缺点。本章前半部分就目前常用的零维量子点、一维纳米线和二维原子晶体的生长方法分别进行举例阐述。

带隙是决定低维半导体性质的关键参数之一,直接影响了半导体材料的光吸收和光发射特性。然而,自然界中半导体材料的种类有限和带隙离散的缺点严重制约了其在纳米信息器件方面的应用。近年来,研究人员为了克服天然半导体材料的带隙不能实现连续可调这一缺陷,在低维半导体带隙调控方面做了大量出色的研究工作。在拓宽材料体系的同时,实现了梯度、核壳、异质结以及量子阱等结构的制备,为低维半导体在纳米光电子学方面的基础研究和应用研究提供了强有力的材料保障。本章后半部分将系统地介绍零维、一维以及二维半导体材料在能带调控方面的研究进展。

3.2 ▶ 低维半导体材料制备

3.2.1 量子点的制备

高质量量子点半导体的制备是零维半导体物性研究及其未来器件应用的基础。实现量子点的制备及其形貌、尺寸、空间分布的有效控制，且有效减少量子点的缺陷，一直以来是被国内外科学家广泛关注的重要课题。目前合成量子点的方法有很多，从合成原理上可以分为自上而下和自下而上两种。自上而下制备方法主要包括电化学法、液相剥离法等；自下而上制备量子点的方法主要包括微乳液法、溶剂热法以及胶体法等。本小节将介绍几种制备量子点的物理方法和化学方法。

1. 电化学法

电化学法是典型的自上而下制备量子点的方法，在碳（C）量子点的制备中比较常见。电化学方法将具有导电性能的碳材料作为工作电极并施加一定的电流或者电压，从而使碳纳米颗粒从碳源上剥离得到 C 量子点。Zhou 等[1]在 2007 年首次将化学气相沉积得到的多壁碳纳米管（MWCNTs）作为原料，以四丁基高氯酸铵（TBAP）作为电解质，利用电化学方法合成了粒径大小为（2.8±0.5）nm 且发射蓝色荧光的 C 量子点，其光致发光量子产率为 6.4%。根据实验过程，Zhou 等认为，电解质中的 TBAP 对 MWCNTs 的裂解起了关键性作用。有机阳离子 TBA^+ 嵌入 MWCNTs 的空隙中破坏了碳管的结构。

电化学法除了用于制备 C 量子点之外，还可用于制备 MoS_2 量子点。Gopalakrishnan 等[2]通过电化学途径合成了 MoS_2 量子点。如图 3-1 所示，Gopalakrishnan 等将 MoS_2 粉末片制成的 MoS_2 圆片（直径 1cm）放置在相隔 1cm 的氯化氢电化学反应池中。

图 3-1　电化学剥离法制备 MoS_2 量子点的流程示意图[2]

在室温下，在两个 MoS₂ 原片之间施加 5.0V 的恒定直流电压。循环 3h 后收集反应混合物，并使用离心浓缩器以 6000r/min 的速度离心 1h，以除去残余的 MoS₂ 块体样品。通过调节电压和电解液的成分，可以对所得 MoS₂ 量子点的尺寸进行调节（2.5～6nm）。需要说明的是，电化学法在制备的过程中易发生氧化反应，会导致产物的纯度下降、产率降低等一系列问题。

2. 液相剥离法

与电化学法类似，液相剥离法通常用于制备一些层状材料量子点，如 MoS₂，WS₂ 以及黑磷等。Xu 等[3]结合超声方法，将 MoS₂/WS₂ 混合物粉末超声得到 MoS₂/WS₂ 量子点异质结。如图 3-2 所示，Xu 等首先将 1g MoS₂/WS₂ 粉末和 100mL 二甲基甲酰胺（DMF）装入 150mL 的烧杯中，并通过超声仪超声处理 3h 以剥离 MoS₂/WS₂ 粉末。将剥离得到的分散体的 2/3 倒入烧瓶中，并在 140℃下剧烈搅拌 6h。然后，将所得的悬浮液沉降数小时，或离心分离离心物和上清液。所得到的浅黄色上清液即为 MoS₂/WS₂ 量子点，离心液为 MoS₂/WS₂ 量子点和纳米片的混合物。MoS₂/WS₂ 量子点可用于生物成像及高效的电化学析氢催化剂。

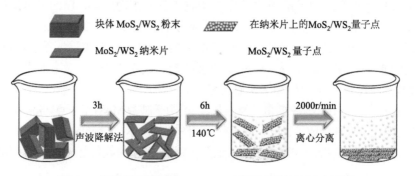

图 3-2　流体剥离法制备 MoS₂/WS₂ 量子点的流程示意图[2]

离子插入辅助剥离法也是一种制备 MoS₂ 量子点的有效手段。Dai 等[4]将 50mg MoS₂ 粉末与 10mL 硫酸放置于烧杯中，并在 65℃下超声处理（200W）20h。将所得混合物在 4500r/min 下离心 30min，以除去大尺寸的 MoS₂ 纳米片。将上清液稀释至 40mL 水中，用透析袋除去硫酸。然后将滤液放置在 BaCl₂ 溶液（1mol/L）中静置一天用于去除 SO₄²⁻。最后使用 0.22μm 的微孔膜纯化获得 MoS₂ 量子点。此法得到的 MoS₂ 量子点的直径小于 10nm，具有在酸性条件下稳定的光致发光，以及 9.65% 的高量子效率和长的荧光寿命（4.66ns）等特征。Dai 等将所得到的量子点应用于细胞内的 RNA 检测以及多光子生物成像技术。

3. 微乳液法

微乳液法是指两种互不相溶的溶剂在乳化剂的作用下，形成均匀的乳液。表面活性剂等所构成的单分子层包围的微乳颗粒,可以成为量子点等纳米材料成核、生长、团聚的反应器。由于微乳液分散性好的特征有效地避免了颗粒间的团聚,因此采用微乳液法制备的纳米材料具有分散性和界面性好的特征。由于需要表面活性剂、助剂等作为乳化剂,微乳液法的主要缺点是所需原料多、反应条件苛刻以及反应工艺难以控制等。Ouyang 等[5]以 1-十八碳烯作为反应溶剂,以二水合醋酸镉和硫粉为主要反应物溶于长链的脂肪酸,采用微乳液法得到具有良好光学性能的 CdS 量子点。

4. 溶剂热法

作为从水热法的基础上发展起来的一种纳米材料合成方法,溶剂热法是合成量子点的重要方法。溶剂热法是指在高压反应釜内,以非水溶性物质作为溶剂,在高温高压下进行反应的一种合成方法。溶剂热法的优势主要是操作简单、实验成本比较低。但溶剂热法也存在一定的局限性,例如,当合成所用的有机物较多时,有机物容易发生自缩合或者自组装,从而影响对目标产物的提纯,同时可能会对目标产物的发光产生一定的影响。下面以 MoS_2 量子点的合成为例介绍。如图 3-3 所示,Wang 等[6]选用钼酸钠(Na₂MoO₄)和 L-半胱氨酸(L-cysteine)分别作为 Mo 源和 S 源。先将 0.25g 的 $Na_2MoO_4 \cdot 2H_2O$ 溶解在 25mL 的水中,超声处理 5min 后,用 0.1mol/L HCl 将溶液的 pH 调节至 6.5。然后,将 0.5g 的 L-半胱氨酸和 50mL 的水添加至该溶液,随后超声处理 10min。最后将混合物转移到不锈钢高压釜中,并在 200℃下反应 36h。溶液自然冷却后,将含有 MoS_2 量子点的上清液以 12000r/min 的速度离心 30min 后收集。该工作将合成的 MoS_2 量子点用于 2, 4, 6-三硝基苯酚(2, 4, 6-trinitrophenol,TNP)的荧光检测中。

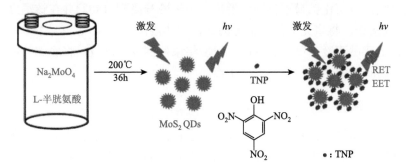

图 3-3　溶剂热法合成 MoS_2 量子点示意图[6]

RET. 共振能量转移;EET. 电子能量转移

5. 胶体法

量子点发光波长可以通过尺寸、组分和结构进行调节。随着量子点尺寸变小,多数原子暴露在量子点表面，即使用有机配体包覆，缺陷也对量子点的光学性质影响非常大，因此，合成高量子效率的小尺寸单一组分量子点是非常困难的。所以，无机材料钝化的、具有较大尺寸的核壳结构更利于在提高量子效率的同时保证量子点溶液加工的可行性[7]。金属有机前驱体高温热解法是最常用的胶体合成量子点方法，实验装置如图 3-4 所示。在常见的合成过程中，在高温下，将阴离子前驱体快速注入阳离子前驱体的混合溶液中，所以这种方法也常称为热注入法。阴离子前驱体注入后，由于瞬间的反应物过饱和，短时间内维持前驱体过饱和度高于成核临界点的状态，导致单分散的量子

图 3-4　胶体合成量子点的装置示意图

点快速成核。影响成核和生长动力学的因素较多，主要有前驱体的活性、反应变量（温度、浓度等）、表面活性剂种类（脂肪酸、脂肪胺、烷基膦酸、三烷基膦或三烷基氧化膦）以及其他机械作用[8]。

　　胶体合成方法还被广泛应用于合成全无机 $CsPbX_3$（X = Cl, Br, I）钙钛矿量子点。Li 等[9]利用十八烯（ODE）、油胺（OAm）、油酸（OA）、碳酸铯、溴化铅、氯化铅、碘化铅等作为原料，合成了全组分的 $CsPbX_3$（X = Cl, Br, I）钙钛矿量子点。合成钙钛矿量子点的步骤如下：首先将 ODE、OA、OAm 和 PbX_2 的混合粉末加入到三口烧瓶中。在 130℃的高温下反复抽真空充氮气 30min，用以除去烧瓶中的氧气。待卤化铅粉末充分溶解后，将溶液升高到 180℃并在该温度下保温10min。紧接着，将事先加热溶解好的铯前驱体溶液快速注入三口烧瓶中，5s 后用冰水将溶液迅速冷却以终止反应。反应结束后倒掉上清液，将底部的材料进行提纯得到高质量的全无机钙钛矿量子点。

3.2.2　一维纳米线的制备

　　一维半导体材料具有新奇光子和光电子特性，可以用于制作光波导器件、激光器和光探测器等集成光电器件，是构建新一代纳米光电信息系统和集成电路的基本单元。一维半导体材料制备技术在纳米半导体科技发展的前期就受到了国内外科学家的广泛关注，至今也是纳米科技中最热门的研究内容之一。一维半导体材料的制备方法多种多样，并各具优势和特点。与量子点的制备原理类似，一维半导体的制备有自上而下和自下而上两种相对的类型。目前大多数一维半导体纳米材料生长方法属于自下而上即从小到大类型，其制备方法通常可分为液相法和气相法。

1. 液相制备法

液相法制备半导体材料要求溶液之间互溶，同时生成物和原溶剂之间不相溶。通常，一维半导体材料的液相法制备遵循溶液-液体-固体（solution-liquid-solid，SLS）的生长机制[10]。利用 SLS 机理制备的一维纳米材料一般需要低熔点金属（如 Sn、In、Bi 等）作为生长催化剂。液相制备法有多种，其中，溶胶-凝胶法、水热法和电化学沉积法是最常用和最具代表性的一维半导体材料制备方法。

1）溶胶-凝胶法（sol-gel method）

溶胶-凝胶法是一种较为温和的一维半导体制备方法。在制备过程中，均匀混合的高化学活性化合物，如无机物或者金属醇盐，经过水解、缩合，先形成透明稳定的溶胶，然后经过静置、陈化后形成三维网络结构的凝胶。最后，凝胶经过干燥、烧结等固化过程实现一维半导体纳米结构的制备。目前，利用溶胶-凝胶法已经成功制备了多种一维半导体氧化物，包括 NiO、TiO_2、ZnO 和 SiO_2 等，并成功应用在功能陶瓷粉料、氧化物涂层和玻璃等生产工艺中[11-14]。例如，Yang 等[11]于 2005 年采用溶胶-凝胶法制备出 NiO 纳米线。其制备过程如下：首先将 5g 六水合硝酸镍［$Ni(NO_3)_2 \cdot 6H_2O$］和 7.5g 柠檬酸（$C_6H_8O_7 \cdot H_2O$）溶解在 100mL 乙醇中，直到形成澄清的混合溶液为止。然后将溶液在烘箱中保温 120℃，直到乙醇完全蒸发，得到绿色的糊状物。将糊状物放在石英舟上，将石英舟装入石英管炉的中心，并在 750℃下于空气中煅烧 8h，制备出 NiO 纳米线。在实验分析中，Yang 等认为柠檬酸组成的金属螯合物在溶胶-凝胶过程中起着重要的作用。2005 年，Chen 等[12]利用溶胶-凝胶法制备了 In 掺杂的 ZnO 纳米棒，并对其光学性质进行了系统的研究。Chen 等利用硝酸锌六水合物［$Zn(NO_3)_2 \cdot 6H_2O$］和六亚甲基四胺（$C_6H_{12}N_4$）在 0.02mol/L 等摩尔条件下反应。将基板垂直放在盛有 $Zn(NO_3)_2 \cdot 6H_2O$ 和 $C_6H_{12}N_4$ 溶液的玻璃瓶中于 95℃的温度下静置 2h 得到 ZnO 纳米棒。与该反应条件相似，通过添加 0.2mmol/L 四水合氯化铟（$InCl_3 \cdot 4H_2O$）进行掺杂，进而获得 ZnO:In 纳米棒。

2）水热法

19 世纪中期，水热法被正式提出。在常压下，水所能达到的温度最高只有 100℃，难以满足实验要求。因此，可以把溶剂水、反应物等放入高压反应釜中密封加热，只需将外界温度加热到 100～300℃，反应釜内的压强就能达到相当高的值（>1GPa）。反应物在高压高温条件下发生化学反应，最终生成所需要的一维半导体纳米材料。利用水热法，科学家们已经制备了多种一维半导体纳米结构，比较有代表性的是李亚栋课题组制备的一系列一维镧系氢氧化物半导体纳米结构[15]。该课题组将 Ln_2O_3（0.4g）溶解在浓硝酸中，然后使用 10% KOH 溶液调节 pH 值，使其出现白色的无定形 $Ln(OH)_3$ 沉淀。搅拌约 10min 后，将沉淀物转移至 50mL

高压釜中,并用去离子水填充至总体积的 80%,密封并在 180℃加热约 12h。将所得产物冷却至室温并过滤收集最终产物,用去离子水洗涤以除去任何可能的离子残留物,然后在 60℃下干燥得到 $Ln(OH)_3$ 纳米线。潘安练课题组[16]于 2011 年同样用水热法制备得到了 $Cu_4Bi_4S_9$ 纳米棒,并对其生长机理、表面光伏特性进行研究。图 3-5 为采用水热法制备的 $Cu_4Bi_4S_9$ 纳米棒的电镜照片。其制备过程简述如下:首先,将 0.5mmol 的 CuCl、0.5mmol 的 $BiCl_3$ 和 0.70g 的十二烷基胺(DDA)添加到装有 30mL 甲苯的三口烧瓶中。将烧瓶加热至 70℃,并在恒定搅拌下保持30min,直到观察到蓝色透明溶液。然后,将 250μL CS_2 缓慢注入溶液中,蓝色溶液变成棕色胶体。接下来,将胶体转移到衬有特氟龙的不锈钢高压釜中。将高压釜密封并在 200℃下保持 30h,然后自然冷却至室温。收集最终产物纳米带并使用无水乙醇彻底洗涤,在 60℃的真空下干燥 4h 得到 $Cu_4Bi_4S_9$ 纳米棒。此外,潘安练课题组[17]还利用水热以及多步化学反应过程合成 $CdS-SiO_2-Au$ 纳米线,利用金纳米粒子表面等离子体共振增强了 $CdS-SiO_2$ 核壳纳米线的荧光发射。第一个水热过程用于制备 CdS 纳米线。首先,在 50mL 烧杯中加入氧化镉(0.256g)、硫粉(0.064g)、L-半胱氨酸($C_3H_7NO_2S$,0.242g)和适量的乙二胺,然后以恒定速率剧烈搅拌 15min,形成均匀溶液。将该溶液转移到密封的不锈钢高压釜(容量为 50mL)中,并在 180℃下反应 48h。收集最终产物,并依次在蒸馏水和无水乙醇中彻底清洗几次,然后真空干燥。第二步,制备 $CdS-SiO_2$ 核壳纳米线。将预先制备的 CdS 纳米线(0.01g)、甲醇(100mL)、原硅酸四乙酯(TEOS,28%,20mL)和蒸馏水(10mL)混合在一起,然后同时在磁力搅拌下注入烧杯中。用氨水将溶液的 pH 值调节至 9.0,将反应在室温下保持 20h,之后得到具有核壳结构的 $CdS-SiO_2$ 纳米线。生长后,将制备好的样品依次在蒸馏水和纯乙醇中彻底清洗几次,然后保存在 5mL 乙醇中。第三步,通过水热法制备 Au 纳米颗粒,使用柠檬酸钠和硼氢化钠作为反应物进行合成。在典型的合成过程中,将新鲜制备的氯金酸溶液($HAuCl_4$,50mL,3×10^{-4}mol/L)和硼氢化钠($NaBH_4$,0.1mol/L)($HAuCl_4$、$NaBH_4$ 物质的量比为 1:11)倒入 100mL 的烧瓶中,并在反应过程中迅速搅拌。10min 后,用移液枪将柠檬酸钠溶液(0.045mol/L)迅速注入烧瓶中,然后反应持续 5~10min 以形成金纳米颗粒。根据柠檬酸钠的用量(1.8~0.3mL),金纳米颗粒的平均直径可以从 7nm 调整到 50nm。最后制备 $CdS-SiO_2-Au$ 复合结构,将 3mL $CdS-SiO_2$ 核壳结构溶液注入装有 40mL 蒸馏乙醇的烧瓶中。然后将混合溶液超声分散 2~3min,并搅拌 10min。用氨水将该分散溶液的 pH 值调节至8.5,然后将 1mL 3-氨基丙基三甲氧基硅烷(APTMS)注入烧瓶中。反应 10h 后,得到改性的 $CdS-SiO_2$ 溶液。将 1mL 改性的 $CdS-SiO_2$ 溶液和 2.5mL 新鲜制备的Au 纳米颗粒加入比色杯中。在剧烈摇动下反应 20min 后,合成得到 $CdS-SiO_2-Au$纳米线复合结构。

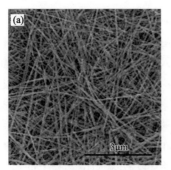

图 3-5 水热法制备的 $Cu_4Bi_4S_9$ 纳米棒[16]

（a）扫描电镜照片；（b）透射电镜照片

3）电化学沉积法

除了用于制备零维量子点，电化学沉积法也可以用于合成一维纳米线及其阵列结构。例如，Zheng 等[18]采用一步电化学沉积法得到了均匀的 ZnO 纳米线阵列。首先，通过两步阳极氧化工艺形成了具有高度有序六边形纳米通道阵列的氧化铝膜。将基材浸入 5%（质量分数）的磷酸中，通过调节不同的浸泡时间来调节扩孔，进而调节纳米孔直径，其调节范围为 40~90nm。然后在多孔氧化铝膜的表面上涂覆保护层，在饱和的 $HgCl_2$ 溶液中去除剩余的 Al 层。随后在 32℃的 5wt%磷酸溶液中进行 1.0~1.5h 的蚀刻处理以去除多孔氧化铝膜底部的阻挡层。在标准的三电极电化学电池中，将一层 Au 溅射到用作工作电极的膜的一侧。在安装电化学电池之前，将多孔氧化铝膜在超声搅拌下浸入去离子水中 2min，以清洁膜表面上的污染物并将纳米孔径中的气体排出。将 ZnO 纳米线浸入水浴中，通过三探针循环伏安法将其电沉积到纳米孔中。以锌板作为对电极，在 1V（相对于 Ag/AgCl）下进行电沉积，进而得到所需的纳米 ZnO 阵列。同样利用电化学沉积法，Wang 等[19]实现了 Fe 纳米线阵列的制备。

2. 气相生长法

相对液相制备法，气相生长法在提高材料结晶性，灵活调控材料的组分、生长方向等方面具有很大的优势。首先，气相过程不需要有机溶剂、水溶液、强酸或者强碱溶液的参与，很大程度上避免了中间产物的产生。其次，反应物浓度更容易通过反应温度、载气以及气压等外部条件调控，有利于得到更多复杂结构和功能的低维纳米材料。不同的合成方法及生长条件下，纳米材料的生长机制不同，导致得到的产物结构不同。气相生长法制备一维半导体纳米材料有四个重要机制：气-液-固（vapor-liquid-solid，VLS）、气-固（vapor-solid，VS）、固-液-固（solid-liquid-solid，SLS）机制以及模板诱导生长（template-induce-growth）机制。

VLS 和 VS 很早被提出并被用于理解纳米线的催化生长机制。1964 年，Wagner[20]

在解释一维半导体硅纳米纤维的生长过程中提出了 VLS 机制。通常，在 VLS 机制下，一维半导体纳米线需要贵金属（Pt、Au、Ag 等）作为催化剂来辅助生长。高温下，固相原料分解为气相或者气相原料直接引入反应腔内，溶入球形金属催化剂内，形成液态合金，也就是气-液过程。随着更多的气体原料溶入贵金属催化剂，液态贵金属中的反应物将达到饱和并被析出为固相的纳米线。被析出的纳米线将在贵金属催化剂的作用下不断地增长，从而得到一维纳米线。很容易理解的是，所得到纳米线的直径与贵金属催化剂的粒径相当。2001 年，Yang 等[21]使用高温透射电子显微镜直接观测到了一维 Ge 纳米线的 VLS 生长过程，从原位实验上证实了 VLS 机制。

与 VLS 机制相比，VS 机制少了中间的液相过程。通常，VS 机制不需要金属催化剂的辅助，如 Umar 等[22]用 Zn 粉和 O$_2$ 合成了一维半导体 ZnO 纳米棒。另外，金属催化剂辅助生长一维半导体材料也可能遵循 VS 机制，如 Han 等[23]使用 Ni 催化制备了一维半导体 GaAs 纳米线。在制备过程中，Ni 并没有熔化成半球状液体，而是以固相 NiGa 合金存在。在纳米材料生长中，通常会有 VLS 和 VS 同时起作用的情况。如图 3-6 所示，当基于 VLS 机制的生长持续一段时间后，VS 机制将会参与其中并发挥主要作用，形成 VLS + VS 机制，从而制备出纳米带以及其他带状的复杂结构。简单来说，纳米带结构中 VS 机制的作用是使纳米线横向外延生长。当成核温度较低、反应源浓度较小的情况下，纳米线将会沿着一侧外延，从而形成纳米梳子等复杂结构。当成核温度比较高、反应源浓度较大的情况下，纳米线将沿着两个方向外延，进而形成形状规则的纳米带。

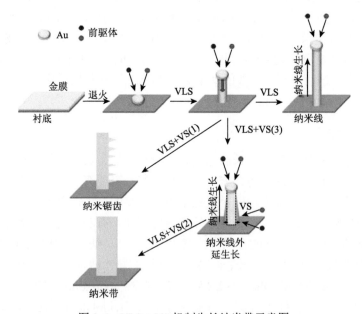

图 3-6　VLS + VS 机制生长纳米带示意图

　　常用的气相生长法有：化学气相沉积（chemical vapor deposition，CVD）法、激光辅助化学气相沉积（laser assistant chemical vapor deposition，LACVD）法、分子束外延（molecular beam epitaxy，MBE）法和金属有机化学气相沉积（metal organic chemical vapor deposition，MOCVD）法等。下面简单介绍这几种常见的气相法。

　　1）化学气相沉积法

　　化学气相沉积（CVD）法是在高温下使固体原料升华、蒸发或者分解从而形成前驱气体，然后不同气体发生化学反应并在特定区域生成产物的制备方法。化学气相沉积系统大致由电路系统及加热系统（管式炉）、载气控制以及压力控制系统等部分组成。载气的作用是将反应物从加热区携带到沉积区，载气进入和流出的区域分别被称为上游和下游区域。通常情况下使用的载气为高纯氮气或者高纯氩气等惰性气体。由于某些特殊的实验需要也会在惰性气体中加入少量的氢气或者氧气等用于参与反应。管式炉在加热过程中产生的温度梯度差在材料生长中起着非常重要的作用，通常情况下，反应物被按照蒸发温度的高低分别放置在中心高温区以及上游低温区，从而保证在反应过程中反应物原料同时蒸发并参与反应。沉积衬底一般被放置在管式炉下游低温区，按照不同材料的沉积温度不同，沉积衬底被放置在不同位置。通常情况下，纳米线的生长过程需要在低压下进行，所以在生长过程中通常使用真空泵等来保持系统的真空度。使用电压控制程序升温的 CVD 被广泛应用于制备各种一维单质纳米线、Ⅱ-Ⅵ族纳米线和Ⅲ-Ⅴ族纳米线等。同时，由于管式炉中反应源能够被灵活移动或者替换的特征，CVD 法被广泛应用于能带可调纳米线及异质结等功能材料的制备。CVD 法具有成本低廉、步骤简单、生成物结晶质量好等优势。以下通过 CVD 系统制备Ⅱ-Ⅵ族纳米异质结的例子来详细介绍该系统的组成以及功能。图 3-7 为 CVD 系统制备一维纳米线的装置示意图。Guo 等[24]利用反应源快速置换的方法制备了 CdS-CdSSe 横向突变的纳米线。首先将装有 CdS 和 CdSe 粉末的瓷舟分别置于管式炉的中心以及上游位置，将喷有一层金膜的硅片作为反应衬底置于管式炉下游低温区。升高温度，首先生长 CdS 纳米线。生长一段时间之后将 CdSe 粉末推入高温区，此时 CdS 以及 CdSe 粉末均被放置在中心位置，用于继续沉积 CdSSe 纳米线。Guo 等利用所得到的材料制作了高灵敏度的光电探测器，探测器的响应度可以达到 $1.18 \times 10^2 A/W$、响应速度可以达到微秒量级（上升时间约 68μs，下降时间约 137μs）、开关比可以达到 10^5、外量子效率可以达到 $3.1 \times 10^4 \%$ 以及宽的探测范围（350~650nm）。由于 CdS 与 CdSSe 异质结形成了Ⅱ型的能带排列，该结构能够促进 CdS 区域的空穴向着 CdSSe 区域转移，与此同时，CdSSe 区域的电子向 CdS 区域转移，进而提升了光探测器的性能。

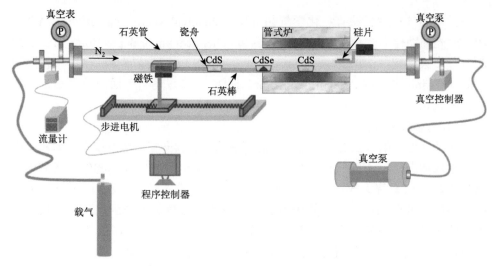

图 3-7 CdS-CdSSe 异质结纳米线的生长示意图[24]

2）激光辅助气相沉积法

激光辅助气相沉积（LACVD）法是在普通 CVD 脉冲激光沉积（PLD）技术的基础上改进开发出来的[25]，其物理基础是激光与物质的相互作用。在高真空度条件下，激光从原材料靶材中轰击出等离子体提供反应物，然后将得到的反应物用高流速的气流传输到沉积区，从而得到低维纳米材料。这种生长技术具有生长温度低、速度快、容易实现大面积纳米材料沉积等独特优势。采用该方法，如图 3-8 所示[26]，Wu 等首先将固体原料压缩成块体靶材，然后在惰性气体氛围中用激光轰击靶材使其蒸发，最后沉积到覆盖有 Au、Ni 等金属催化剂的衬底上形成一维半导体纳米结构。LACVD 可以在较低工作温度下使材料蒸发成前驱气体，并避

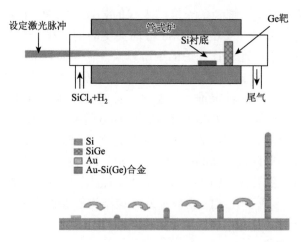

图 3-8 LACVD 法生长 Ge/Si 超晶格纳米线示意图[26]

免了 CVD 法中容易出现的原料蒸发不可控问题。哈佛大学的 Lieber 研究组[27]在制备一维半导体材料方面取得了很高的成就。以 Si 纳米线的制备为例，Lieber 等使用脉冲倍频 Nd-钇-铝石榴石激光（波长 532 nm）烧蚀含有纳米线中所需元素和金属催化剂组分的靶材。该靶位于石英炉管内，在石英管内可以改变温度、压力和停留时间，在 1200℃激光烧蚀 $Si_{0.9}Fe_{0.1}$ 靶材后获得典型的 Si 纳米线。

3）金属有机化学气相沉积法

金属有机化学气相沉积（MOCVD）法是在基板上生长半导体薄膜或半导体纳米结构的一种常用方法。通常情况下，MOCVD 生长过程会使用到易燃、易爆、有毒等危险性气体作为载气或者反应源。MOCVD 法可以用于生长得到多组分、大面积的低维纳米材料。从设备组成方面来说，MOCVD 往往结构复杂，一般包含反应源供给系统、载气输运和流量控制系统、反应以及温度控制系统、尾气处理及安全系统等。与其他 CVD 系统类似，MOCVD 系统生长低维纳米材料时，载气被用于运载反应源到达反应室，这里的前驱体包含各种有机金属。在载气的作用下将各种前驱体混合，在生长衬底上发生化学反应，最后生长出纳米材料。MOCVD 法已经用于合成大量的Ⅲ-Ⅴ族纳米结构和Ⅱ-Ⅵ族纳米结构。MOCVD 系统在制备低维纳米材料方面具有重复性好、材料可控性好和反应温度低等优点。其缺点是设备的造价非常昂贵、原料以及生长基片昂贵、制备纳米材料过程中通常会排放出对人体有毒以及污染环境的尾气，因此 MOCVD 技术很难广泛投入到实际的生产应用当中。如图 3-9 所示，Lee 等[28]利用 MOCVD 方法在 GaAs（002）衬底上实现了 ZnO 纳米线的合成。Lee 等利用二乙基锌（DEZn）作锌前体，高纯度 O_2 用作氧化剂。通过保持在恒定温度和压力下的鼓泡瓶，使用 Ar 载气将 DEZn

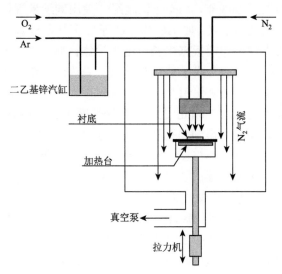

图 3-9 MOCVD 法合成 ZnO 纳米线实验装置简图[28]

引入反应室，并使用 N_2 作为推动气体来抑制气流对流，从而在反应器壁周围形成环形气流。通过两个喷嘴将 DEZn 和 O_2 分别引入反应器中，然后在基材表面上方混合，以防止可能的气相反应形成粉末状副产物（这些副产物会降低 ZnO 线的结晶度）。

4）分子束外延法

分子束外延（MBE）法是一种新型的物理沉积得到单晶材料的方法，可用于生长一维半导体材料。在超高真空的反应腔中，反应源通过高温、电子束加热等方法产生分子束流。入射分子束将在衬底表面被吸附、成核、生长从而得到一维纳米线。分子束外延系统配有多种控制设备，可对生长过程中的重要实验参数，如衬底温度、生长速度等做动态的调控。MBE 的生长环境洁净、温度低且具有精确的原位实时监测系统等优势，使其成为一种获得高质量低维纳米材料的有效手段。分子束外延技术也可配合电镜技术，原位观测低维纳米材料的制备。MBE 在一些一维半导体纳米结构制备实验，尤其是纳米线阵列的制备中具有很重要的优势。例如，Hertenberger 等[29]利用 MBE 在 Si（111）面上实现了 InAs 纳米线阵列的生长，并通过原位电镜技术研究了其外延机理。

5）模板辅助法

模板辅助法在制备一维无机纳米材料中具有非常重要的地位，该方法的显著优点是可以直接用来制备一维半导体纳米材料阵列，这是其他方法难以实现的。因此，模板辅助法在未来电子器件，特别是显示器件方面具有非常重要的应用前景。模板法合成纳米线阵列通常配合气相或者液相合成过程来实现。按照模板种类，模板法可以分为硬模板法和软模板法。迄今已经有大量利用模板法制备一维半导体的工作。例如，1995 年，Lieber 课题组[30]使用碳纳米管作为模板，成功合成了一系列碳化物系列纳米线（如 TiC 和 SiC 等）。多孔阳极氧化铝作为一种常见的介孔材料，通常也被用作模板来生长一维半导体材料。Moskovits 等[31]首次利用多孔阳极氧化铝模板成功合成了 CdS 纳米线。首先制备阳极氧化铝介孔模板，在强酸电解液中生长的阳极氧化铝（AAO）膜具有非常规则且高度各向异性的多孔结构，其孔径范围在 $10\sim200nm$ 之间，孔径长度在 $1\sim50\mu m$ 之间，孔密度大致在 $10^9\sim10^{11}cm^{-2}$。实验中得到的孔几乎是平行的，这使得多孔氧化铝膜成为电化学纳米级材料的理想模板。Moskovits 等紧接着利用 S 和 $CdCl_2$ 分别作为 S 源和 Cd 源，使用电化学沉积法得到 CdS 纳米线阵列。如图 3-10（a）所示，2010 年，Ergen 等[32]采用模板辅助的化学气相沉积法，得到了 Ge 和 CdS 纳米线阵列，通过设计不同的模板，能够得到横截面分别为圆形、正方形以及长方形的纳米柱阵列。图形外延技术与模板法具有相同的原理，2017 年，作者所在实验室在图形外延生长纳米线阵列方面取得了重大的进展。如图 3-10（b）所示，Shoaib 等[33]利用 M 面的蓝宝石在高温退火下形成的沟道结合化学气相沉积法制备了

CsPbBr$_3$ 超长纳米线。首先，Shoaib 等将 M 面的蓝宝石在高温下退火得到沿着同一方向的沟道，然后以 CsBr 与 PbBr$_2$ 为反应源并将其置于管式炉中心位置。以高纯 N$_2$ 作为载气，将预先处理好的蓝宝石衬底放置在下游用于沉积超长导向 CsPbBr$_3$ 纳米线。

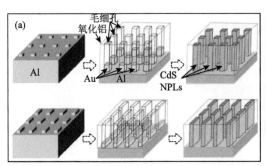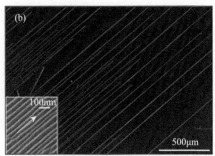

图 3-10　模板法合成一维半导体纳米线（a）合成 Ge 和 CdS 纳米线的示意图[32]；（b）图形外延法合成 CsPbBr$_3$ 超长纳米线[33]

3.2.3　二维原子晶体的制备

二维纳米材料的种类有成千上万种，并且有很多新的二维纳米材料已经被理论预测或被制备。对这些新的二维层状材料的性质和应用进行系统、深入的研究，将对未来半导体行业的发展起到至关重要的作用。

不同于块体材料，由于层间范德瓦耳斯力比较弱，层状二维纳米材料的电子被禁锢在二维的空间里。二维纳米材料并不一定都是由单原子层构成的，它们也有可能由几个原子层组成，层间原子一般由共价键相连，其大部分的电子只在层内运动。由于具有原子数量级的厚度，二维纳米材料具有极佳的柔韧性和透光度，并且其比表面积也非常大。这些二维纳米材料相较于块体材料具有独特的物理、化学、电学和光学性质，使得其在未来光电子的多个领域都具有非常充足的发展潜力，如集成电路、仿生、光电探测器等。W 基和 Mo 基过渡金属硫族化合物（TMDs）由于其单层直接带隙及带隙可调等优异的物理性能，成为最近几年被广泛研究的二维半导体材料，其带隙覆盖可见光至近红外区域。此外，TMDs 能够被做成柔性的光电子器件，其功耗是传统晶体管的 1/100000。二维纳米材料有望打破目前传统半导体领域面临的集成瓶颈，为后摩尔时代集成电路的发展提供新思路。但是，就目前的研究而言，仍有很多具有新奇光电特性的材料有待被发现和研究。

然而，二维材料的可控制备是实现其未来光电子电路应用的基础。与零维量子点、一维纳米线的合成类似，二维材料按照合成机理可以分为自上而下以及自下而上的方法（图 3-11）。自上而下的方法主要为剥离法，指利用各种外界手段把层

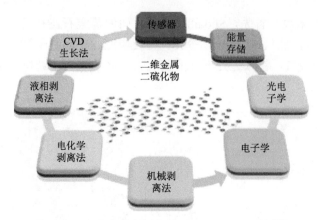

图 3-11　二维层状材料的常用合成方法及应用[34]

状块体进行剥离，通过破坏层间的范德瓦耳斯力，实现材料由厚到薄，并最终得到二维原子晶体的方法，包括机械剥离法、液相剥离法等。自下而上的方法主要为化学合成法，其基本原理是将分子、原子团簇等通过化学反应过程沉积，从而得到二维材料。成核以及外延是化学合成中的两个最重要的过程。化学合成法主要为气相合成法，根据其所用仪器的不同又可分为化学气相沉积法、物理气相沉积法、金属有机化学气相沉积法等。下面简要介绍二维原子晶体的主要制备方法，并重点介绍化学气相沉积法。

1. 机械剥离法

二维层状材料的块体对应物通常是由很多原子层面面堆积而组成，原子层内部的原子以非常强的共价键相互结合而成，层与层之间则由非常弱的范德瓦耳斯力结合。由于普通的胶带与材料的黏附力大于层间范德瓦耳斯力，因此，可以把单层或者少层原子层从块状物体中机械剥离出来。著名的胶带法就是用胶带反复剥离天然的或者人工合成的块体材料，最后得到二维薄层纳米材料的方法。Novoselov等[35]于 2004 年首次制得单层石墨烯时采用了机械剥离法。2005 年，Novoselov等[36, 37]对相应的块体材料进行机械剥离制备出 h-BN（绝缘体）、MoS_2（半导体）、$NbSe_2$ 和石墨烯（导体）等多种单层二维原子晶体。图 3-12 为机械剥离法制备少层二维原子晶体的示意图，首先，把少量的二维块体样品粘在黏性胶带上，然后把胶带对折再撕开，多次重复这个过程后，就有可能获得少层或者单层的二维材料。通过机械剥离法，可以非常简便地得到少层的样品，这大大简化了样品的制备工作，方便后期对材料各种物理化学性质进行研究。机械剥离法操作简单、成本低及得到的样品质量高的优点使其非常适用于实验室对二维材料基础光电性质的探究。由于各种材料层间范德瓦耳斯力的大小不同，机械剥离获得单层材料的难易程度也会不同。在实验中，范德瓦耳斯力较小的材料更容易被剥离从而形成大面积的单层材料。国内外科学家已利用该方法制备了不同种类的二维纳米材料及其异质结，并基于这些异质结开展了基本的物理性质研究，取得了重要的进展。然而，机械剥离得到的二维纳米片的尺寸一般小于 50μm、量少、单层率低并且重复性非常差。因此，机械剥离法制备的二维纳米片难以实现其工业化应用。

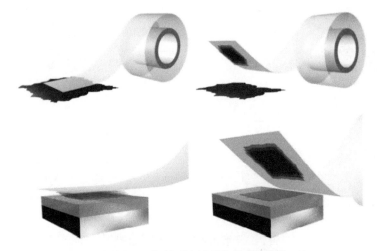

图 3-12　机械剥离法操作流程图[36]

2. 液相剥离法

液相剥离法是指把块体二维半导体材料加入到溶剂中形成较低浓度的分散液，经过加热超声等过程使溶剂小分子进入二维半导体材料的层间，通过破坏层间范德瓦耳斯力，最终获得少层甚至单层的二维半导体样品的方法。2011 年 Coleman[38]报道了以 *N*-甲基吡咯烷酮为溶剂，超声分离块体并得到少层二维 MoS_2 半导体。同年，Smith 等[39]以水为溶剂，添加一定的表面活性剂以调整溶液的表面张力，有效地剥离石墨块体得到了少层石墨烯。液相剥离法可以对二维半导体材料进行大批量的处理，但此法得到的二维半导体具有单层率低，样品尺寸小的缺点；此外，超声溶剂（Li^+等）导致被剥离材料产生不可控的相变，这在很大程度上限制了液相剥离得到的二维纳米材料在未来半导体工业中的应用。

针对液相剥离技术目前存在的不足之处，美国加利福尼亚大学洛杉矶分校段镶锋教授课题组[40]利用四正庚基溴化铵（THAB）代替 Li^+作为辅助剂（图 3-13），成功制备了具有高平整度、适合加工和纯半导体相的二硫化钼（MoS_2）。相比之前的工作，该课题组制备出来的 MoS_2 能够大面积地分布在直径 10cm 的二氧化硅衬底上。与此同时，作者利用所得到的纳米片制备了高质量的 MoS₂ 晶体管，该晶体管具有 n 型的半导体特性以及高达 10^6 的开关比，这些电学指标均远远高于之前报道的工作。所得到的晶体管阵列可用于制备基础逻辑门以及集成电路。该方法还能够用于剥离制备其他二维材料，如二硒化钨、三硒化二铋、二硒化铌、三硒化二铟、三碲化二铋以及黑磷等。

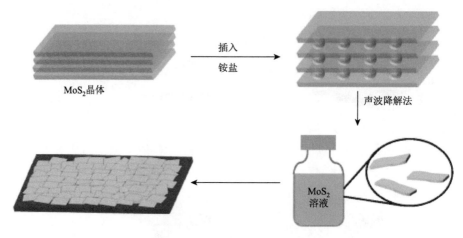

图 3-13　液相剥离法过程示意图[40]

3. 化学气相沉积法

气相法可以广泛应用于制备低维半导体，利用化学气相沉积（CVD）法还可以在固体衬底上形成单晶薄膜。在短短的十年时间，CVD 法在制备二维半导体纳米材料方面取得了重大的突破。

以下以 TMDs 的生长为例，对 CVD 制备二维原子晶体过程做简要的描述。如图 3-14（a）所示，2012 年，Zhan 等[41]首次利用硫粉和 SiO₂/Si 衬底上的 Mo 薄膜（厚度大约为 1～5nm）作为反应源，使用 CVD 法制备了大面积的 MoS₂ 薄膜。同一年，如图 3-14（b）所示 Lee 等[42]利用硫粉和三氧化钼作为反应源，将 SiO₂/Si 倒扣在装有三氧化钼的瓷舟上作为沉积衬底，实现了三角形单晶 MoS₂ 的合成。该合成方法具有过程简单和单层率高的优点。此外，Liu 等[43]巧妙利用(NH₄)₂MoS₄作为反应源，在绝缘衬底上实现了大面积 MoS₂ 薄膜的制备。如图 3-14（c）所示，Liu 等先将浸过(NH₄)₂MoS₄溶液的绝缘衬底在 500℃下退火 1h，然后将退火过的衬底在 1000℃的条件下，在硫蒸气的氛围中退火 30min，形成大面积的 MoS₂ 薄膜。值得注意的是，通过湿法转移技术，所合成的大面积 MoS₂ 可以无损转移到任意衬底上。

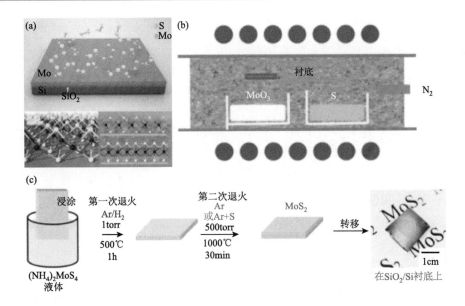

图 3-14　MoS$_2$ 层状材料的几种 CVD 合成方法[41-43]

（a）以 Mo 薄膜作为反应源；（b）以 MoO$_3$ 粉末作为反应源；（c）以(NH$_4$)$_2$MoS$_4$ 作为反应源合成大面积或者单晶
MoS$_2$ 薄膜；1torr = 1mmHg = 1.33322×10^{2}Pa

　　除了以上传统的 CVD 合成方法，沉积衬底的选择、合成工艺控制以及催化剂的引入等手段进一步推动了 CVD 生长 TMDs 的工业化进程。相对于二氧化硅、蓝宝石、石墨烯和 h-BN 等材料，金箔衬底能够实现大面积单晶 MoS$_2$ 薄膜的合成。如图 3-15（a）所示，Gao 等[44]利用金箔为衬底，实现了三角形的大面积 WS$_2$ 单晶的合成，单纳米片的边长可以达到 500μm［图 3-15（b）］。由于金在 500℃ 或者更高的温度下不与硫粉发生化学反应生成硫化物以及金箔衬底可以有效地降低 WS$_2$ 的成核势垒，Gao 等结合卷对卷的合成方法，有效地实现了均匀的大面积 WS$_2$ 多晶薄膜的生长，所得到的大面积薄膜可以用作制备 WS$_2$ 阵列场效应晶体管，其迁移率可以达到 0.99cm^2/(V·s)，其电流开关比可以达到 6×10^5。此外，寻找最合适的生长参数一直是从事材料合成的科研工作者永恒的课题，Cong 等[45]利用半封闭的内置石英管以及 Chen 等[46]利用沉积衬底的移动的方法实现了大尺寸 WS$_2$ 单层的合成，所合成的三角形单晶边长分别达到 178μm 以及 305μm。除了生长实验参数调控，生长过程中的载气调控也是实现 TMDs 单晶纳米片以及连续薄膜合成的重要手段。Chen 等[47]在 MoS$_2$ 的合成过程中，通过加入氧气，成功抑制了该反应过程中的 MoO$_3$ 向 MoO$_2$ 转变的副反应过程，得到了大面积的 MoS$_2$ 薄膜。Gong 等[48]在 MoSe$_2$ 的合成过程中利用氩气和氢气作为混合载气，实现了厘米尺寸 MoSe$_2$ 单晶纳米线的生长。

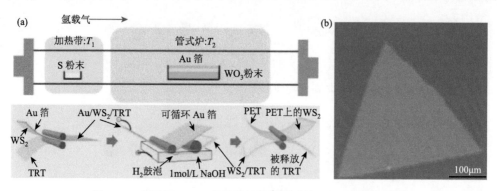

图 3-15　大面积 TMDs 单晶以及连续薄膜的 CVD 合成方法[44]

（a）合成装置及过程示意图；（b）大面积 WS_2 单晶薄膜的 SEM 图片；TRT. 热释放胶带；PET. 聚对苯二甲酸乙
二醇酯

在传统的生长过程中，催化剂起着降低活化能的作用。化学气相沉积法生长 TMDs 具有生长温度和沉积温度高、反应控制难等缺点。因此，通过加入催化剂降低反应活化能，可以达到降低 TMDs 生长温度、提高生成物产率的目的。通常来说，Te 粉末和碱金属卤化物盐可以被用作 TMDs 材料生长的催化剂。Gong 等[49, 50]首先使用 Te 粉末作为催化剂合成 MoS_2、WS_2 以及 MoS_2/WS_2 异质结，Te 粉末可以和 MoO_3 或者 W 形成 $Te_xMo_yO_z$ 或者 Te_xW_y 合金，从而将管式炉的反应温度降低到 500℃。Te 粉末除了可以用于合成 MoS_2 和 WS_2 以外，还可以用于催化合成 ReS_2。Cui 等[51]利用 Re 和 Te 生成的 Re_xTe_y 合金作为反应源，与 S 粉一起反应并在氟金云母衬底上生成了单层 ReS_2 纳米片。Re 金属源的蒸发/溶解温度高达 3180℃，Te 粉末作为催化剂的加入能有效地将反应温度降低到 430℃。

除了 Te 作为催化剂以外，碱金属卤化物盐（NaCl，NaI，KCl，KI 等）也是一种常见的用于合成 TMDs 的催化剂。Li 等[52]首次将碱金属卤化物盐用于辅助生长大面积的 WSe_2 以及 WS_2 单层纳米片。由于 WO_3 的蒸发温度比较高，所以在用传统方法生长 WO_3 时往往需要比较高的温度，以及较多的 WO_3 粉末。当加入碱金属卤化物盐作为催化剂（以 NaCl 为例），NaCl 与 WO_3 在较低的温度下发生化学反应，反应生成的 WO_2Cl_2 以及 $WOCl_4$ 具有非常低的蒸发温度，分别为 265℃与 211℃，远远低于 WO_3 粉末的蒸发温度。利用相同的原理，Wang 等[53]利用 NaCl 作为催化剂实现了 MoS_2-WS_2 横向外延异质结的生长。值得一提的是，新加坡南洋理工大学刘政课题组实现了碱金属卤化物盐可控合成多种 TMDs 单晶、合金以及异质结[54]。如图 3-16 所示，刘政课题组利用 NaCl 和 KI 作为催化剂，实现了47 种化合物的合成，包含 32 种二元化合物（过渡金属包括 Ti，Zr，Hf，V，Nb，Ta，Mo，W，Re，Pt，Pd 以及 Fe）、13 种合金（包括 11 种三元合金、1 种四元合金以及 1 种多元合金）以及 2 种异质结。在生长过程中，除了 V_2O_5 和 Re 在生长过程中用 KI 作为催化剂之外，其他的反应均用 NaCl 作为催化剂；除了 Hf、Re、Pt 和 Pd 用金属作为反应源之外，其余的都为过渡金属氧化物。作者在合成过程中，对碱金属卤化物盐与过渡金属反应源的比例以及反应速率做了系统的研究：当碱金属卤化物盐的含量比较高时，在低反应速率的情况下生成晶畴比较小的多晶薄膜，在高反应速率的情况下生成晶畴比较大的多晶薄膜；当碱金属卤化物盐的含量比较低时，在低反应速率的情况下生成小尺寸单晶纳米片，在高反应速率的情况下生成大尺寸单晶纳米片。

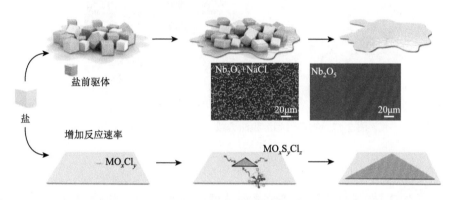

图 3-16 NaCl 辅助生长 TMDs 单晶纳米片[54]

4. 物理气相沉积法

目前化学气相沉积法（S/Se/Te 与过渡金属氧化物作为反应原料）是合成过渡金属硫族化合物的主要方式。然而，物理气相沉积法（PVD）即直接利用过渡金属硫族化合物作为反应源，并使其在高温区分解、在低温区沉积从而得到单晶纳米片的方法，同样广泛地用于合成单层 TMDs 纳米材料。如图 3-17 所示，Wu 等[55]于 2013 年首次报道了用 PVD 法生长单层 MoS_2，并将单层 MoS_2 用于谷偏振光学测试。Wu 等利用 MoS_2 粉末作为唯一的反应物置于管式炉中心位置，将基片（二氧化硅、石英片以及蓝宝石等）置于下游。由于管式炉存在温度梯度，当中心温度升高到 900℃时，保持下游基片区域的温度为 650℃。沉积区的温度偏高或偏低都难以得到单晶的单层 MoS_2 纳米片。同时，由于 MoS_2 粉末的分解温度比较高，所以在生长过程中保持较低的气压（约 20torr，$1torr = 1.33322 \times 10^2 Pa$）同样相当重要。$MoSe_2$、$WS_2$ 和 WSe_2 同样也可以作为反应源，用于气相沉积单晶 $MoSe_2$、WS_2 和 WSe_2 单层纳米片。Duan 等[56,57]利用 WS_2 和 WSe_2 合成了 WS_2-WSe_2 横向异质结、WS_2、$WS_{2(1-x)}Se_{2x}$ 以及 WSe_2 等结构，Huang 等[58]利用 $MoSe_2$ 和 WSe_2 的沉积温度不同，使用 PVD 法制备了单层 $MoSe_2$-WSe_2 异质结。

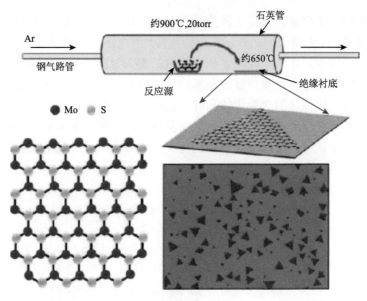

图 3-17　物理气相沉积法合成单晶 MoS_2 单层纳米片[55]

5. 金属有机化合物化学气相沉积法

MOCVD 技术除可用于生长多种纳米线结构外，同样能被用于可控合成二维原子晶体及其异质结。2015 年，Kang 等[59]利用 MOCVD 实现了晶圆尺寸的均匀单层 MoS_2 以及 WS_2 的制备，所得到的 MoS_2 具有高的迁移率。如图 3-18（a）所示，单层 MoS_2 和 WS_2 的合成是在内径为 4.3in（1in = 2.54cm）的热壁石英管式炉中进行的。在室温条件下具有较高蒸气压的六羰基钼（MHC）、六羰基钨（THC）、二乙基硫（DES）被分别选作 Mo，W，S 的化学前驱体，并以气相分子的形式引入加热炉中。然后使用单独的管线将 H_2 和 Ar 注入腔室。通过调节合成过程中的气压、生长温度等参数实现大面积单层 MoS_2 和 WS_2 薄膜的生长。其中，反应过程的气压为 7.5torr，生长温度为 550℃，生长时间为 26h，MHC 或 THC、DES、Ar 以及 H_2 的流速分别为 0.01sccm、0.4sccm、150sccm 和 5sccm。在实验中，Kang 等使用 4in 熔融石英晶片或具有 285nm 厚度 SiO_2 的 4in 硅晶片作为主要生长衬底，Al_2O_3，HfO_2 和 SiN 衬底也可以用于生长单层的 MoS_2 或者单层 WS_2 连续薄膜。图 3-18（b）所示为在晶圆尺寸的 SiO_2 衬底上得到的 MoS_2 的光学照片。尽管 Kang 等利用 MOCVD 得到了单层的、连续均匀覆盖的 MoS_2 薄膜，但是从伪色暗场透射电镜照片可以看出 [图 3-18（c）]，所得到的 MoS_2 薄膜为具有不同晶向的 MoS_2 单晶缝合而成。高分辨的球差校正透射电子显微镜照片有效证明了晶界的存在 [图 3-18（d）]。图 3-18（e）所示为结合原子层沉积技术所制作的层层堆叠的纳米电子器件阵列。

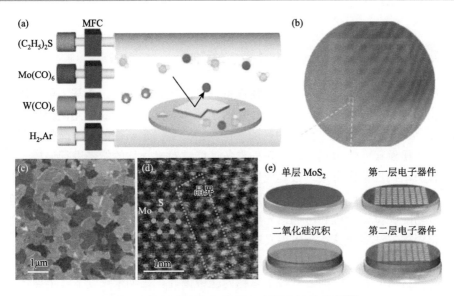

图 3-18　MOCVD 法合成 MoS$_2$ 超均匀连续薄膜[59]

（a）MoS$_2$/WS$_2$ 连续单层薄膜合成示意图；（b）在 SiO$_2$/Si 晶圆基片上生长得到的 MoS$_2$ 的光学照片；（c，d）反应得到具有不同晶向的 MoS$_2$；（e）层层生长 MoS$_2$ 连续薄膜并制作器件的流程图

　　MOCVD 法除了可用于制备大面积均匀薄膜之外，由于其良好的可控性能，还可用于生长二维原子晶体超晶格。如图 3-19 所示，Xie 等[60]利用 MOCVD 法在 2in 石英管式炉中合成了单层 WS$_2$-WSe$_2$ 超晶格结构。该作者将六羰基钨（THC）、六羰基钼（MHC）、二乙基硫（DES）和二甲基硒（DMSe）分别作为 W，Mo，S 和 Se 源，将 THC 和 MHC 保持在 800torr 的恒定压力下的鼓泡器中，并在室温下将 Ar 作为载气引入炉中。所有前驱体均通过单独的质量流量控制器（MFC）调节其流速并引入生长炉，且超晶格的生长始终保持在 600℃的恒定温度和 2torr 的总压力下进行。

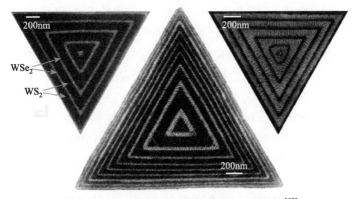

图 3-19　MOCVD 法合成 WS$_2$-WSe$_2$ 超晶格[60]

3.3 低维半导体能带调控

半导体能带对于其内部的光电物理特征具有决定性作用。通常，半导体的能带结构直接由材料组分决定，而天然元素半导体（Si，Ge）或二元化合物半导体（Ⅱ-Ⅵ，Ⅲ-Ⅴ族化合物）受电中性的限制，组分是固定不变的，因此带隙通常是固定值。虽然尺寸、电场、磁场等外界条件能够对半导体的能带进行调控，但其过程繁杂，调控范围有限，很难应用于实际。因此所有的天然半导体的带隙构成是一个离散集，实际可供利用的带隙数量非常有限，这制约了半导体器件在多样化、多功能、宽谱响应和可调谐光电器件等领域的发展。因此，发展有效的半导体能带调控方法对于其实际应用具有重要的意义。

通过尺寸效应、温度效应、传统平面外延生长和合金化等手段，有目的地改变半导体材料固有带隙的各种技术总称为能带调控。在纳米尺度下，半导体材料的带隙随尺寸变化而变化，因此可以通过控制纳米材料的尺寸来实现能带调控。但是通常纳米材料的尺寸小于或等于其相应块体材料的室温激子玻尔半径（大多数半导体小于 10nm）时能带调控才具有显著效果，因此这种方法通常只适用于量子点体系，普适性十分有限。同样，温度效应虽然也可以使半导体材料的带隙在一定范围内变化，但其变动幅度比尺寸效应更小，且大多数器件使用时均要求恒定在室温工作，因此通过温度实现的带隙调控的可操作性，其实用性非常有限。而传统平面外延是将晶格结构相近的材料一层层通过外延组合到一起，多用于外延薄膜的生长，要求材料本身的晶格较为匹配，因此适用范围也比较有限。

因此，人们通过将具有不同带隙的半导体材料合金化来获得新的、连续可调的带隙（图 3-20），并基于合金半导体纳米结构为纳米光电器件的发展提供了丰富的材料资源，加速了二维半导体器件在多样化、多功能、宽谱响应和可调谐光电器件领域的发展。根据理论预测，结构较为匹配的半导体可以生长在一起而形成合金半导体材料，并且通过改变所得合金半导体的组分可以调控半导体材料的能隙、晶格参数及其物理性质。

低维半导体异质结的能带排列对于其应用起着决定性作用。由于包含两种不同的低维半导体，组成异质结之后在界面处会形成能带排列。通常来说，半导体异质结的能带排列分为三种类型，如图 3-21 所示。在图中，用黑、红两种颜色代表两种不同半导体材料 A 和 B，用线段画出半导体的导带底（conduction band minimum，CBM）和价带顶（valence band maximum，VBM）。可以看到，对于类型 Ⅰ，A 材料的 CBM 比 B 材料的 CBM 高，而 A 材料的 VBM 比 B 材料的 VBM 低，就组成了一种跨骑式的能带排列结构。根据能量最低原理，形成这种类型的异质结后，在界面处 A 材料中的电子和空穴会分别自发地流向 B 材料的导带和价带。

这样，电子和空穴都聚集在同一种材料中，如果载流子的注入密度较高，就比较容易在 B 材料中形成电子和空穴的复合，因此这种能带排列结构被广泛应用于 LED 和电致发光等光发射器件。以此类推，对于类型 II 的交错式能带排列类型，形成异质结后，在界面处，电子倾向于从 A 材料流向 B 材料，而空穴倾向于从 B 材料流向 A 材料，那么电子和空穴在界面处会很好地完成空间的分离，减小了复合的概率。这种载流子的高效分离系统被广泛应用于光探测领域。最后，对于较少见的类型 III，由于 B 材料的 CBM 位于 A 材料的 VBM 下方，因此，形成异质结后，B 材料导带内的自由电子就存在很大的概率，会通过带带隧穿的方式进入 A 材料价带内，完成载流子的输运。研究表明，这种类型 III 的能带排列很适合应用于下一代低功耗的量子隧穿器件中。

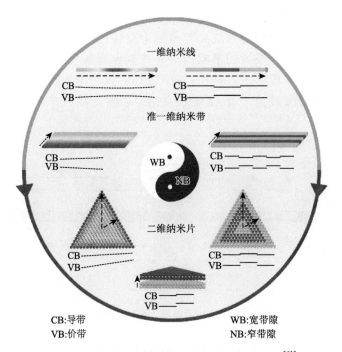

图 3-20　低维纳米材料的组分控制与能带工程[61]

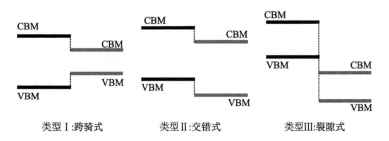

类型 I：跨骑式　　　　类型 II：交错式　　　　类型 III：裂隙式

图 3-21　三种异质结的能带排列示意图

3.3.1 量子点的能带调控

量子点能带调控的策略包括尺寸调控、组分调控、梯度合金以及核壳结构量子点等。由于半导体量子点的直径一般在几纳米到几十纳米的范围内，其束缚激子的激发态能级是离散的，而且与体相材料相比发生了蓝移。也就是说，随着粒子尺寸的减小，带隙向短波长方向移动。因此，量子点的吸收和发射光谱具有很强的尺寸效应，即改变量子点的粒径能够有效调控量子点能带结构与光致发光。

如图 3-22 所示，结合组分调控与尺寸效应，零维量子点的带隙以及光致发光可以覆盖从深紫外到近红外的波段。其中，重金属基量子点中，通过改变量子点的尺寸，如 CdS、CdSe 和 CdTe 量子点的尺寸分别可以实现紫外到绿光、蓝光到红光以及绿光到红光范围的带隙调控；PbS 和 PbSe 量子点则可以实现从红光到近红外波段的带隙调控。非重金属基量子点中，ZnSe 可以实现从深紫外到蓝光波段的带隙调控；Si、$CuInS_2$ 以及 InP 量子点可以实现从蓝光到红光波段的带隙调控； InAs 量子点则可以实现从红光到近红外波段的带隙调控[62]。

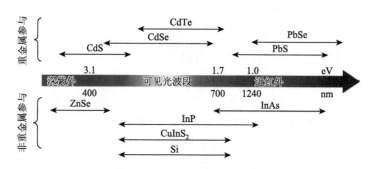

图 3-22　量子点能带调控覆盖范围可以从深紫外到近红外[62]

1. 量子点尺寸效应

尺寸效应对量子点带隙的调控范围有限。图 3-23（a）为块体半导体与由相同材料组成的球形量子点中的电子状态的理想模型示意图[62]。从图中可以看出，随着量子点尺寸的逐渐增大，量子点的带隙呈抛物线型逐渐减小。如图 3-23（b）所示[63]，当 CdTe 量子点的粒径为 2.5nm、3.0nm 以及 4.0nm 时，其在紫外灯下分别发出绿光、黄光和红光，所有量子点的量子效率均大于 40%。

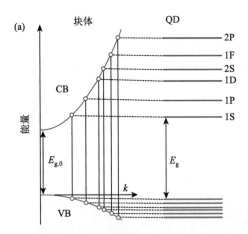

图 3-23 尺寸效应调控量子点带隙：（a）块体半导体（左）和由相同材料制成的球形量子点（右）中电子状态的理想模型[62]；（b）不同粒径 CdTe 量子点的荧光发光照片[63]

2. 量子点合金

在保证量子点尺寸不变的情况下，量子点合金化能有效地调控量子点的带隙。其中，II-V 族量子点合金的研究比较成熟，如 CdSeTe、ZnCdSe 等[64, 65]。2008 年，Piven 等[64]利用水相法成功合成了 $CdSe_xTe_{1-x}$ 和 CdS_xTe_{1-x} 量子点，详细研究了合金化的 $CdSe_xTe_{1-x}$ 量子点，并将其与在相似条件下合成的纯 CdSe 和 CdTe 量子点的光学性能进行了比较。通过改变量子点的尺寸和组分，可以实现 $CdSe_xTe_{1-x}$ 在 $550\sim690nm$ 之间吸收光谱的可调性。由于合金的熵增效应，合金化量子点的生长比纯的 CdSe 和 CdTe 量子点生长快，导致在相同的反应时间下形成粒径更大的合金量子点。在合成过程中，Piven 等发现在相同的反应条件下，Se 前驱体（NaHSe）的反应活性高于 Te（NaHTe）。Liu 等[65]合成了 $Zn_xCd_{1-x}Se$ 三元量子点，实现了从蓝光到绿光波段的可调。首先将硼氢化钠与硒粉在水中反应生成硒氢化钠（NaHSe）。然后将新制得的 NaHSe 溶液添加到含有 $ZnClO_4$，$CdClO_4$ 和硫醇稳定剂的溶液中，以方便控制试剂中 $ZnClO_4$ 和 $CdClO_4$ 的比例来实现不同组分合金量子点的合成。

近年来，钙钛矿量子点，尤其是全无机 $CsPbX_3$ 量子点在国际上引起了广泛的研究热潮。Protesescu 等[66]于 2014 年成功合成了单相的全组分可调 $CsPbX_3$（X = Cl、Br、I）钙钛矿量子点溶液。通过使 Cs-油酸酯与 Pb 卤化物在高沸点十八碳烯溶剂中于 $140\sim200℃$ 下反应，有效阻止 Cs^+，Pb^{2+} 和 X^- 的沉淀。将油胺和油酸的 $1:1$ 混合物添加到十八碳烯中，以溶解 PbX_2 并以胶体的形式稳定 $CsPbX_3$ 量子点。该过程属于经典的离子置换反应，所以成核和生长动力学非常快。光致发光原位测试结果表明，大多数生长发生在最初的 $1\sim3s$ 内，对于较重的卤化物则反应速率更快。因此,通过控制反应温度(140~200℃),可以在 4~15nm 范围内调整 $CsPbX_3$ 量子点的大小。通过组合适当比例的 PbX_2 盐,可以轻松合成出混合卤化物钙钛矿,即 $CsPb(Cl/Br)_3$ 和 $CsPb(Br/I)_3$。值得注意的是,由于离子半径的巨大差异,无法获得 Cl/I 钙钛矿。在整个 410~700nm 的可见光谱区域内,$CsPbX_3$ 的能带宽度具有持续可调性。图 3-24 为所得到的钙钛矿量子点溶液在紫外激光照射下的光致发光照片以及带隙分布。同时,Protesescu 等利用所得到的量子点得到了白光光源,并将其封装在聚甲基丙烯酸甲酯(PMMA)中以制得高聚合物光引发剂。

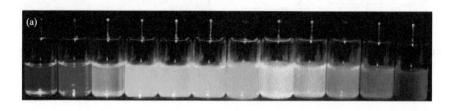

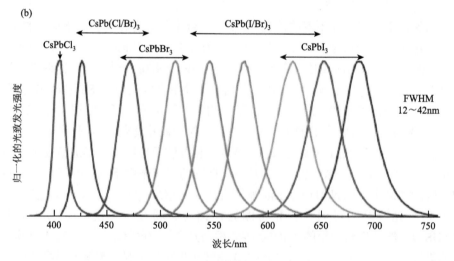

图 3-24　$CsPbX_3$ 合金量子点的制备:(a)$CsPbX_3$ 合金量子点的荧光发光照片;(b)光致发光光谱[66]

FWHM. 半高宽

3. 量子点核壳结构

量子点核壳结构最主要的作用是提高量子效率,增强其光化学稳定性(图 3-25)。随着量子点合成工艺的发展,构建复杂的、高量子效率的核壳结构量子点变得可能,而且核壳结构量子点对物理和化学变化的容忍性更高且稳定性更好。

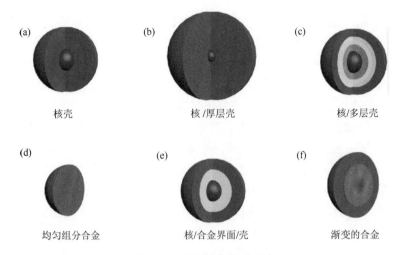

| (a) 核壳 | (b) 核/厚层壳 | (c) 核/多层壳 |
| (d) 均匀组分合金 | (e) 核/合金界面/壳 | (f) 渐变的合金 |

图 3-25　不同结构的量子点

　　核壳结构量子点根据内核与外壳材料能带相对位置不同,可分为 I 型核壳结构量子点和 II 型核壳结构量子点。图 3-26 (a) 所示为 I 型核壳结构量子点,即核材料带隙较窄,核的带隙位于壳层带隙内,电子和空穴波函数被局域在核中。与纯核材料相比, I 型核壳结构量子点中电子和空穴波函数复合概率大,非辐射复合概率随着表面缺陷态变少而直线下降,荧光量子效率大幅提高。相对地, II 型核壳结构量子点中两材料的带隙是交错的 [图 3-26 (b)],电子和空穴波函数分别被局域在核和壳层中。由于能级差异,辐射复合概率下降,辐射复合产生光子的能量均小于两个材料带隙。 II 型核壳结构易于调控激子的复合和分离,是很好的光伏材料。

　　尽管 CdSe/CdS 量子点在保持高量子效率的同时,提高了 CdSe 的物理和化学稳定性,但 CdS 在水或氧气存在的条件下,容易发生光氧化。此外,CdSe 与 CdS 之间的带隙差不足以完全将电子波函数局域在核中,电子仍会被表面的缺陷态俘获,导致量子效率下降或量子点失效。为了进一步增强量子点的物理和化学稳定性,加厚壳层厚度和用更稳定的材料包覆是两种可行的策略。

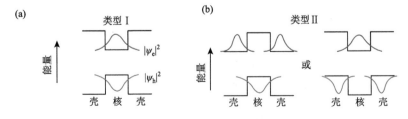

图 3-26　 I 型 (a) 和 II 型 (b) 核壳结构量子点的能级结构及电子和空穴波函数分布

　　厚壳层 CdSe/CdS 量子点表面态对局域在核中的电子和空穴影响小,具有很高的量子效率。Klimov 等[67]在 CdSe 核外，耗时五天包覆了厚度为 19 个原子层的 CdS，此量子点光学性质稳定，量子点光谱不随配体的种类和数量变化，且厚壳层量子点比核材料的化学稳定性优异。相对于传统核壳量子点，量子效率下降是由于配体脱落，厚壳层量子点的量子效率下降主要与壳层中晶体缺陷相关。

壳层材料选用具有更大带隙和更好化学稳定性的材料，也可以有效提高量子点稳定性。由于 CdSe 与 ZnS 之间晶格失配非常大，在 CdSe 外包覆 ZnS（E_g：3.61eV）时，ZnS 在 CdSe 表面不容易外延生长。晶格失配导致界面缺陷数目多，成功外延生长的 CdSe/ZnS 量子点的量子效率远小于 CdSe/CdS 量子点，界面缺陷态及壳层晶格变形严重影响 CdSe/ZnS 量子点的发光效率。为了解决晶格失配减少界面缺陷，形成结晶性良好、具有较大带隙壳层的核壳结构量子点，Talapin 等[68]提出了多壳层包覆策略。在 CdSe 核与 ZnS 壳层之间，插入 2～3 个原子层的 CdS 或 ZnSe 缓冲层。这种多壳层结构量子点在保持 I 型能带结构的同时，减小了界面处应变。除了晶体学意义，CdS 或 ZnSe 界面层对于光学性能的调控作用也非常重要。当 CdSe/ZnS 量子点的 ZnS 层有两个单原子层时，量子效率明显下降；而 CdSe/ZnSe/ZnS 量子点的 ZnS 厚度高达 5 个原子层时，量子效率高达 70%。量子效率高、稳定性好的多壳层结构量子点在发光二极管（LEDs）和生物标记方面具有潜在的应用前景。

4. 量子点梯度结构

从量子点中心到其表面的组分缓慢变化的梯度合金量子点，是由 Xie 等第一次提出的[69]。如图 3-27 所示，为了制备得到"平滑的"界面层，一般采用连续离子层吸附与反应（successive ionic layer adsorption and reaction，SILAR）法。SILAR 法最初是在溶液池中，在固体基质表面沉积固体薄膜的一种方法。Xie 等通过交

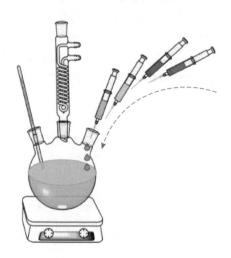

图 3-27　多前驱体 SILAR 法合成梯度合金量子点

替沉积的阳离子单原子层和阴离子单原子层，在 CdS 与 ZnS 之间沉积 $Zn_{0.5}Cd_{0.5}S$ 缓冲层。CdS、ZnS 与 $Zn_{0.5}Cd_{0.5}S$ 缓冲层的晶格应力下降，量子点壳层形貌均匀，尺寸和形状具有良好的单分散性。其量子效率高达 80%，并具有一定的抗光氧化性能，化学/结构稳定性好。此法的缺点是，需要配制多个不同前驱体溶液，按顺序将前驱体溶液缓慢、匀速滴加到反应体系中，使不同组分单原子层缓慢吸附到量子点表面进行包覆，操作复杂，耗时长。

尽管 SILAR 法能有效控制壳层组分，但往往需要很长的反应时间和多个反应步骤。为了简化工艺，Bae 等[70]发展了更简单的合成梯度合金核壳结构量子点的方法。新合成方法分别利用了热能辅助原子扩散和不同前驱体之间的反应速率差异成功合成了蓝光和绿光 II-VI 梯度合金量子点。首先，利用热能辅助原子扩散机制，通过将 $Cd_xZn_{1-x}S/ZnS$ 量子点在一定温度（约 310℃）下热退火，得到平滑的合金界面（图 3-28）。界面合金化使发光光谱小幅度蓝移（10nm）并大幅提高了量子效率（>80%），相对比，具有陡峭界面的 $Cd_xZn_{1-x}S/ZnS$ 量子点的量子效率低于 40%。这种合成方法利用热能辅助原子扩散原理，简化了合成步骤，成功合成了梯度组分结构的量子点。

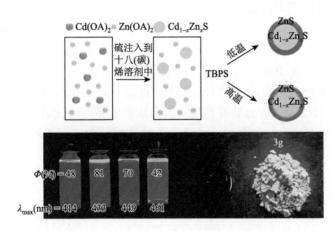

图 3-28　前驱体 SILAR 法合成 $Cd_{1-x}Zn_xS/ZnS$ 梯度核壳量子点[70]

一步胶体法是指利用不同前驱体之间的反应速率差异，合成梯度核壳量子点。该方法利用了有机金属前驱体的反应活性由金属与配体键能差异及空间位阻因素决定的原理。一般而言，不同前驱体之间的反应速率有差异，如 P—Te 的键能（约280kJ/mol）比 P—Se 的键能（约364kJ/mol）小，在油酸镉体系中，TOP-Se 比 TOP-Te 反应慢，合成得到的量子点是富 CdTe 的核与富 CdSe 的梯度壳层。通过此法，Bae 等[71]通过一步合成法，得到发光光谱在 500~610nm 连续可调、量子效率在 80%以上的 $Cd_xZn_{1-x}Se_yS_{1-y}$ 梯度合金量子点。由于合成方法简单及梯度合金量子点优异的光学性能，这种方法随后扩展到了其他化学组分的量子点合成中。

3.3.2 一维纳米线的能带调控

1. 合金纳米线单片集成

一维半导体纳米结构由于组分、带隙可调，以及在合成方面允许较大的晶格失配而得到广泛关注，有望向集成化方向发展。近年来一维合金半导体纳米结构的构筑取得了非常重要的研究成果。2005 年，Pan 等[72, 73]提出了利用改进的 CVD 法，依据不同带隙半导体纳米带生长温区不同和管式炉存在温度梯度这一特点，在长条衬底上成功实现了 CdS_xSe_{1-x} 纳米带/纳米线的制备。在合成过程中，Pan 等首先将 CdS 和 CdSe 粉末按照摩尔比 1：1 的比例混合并置于管式炉中心的位置，将一个长条状的、表面具有金膜的硅片作为衬底放置在管式炉下游温度从 650℃到 800℃渐变的区域。将管式炉温度升高至 900℃，并保温 60min，纯的 CdS 和 CdSe 一维纳米结构将分别在长条衬底的高温区和低温区沉积，而 CdS_xSe_{1-x} 合金纳米线将按照组分由 CdS 向 CdSe 逐渐递变的规律依次沉积在衬底上。单一基片上合成的纳米结构的光致荧光发射谱表明，光谱位置随着纳米带的生长温度的升高逐渐向低能区的方向移动，即 CdS_xSe_{1-x} 纳米带的光谱位置在绿光（510nm，CdS）到红光（700nm，CdSe）之间连续可调。此外，Liu 等[74]通过激光烧蚀和化学气相沉积结合的方法将锌镉硫纳米线按照其能隙大小渐变的方式集成生长在单一基上。所得到的不同组分的 $Zn_xCd_{1-x}S$ 纳米线的 PL 可在 348～512nm 连续调制，实现了从紫外到可见区域的大范围光谱连续可调。在以上工作的基础之上，Pan 等[75]利用 ZnCdSSe 合金能够实现更大范围的能带与发光调控这一特点，实现了带隙从 ZnS（350nm）到 CdSe（710nm）的连续可调（图 3-29）。

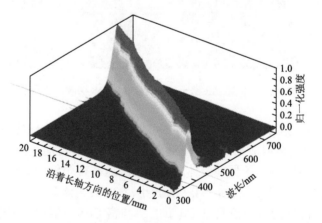

图 3-29　单片集成的 ZnCdSSe 四元全组分合金的光致发光[75]

2007 年，Kuykendall 等[76]报道了在全组分范围可调的单晶 $In_xGa_{1-x}N$（$0 \leq x \leq 1$）

纳米线。Kuykendall 等采用以低温氯化物为反应源的化学气相沉积法合成全组分可调的 $In_xGa_{1-x}N$ 纳米线。Kuykendall 等首先将三个直径为 0.25in 的石英（内）管置于直径为 1in 的石英（外）管内，分别将 $InCl_3$，$GaCl_3$ 和 NH_3 反应物输送到反应区。使用氮气作为 $InCl_3$ 和 $GaCl_3$ 的载气，第三个内管以 100sccm/min 的流速携带 NH_3。将管子以三脚架结构堆叠并定位，使得出口处于炉子的适当温度区域。沉积温度在 550℃ 左右。所合成的集成在单衬底上的纳米线可实现从近紫外光到近红外光的连续可调发射。在以上的研究工作中，II-VI 族合金纳米结构以及 III-V 族合金纳米结构被实现，并且实现了从紫外光到可见光区域的大范围的能带调控以及单片集成。相对来说，不同主族化合物组成合金纳米结构的合成报道较少。Wang 等[77]利用 III-V 族 GaAs 和 II-VI 族 ZnSe 晶格结构相似的特性，通过合成 GaZnSeAs 四元合金纳米线，成功实现了能带和发光在紫外到可见区域的大范围连续可调。

2. 单根梯度纳米线

单片集成的带隙调控尽管能够将不同组分、带隙以及发光波长的纳米结构连续地集合到单个基片上，但是，在这样单基片上任意位置单个纳米结构的组分仍然是固定的。由于管式炉温度梯度区域长度一般在厘米级别，因此单基片的物理尺寸达到了 2～5cm，这种能带调控的物理尺度实际上是宏观量级的。因此，这种利用管式炉温度梯度来调控纳米线能带的方式并不能实现单纳米结构的带隙连续可调，即单根纳米线上的能带连续可调。考虑到集成电路向着更小型化发展的趋势，在单根纳米线上实现能带调控显得尤为重要。

作者所在课题组在单根纳米线带隙调控方面做了很多工作。例如，为了实现单根纳米线能带调控，Gu 等[78]通过改进生长条件，巧妙地设计了一种反应源缓慢移动的热蒸法。Gu 等首先将 CdS 粉末放置在管式炉的中间，将 CdSe 粉末放置在管式炉的上游位置，将 CdS 与 CdSe 源用若干个瓷舟隔开。分别将两块磁铁置于石英管的内部和外部，并将石英管外部的磁铁与步进电机相连接，用于推动反应源缓慢移动。实验开始之前，先利用高纯氮气和真空泵将管式炉中的氧气排除，然后将管式炉温度升高至 840℃，整个实验过程中保持真空度为 300mbar（$1bar = 10^5Pa$）。生长 40min 后，利用步进电机将 CdSe 粉末以 2.5cm/min 的速度向下游移动，直至到达加热区的中心位置，同时，将温度从 830℃ 逐渐降低到 800℃。在 800℃ 的情况下生长 1h 之后，将管式炉温度缓慢降低到室温。

尽管 Gu 等实现了单根 CdSSe 纳米线的全组分梯度能带调控，但是其从 510m 到 710nm 的能带调控范围依然比较窄，只能实现从绿光到红光调控的连续调制。而要实现白光发射，必须寻找带隙比 CdS 更宽的材料。不同于 CdSSe 梯度纳米线的生长，Yang 等[79]利用衬底移动的方法实现了全组分 ZnCdSSe 梯度纳米线可控制备，该纳米线的发光范围可以覆盖从 380nm 到 700nm 的范围,在单根纳米线上实现了白光的发射。如图 3-30（a）所示，Yang 等使用生长基片移动的方法合成全组分可调 ZnCdSSe 四元梯度纳米线。由于 ZnS 的分解温度比 CdSe 高，所以将 ZnS 和 CdSe 粉末分别放置在管式炉的中心和上游位置。首先，将管式炉中心温度升到 1000℃，此时 CdSe 粉末的加热温度为 800℃。由于 ZnS 在高温区发生沉积，而 CdSe 在低温区发生沉积，首先将衬底置于 A 位置（高温区）用于沉积 ZnS，10min 之后，将衬底缓慢地由 A 位置（高温区）移动到 B 位置（低温区）。当衬底移动到 B 位置之后将管式炉温度逐渐降温到室温，实现全组分 ZnCdSSe 四元梯度纳米线的合成。图 3-30（b）所示为在移动过程中单根纳米线上组分梯度变化示意图。由于该纳米线可以实现从蓝光到绿光到红光的发射，所以可以在单根纳米线上实现白光光源。在以上工作的基础之上，Guo 等[80]利用多步移动的方法合成了 CdS-CdSSe-CdS 组分对称的单根梯度纳米线，并利用该纳米线实现了低阈值的纳米线激光器。

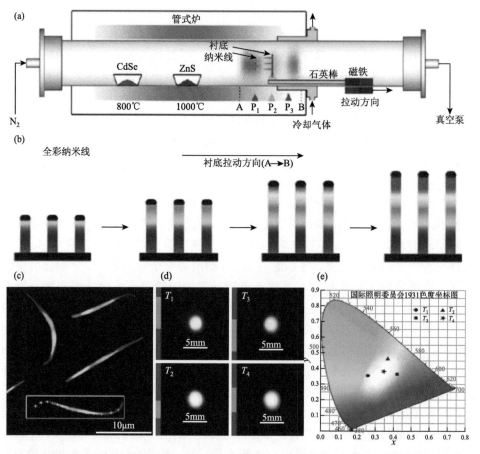

图 3-30　单根 ZnCdSSe 梯度纳米线的合成与光学性质：（a）单根 ZnCdSSe 梯度纳米线的生长示意图；（b）梯度纳米线合成过程中的组分变化示意图；（c，d）单根 ZnCdSSe 梯度纳米线的光致发光；（e）实现白光发射[79]

3. 一维纳米线异质结

在半导体材料的研究中，设计和制备具有可调节原子结构和光电性质的异质结材料，是实现其新功能和新应用的重要基础。由于独特的结构特征，一维纳米线半导体可以作为载体将不同性质的半导体材料组合在一起，形成多功能半导体异质结。如图 3-31 所示，一维纳米线半导体异质结主要包括径向异质结和轴向异质结两类。

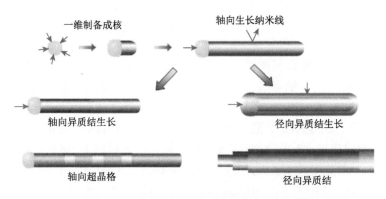

图 3-31　纳米线轴向、径向异质结示意图[81]

（1）一维纳米线径向异质结。研究人员可以通过液相或气相法首先制备出一维半导体纳米线或者阵列，然后再以制备出的一维纳米线或者阵列作为模板在其外面包裹生长另一层半导体材料，这样就形成了一维径向（核壳型）异质结纳米线。相比普通半导体纳米线，一维径向异质结纳米线具有更好的发光性和导电性。与晶体管中形成二维电子气和空穴气类似，一维的电子和空穴可以在一维径向异质结纳米线中获得。Lu 等 [81]发现在 Ge-Si 径向异质结中会出现一维空穴气。Ge-Si 异质结界面的价带偏移约 500meV[82]，使界面形成束缚量子势阱。此外，GaAs-AlGaAs 一维径向异质结纳米线可以在室温下发射激光[83]，其有望在红外、近红外光源及探测方面得到应用。

径向异质结纳米线在发光器件、光子学等领域受到人们越来越多的关注，并有望在太阳能电池领域得到广泛应用。2007 年，Tian 等[84]制备出 p-i-n 型核壳同质 Si 纳米线用作太阳能电池（图 3-32）。Tian 等使用 100nm 金纳米团簇作为催化剂，硅烷（SiH_4）作为硅反应物，二硼烷（B_2H_6）作为 p 型掺杂剂，磷化氢（PH_3）作为 n 型掺杂剂制备 p-i-n 同轴硅纳米线。基于单根 p-i-n 同轴硅纳米线制备的光伏器件的功率能达到 200pW，能量转换效率达到 3.4%。该纳米线光电元件能作为强大的动力源来驱动纳米电子功能传感器和逻辑门，同时，这些同轴硅纳米线光电元件为光诱导的光电传输研究提供了一个新的纳米测试平台并可能会为超低能量的多样纳米系统供电。

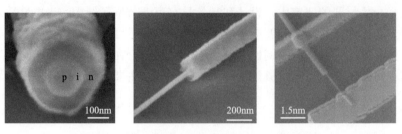

图 3-32　p-i-n 型核壳同质 Si 纳米线的 SEM 图片[84]

（2）一维纳米线轴向异质结。沿纳米线生长方向将不同材料串接起来，将会得到轴向半导体异质结纳米线。目前，多种一维轴向异质结纳米线已被成功制备。利用 Au 为催化剂，Gudiksen 等[85]成功制备出一维 GaAs/GaP 轴向异质结纳米线，如图 3-33 所示。Gudiksen 等通过激光辅助催化生长（GaAs，GaP 和 InP），使用纳米 Au 作为催化剂。将 Au 纳米团簇沉积在氧化的硅衬底上，然后放入反应炉中。使用脉冲 ArF 准分子或 Nd:YAG 激光器烧蚀 GaAs，GaP 和 InP 的固体靶，并且在 100torr，700～850℃ 下在 100cm³/min 的氩气流中进行生长。通过化学气相沉积在 450℃ 下使用硅烷（3cm³/min STP）和 100ppm（ppm 为 10⁻⁶）乙硼烷（p 型）或膦（n 型）作为掺杂剂来生长硅纳米线。在切换掺杂剂之前将管式炉抽空。GaP 和 GaAs 中化学元素有相互扩散的部分，这在无缺陷一维半导体异质结的制备中起到了积极的作用。

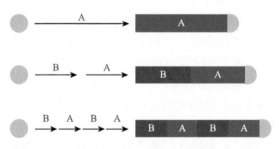

图 3-33　GaAs/GaP 异质结纳米线的生长示意图[85]

反应源缓慢移动的方法可以用于制备组分梯度变化的纳米结构，并用于实现多色激光器、光探测器、光波导等多种光学应用。为了可控制备纳米线异质结，作者所在的课题组利用反应源快速替换的方法，实现了多种组分突变异质结纳米线的制备，如图 3-34 所示，Zhang 等将 CdS 粉末、CdS 和 CdSe 混合粉末以及 CdS 依次推入管式炉中心的高温区域，在涂有 Au 膜的衬底上制备了

CdS-CdSSe-CdS 三段异质结纳米线，并将所制备的纳米线用于界面载流子动力学研究。这些获得的具有有效载流子界面转移行为的 CdS-CdSSe-CdS 轴向纳米线异质结构在纳米激光、光电探测器以及波导等高性能光学和光电纳米级器件中具有潜在应用。

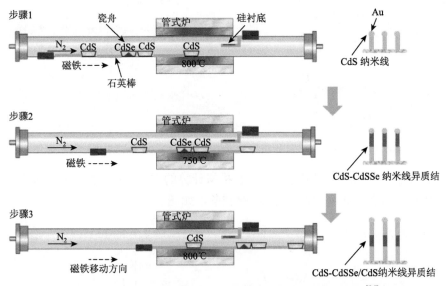

图 3-34　CdS-CdSSe-CdS 三段异质结纳米线的合成示意图[86]

与纵（轴）向 CdS-CdSSe 异质结纳米线的制备过程类似，利用反应源快速替换的方法、更高的生长温度以及反应物浓度，可以制备出横向外延的 CdS-CdSSe 系列纳米带。Xu 等[87]制备了三层的 CdS-CdSSe-CdS 异质结。图 3-35 所示为外延生长 CdS-CdSSe-CdS 三层异质结的生长机理图以及合成示意图。首先，将 CdS 放置在管式炉中心位置，加热至 850℃，利用 VLS 机制生长 CdS 纳米线。在生长过程中，随着纳米线的增长，Au 催化剂颗粒逐渐失去活性，从而以 VS 机制为主导生长得到 CdS 纳米带。紧接着将 CdSe 粉末从下游推入，同时将 CdS 粉末推出中心区域。CdSe 在已经生长好的 CdS 纳米带上继续沉积生长的同时将与 CdS 发生离子替换，最终生成 CdSSe 合金纳米带。最后将 CdS 粉末从上游推入加热区，同时将 CdSe 粉末退出加热区域，这样在 800℃的情况下，CdS 将在 CdSSe 的两边发生沉积，并生成 CdS-CdSSe-CdS 三层异质结。利用该三层异质结，Xu 等首次实现了双色激光器。更重要的是，这些纳米带激光器的波长的激光间距可以通过控制合金纳米带的组成和带隙进行连续调控。Guo 等[88]利用类似的生长方式制备了 CdSSe-CdS-CdSSe 三层异质结，并利用该异质结得到了高效的电探测器。

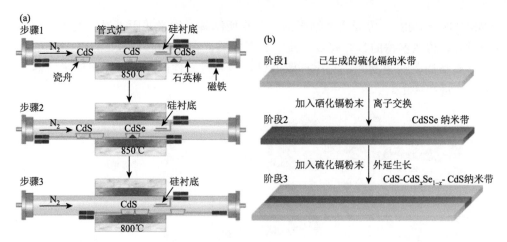

图 3-35 CdS-CdSSe-CdS 横向三层异质结纳米带的合成示意图（a）以及生长机理图（b）[87]

除此之外，Liu 等[89]利用实验结合模拟计算的方法，用反应源快速替换的方法实现了 1～7 层 CdS-CdSSe 异质结的制备，如图 3-36 所示。

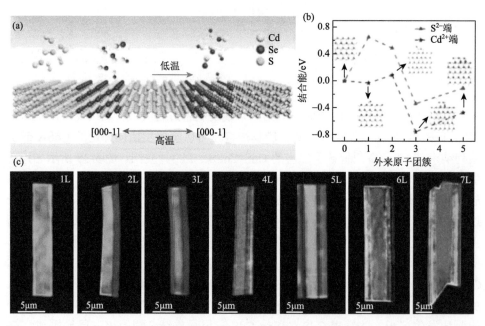

图 3-36 CdS-CdSSe 横向多层异质结的合成：（a）CdS-CdSSe 横向多层异质结纳米带的生长机理图；（b）理论模拟 Cd^{2+}原子表面（0001）与 S^{2-}原子表面（0001）的表面结合能差；（c）生长得到的多层纳米带异质结[89]

3.3.3 二维原子晶体的能带调控

二维纳米材料的能带调控具有非常重要的意义。近年来，国内外研究组对二维材料的能带调控做了大量的工作。目前，单基片内的带隙调控主要是利用衬底温度的梯度、源材料蒸气浓度的梯度或者二者相结合的手段来实现。

Kang 等通过理论计算模拟了二维 TMDs 合金的能带结构以及稳定性[90]。由于二维 TMDs 合金没有相位差，所以其合金具有很好的稳定性。图 3-37 为 $MoSe_{2(1-x)}Te_{2x}$、$WSe_{2(1-x)}Te_{2x}$、$MoS_{2(1-x)}Te_{2x}$ 和 $WS_{2(1-x)}Te_{2x}$ 的合金相图，该相图生动阐述了各种组分的合金都具有很好的稳定性。Kang 等还计算了合金材料组分浓度（x）与晶格常数、带隙、导带底及价带顶之间的关系。

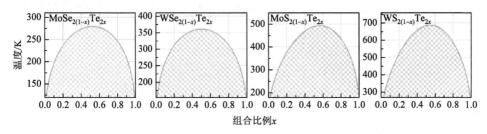

图 3-37　过渡金属硫族化合物合金理论计算，四种不同组分合金的相图模拟[90]

理论计算的结果证明了合金材料具有很好的稳定性，以及组分改变能够有效地调控材料的能带结构，从而证明了合金法调控异质结在理论上的可行性。在实验上，主要有两种构建合金结构实现能带调控的方法，即机械剥离法与化学气相沉积法。能带调控的手段主要包括构建合金、梯度单纳米结构以及横向/纵向异质结等。因此，本小节将从材料制备的角度系统讲述如何分别用机械剥离法和化学气相沉积法来得到能带可调的二维合金、二维梯度单纳米片以及二维横向/纵向异质结。

1. 二维原子晶体合金

在化学气相沉积技术生长二维合金材料之前，实现带隙可调的二维层状材料合金最先是通过机械剥离方法得到的。2013 年，Dumcenco 等[91]利用物理气相传输（PVT）技术首先使用 Mo（纯度 99.99%），W（纯度 99.95%）和 S（纯度 99.999%）作为原料，通过单晶化学气相传输方法生长 $Mo_{1-x}W_xS_2$ 固溶体。再按照生长程序缓慢加热制备 $Mo_{1-x}W_xS_2$ 合金块体单晶。最后，机械剥离得到不同厚度的二维层状材料。Dumcenco 等将所制备的 $Mo_{1-x}W_xS_2$ 合金块体单晶用机械剥离的方法制备出少层纳米结构，并使用透射电镜详细观测了合金中 Mo 和 W 原子的分布情况：Mo 和 W 原子在原子结构中处于等同的位置，其原子比例可以通过反应物浓度进行调控。

利用同样的制备方法，Chen 等[92]实现了全组分可调的 $Mo_{1-x}W_xS_2$ 合金制备，并对该系列合金的光学性质进行了深入的研究。图 3-38（a）展示了 $Mo_{1-x}W_xS_2$

合金的原子结构以及高分辨球差透射电子显微镜照片，Mo 和 W 在合金中占据相同的位置，具有相互替代的关系。图 3-38（b）展示了随着 $Mo_{1-x}W_xS_2$ 合金中 W 原子比例的逐步增加，即 x 的逐渐增大，合金的光致发光特性逐渐从 MoS_2 向着 WS_2 转变。具体来说，随着 W 原子的逐渐增多，A 激子发光展现出先红移、后蓝移的特征，而 B 激子展现出持续蓝移的特征。当 W 原子比例为 0.2 时，$Mo_{0.8}W_{0.2}S_2$ 单层合金的带隙变得最窄，其 A 激子发光在 1.82eV。与此同时，模拟计算的结果与实验结果相互印证。利用相同的制备方法，Tongay 等[93]利用 W、Mo 以及 Se 粉末作为前驱体合成了全组分的 $Mo_{1-x}W_xSe_2$ 纳米片，并对其组分依赖的发光等物理特性进行了研究。

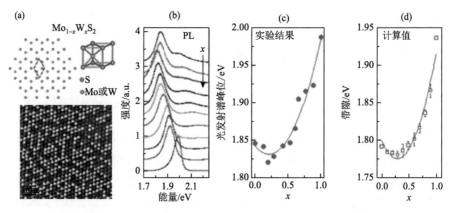

图 3-38　机械剥离法制备全组分可调 $Mo_{1-x}W_xS_2$ 合金[92]

（a）$Mo_{1-x}W_xS_2$ 合金的原子结构与高分辨透射电镜结果；（b）$Mo_{1-x}W_xS_2$ 合金组分依赖的光致发光谱；实验带隙（c）以及模拟得到的带隙结果（d）

尽管 PVT 法制备的 TMDs 合金具有很好的结晶性，但是其制备过程复杂，单层率低，所制备的材料只能用于实验室对其基本物理性质的探测。要在未来实现 TMDs 合金的工业应用，还需要探索其他可控性更好的合成方法。一直以来，气相合成方法由于其成本低廉、可控性好等优点被用于制备具有三角形或者六边形 TMDs 单层单晶材料，被认为是面向工业化应用的最佳合成方法之一。Duan 等[57] 制备了组分、带隙以及电学性能可调的 $WS_{2(1-x)}S_{2x}$ 合金纳米片。利用单温区管式炉，将具有 WS_2 粉末和 WSe_2 粉末的两个石英舟放置在水平管式炉高温区，干净的 Si/SiO₂ 衬底被置于管式炉下游作生长衬底。由于单温区管式炉从中心到边缘具有一定的温度梯度，通过调控 WS_2 源和 WSe_2 源放置在石英管中的不同位置来调节 WS_2 和 WSe_2 的蒸发量，进一步控制所得到材料的组分，实现全组分 $WS_{2(1-x)}S_{2x}$ 纳米片的合成。所得单晶中 W 原子均匀分布在过渡金属原子的位置，而 S 或 Se 原子则竞争地分布在硫族原子位置。Duan 等利用该系列全组分可调的纳米片实现了转移特性从 n 型到 p 型的调制。由于 WS_2 是 n 型半导体，而 WSe_2 是 p 型半导体，当合金纳米片中 Se 含量逐渐增大时，$WS_{2(1-x)}S_{2x}$ 纳米片的转移特性逐渐从强 n 型转移到弱 n 型；当 Se 含量 x 约 0.55 时，合金纳米片的转移特性将由弱 n 型转变为弱 p 型；随着合金中 Se 含量逐渐增大，合金的转移特性则由弱 p 型转变为强 p 型。

2. 二维合金原子晶体单片集成

如图 3-39（a）所示，Feng 等[94]使用物理气相沉积（PVD）法，在同一个生长衬底上合成部分组分可调的 $MoS_{2(1-x)}Se_{2x}$ 单层纳米片（$x = 0 \sim 0.40$），实现了二维 $MoS_{2(1-x)}Se_{2x}$ 合金的单片集成。Feng 等将 $MoSe_2$ 和 MoS_2 粉末作为反应物，分别放置在双温区管式炉的温区一（T_1）和温区二（T_2）。反应开始时，同时将 T_1 和 T_2 的温度升高到 940～975℃，此时，硅片所在的沉积区的温度为 600～700℃。由于较低的压力有助于 $MoSe_2$ 和 MoS_2 粉末分解，所以在反应过程中用真空泵将石英管中的气压降低到约 8Pa。输运载气为混有少量 H_2 的 Ar，单晶生长时间通常为 10min。XPS 表征显示所得到的 $MoS_{2(1-x)}Se_{2x}$ 单层纳米片可以在 $x = 0 \sim 0.40$ 的范围实现连续可调，其光致发光可以从 660nm（MoS_2）调控到 716nm[$MoS_{2(1-x)}Se_{2x}$]。如图 3-39（b）所示，为了实现全组分可调的 $MoS_{2(1-x)}Se_{2x}$ 合金纳米片的单片集成，针对管式炉中 Se 浓度不足这一缺点，Feng 等[95]持续改进生长方法，将 Se 粉末作为反应源置于管式炉的上游区域，成功实现了 Se 组分含量比较大的 $MoS_{2(1-x)}Se_{2x}$（$x = 0.41 \sim 1.00$）单层纳米片的单片集成，并探索了 $MoS_{2(1-x)}Se_{2x}$ 单层纳米片形貌与温度之间的依赖关系。

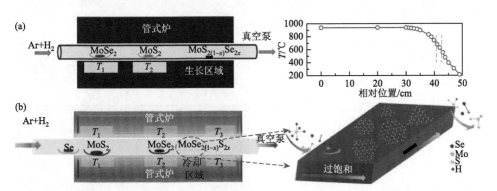

图 3-39　二维层状 TMDs 合金的合成以及电学表征[94, 95]：单片集成 $MoS_{2(1-x)}Se_{2x}$（$x = 0 \sim 0.4$）（a）和 $MoS_{2(1-x)}Se_{2x}$（$x = 0.41 \sim 1.00$）（b）纳米片的制备方法示意图

除了利用物理气相沉积法实现 TMDs 纳米片的能带调控之外，化学气相沉积法也可以用于制备全组分的 TMDs 合金纳米片。Gong 等[96]首次利用化学气相沉

积法实现了全组分可调的 $MoS_{2(1-x)}Se_{2x}$ 单层合金纳米片。如图 3-40（a）所示，首先将 S 粉和 Se 粉作为反应源置于管式炉的上游，MoO_3 放置在中心高温区位置，SiO_2/Si 衬底紧随 MoO_3 粉末放置在管式炉下游用于沉积 $MoS_{2(1-x)}Se_{2x}$ 纳米片。反应温度为 800℃，载气流速为 100sccm。光致发光结果表明，该系列纳米片可以实现从纯 MoS_2（1.85eV）到纯 $MoSe_2$（1.54eV）的全组分调控 [图 3-40（b）]。如图 3-40（c）所示，Gong 等进一步利用高分辨的球差电镜观测了单层与双层 $MoS_{2(1-x)}Se_{2x}$ 合金中 S 原子和 Se 原子的分布情况，结果表明：S 原子和 Se 原子均匀分布在 $MoS_{2(1-x)}Se_{2x}$ 合金纳米片中（其中红色小球代表 Mo 原子，绿色小球代表 S + Se 原子，白色小球代表两个 Se 原子）。

与此同时，Li 等[97]同样通过化学气相沉积法，利用管式炉下游的温度梯度对 MoS_2 与 $MoSe_2$ 选择性沉积的特征，制备了全组分可调的 $MoS_{2(1-x)}Se_{2x}$ 合金纳米片并实现了其单片沉积。Li 等利用 S 和 Se 作为硫族反应源放置在管式炉上游低温区，将二氧化硅衬底正面朝下放置在装有 MoO_3 的瓷舟上方。利用管式炉天然的温度梯度，在单片上合成了组分递变的 $MoS_{2(1-x)}Se_{2x}$ 合金，高温区域的合金 S 元素占主导，而低温区合金中 Se 元素比例较大。这种单片集成的生长 TMDs 合金的技术将有可能被应用于未来的光电子功能器件。

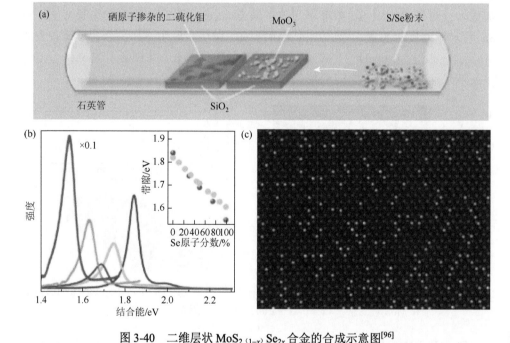

图 3-40　二维层状 $MoS_{2(1-x)}Se_{2x}$ 合金的合成示意图[96]

（a）全组分 $MoS_{2(1-x)}Se_{2x}$ 合金的合成；（b）光致发光谱；（c）高分辨透射电镜表征

3. 二维梯度原子晶体

二维梯度纳米材料可以被视为一种单纳米片上组分规律可变的合金。与梯度纳米线类似，首先单纳米片上的能带调控能够为二维材料能带依赖的物理性质研究提供可靠的素材，其次，其还可以被应用在未来高度集成的光电子器件领域。因此，构建梯度纳米材料，实现单纳米片上的能带调控非常重要。

Li 等[98]利用磁力助推系统移动反应源的方法合成了单纳片上组分递变的 $MoS_{2(1-x)}Se_{2x}$ 梯度纳米结构。如图 3-41（a）所示，分别将装有 Se 和 S 粉末的瓷舟置于管式炉上游位置，将装有 MoO_3 粉末的瓷舟放置在管式炉中心加热区，在装有 MoO_3 粉末的瓷舟上倒扣若干片 SiO_2/Si 衬底用于沉积被合成的纳米片。首先，将管式炉升温到 780℃，同时将 S 粉推入加热区用于合成 MoS_2 单晶纳米片。经过 1min 的生长之后，缓慢地将 Se 粉逐渐推入加热区（温度大约为 240℃），同时将 S 粉缓慢地推出加热区，用于在已经生长的 MoS_2 纳米片上逐渐外延生长 $MoS_{2(1-x)}Se_{2x}$ 合金，并形成梯度结构。在上游 S/Se 粉末缓慢移动的过程中，将管式炉的温度缓慢地从 780℃降至 720℃。图 3-41（b）为所合成梯度纳米片的拉曼表征，曲线（a~f）为沿着纳米线中心向边缘区域依次采集的六个区域的拉曼光谱，展示了从中心到边缘 Se 原子逐渐增多的特征，这与 $MoS_{2(1-x)}Se_{2x}$ 梯度单纳米片的结构相吻合。Wu 等[99]同样利用磁力助推装置在单纳米片上实现组分梯度变化的 $WS_{2x}Se_{2(1-x)}$ 纳米片，更进一步地，通过两次推拉过程，制备出 $WS_{2x}Se_{2(1-x)}$ 双梯度纳米片。

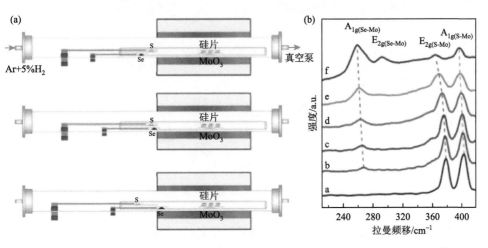

图 3-41　二维层状梯度 $MoS_{2(1-x)}Se_{2x}$ 纳米材料的合成（a）以及拉曼表征（b）[98]

4. 二维纵向异质结

二维材料异质结是集成光电子器件的基本单元。近年来，基于二维材料的异质结的研究引人关注，特别是 TMDs 异质结。不同于石墨烯、h-BN 等金属或者绝缘体二维材料组成的异质结，由于 TMDs 具有直接带隙、室温光发射等特征，其异质结界面具有丰富的光电性质。二维材料异质结可以被分为两类：二维纵向异质结以及二维横向异质结。二维纵向异质结是指用机械转移或者气相生长方法把二维材料层层堆叠在一起从而形成的异质结。二维横向异质结是指把晶格结构匹配的二维材料在同一个平面内被"缝合"起来，从而形成平面内的异质结。

二维纵向异质结的合成方式主要包含机械堆叠法以及化学气相沉积法。机械堆叠法通常是指将不同的二维纳米材料定点堆叠在一起，形成由范德瓦耳斯作用维系的双层甚至多层材料。不同的二维层状材料堆叠到一起之后可以得到新颖的物理性质。对于范德瓦耳斯异质结的开创性工作始于 Hone 课题组。2010 年 Hone 课题组报道了将石墨烯通过高聚物转移到薄层氮化硼上的湿法转移技术[100]。如图 3-42 所示，作者首先利用机械剥离法将石墨烯和 h-BN 制备在 SiO₂ 衬底之上，然后将具有石墨烯以及旋涂了 PMMA 的衬底浸泡在去离子水中，利用去离子水的表面张力使 PMMA/石墨烯样品与 SiO₂/Si 衬底脱离。然后用定点转移装置将石墨烯转移到 h-BN 上，从而形成石墨烯/h-BN 异质结。

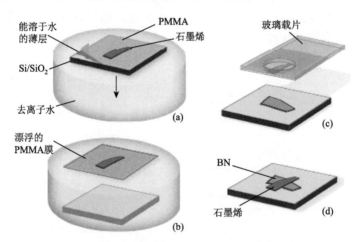

图 3-42　湿法转移制备范德瓦耳斯异质结[100]

在湿法转移技术实现二维材料纵向异质结之后，国内外研究者把目标转向了 TMDs 异质结的构筑。例如，Hong 等[101]利用干法转移技术制备了层层堆叠的 MoS₂/WS₂ 异质结。使用光致发光和飞秒泵浦探测光谱法对 MoS₂/WS₂ 异质结进行激发，在该结构中第一次观测到了超快电荷转移。Novoselov 等[102]利用全干法转移技术制备了二维晶体超晶格结构，并用于发光二极管中。这些发现极大地引起了人们对二维晶体范德瓦耳斯异质结或超晶格的研究兴趣。

尽管通过转移技术能够实现二维纵向异质结的制备，但是，最近的一些研究进展表明：二维范德瓦耳斯异质结可以通过化学气相沉积法直接生长，且相比于转移堆叠法，直接生长具有尺寸可控、界面干净以及大规模制备的工业应用潜力。Yang 等[103]利用化学气相沉积法实现了多种纵向异质结的可控生长。如图 3-43（a，c）所示，Yang 等首先利用 PVD 法生长大面积的 WSe_2 单晶纳米片（步骤 1），然后将所合成的单层 WSe_2 纳米片作为衬底用于合成 WSe_2/SnS_2 双层异质结（步骤 2）。图 3-43（e）为所合成大面积毫米级纵向 WSe_2/SnS_2 异质结的光学照片。Yang 等利用该异质结建了多电极背栅 FET 结构，并实现了超低的漏电流（10^{-14}A）以及高的开关比（10^7）。该异质结的光电探测器表现出了高的光响应性（108.7mA/W）和快的光响应速度（500μs）。同样利用两步法，Liu 等[104]将多层的 Sb_2Te_3 可控生长在 MoS_2 上，实现了高效的光探测器。基于所获得的异质结，Liu 等系统地制造并研究了背栅 Sb_2Te_3/MoS_2 场效应晶体管的电学性能。实验结果表明，该 p-n 二极管具有优异的整流性能，整流比可达 10^6。在光照下，p-n 二极管具有明显的光电行为，光电子转换效率最高可达 4.5%。

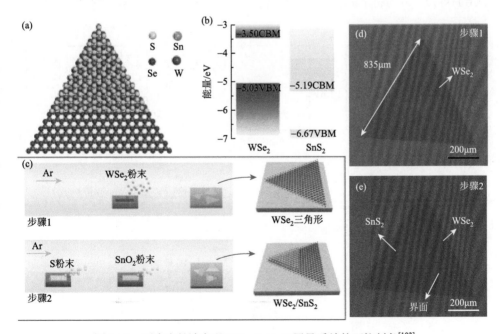

图 3-43　两步生长法实现 WSe_2/SnS_2 双层异质结的可控制备[103]

（a）原子结构示意图；（b）Ⅲ型能带排列；（c）两步法合成示意图；（d）WSe_2 的光学照片；（e）WSe_2/SnS_2 双层异质结的光学照片

此外，p-n 二极管还具有出色的光敏性能，如高光响应性（330A/W）和快速光响应速度（360μs）。这些结果表明，所实现的 Sb_2Te_3/MoS_2 p-n 异质结将有希望应用到集成电路中。

尽管二维纵向异质结的两步法气相合成已经被广泛研究和报道[103-105]，但是基于 TMDs/TMDs 纵向异质结的可控合成依然是个难点。这主要有以下两点原因：第一，控制横向或纵向的 TMDs 异质结依然是个难题；第二，第二步生长过程中较高的沉积温度将导致已制备的材料发生原子替换或者热分解。因此，Li 等[106]在对二维异质结的生长动力学机制深入理解的基础上，通过控制反应源的比例来调控前驱体浓度，而浓度差异会诱导不同扩散势垒的活性团簇生成，进而实现了二维异质结生长方向的精准调控。如图 3-44 所示，在低的阳阴离子浓度比例下，活性团簇在二维衬底易扩散，实现侧部成核且横向生长。在高比例下，较大的扩散势垒限制了表面扩散，导致垂直成核，实现堆垛纵向生长。为了解两步法生长过程中热分解的问题，Li 等通过加入碱金属卤化物盐（NaI）作为催化剂，将第二步反应的反应温度和沉积温度同时降到 600℃ 左右，有效地保护了第一步合成的材料，从而实现了高质量的 TMDs/TMDs 纵向异质结，所合成的异质结包括：$MoS_2/MoSe_2$，WS_2/WSe_2，$WSe_2/MoSe_2$，MoS_2/WS_2，$WS_2/MoSe_2$，MoS_2/NbS_2 以及 WS_2/NbS_2。该系列纵向异质结的可控合成为将来的基础研究和潜在器件应用提供了一个通用的材料平台。

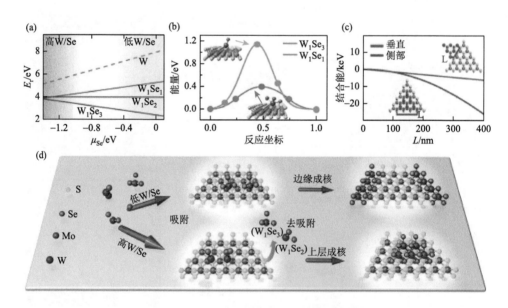

图 3-44　二维异质结的生长动力学控制[106]

（a）各种活性团簇 W_1Se_x 的成核能（E_r）与 Se 的化学势的函数；（b）W_1Se_3 和 W_1Se_1 团簇在 MoS_2 表面聚集的扩散势垒，其中 W_1Se_1 的最大扩散能大于 W_1Se_3；（c）横向和垂直 MoS_2/WSe_2 异质结的结合能与 MoS_2 层的接触长度的函数；（d）吸附各种活性团簇 W_1Se_x 的横向/纵向 MoS_2/WSe_2 异质结可控生长过程的示意图

5. 二维横向异质结

不同于二维纵向异质结，二维横向异质结需要满足晶格匹配，界面完整链接等条件，因此在实验上更难以实现。但相比于纵向异质结，二维横向异质结更容易集成形成平面器件，因此，二维横向异质结的合成是一个非常重要的课题。二维平面异质结的研究始于 2014 年，Duan 等[56]将反应源移动的生长方法运用到二维横向异质结的生长当中，成功实现了横向外延的高质量的 WS_2-WSe_2 和 MoS_2-$MoSe_2$ 异质结。他们首先将 S 粉推入加热区域用于合成 MoS_2 单晶纳米片作为异质结的核层材料，然后将 Se 粉末快速推入加热区，同时将 S 粉推出加热区，用于在已经合成 MoS_2 的边缘外延生长 $MoSe_2$，从而得到 MoS_2-$MoSe_2$ 横向异质结（图 3-45）。WS_2-WSe_2 横向外延异质结的合成方法与 MoS_2-$MoSe_2$ 异质结类似，分别将 WS_2 与 WSe_2 粉末作为反应源放置在管式炉的中心以及上游。首先将管式炉升温至 1057℃，并保持 20min 用于生长 WS_2 单晶作为异质结的核层，然后利用磁力助推装置将 WSe_2 粉末快速推入管式炉中心位置，并将 WS_2 粉末推出加热区，用于合成 WS_2-WSe_2 异质结。Duan 等利用 WS_2-WSe_2 p-n 结的特性，构建了具有高电压增益的反相器。这一成果推动了二维层状材料异质结研究的发展，为实现功能电子和光电子器件提供了依据，并展示了该异质结纳米片在光伏器件、光电探测以及反相器方面的应用。

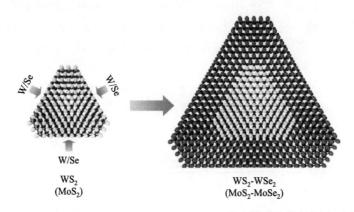

图 3-45　二维层状 MoS_2-$MoSe_2$（WS_2-WSe_2）横向异质结的制备原理图[56]

同一年，Huang 等[58]利用 WSe_2 与 $MoSe_2$ 的蒸发温度不同，以纯 H_2 气作为载气，合成了 $MoSe_2$-WSe_2 横向外延异质结。单层的 $MoSe_2$ 将首先被沉积到衬底上作为异质结的核层，随着管式炉气氛中 $MoSe_2$ 含量的逐渐降低以及 WSe_2 含量的逐渐增多，WSe_2 将在 $MoSe_2$ 的界面成核并外延形成 $MoSe_2$ 异质结。此外，美国莱斯大学的 Gong 等[49]利用 Te 粉末作为共熔催化剂，巧妙地设计实验，在反应温度小于 1000℃的情况下用一步 CVD 法合成出高质量的 MoS_2-WS_2 横向以及纵向异质结。该异质结的合成具有明显的温度选择性，当衬底温度为 850℃时，WS_2 将在单层 MoS_2 上沉积，得到纵向的 WS_2/MoS_2 异质结；当衬底温度为 650℃时，单层 WS_2 将在单层 MoS_2 的界面处成核并外延得到横向的 MoS_2-WS_2 异质结。尽管多种 TMDs 横向异质结被制备，然而，由于一步法生长过程中不可避免地存在大量的原子替换，得到的横向异质结界面并不完全陡峭。为了解决这一难题，2015 年，Li 等[107]利用两步法成功实现了界面完全陡峭的 WSe_2-MoS_2 横向异质结的制备。高分辨透射电子显微镜、光致发光以及拉曼等表征均证明了 WSe_2-MoS_2 具有完全陡峭的界面。同时，该横向异质结表现出了优异的电学性能。

两步法虽然能够很好地解决二维横向异质结界面不够陡峭的问题，但是依然存在着热分解、不均匀成核、原子替换等诸多不可控因素。这使得这种方法不可控，并很难普适合成多种 TMDs 横向异质结。为了解决这一问题，Zhang 等[108]在两步法制备界面完全陡峭横向异质结的基础之上，引入双向气流，合成了多种、多层二维横向异质结以及超晶格等结构。如图 3-46 所示，他们首先制备了高质量的 TMDs 单层纳米片作为异质结的核层，在升温过程中，逆向冷气流用于保护预先合成的 TMDs 纳米片免于热分解，当管式炉升温至壳层材料的合成温度后，将逆向气流关闭，同时开启正向气流将反应物气体运送到基片外延生长异质结。该方法能够普适应用于多种横向异质结、多层异质结和超晶格的生长。Sahoo 等[109]利用不同气氛条件下对 Mo 基二硫化物和 W 基二硫化物的选择性生长，使用一步法合成了 MoX_2-WX_2（X = S/Se）横向多层异质结。首先，Sahoo 等利用水汽能够促进反应物蒸发这一特点，在二维材料的合成

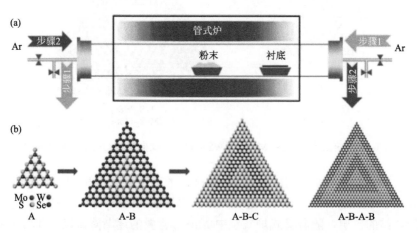

图 3-46 二维层状横向异质结的合成过程示意图[108]

中首次加入水汽作为催化剂。在 $Ar + H_2$ 载气条件下，WX_2 的合成被激活，MoX_2 的反应被抑制；而载气为 $N_2 + H_2O$ 的条件下，更倾向于生长 MoX_2。基于这种选择性生长的原理，Sahoo 等通过气体切换的方法实现了 MoX_2-WX_2 多层异质结的可控合成。

近年来，作者所在课题组利用化学气相沉积法实现了二维异质结的能带排列调控。构建能带排列可调的异质结一方面极大地丰富了异质结的种类，另一方面为灵活设计和操控异质结器件结构及应用提供了一个新的思路。为了实现二维横向异质结的能带排列调控，Zheng 等[110]通过将合金调控能带的概念引入到异质结的设计中，成功构建了以纯 WS_2 作为核层，以 $WS_{2(1-x)}Se_{2x}$ 合金作为壳层的横向异质结。Zheng 等先利用正向气流实现核层 WS_2 的合成，然后以不同比例的 WS_2、WSe_2 混合物粉末作为反应源生长 WS_2-$WS_{2(1-x)}Se_{2x}$ 横向异质结的壳层。通过调控混合物反应源的比例，在核层 WS_2 组分保持不变的情况下，壳层 $WS_{2(1-x)}Se_{2x}$ 的组分实现了从 WS_2 到 WSe_2 的全组分调控（$0 < x \leqslant 1$），从而实现了 WS_2-$WS_{2(1-x)}Se_{2x}$ 横向异质结能带排列调控（图 3-47）。

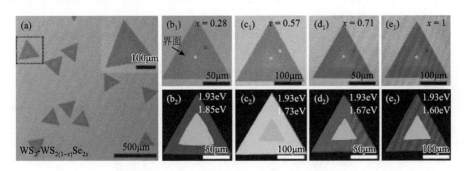

图 3-47　二维能带可调横向异质结的制备[110]

构建 TMDs 异质结虽然能够在一定的范围内实现能带排列的有效调控，然而，结构的相似性导致 TMDs 及其合金的异质结的能带排列多为 II 型并且能带差比较小。单纯地构建 TMDs 异质结而不引入其他二维材料很难实现能带排列从 I 型到 II 型，或者从 II 型到 III 型的调控。基于这种原因，在两步法制备二维纵向 p-n 结的基础之上，Zheng 等[105]将少层 PbI_2 可控地生长在 $WS_{2(1-x)}Se_{2x}$ 合金上，制备出了系列 $PbI_2/WS_{2(1-x)}Se_{2x}$（$x = 0 \sim 1$）纵向能带排列可调异质结，实现了异质结能带排列从 I 型到 II 型的转变，从而为相关的物性研究及器件应用提供了一个很好的材料平台。

参 考 文 献

[1]　Zhou J，Booker C，Li R，et al. An electrochemical avenue to blue luminescent nanocrystals from multiwalled

carbon nanotubes（MWCNTs）. Journal of the American Chemical Society，2007，129（4）：744-745.

[2] Gopalakrishnan D，Damien D，Li B，et al. Electrochemical synthesis of luminescent MoS$_2$ quantum dots. Chemical Communications，2015，51（29）：6293-6296.

[3] Xu S，Li D，Wu P. One‐pot，facile，and versatile synthesis of monolayer MoS$_2$/WS$_2$ quantum dots as bioimaging probes and efficient electrocatalysts for hydrogen evolution reaction. Advanced Functional Materials，2015，25（7）：1127-1136.

[4] Dai W，Dong H，Fugetsu B，et al. Tunable fabrication of molybdenum disulfide quantum dots for intracellular microRNA detection and multiphoton bioimaging. Small，2015，11（33）：4158-4164.

[5] Ouyang J，Kuijper J，Brot S，et al. Photoluminescent colloidal CdS nanocrystals with high quality via noninjection one-pot synthesis in 1-octadecene. The Journal of Physical Chemistry C，2009，113（18）：7579-7593.

[6] Wang Y，Ni Y. Molybdenum disulfide quantum dots as a photoluminescence sensing platform for 2, 4, 6-trinitrophenol detection. Analytical Chemistry，2014，86（15）：7463-7470.

[7] Nasilowski M，Spinicelli P，Patriarche G，et al. Gradient CdSe/CdS quantum dots with room temperature biexciton unity quantum yield. Nano Letters，2015，15（6）：3953-3958.

[8] Peng X，Manna L，Yang W，et al. Shape control of CdSe nanocrystals. Nature，2000，404（6773）：59.

[9] Li X，Wu Y，Zhang S，et al. CsPbX$_3$ quantum dots for lighting and displays：room-temperature synthesis，photoluminescence superiorities，underlying origins and white light-emitting diodes. Advanced Functional Materials，2016，26（15）：2435-2445.

[10] Sabatier P A. Top-down and bottom-up approaches to implementation research：a critical analysis and suggested synthesis. Journal of Public Policy，1986，6（1）：21-48.

[11] Yang Q，Sha J，Ma X，et al. Synthesis of NiO nanowires by a sol-gel process. Materials Letters，2005，59（14）：1967-1970.

[12] Chen Y W，Liu Y C，Lu S X，et al. Optical properties of ZnO and ZnO：in nanorods assembled by sol-gel method. The Journal of Chemical Physics，2005，123（13）：134701.

[13] Attar A S，Mirdamadi S，Hajiesmaeilbaigi F，et al. Growth of TiO$_2$ nanorods by sol-gel template process. Journal of Materials Science & Technology，2007，23（5）：611-613.

[14] Kovtyukhova N I，Mallouk T E，Mayer T S. Templated surface sol-gel synthesis of SiO$_2$ nanotubes and SiO$_2$-insulated metal nanowires. Advanced Materials，2003，15（10）：780-785.

[15] Wang X，Li Y. Synthesis and characterization of lanthanide hydroxide single-crystal nanowires. Angewandte Chemie International Edition，2003，41（24）：4790-4793.

[16] Li H，Zhang Q，Pan A，et al. Single-crystalline Cu$_4$Bi$_4$S$_9$ nanoribbons：facile synthesis，growth mechanism，and surface photovoltaic properties. Chemistry of Materials，2011，23（5）：1299-1305.

[17] Guo P，Xu J，Zhuang X，et al. Surface plasmon resonance enhanced band-edge emission of CdS-SiO$_2$ core-shell nanowires with gold nanoparticles attached. Journal of Materials Chemistry C，2013，1（3）：566-571.

[18] Zheng M J，Zhang L D，Li G H，et al. Fabrication and optical properties of large-scale uniform zinc oxide nanowire arrays by one-step electrochemical deposition technique. Chemical Physics Letters，2002，363（1-2）：123-128.

[19] Wang J B，Zhou X Z，Liu W F，et al. Magnetic texture in iron nanowire arrays. Nanotechnology，2004，15（5）：485-489.

[20] Wagner R S. Vapor-liquid-solid mechanism of single crystal crowth. Applied Physics Letters，1964，4（5）：89-90.

[21] Wu Y，Yang P. Direct observation of vapor-liquid-solid nanowire growth. Journal of the American Chemical Society，2001，123（13）：3165-3166.

[22]　Umar A, Kim S H, Lee Y S, et al. Catalyst-free large-quantity synthesis of ZnO nanorods by a vapor-solid growth mechanism: structural and optical properties. Journal of Crystal Growth, 2005, 282 (1): 131-136.

[23]　Han N, Wang F, Hui A T, et al. Facile synthesis and growth mechanism of Ni-catalyzed GaAs nanowires on non-crystalline substrates. Nanotechnology, 2011, 22 (28): 285607.

[24]　Guo P, Xu J, Gong K, et al. On-nanowire axial heterojunction design for high-performance photodetectors. ACS Nano, 2016, 10 (9): 8474-8481.

[25]　张端明, 李智华, 钟志成, 等. 脉冲激光沉积动力学原理. 北京: 科学出版社, 2011.

[26]　Wu Y, Fan R, Yang P. Block-by-block growth of single-crystalline Si/SiGe superlattice nanowires. Nano Letters, 2002, 2 (2): 83-86.

[27]　Morales A M, Lieber C M. A laser ablation method for the synthesis of crystalline semiconductor nanowires. Science, 1998, 279 (5348): 208-211.

[28]　Lee W, Jeong M C, Myoung J M. Catalyst-free growth of ZnO nanowires by metal-organic chemical vapour deposition (MOCVD) and thermal evaporation. Acta Materialia, 2004, 52 (13): 3949-3957.

[29]　Hertenberger S, Rudolph D, Bolte S, et al. Absence of vapor-liquid-solid growth during molecular beam epitaxy of self-induced InAs nanowires on Si. Applied Physics Letters, 2011, 98 (12): 123114.

[30]　Dai H, Wong E W, Lu Y Z, et al. Synthesis and characterization of carbide nanorods. Nature, 1995, 375 (6534): 769.

[31]　Routkevitch D, Bigioni T, Moskovits M, et al. Electrochemical fabrication of CdS nanowire arrays in porous anodic aluminum oxide templates. Journal of Physical Chemistry B, 1996, 100 (33): 14037-14047.

[32]　Ergen O, Ruebusch D J, Fang H, et al. Shape-controlled synthesis of single-crystalline nanopillar arrays by template-assisted vapor-liquid-solid process. Journal of the American Chemical Society, 2010, 132 (40): 13972-13974.

[33]　Shoaib M, Zhang X, Wang X, et al. Directional growth of ultralong CsPbBr$_3$ perovskite nanowires for high-performance photodetectors. Journal of the American Chemical Society, 2017, 139 (44): 15592-15595.

[34]　Huang X, Zeng Z, Zhang H. Metal dichalcogenide nanosheets: preparation, properties and applications. Chemical Society Reviews, 2013, 42 (5): 1934-1946.

[35]　Novoselov K S, Geim A K, Morozov S V, et al. Electric field effect in atomically thin carbon films. Science, 2004, 306 (5696): 666-669.

[36]　Novoselov K S, Neto A H C. Two-dimensional crystals-based heterostructures: materials with tailored properties. Physica Scripta, 2012, T146: 014006.

[37]　Novoselov K S, Geim A K, Morozov S V, et al. Two-dimensional gas of massless Dirac fermions in graphene. Nature, 2005, 438 (7065): 197.

[38]　Coleman J N. Liquid exfoliation of defect-free graphene. Accounts of Chemical Research, 2012, 46 (1): 14-22.

[39]　Smith R J, Lotya M, Coleman J N. The importance of repulsive potential barriers for the dispersion of graphene using surfactants. New Journal of Physics, 2010, 12 (12): 125008.

[40]　Lin Z, Liu Y, Halim U, et al. Solution-processable 2D semiconductors for high-performance large-area electronics. Nature, 2018, 562 (7726): 254.

[41]　Zhan Y, Liu Z, Najmaei S, et al. Large-area vapor-phase growth and characterization of MoS$_2$ atomic layers on a SiO$_2$ substrate. Small, 2012, 8 (7): 966-971.

[42]　Lee Y H, Zhang X Q, Zhang W, et al. Synthesis of large-area MoS$_2$ atomic layers with chemical vapor deposition. Advanced Materials, 2012, 24 (17): 2320-2325.

[43] Liu K K, Zhang W, Lee Y H, et al. Growth of large-area and highly crystalline MoS$_2$ thin layers on insulating substrates. Nano Letters, 2012, 12 (3): 1538-1544.

[44] Gao Y, Liu Z, Sun D M, et al. Large-area synthesis of high-quality and uniform monolayer WS$_2$ on reusable Au foils. Nature Communications, 2015, 6: 8569.

[45] Cong C, Shang J, Wu X, et al. Synthesis and optical properties of large-area single-crystalline 2D semiconductor WS$_2$ monolayer from chemical vapor deposition. Advanced Optical Materials, 2014, 2 (2): 131-136.

[46] Chen J, Tang W, Tian B, et al. Chemical vapor deposition of high-quality large-sized MoS$_2$ crystals on silicon dioxide substrates. Advanced Science, 2016, 3 (8): 1500033.

[47] Chen W, Zhao J, Zhang J, et al. Oxygen-assisted chemical vapor deposition growth of large single-crystal and high-quality monolayer MoS$_2$. Journal of the American Chemical Society, 2015, 137 (50): 15632-15635.

[48] Gong Y, Ye G, Lei S, et al. Synthesis of millimeter-scale transition metal dichalcogenides single crystals. Advanced Functional Materials, 2016, 26 (12): 2009-2015.

[49] Gong Y, Lin J, Wang X, et al. Vertical and in-plane heterostructures from WS$_2$/MoS$_2$ monolayers. Nature Materials, 2014, 13 (12): 1135.

[50] Gong Y, Lin Z, Ye G, et al. Tellurium-assisted low-temperature synthesis of MoS$_2$ and WS$_2$ monolayers. ACS Nano, 2015, 9 (12): 11658-11666.

[51] Cui F, Wang C, Li X, et al. Tellurium-assisted epitaxial growth of large-area, highly crystalline ReS$_2$ atomic layers on mica substrate. Advanced Materials, 2016, 28 (25): 5019-5024.

[52] Li S, Wang S, Tang D M, et al. Halide-assisted atmospheric pressure growth of large WSe$_2$ and WS$_2$ monolayer crystals. Applied Materials Today, 2015, 1 (1): 60-66.

[53] Wang Z, Xie Y, Wang H, et al. NaCl-assisted one-step growth of MoS$_2$-WS$_2$ in-plane heterostructures. Nanotechnology, 2017, 28 (32): 325602.

[54] Zhou J, Lin J, Huang X, et al. A library of atomically thin metal chalcogenides. Nature, 2018, 556 (7701): 355.

[55] Wu S, Huang C, Aivazian G, et al. Vapor-solid growth of high optical quality MoS$_2$ monolayers with near-unity valley polarization. ACS Nano, 2013, 7 (3): 2768-2772.

[56] Duan X, Wang C, Shaw J C, et al. Lateral epitaxial growth of two-dimensional layered semiconductor heterojunctions. Nature Nanotechnology, 2014, 9 (12): 1024.

[57] Duan X, Wang C, Fan Z, et al. Synthesis of WS$_{2x}$Se$_{2-2x}$ alloy nanosheets with composition-tunable electronic properties. Nano Letters, 2015, 16 (1): 264-269.

[58] Huang C, Wu S, Sanchez A M, et al. Lateral heterojunctions within monolayer MoSe$_2$-WSe$_2$ semiconductors. Nature Materials, 2014, 13 (12): 1096.

[59] Kang K, Xie S, Huang L, et al. High-mobility three-atom-thick semiconducting films with wafer-scale homogeneity. Nature, 2015, 520 (7549): 656.

[60] Xie S, Tu L, Han Y, et al. Coherent, atomically thin transition-metal dichalcogenide superlattices with engineered strain. Science, 2018, 359 (6380): 1131-1136.

[61] Li H, Wang X, Zhu X, et al. Composition modulation in one-dimensional and two-dimensional chalcogenide semiconductor nanostructures. Chemical Society Reviews, 2018, 47 (20): 7504-7521.

[62] Pietryga J M, Park Y S, Lim J, et al. Spectroscopic and device aspects of nanocrystal quantum dots. Chemical Reviews, 2016, 116 (18): 10513-10622.

[63] Rogach A L, Talapin D V, Shevchenko E V, et al. Organization of matter on different size scales: monodisperse

nanocrystals and their superstructures. Advanced Functional Materials，2002，12（10）：653-664.

[64]　Piven N，Susha A S，Rogach J M. Aqueous synthesis of alloyed CdSe$_x$Te$_{1-x}$ nanocrystals. Journal of Physical Chemistry，2008，112：15253-15259.

[65]　Liu F C，Cheng T L，Shen C C，et al. Synthesis of cysteine-capped Zn$_x$Cd$_{1-x}$Se alloyed quantum dots emitting in the blue-green spectral range. Langmuir，2008，24：2162-2167.

[66]　Protesescu L，Yakunin S，Bodnarchuk M I，et al. Nanocrystals of cesium lead halide perovskites（CsPbX$_3$，X = Cl，Br，and I）：novel optoelectronic materials showing bright emission with wide color gamut. Nano Letters，2015，15（6）：3692-3696.

[67]　Chen Y，Vela J，Htoon H，et al. "Giant" multishell CdSe nanocrystal quantum dots with suppressed blinking. Journal of the American Chemical Society，2008，130（15）：5026-5027.

[68]　Talapin D V，Mekis I，Götzinger S，et al. CdSe/CdS/ZnS and CdSe/ZnSe/ZnS core-shell-shell nanocrystals. The Journal of Physical Chemistry B，2004，108（49）：18826-18831.

[69]　Xie R，Kolb U，Li J，et al. Synthesis and characterization of highly luminescent CdSe-core CdS/Zn$_{0.5}$Cd$_{0.5}$S/ZnS multishell nanocrystals. Journal of the American Chemical Society，2005，127（20）：7480-7488.

[70]　Bae W K，Nam M K，Char K，et al. Gram-scale one-pot synthesis of highly luminescent blue emitting Cd$_{1-x}$Zn$_x$S/ZnS nanocrystals. Chemistry of Materials，2008，20（16）：5307-5313.

[71]　Bae W K，Char K，Hur H，et al. Single-step synthesis of quantum dots with chemical composition gradients. Chemistry of Materials，2008，20（2）：531-539.

[72]　Pan A，Yang H，Liu R，et al. Color-tunable photoluminescence of alloyed CdS$_x$Se$_{1-x}$ nanobelts. Journal of the American Chemical Society，2005，127（45）：15692-15693.

[73]　Pan A，Zhou W，Leong E S P，et al. Continuous alloy-composition spatial grading and superbroad wavelength-tunable nanowire lasers on a single chip. Nano Letters，2009，9（2）：784-788.

[74]　Liu Y，Zapien J A，Shan Y Y，et al. Wavelength-controlled lasing in Zn$_x$Cd$_{1-x}$S single-crystal nanoribbons. Advanced Materials，2005，17（11）：1372-1377.

[75]　Pan A，Liu R，Sun M，et al. Spatial composition grading of quaternary ZnCdSSe alloy nanowires with tunable light emission between 350 and 710 nm on a single substrate. ACS Nano，2010，4（2）：671-680.

[76]　Kuykendall T，Ulrich P，Aloni S，et al. Complete composition tunability of InGaN nanowires using a combinatorial approach. Nature Materials，2007，6（12）：951.

[77]　Wang Y，Xu J，Ren P，et al. Bandgap broadly tunable GaZnSeAs alloy nanowires. Physical Chemistry Chemical Physics，2013，15（8）：2912-2916.

[78]　Gu F，Yang Z，Yu H，et al. Spatial bandgap engineering along single alloy nanowires. Journal of the American Chemical Society，2011，133（7）：2037-2039.

[79]　Yang Z，Xu J，Wang P，et al. On-nanowire spatial band gap design for white light emission. Nano Letters，2011，11（11）：5085-5089.

[80]　Zhuang X，Guo P，Zhang Q，et al. Lateral composition-graded semiconductor nanoribbons for multi-color nanolasers. Nano Research，2016，9（4）：933-941.

[81]　Lu W，Xiang J，Timko B P，et al. One-dimensional hole gas in germanium/silicon nanowire heterostructures. Proceedings of the National Academy of Sciences，2005，102（29）：10046-10051.

[82]　Schäffler F. High-mobility Si and Ge structures. Semiconductor Science and Technology，1997，12（12）：1515.

[83]　Mayer B，Rudolph D，Schnell J，et al. Lasing from individual GaAs-AlGaAs core-shell nanowires up to room temperature. Nature Communications，2013，4：2931.

[84] Tian B, Zheng X, Kempa T J, et al. Coaxial silicon nanowires as solar cells and nanoelectronic power sources. Nature, 2007, 449 (7164): 885.

[85] Gudiksen M S, Lauhon L J, Wang J, et al. Growth of nanowire superlattice structures for nanoscale photonics and electronics. Nature, 2002, 415 (6872): 617.

[86] Zhang Q, Liu H, Guo P, et al. Vapor growth and interfacial carrier dynamics of high-quality CdS-CdSSe-CdS axial nanowire heterostructures. Nano Energy, 2017, 32: 28-35.

[87] Xu J, Ma L, Guo P, et al. Room-temperature dual-wavelength lasing from single-nanoribbon lateral heterostructures. Journal of the American Chemical Society, 2012, 134 (30): 12394-12397.

[88] Guo P, Hu W, Zhang Q, et al. Semiconductor alloy nanoribbon lateral heterostructures for high-performance photodetectors. Advanced Materials, 2014, 26 (18): 2844-2849.

[89] Liu H, Jiang Y, Fan P, et al. Polar-induced selective epitaxial growth of multijunction nanoribbons for high-performance optoelectronics. ACS Applied Materials & Interfaces, 2019, 11 (17): 15813-15820.

[90] Kang J, Tongay S, Li J, et al. Monolayer semiconducting transition metal dichalcogenide alloys: stability and band bowing. Journal of Applied Physics, 2013, 113 (14): 143703.

[91] Dumcenco D O, Kobayashi H, Liu Z, et al. Visualization and quantification of transition metal atomic mixing in $Mo_{1-x}W_xS_2$ single layers. Nature Communications, 2013, 4: 1351.

[92] Chen Y, Xi J, Dumcenco D O, et al. Tunable band gap photoluminescence from atomically thin transition-metal dichalcogenide alloys. ACS Nano, 2013, 7 (5): 4610-4616.

[93] Tongay S, Narang D S, Kang J, et al. Two-dimensional semiconductor alloys: monolayer $Mo_{1-x}W_xSe_2$. Applied Physics Letters, 2014, 104 (1): 012101.

[94] Feng Q, Zhu Y, Hong J, et al. Growth of large-area 2D $MoS_{2(1-x)}Se_{2x}$ semiconductor alloys. Advanced Materials, 2014, 26 (17): 2648-2653.

[95] Feng Q, Mao N, Wu J, et al. Growth of $MoS_{2(1-x)}Se_{2x}$ $(x = 0.41-1.00)$ monolayer alloys with controlled morphology by physical vapor deposition. ACS Nano, 2015, 9 (7): 7450-7455.

[96] Gong Y, Liu Z, Lupini A R, et al. Band gap engineering and layer-by-layer mapping of selenium-doped molybdenum disulfide. Nano Letters, 2013, 14 (2): 442-449.

[97] Li H, Duan X, Wu X, et al. Growth of alloy $MoS_{2x}Se_{2(1-x)}$ nanosheets with fully tunable chemical compositions and optical properties. Journal of the American Chemical Society, 2014, 136 (10): 3756-3759.

[98] Li H, Zhang Q, Duan X, et al. Lateral growth of composition graded atomic layer $MoS_{2(1-x)}Se_{2x}$ nanosheets. Journal of the American Chemical Society, 2015, 137 (16): 5284-5287.

[99] Wu X, Li H, Liu H, et al. Spatially composition-modulated two-dimensional $WS_{2x}Se_{2(1-x)}$ nanosheets. Nanoscale, 2017, 9 (14): 4707-4712.

[100] Dean C R, Young A F, Meric I, et al. Boron nitride substrates for high-quality graphene electronics. Nature Nanotechnology, 2010, 5 (10): 722.

[101] Hong X, Kim J, Shi S F, et al. Ultrafast charge transfer in atomically thin MoS_2/WS_2 heterostructures. Nature Nanotechnology, 2014, 9 (9): 682.

[102] Withers F, Del Pozo-Zamudio O, Mishchenko A, et al. Light-emitting diodes by band-structure engineering in van der Waals heterostructures. Nature Materials, 2015, 14 (3): 301.

[103] Yang T, Zheng B, Wang Z, et al. Van der Waals epitaxial growth and optoelectronics of large-scale WSe_2/SnS_2 vertical bilayer p-n junctions. Nature Communications, 2017, 8 (1): 1906.

[104] Liu H, Li D, Ma C, et al. Van der Waals epitaxial growth of vertically stacked Sb_2Te_3/MoS_2 p-n heterojunctions for

high performance optoelectronics. Nano Energy，2019，59：66-74.

[105] Zheng W，Zheng B，Yan C，et al. Direct vapor growth of 2D vertical heterostructures with tunable band alignments and interfacial charge transfer behaviors. Advanced Science，2019：1802204.

[106] Li F，Feng Y，Li Z，et al. Rational kinetics control toward universal growth of 2D vertically stacked heterostructures. Advanced Materials，2019：1901351.

[107] Li M Y，Shi Y，Cheng C C，et al. Epitaxial growth of a monolayer WSe_2-MoS_2 lateral pn junction with an atomically sharp interface. Science，2015，349（6247）：524-528.

[108] Zhang Z，Chen P，Duan X，et al. Robust epitaxial growth of two-dimensional heterostructures，multiheterostructures，and superlattices. Science，2017，357（6353）：788-792.

[109] Sahoo P K，Memaran S，Xin Y，et al. One-pot growth of two-dimensional lateral heterostructures via sequential edge-epitaxy. Nature，2018，553（7686）：63.

[110] Zheng B，Ma C，Li D，et al. Band alignment engineering in two-dimensional lateral heterostructures. Journal of the American Chemical Society，2018，140（36）：11193-11197.

第4章

低维半导体瞬态光学特性

4.1 引言

在过去的几十年里，得益于合成技术的进步，各种新型纳米结构得到了迅猛的发展。尤其是半导体纳米结构，包括零维量子点、一维纳米线、以石墨烯为代表的二维层状结构、新型钙钛矿结构等。为了弄清其优异宏观光电性质下的微观机制，非常有必要研究半导体纳米结构中光生载流子动力学过程。目前，科学家们通过飞秒时间分辨的载流子动力学探测技术，探索了此类新型半导体低维结构中载流子的产生、弛豫、复合、传输等微观过程，如光生电子在能级间的跃迁、电子-空穴的复合发光、激发态电子的弛豫过程和电声耦合等。这些光物理过程大部分发生在飞秒至纳秒的时间尺度上。这一章将介绍几种超快光谱探测技术，并利用这些技术来表征和研究不同维度的低维半导体材料中载流子的激发、弛豫和复合等超快动力学过程。

4.2 瞬态光谱技术

目前典型的超快光谱探测系统，包括时间相关单光子计数系统、条纹相机、荧光上转换光谱系统、泵浦-探测（pump-probe）系统等。其中时间相关单光子计数系统、条纹相机和荧光上转换光谱系统主要用于研究材料中时间分辨从皮秒到微秒的发光动力学过程，可以获知部分载流子复合过程。泵浦-探测技术是用一束超短脉冲激光作为泵浦光，在激发点上产生载流子，用另一束脉冲激光作为探测光，通过两束光的相对时间延迟来实现激发点处超快载流子动态过程的检测。泵浦探测系统能够更全面地获知内部载流子在材料中不同能级间的弛豫与复合过程。目前泵浦探测技术已广泛应用于生物、化学、材料等研究领域，并逐渐从仅可利用透射式测量的液体或薄膜样品扩展到也可利用反射式测量固体样品的表面动力学过程。最近该技术也被成功扩展到纳米材料研究领域，诞生了集成显微技术的泵浦-探测系统。该系统可用于研究微纳尺度材料中载流子动力学过程。对于半导体纳米材料而言，载流子会在皮秒时间尺度上和晶格结构达到热平衡。因此在亚皮秒（或百飞秒）精度内对载流子分布实现探测和调控并研究其传输特性已成为超快光电器件研发过程中非常重要的内容。现有的可以应用于微区载流子探测的超快光谱技术主要有以下几种：皮秒量级的时间分辨荧光探测技术（条纹相机）、微区时间相关单光子技术、微区泵浦探测技术等。

4.2.1 微区时间分辨荧光光谱技术

在超短荧光寿命探测方面，目前有三种方法可以实现：条纹相机、时间相关单光子计数与超快响应示波器。

1. 条纹相机

条纹相机是一种超高速探测器，它可以将光信号的时间轴信息转换为空间轴信息，因此又被称为变像管扫描相机。条纹相机除了能够探测非常短寿命的荧光发射，还能同步捕获空间或频谱数据。

如图 4-1 所示，一束具有强度区分、空间波长区分、时间区分的入射光首先通过光谱仪分光并经狭缝出射，然后聚焦照射到光电阴极并发射出光电子。光电子进入条纹管时，具有一定初速度的电子随后进入了具有时间依赖性的偏转电场。该电场在触发器接收到初始光脉冲后同步施加一个随时间变化的电压，使得进入该电场的电子发生垂直方向的偏转且该偏转量与时间依赖的电压有关（如先进入电场的电子偏转量小而后进入电场的电子偏转量大）。因此，电子的时间先后信息由于函数电压的加速作用，使得电子轰击在微通道板上的位置不同，并呈现一定规律性的分布。通过微通道板倍增的电子信号，最后照射在其垂直平面方向的荧光屏上，得到具有强度分辨（光子数）、光谱分辨（水平坐标轴），以及时间分辨（垂直坐标轴）的条纹相机图片。

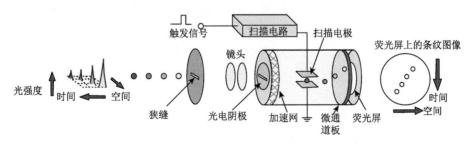

图 4-1 条纹相机工作原理图

条纹相机中的最关键的部件是条纹管（图 4-2）。条纹管中的偏转电压调制技术决定了条纹管的众多功能参数。一般情况下，有两种偏转电压函数可以用来实现电子的加速与偏转。例如，在同步触发工作模式中，其偏转电场电压是一个正弦波。这种模式的测量时间范围是 100ps～2ns，用以测量较短的动力学行为；在单扫描工作模式中，其偏转电压是单调变化的斜坡电压，测量时间范围是 1ns～200μs，用以测量较长的动力学行为。

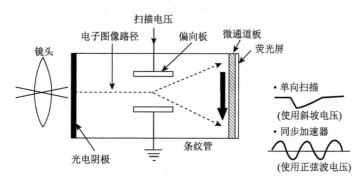

图 4-2　条纹管结构示意图与扫描电压示意图

一个完整的条纹相机系统的工作路线图如图 4-3 所示。在同步触发的情况下（较短时间量程），需要测量的光首先会通过一个小反射率的反射镜，少量反射光线进入一个针孔光二极管，从而被转换为一个触发的电信号。同时，大部分未被反射的光进入条纹相机系统进行探测。通过调节延迟系统，可以调节触发的时间线至探测时间范围内，完成触发与信号的耦合。在单触发的情况下，触发由外部光源同步触发器提供一个电触发信号，该信号通过一个频分器后同样可由时间延迟系统将触发线调节至探测的时间范围，完成触发与信号的耦合。条纹相机信号的输出由一个高灵敏相机探测，通过一个抓帧器提取出照片。

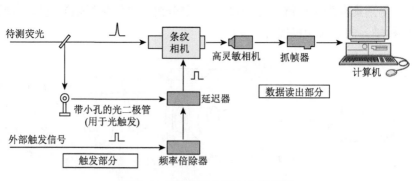

图 4-3　条纹相机系统工作路线图

在条纹相机测试荧光信号的过程中，纵使输入一个极短的脉冲光信号，仪器系统依然会有一个响应时间，这个时间形成的条纹相机图形如图 4-4 右图所示。取一定水平范围内（覆盖水平方向所有信号）的垂直信号，可以得到垂直方向（时间方向）的强度变化信号，如图 4-4 左图所示。此时，取其最高强度一半位置的时间宽度（半高宽），即为条纹相机的时间分辨率。目前日本滨松公司的条纹相机产品最好的时间分辨率可达 1ps。

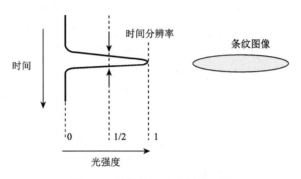

图 4-4　条纹相机的时间分辨率

典型的基于条纹相机微区时间分辨光谱系统，主要包括光源系统、显微系统以及条纹相机荧光寿命测试系统。图 4-5 中使用脉冲宽度为 80fs 的钛蓝宝石锁模激光器（脉冲重复频率 80MHz），800nm 的脉冲激光经过倍频晶体，如偏硼酸钡（BBO）进行倍频，获得 400nm 的光，并通过二向色镜分离基频光和倍频光。倍频光作为激发光源通过空间光路耦合至共聚焦显微镜内，并通过物镜聚焦于样品上，焦斑直径约 1μm。同时，激发光和样品荧光被另一个物镜镜头收集并准直。经由另外一片二向色镜分离激光与荧光，信号光先经过光谱仪再进入条纹相机。激发光脉冲同时被少量分光用来激发一个光二极管，作为同步触发信号。

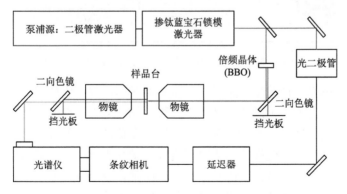

图 4-5　基于条纹相机的微区时间分辨光谱系统

2. 时间相关单光子计数

时间相关单光子计数（TCSPC）技术是由 Bollinger、Bennett、Koechlin 三位科学家在二十世纪六十年代发明的[1]，最初主要用来检测闪烁体发光，后来被人们用来检测荧光寿命。TCSPC 技术具有时间分辨能力强和灵敏度高的优点，在近代物理、化学和生物等学科领域获得了广泛发展和应用。近些年，与显微技术结合的时间相关单光子计数的方法，越来越多地被应用在低维发光材料的研究上。相比于条纹相机技术，单光子计数方法的技术优点是探测灵敏度更高，能测量出微弱的荧光信号，因此用时间相关单光子计数方法对激光诱导产生的荧光进行寿命探测，在近些年得到越来越多的应用。

如图 4-6 所示，单光子计数装置的探测器一般采用光电倍增管（PMT）或雪崩光电二极管（APD），时间触发器可以使用快速响应的光电二极管，并通过一个 TCSPC 卡进行时间同步与数据采集。PMT 对弱信号的探测灵敏度很高，可探测的信号光强度与噪声强度相当（信号强度稍强于噪声强度），经过阈值设置挑选被认为信号光的光子将用于光子计数统计。

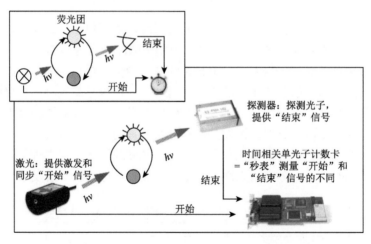

图 4-6　典型的时间相关单光子计数器的工作结构图

时间相关单光子计数器是采用在一定时间段内，对接收的光子，在时间轴上进行分布统计的方式来记录荧光动力学过程。如图 4-7 和图 4-8 所示，在该过程中，每个激发光脉冲可以启动一个计数循环。在保证每个脉冲仅产生一个光子的前提下，对每个光子到达探测器的时间进行记录并累计数量，就可以重构荧光寿命的衰减曲线。寿命衰减曲线的横坐标是时间轴，纵坐标是光子数目。时间轴上的时间不是连续的，而是分立的，由一个个时间柱（time bin）构成，时间柱的宽度就是 TCSPC 系统的时间分辨率。经过许多个循环后，在时间轴上得到时间柱状图，柱状图的高度就代表着这个时间的光子数。由于时间柱的宽度很窄，所以最后得到的荧光衰减曲线是光滑连续的。

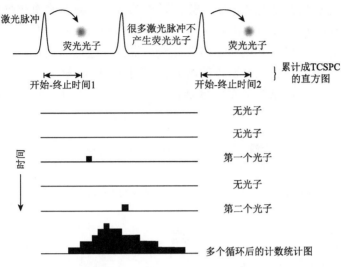

图 4-7　时间相关单光子计数方法中单个循环的起点与终点

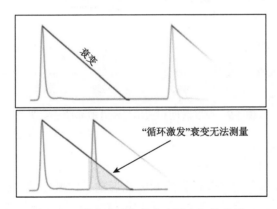

图 4-8　激光脉冲与荧光衰减之间的关系

　　微区时间相关单光子计数系统包括显微部分、荧光收集与探测部分以及数据采集与分析部分。如图 4-9 所示，显微部分由上物镜、载物台、下物镜组成。两个可以上下调节的物镜与载物台构成共聚焦系统，下物镜是将激发光聚焦在样品上，上物镜是收集样品产生的荧光。照明光路由钨丝灯、半透半反镜、上物镜组成。钨丝灯发出的黄光经半透半反镜向下传播进入上物镜，调节上物镜把光线聚焦在样品上，被样品反射的光线经上物镜进入相机成像。荧光的产生、收集与探测部分由两个凸透镜、BBO、激光滤光片、共聚焦系统、半透半反镜、长波通滤光片、折叠镜、光电倍增管构成。调节下物镜把激发光聚焦到样品上，产生荧光，样品发射的荧光与少量未被样品吸收的激发光被上物镜收集，透过半透半反镜，少量的激发光被长波通滤光片滤掉，光电倍增管前的荧光滤光片可最大限度地消除背景光的影响。荧光采集部分由探测器光电倍增管、触发器二极管以及安装在计算机上的集成单光子计数卡组成。最后收集的荧光信号经过计算机中的采集与分析软件输出荧光衰减曲线。通过以上装置，即可获得目标样品微区的荧光寿命。该设备的时间分辨可达到 ps 量级，空间分辨可达衍射极限（取决于显微系统的空间分辨），该系统尤其适用于荧光发射效率低的材料体系。

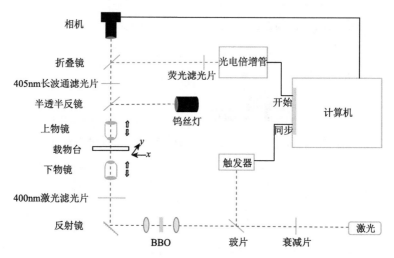

图 4-9　微区时间相关单光子计数系统示意图

4.2.2　微区泵浦–探测技术

材料内部的载流子运动包括无规则的热运动、定域化的震荡聚集以及浓度梯度或电场作用下的定向运动，这些运动直接反映了材料内部载流子的复合、输运、弛豫状态以及和其他离子间的相互作用等动力学过程。在低维纳米材料中，载流子在空间的运动方向受到限制。低维纳米结构中激发载流子布居可能会经过几个不同的演变过程：双极性扩散过程（电荷分离过程）、电子-空穴复合过程以及在电场作用下电子和空穴沿低维结构的迁移过程。微区泵浦-探测技术是研究低维材料中载流子分离、输运与复合等超快动力学过程的强有力工具。从功能上该技术主要分为两类：空间重合的泵浦-探测技术与空间分离的泵浦-探测技术。空间重合的泵浦探测技术主要依赖远场光学显微术与泵浦探测技术相结合，如图 4-10 所示，可以获得不同延迟时间载流子在材料中的分布情况，获得接近衍射极限的空间分辨和飞秒量级的时间分辨。

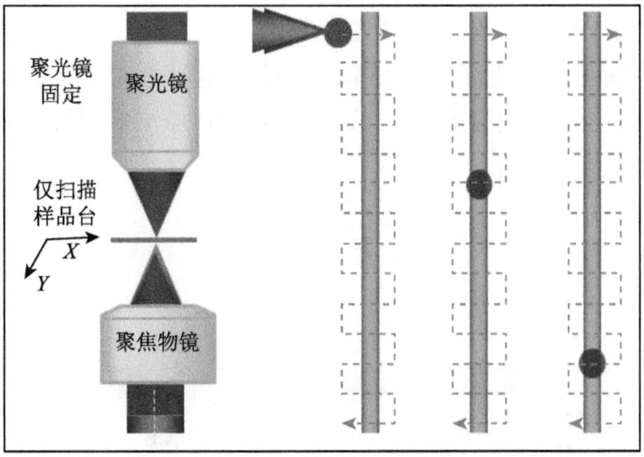

图 4-10　空间重合的泵浦-探测技术原理示意图

　　而对于载流子迁移、扩散过程的动态可视化，或者在电场作用下电子和空穴沿低维结构的迁移过程，仅仅依靠空间重合的泵浦探测技术，是很难实现的。而应用于低维材料的空间分离的泵浦探测技术，则可以实现对载流子的这些瞬态行为的探测。

　　图 4-11 为一维材料中载流子扩散和迁移的模型，在这个模型中，距离激发载流子起始点为 x 的位置处载流子数密度 N 可以表示如下：

$$N(\Delta\text{pp},t) = \int_{-\infty}^{\infty} I(x - \Delta\text{pp})\eta(x,t)\mathrm{d}x \tag{4-1}$$

其中，Δpp 为泵浦光与探测光间的距离；η 为泵浦光激发产生的载流子布居函数。

$$\eta(x,t) = \int_{-\infty}^{\infty} I(x')p(x - x',t)\mathrm{d}x' \tag{4-2}$$

其中，双极性扩散过程（电荷分离过程）可以用 $p(\xi, t)$ 函数表示：

$$p(\xi,t) = \frac{N}{\sqrt{4\pi Dt}}\exp\left(-\frac{t}{\tau}\right)\exp\left(-\frac{\xi^2}{4Dt}\right) \tag{4-3}$$

　　载流子的运动过程，可以通过以下公式进行定量分析：

$$I(t,\Delta x) = \frac{A_0}{\beta}\exp\left[\frac{(\beta^2 - 4\Delta x^2)\ln 2}{\beta^2}\right]\exp\left(-\frac{t}{\tau}\right) + A_\infty \tag{4-4}$$

其中，$I(t, \Delta x)$ 为系统观测到的信号强度；Δx 为泵浦光与探测光在空间上的分离距离；τ 为电子与空穴的复合寿命；β 为时间、扩散常数、光斑尺寸等参数的函数。利用空间分离泵浦-探测显微技术可以对迁移后的载流子进行直接成像，通过在相对延迟时间内获得的扩散长度直接获得其迁移率。具体来说，在初始

时刻 $t_1 = t_2 = 0$ 时，即泵浦光与探测光在时间上完全重合，在泵浦光的激发位置生成一定浓度的载流子（电子和空穴），经过一定延迟时间 t_2 后，载流子在电场作用下（电场强度为 E）迁移并再次成像，成像中心位置相比于起始点的距离为 x，此时可计算出迁移率 μ：

$$\mu = \frac{x}{Et_2} \tag{4-5}$$

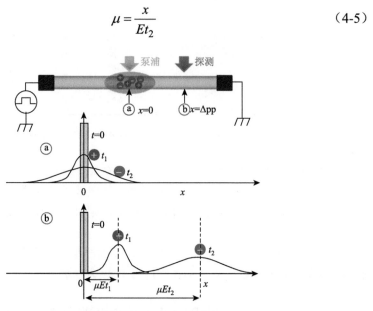

图 4-11　载流子扩散和迁移的模型

基于上述基本原理，实现载流子可视化成像技术的挑战主要表现在以下几个方面：首先，从载流子的超短寿命来看，需要使用依托飞秒激光的泵浦-探测方法才能够捕捉到稍纵即逝的载流子图像。在保证较高空间分辨的前提下，需要将泵浦与探测光都通过聚焦物镜才能够同时保证两个聚焦光斑最小化。这与空间分离的泵浦探测的思想是不易相容的，这就要求有一种方法能够保证两束光都通过物镜且还能够在显微视场中有效分离，并能够扫描成像。其中，空间光分离偏置扫描手段是解决这一关键技术问题的重要方法（图 4-12），该方法将泵浦和探测两束光经过同一聚焦物镜聚焦，同时保证两个聚焦光斑在微区范围实现可控分离，以实现泵浦探测光束在微纳区间上的有效分离。其次，相比近场光学方法的高空间分辨率，泵浦探测远场光学手段的空间分辨往往受制于衍射极限。最后，载流子一般有超短寿命（皮秒、飞秒量级），经过一定的时间延迟后，载流子浓度急剧减小，且初始生成的具有一定浓度的载流子，由于同种电荷间的库仑排斥力作用，扩散或漂移一定距离后其浓度也会降低，这些因素都将导致信号强度的降低，从而要求仪器系统具备较高的检测灵敏度。

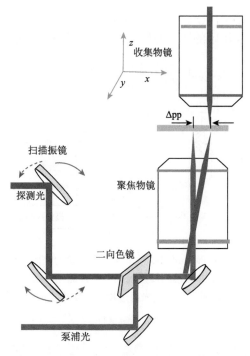

图 4-12　光偏置扫描示意图

空间分离的微区泵浦探测技术类似于用光谱成像的方法,追踪探测超快移动的物体,通过直观的可视化动态呈现出载流子运动特点,完成单点局域信息到空间区域性信息的扩展。通过光束的分离探测可以获取载流子运动至远离激发点时的信息,这些更大区域上载流子运动的信息将直接反映材料内部各种准粒子间的相互作用的特点、边界效应的影响、材料结构好坏等因素。这些因素都将直接影响相关器件性能。例如,在高性能纳米光探测器设计方面,由于热电子的弛豫和扩散过程决定光电流的产生,热电子和晶格相互作用达到热平衡的时间很大程度上决定了超快光探测器件的频率响应等特性。因此对微纳材料和结构中载流子运动特性(包括电子空穴的产生、扩散、复合等过程)以及在电、磁场的驱动下的运动特性研究,可以使人们发现和理解物质内载流子的各种重要物理现象和过程,解释它与材料、结构、外加场之间的关系和内在规律,并进一步研究相关的物性甚至器件的调控手段。

美国北卡罗来纳大学的 Papanikolas 教授课题组[2-4]、普渡大学黄丽白教授课题组[5-8],分别把这种技术应用于一维和二维纳米材料的研究中。图 4-13 和图 4-14分别是北卡罗来纳大学 Papanikolas 教授课题组搭建的空间分离的泵浦探测光谱系统[4],以及他们通过这套飞秒泵浦探针显微镜直接成像,测量获得的 p-i-n 异质结硅纳米线的载流子运动直观成像。实验结果表明:最初的光生载流子的运动是由载流子-载流子相互作用决定，导致中性电子-空穴云的扩散。接着，电荷分离发生在载流子分布到达耗尽区的边缘的较长时间内，导致 n 型区域中有连续的电子。

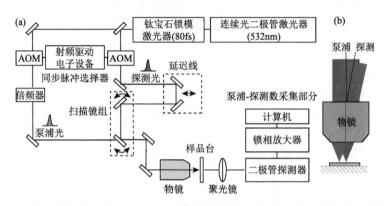

图 4-13 （a）北卡罗来纳大学 Papanikolas 教授课题组搭建的空间分离微区泵浦探测系统的示意图，他们是通过一对同步扫描并校准的反射镜来实现泵浦光与探测光在样品上的空间分离[4]；（b）泵浦光与探测光通过物镜并实现空间分离[4]

AOM. 声光调制器

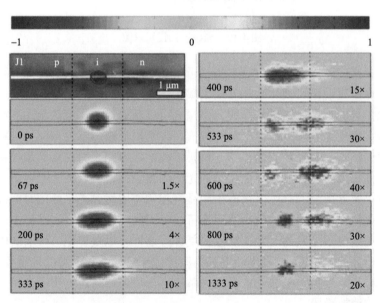

图 4-14 通过空间分离的泵浦探测显微镜，测量获得的 p-i-n 硅纳米线的载流子迁移；纳米线的位置由黑色轮廓描绘，垂直虚线标记纳米线中掺杂类型转变的位置；固定泵浦光在纳米线的中心区域激发（红色圆圈代表激发点），即本征纳米线区域，扫描探测光获得的光生载流子团的演变过程；泵浦光与探测光的相对时间延迟，分别标注于图像的左下角[4]

图 4-15 为美国普渡大学黄丽白教授课题组实现的空间分离泵浦探测显微镜[5]。

该系统中，使用输出波长为 785nm，重复频率为 80MHz 的飞秒脉冲激光（脉宽 80fs）作为光源。经分束器，将 70%光激发光学参量振荡器以产生 580nm 的探测光，而余下的 30%光经过倍频获得 387nm 的激光作为泵浦光。使用两个同步脉冲拾取器将两个光束的重复率降低到 2.5MHz，并用声光调制器将泵浦光束调制到 1MHz。使用 60 倍物镜将激光束聚焦到样品上，然后通过另一物镜收集透射光，并通过雪崩二极管探测透射信号。对于样品的瞬态吸收成像，是通过泵浦光和探测光束在空间上重叠扫描获得。电荷扩散成像是通过固定泵浦光并通过一对扫描振镜扫描探测光获得。在载流子的扩散过程中，其扩散系数的灵敏度不受限于光学衍射极限，而是通过瞬态吸收光谱测量的信噪比来确定。

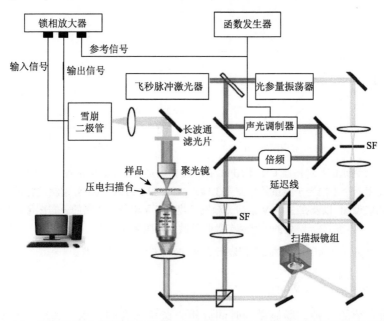

图 4-15　美国普渡大学黄丽白教授课题组的空间分离泵浦探测显微镜示意图[5]

黄丽白教授课题组通过上述空间分离泵浦探测显微镜系统，直接观察到了一种复合钙钛矿薄膜材料（$CH_3NH_3PbI_3$）的热载流子迁移情况[5]。图 4-16 是在 1.58eV 的探测光能量下，使用两个不同光子能量的泵浦光 3.14eV 和 1.97eV 分别激发材料获得的瞬态吸收信号的成像图以及在 0ps 处，在 3.14eV 泵浦光激发下热载流子沿径向距离的分布图像。其中径向距离是通过对所有角度进行平均并与脉冲响应函数（IRF）相比较获得的。对于 3.14eV 泵浦光激发时，1.2ps 处的一维瞬态吸收显微图像轮廓如图 4-16（d）所示。更多详细的数据分析证明在该材料中载流子存在三种不同的运输方式，并观察到它们与过量动能是直接相关的。最高达 230nm 的运输距离，已经跨越并克服了晶界的干扰。在达到扩散极限之前，载流子的非平衡传输持续数十皮秒，并可以传播约 600nm。这些实验结果表明基于复合钙钛矿材料的热载流子在未来太阳能电池中具有潜在的优势。

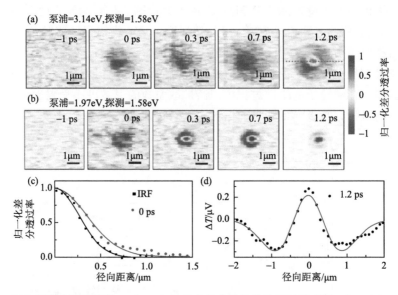

图 4-16 复合钙钛矿材料薄膜 CH₃NH₃PbI₃ 在皮秒内的热载流子运输成像，在 1.58eV 的探测光能量下，使用两个不同光子能量的泵浦光 3.14eV（a）和 1.97eV（b）分别激发材料获得的瞬态吸收信号的成像图，以及在 3.14eV 泵浦光激发下热载流子沿径向距离的分布图像（c）和在 1.2ps 处的一维瞬态吸收显微图像轮廓（d）[5]

图（a）中的红色虚线表示在图（d）中获得一维分布的位置[5]

4.2.3　扫描隧道显微与时间分辨技术

上面介绍的几种远场显微与时间分辨光谱相结合的技术，其空间分辨率约在百纳米量级。对于一些纳米量级尺度的零维体系或者与零维体系复合的体系，这个空间分辨率显然是不够的。日本筑波大学 Shigekawa 教授课题组开发了一种将扫描隧道显微镜（STM）与泵浦探测技术相结合的微区超快载流子动力学探测技术[9]，实现了更高的空间分辨率。

图 4-17 是该显微技术及其基本探测机理的示意图[10]。在 STM 针尖下方，用相对时间延迟为 t_d 的脉冲激光序列照射样品，隧穿电流 I 为 t_d 的函数[图 4-17(a)]。光脉冲激发样品至激发态，使物理量 n 迅速变化。例如，半导体中的光生载流子密度 [图 4-17（c）] 可以引起隧道电流 I^* 的变化 [图 4-17（d）]，可以反映样品的激发和弛豫过程。当 t_d 足够长时，具有相同强度的两个激光脉冲可以分别促使 n 产生相同强度的变化 [图 4-17（c）中的（i）]。相反，当 t_d 较短时，第二

个激光脉冲激发样品时该样品仍然处于由第一个脉冲引起的激发状态时，由第二个脉冲引起的 n 值就会不同，具体数值取决于 t_d [图 4-17（c）中的（ii）和（iii）]。虽然激发态的寿命通常与 I^* 的衰减时间不同，但 n 的变化会对第二个脉冲引起的 I^* 值影响很大。因此，I^* 和 I 的变化都取决于 t_d，因为第二电流脉冲 I^* 中的高度差会改变隧穿电流的时间平均值 [图 4-17（e）]。可见，样品中的激发态弛豫动力学可以使用 STM 的方法，通过探测第一个激光脉冲激发后的某个物理量的瞬态变化来实现。激光的脉冲宽度就是该方法可以达到的极限时间分辨（飞秒量级），原则上，可以获得与泵浦探测方法相当的时间分辨率以及 STM 的空间分辨率。

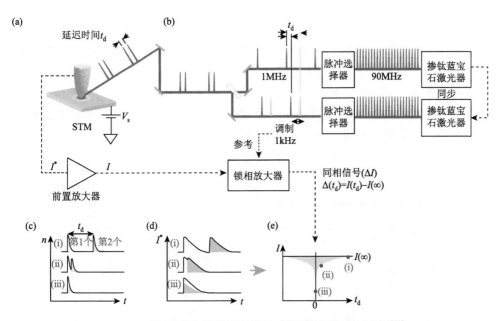

图 4-17 时间分辨扫描隧道显微技术基本探测机理示意图[10]

为了同时满足对显微技术的要求，该课题组通过脉冲选择技术开发了一种调控较大时间延迟的方法 [图 4-17（b）]。通过 t_{d1} 和 t_{d2} 之间的数字调制 t_d，通过锁相检测隧穿电流获得 $\Delta I(t_{d1}, t_{d2}) = I(t_{d1}) - I(t_{d2})$。由于 t_{d2} 值可以设置为大于动力学弛豫时间的值，因此 $\Delta I(t_{d1}, t_{d2})$ 可以近似为 $\Delta I(t_{d1}, t_{d2}) = I(t_{d1}) - I(\infty)$，其中 $I(\infty)$ 是延迟时间的隧穿电流，它足够长以使激发态彻底弛豫。由于可以通过 STM 这项新的显微技术来满足较大时间延迟的要求，因此可以通过锁定 I 来扫描 t_{d1} 从而准确地获得 $\Delta I(t_{d1})$。此外，由于可以在高频（如 1kHz）下进行调制，实际测量几乎不受激光强度和隧道电流的低频波动的影响。因此，与使用反射镜的机械调制方法相比，该方法的信噪比提高了 100 倍。

量子点的瞬态光学特性

半导体量子点的大小一般在几纳米至几十纳米之间，由几百个到几千个原子组成。由于尺寸限制，材料内部的电子和空穴的波函数的重叠很高，电子和空穴之间存在很强的库仑作用。由于其尺寸与激子半径接近，半导体量子点表现出很强的量子限域效应，造成其能带结构呈现类似于原子那样的分离能级状态，因此量子点又被称为"人造原子"。由于电子在不同能级之间具有选择跃迁特性，因此量子点表现出丰富的光学性质。

1. 量子点带边发光特性

量子点带边发光也称本征发光或激子发光。当量子点受到外界能量较高的激发光激发后，价带电子会跃迁到导带并在价带留下空穴。之后，电子和空穴通过静电库仑作用而耦合在一起形成激子，此时激子拥有很高的能量（大于带边激子能量），被称为热激子[11]。通常情况下，热激子会快速地从带内弛豫到带边形成带边激子，多余的能量以声子形式耗散掉［图4-18（a）］。

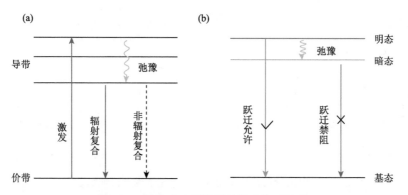

图 4-18　量子点中带边相关的光物理过程

（a）在高能光子的激发下，价带电子跃迁到导带顶产生激发态电子，激发态电子会在飞秒或亚皮秒时间尺度向导带底弛豫，这个过程会释放声子，弛豫到带边的电子会通过辐射和非辐射两种途径进行复合；（b）由于存在量子限域效应，量子点产生导带劈裂分裂成不同的能级，电子在不同能级之间会存在选择性跃迁

在半导体纳米结构中，激子的精细结构对材料的光学性能会产生重要影响。在量子限域体系中，电子-空穴的交换相互作用得到增强，会导致激子能级产生劈裂，存在跃迁允许的明态和跃迁不允许的暗态[图4-18（b）]。处于明态的电子与空穴的自旋方向相反，而处于暗态的电子与空穴的自旋方向相同。通过施加外界磁场可以调控电子的自旋方向，从而达到控制材料的光学性能的目的。在低温和强磁场环境下，时间分辨荧光光谱可以分辨出明态和暗态激子的复合过程[12-14]。

在理想情况下，处在跃迁允许的明态的一部分激子会直接复合，这个过程通常发生在纳秒时间尺度。而另一部分则弛豫到跃迁禁阻的暗态，该过程伴随电子自旋方向的改变。暗态激子的复合通常具有较长的时间常数。

以纯无机钙钛矿 $CsPbX_3$ 纳米晶体为例[12, 15]（图 4-19），在温度 4K 下，由于电子-空穴交换相互作用，其激子能级劈裂为两个能级——明态 "B" 能级和暗态 "D" 能级。时间分辨光致发光（TRPL）光谱可探测到两个荧光衰减成分：一个明显的快衰减（时间常数约 0.7ns）和一个慢衰减成分（时间常数约 350ns）。由于跃迁选择定则，跃迁允许的明态激子复合过程较快，对应于 TRPL 中的快衰减组分（约 0.7ns）。而跃迁禁阻的暗态激子复合过程相对慢很多，对应于 TRPL 中的慢衰减组分（约 350ns）。随着温度的升高，明暗激子态在热激活作用下发生混合，导致快衰减组分和慢衰减组分在较高温度下（＞70K）融合，呈现图 4-19 中所示的温度依赖的激子动力学行为。

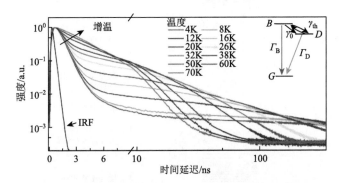

图 4-19　不同温度下 $CsPbBr_3$ 纳米晶的荧光衰减曲线[15]

2. 量子点中的缺陷态

量子点中的缺陷态是影响其发光行为的一个关键因素，深入研究量子点中的缺陷态及其相关物理过程对改善量子点的发光性能具有重要意义。通常，量子点表面存在大量未配位饱和悬挂键导致的缺陷，这些缺陷可猝灭量子点的本征发光，使其荧光量子效率降低。为消除表面悬挂键的影响，在量子点制备过程中考虑合适的表面配体来降低缺陷含量至关重要[11, 16, 17]。根据缺陷态能级相对于半导体能带的位置，缺陷态可以分为带间缺陷和带内缺陷两种。带间缺陷态是指位于半导体导带底和价带顶之间的缺陷态，而带内缺陷态能级通常位于价带或者导带内。这两种缺陷态的存在对半导体量子点带边发光的影响是不相同的。带间缺陷的存在导致位于带边的电子或空穴弛豫到能量更低的缺陷态能级上，而且很难再次返回到导带底或者价带顶，这就造成了量子点带边本征发光强度大幅减弱。而处于带内缺陷态的电子或者空穴，很容易被热激发至较高的激发态而再次返回到导带底或者价带顶[11, 18-20]，从而可以继续产生本征发光。如图 4-20 所示[11]，量子点中的缺陷态同时存在于带间和带内。光激发产生的热载流子（过程①）和热载流子弛豫形成的激子（过程②）可以被相应的缺陷态捕获（过程⑤）。如果缺陷态位于导带或价带内，则被捕获的载流子可以反向传输再次返回到导带底或价带顶，重新生成激子（过程⑥）。尽管激子比热载流子更稳定，但激子仍然是亚稳态的，它可以通过辐射复合（过程③）、非辐射复合（过程④）等过程返回基态。当荧光强度随时间变化呈现单指数衰减规律的时候，表明激子的复合过程只有一个本征的衰减通道（图 4-21）；而当荧光强度随时间变化呈现多指数衰减规律的时候，这说明激子复合存在多个衰减通道[11, 16, 21]。很多量子点体系中存在这种多通道衰变过程，其对应的荧光寿命为激子复合所需的平均时间[22]。

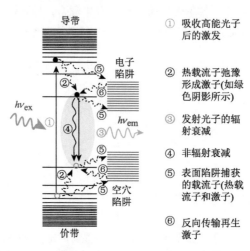

图 4-20　光激发时量子点中各种激发态的基本过程

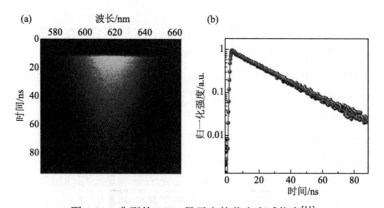

图 4-21　典型的 CdSe 量子点的荧光衰减信息[11]

（a）CdSe 量子点的条纹相机采集图；（b）与（a）图相对应的荧光衰减曲线

此外，单个量子点在激发光的连续照射下（与光源无关），其发光状态会连续不断地变化，表现出亮暗交替的荧光闪烁行为[23]，这种行为被称为 blinking 效应，是量子点独有的现象。针对这一现象，研究人员提出了不同的理论解释[24-27]。目前的主流解释分为两种："非辐射俄歇电离"模型和"非辐射复合中心捕获活跃电子"模型。非辐射俄歇过程通常是一个三粒子参与的过程，这三个粒子可以是两个电子与一个空穴，也可以是两个空穴和一个电子。在俄歇过程中，一个电子与一个空穴发生非辐射复合的同时将能量传递给第三个粒子，从而使其获得更高的能量。这个高能量的粒子可能通过发射声子等过程弛豫到相应的低能级上，也可能通过隧穿离开量子点的发光中心，产生类似电离的效果。量子点的发光状态就是激子的正常辐射复合过程，而对于量子点从发光状态进入不发光状态，有研究认为是俄歇效应或者电离过程导致量子点带电从而抑制了发光。也有研究认为量子点产生双激子形成了一个四粒子体系，这是发生俄歇效应的重要条件。"非辐射复合中心捕获活跃电子"模型可以理解为使用高于带隙能量的光激发量子点产生热电子，热电子具有很高的能量，表现非常活跃，很容易被表面缺陷等非辐射复合中心捕获，从而使得量子点带上正电。图 4-22 展示了 CdSe/CdS 核壳量子点在不同激发光功率下的荧光闪烁行为[24]。在低功率连续光激发下，量子点表现出持续的发光行为 [图 4-22（a）]。随着激发功率的逐渐增大，量子点从单激子到多激子状态，发光状态从几乎不闪烁的常亮状态

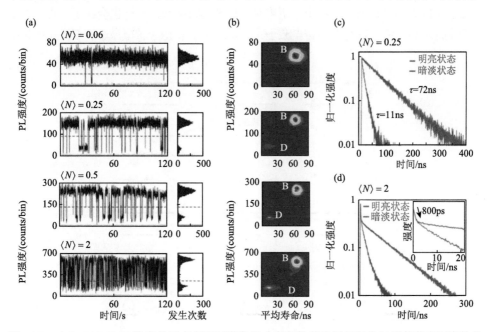

图 4-22　（a）CdSe/CdS 核壳量子点在不同激发光功率下的荧光闪烁行为以及其荧光强度的分布信息；（b）与图（a）相对应的该量子点荧光强度-荧光寿命关联图；（c, d）两种激发功率下的荧光衰减曲线[24]

B、D 分别代表荧光闪烁过程中明亮状态和暗淡状态

演变为闪烁的亮暗交替状态。低功率下明态和暗态的 PL 衰减动力学都符合单一通道衰减行为 [图 4-22 (c)]，而在高激发功率下会存在额外的双激子或多激子组分，使得衰减行为从单通道行为转变为双通道甚至多通道行为 [图 4-22 (d)]。

3. 量子点中的多激子产生

当单个量子点中同时存在两个或两个以上激子态时，会形成多激子态[28-32]。最简单的多激子态为两个电子吸收两个低能光子形成双激子 [图 4-23 (a)]。双激子也可以通过其他方式产生，如载流子倍增（carrier multiplication，CM）效应。量子点吸收一个大于两倍带隙能量的光子而产生高能激发态电子，这个电子通过与基态电子碰撞，一方面该高能激发态电子弛豫到带边；另一方面可将基态电子激发到导带，从而形成新的激子 [图 4-23 (b)]。如果这些新的载流子能量足够高，甚至可以继续与基态电子作用产生更多的激子。此现象即为载流子倍增效应。由于多激子的俄歇效应十分强烈，多激子俄歇复合速率远快于辐射复合速率，这导致量子点中的多激子主要通过非辐射俄歇过程复合 [图 4-23 (c)]。此外在载流子倍增过程中也会伴随带电激子的形成，其形成机制主要有两种。第一种如图 4-23 (d) 所示，双激子中的一个激子其电子被弹射出量子点，从而留下一个空穴与激子耦合形成带电激子。第二种如图 4-23 (e) 所示，相较于中间态和带边态，高能电子更容易被外部陷阱捕获，这样也会在量子点中留下一个空穴从而与激子耦合形成带电激子 [图 4-23 (f)]。由于带电激子和双激子的俄歇

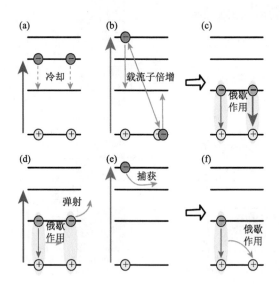

图 4-23　（a）单个量子点通过同时吸收两个低能光子产生双激子；（b）单个量子点也可以通过吸收一个高能光子后产生双激子；（c）双激子通过俄歇作用非辐射复合；（d）在单个量子点中，双激子通过俄歇作用将电子电离出纳米晶，在量子点中留下一个空穴；（e）高能激发态电子被缺陷捕获，在量子点中留下一个空穴；（f）单激子与额外的空穴的俄歇作用[29]

寿命在同一个量级，所以在载流子动力学分析中，需要考虑带电激子是否对载流子倍增效应所产生的信号产生了干扰以及如何排除这一干扰等问题。

自 2004 年对半导体纳米线的时间分辨光谱的研究开始，又陆续报道了利用泵浦探测技术研究不同条件下半导体纳米线的超快载流子动力学过程[33, 34]。本节以纳米线为例，重点介绍低维系统的载流子激发和弛豫等动力学过程。

1. 典型 CdSe 和 CdS 纳米线中载流子超快动力学

CdSe 和 CdS 纳米结构作为 II-VI 半导体的典型代表，也因其在太阳能电池、光电探测器领域的应用前景而被广泛研究。其中，CdSe 以及 CdS 纳米线也是最早被用来开展超快动力学研究的材料体系。在基于 CdSe、CdS 纳米线的时间分辨光谱实验中，发现了大量有趣的物理现象，特别是直径 d 小于 $2a_B$ 的纳米线，其提供了一维强限域激子体系，为研究量子限域对载流子动力学的影响提供了基础。研究表明，当 CdSe 纳米线的半径小于玻尔半径（a_B 约为 5.6nm）时，在线性吸收光谱中会出现三个吸收峰，这归因于半导体中载流子的二维量子限域效应下不同激子能级之间的跃迁[35]。图 4-24 给出了光激发 CdSe 纳米线后不同延迟下的瞬态吸收光谱，在 $t = 0.4$ps 时，瞬态吸收（TA）谱相对较宽且无明显特征，当 t 大于 1ps 时出现了三个线性吸收光谱：α，β，γ 峰，其对应于高激发态载流子复合，如插图所示，在 663nm 处，从基态信号的上升时间可以看出，大部分载流子在大约 3ps 内弛豫到基态。通常，在结晶完美的纳米线结构中，激子态或激发带边态的热载流子弛豫时间在几皮秒完成。但在 CdS 纳米线上类似的瞬态吸收实验中，也观察到了稍快的弛豫时间，这是由于样品的缺陷密度较高，而缺陷主导的束缚过程具有更快弛豫时间[36]。

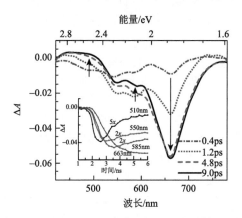

图 4-24　CdSe 纳米线被波长为 387nm 的光激发后，不同时间延迟下的瞬态吸收光谱[35]

　　然而，当俄歇复合为主要机制时，CdSe 纳米线中的带间弛豫通常发生在百皮秒时间尺度内。当泵浦能量密度低至约 $11\sim120\mu J/cm^2$ 时，由于吸收截面较大，这些纳米线生成了成百上千的电子空穴对，载流子浓度 N 可达 $7\times10^{18}\sim7\times10^{19}cm^{-3}$。所以，对于这种激发水平，通常在其他纳米线体系中主导载流子弛豫的表面缺陷态会出现饱和状态，多余的载流子将以类似于 CdSe 量子点内的载流子弛豫的俄歇复合过程弛豫。一维激子将通过双分子（激子-激子）复合机制进行[35, 36]。研究发现，随着泵浦能量密度的增加，带间弛豫时间会变短（图 4-25），其可用双分子激子复合的表达式完美拟合，这表明当载流子浓度 N 大于 $1.3\times10^{19}cm^{-3}$，相当于每根纳米线中大约存在 500 个电子空穴对时，带间弛豫过程主要以这种机制为主。对于载流子密度较低的情况（N 小于 $7\times10^{18}cm^{-3}$），相应数据只能用三个载流子的俄歇复合过程来拟合。这可能是由于纳米线中结晶性的差异导致相的紊乱，闪锌矿和纤锌矿型两部分发生层错现象形成了 II 型势垒，在低载流子密度时可以在空间上分离电子和空穴，并导致类量子点的俄歇复合机制[37]。在较高的载流子密度下，此类 II 型势垒中的束缚态被填充直至饱和，过剩的载流子在纳米线中形成激子聚集。最近在 InP 纳米线中观察到类似现象（II 型势垒中载流子局域化导致的载流子长寿命）[38]。

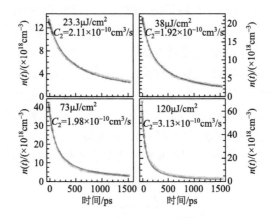

图 4-25　不同泵浦能量密度下，CdSe 纳米线中电子空穴对密度随时间的变化；实线代表用俄歇复合的表达式拟合的数据[35]

　　在非量子限域的 CdS 纳米线（$d=14nm$）上也进行了类似的测量[39]。在载流子密度较高的情况下，这些纳米线中的载流子动力学是由三个载流子的俄歇复合（如块体材料）主导，在较低载流子密度下，由于其他过程的影响，如在泵浦能量密度较低时表面态的俘获，动力学过程则不能用三载流子或双载流子俄歇机制来拟合。有趣的是，与载流子浓度有关的瞬态吸收光谱中，随着载流子密度的增加，漂白峰发生了蓝移。带隙重整（BGR）效应、带隙填充效应等一些物理机制可以导致瞬态吸收光谱随着载流子浓度变化从而发生峰位移动[40, 41]。实验已经证明，在这些 CdS 纳米线中，随着载流子密度增加峰位蓝移的机制通常是能级填充导致的，其可由态密度模型来证明[39]。该模型表明，带尾态的快速填充（可能与表面态的快速俘获有关）强烈地影响了这一体系的动力学过程。

2. ZnO 纳米线中载流子弛豫、增益和激射动力学过程研究

氧化锌（ZnO）是继硅之后研究最广泛的纳米材料之一，主要是因为它的宽带隙（约 369nm）特点，使其有望用于蓝/紫外激光和 LED 领域。利用飞秒激光研究半导体纳米材料的载流子动力学过程，首次在氧化锌纳米线上实现了这些纳米结构激射行为的瞬态探测，之后陆续在 ZnO 纳米线上进行了大量的超快光学实验[34, 42-45]。哈佛大学的 Lieber 等采用了时间分辨光致发光（TRPL）和时间分辨二次谐波（TRSHG）两种互补的技术，首次在氧化锌纳米线中研究了辐射/非辐射载流子弛豫过程。TRPL 是研究半导体带间辐射弛豫动力学的主要方法之一，而 TRSHG 提供了一种在飞秒时间分辨率下，利用在非中心对称材料中产生很高的二次谐波信号来测量单根纳米结构的基态动力学行为[34, 46]。其中，TRSHG 实验的时间分辨率为 200fs，TRPL 测量的时间分辨率为 4ps。

单个氧化锌纳米线的光致发光（PL）动力学测试显示，低于激光阈值（约为 $0.5\mu J/cm^2$）时，荧光衰减过程类似于块体氧化锌，可以用两个时间常数的 e 指数函数拟合，对于快过程，时间常数为 75～100ps，对于慢过程，则为 400～600ps。当泵浦能量密度高于阈值时，瞬态 PL 信号中出现了一个新的超快衰减分量（约为 4～10ps），而该信号在块体氧化锌中是不存在的[34]。这来源于受激发射过程，由高密度光生电子-空穴对迅速复合产生。进一步增加激发功率，将形成电子空穴等离子体（EHP），从而形成宽光谱发光带，发光寿命很短，通常在百飞秒到皮秒量级，该类发射在微腔中将形成震荡，形成多模激射，这一过程被 PL 谱中同时出现的激光模式所证明。此外，随着激发能量密度的增加，快速衰减分量比重增加，寿命变短，这源于激子-激子散射到 EHP 激光机制的变化[43, 47]。本质上，在低载流子密度下，动力学由激子复合主导，此时相互作用可以忽略，假定激子通过相对弱的激子-激子散射过程后进入激发态，随着载流子密度的增加，它们的数目达到饱和，激子被屏蔽，由此产生的 EHP 可以快速热化（时间小于 100fs），随后弛豫到导带边缘聚集，产生粒子数反转，通过受激辐射复合发光进而导致 TRPL 信号提前出现。因此，受激辐射可以在更快的时间量级上实现，这表现为在图 4-26（a）中 TRPL 信号具有更快的上升速度。

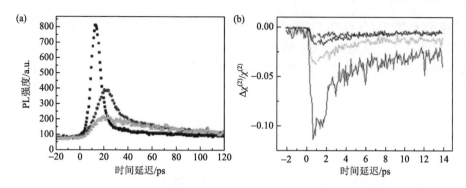

图 4-26　（a）单个 ZnO 纳米线在阈值以下（绿色）、阈值（红色）和阈值以上（黑色）的 TRPL 响应；（b）能量密度为 1～5μJ/cm² 时（从上至下）单根 ZnO 纳米线的瞬态 SHG 信号[34]

　　在低能量密度激发下，瞬态 SHG 信号 [图 4-26（b）] 表现出单组分衰减过程，衰减寿命约为 50ps。当激发能量密度增加到激射阈值时，该成分的衰减时间变短，并出现一个额外的快速弛豫分量 [图 4-26（b）]，衰减时间为几皮秒。这些组分的时间常数与 TRPL 得到的时间常数相当一致，表明载流子弛豫的机制在两种情况下是相同的。在 SHG 信号开始时，没有观察到任何移动，证实 TRSHG 对形成受激发射的激发态（激子或 EHP）的性质不敏感，对基态的载流子数量敏感。另外，由于许多纳米线无法实现激射，在这种情况下，通常需要激发能量密度很高时才能观察到快速衰减组分，但是这个组分的衰减很可能是由声子散射与俄歇复合形成的快过程[33, 34]。

　　随后，在另一个 ZnO 纳米线增益动力学的研究中，研究者使用飞秒激光放大系统输出三次谐波产生的飞秒紫外脉冲（波长为 267nm，能量密度约为 80μJ/cm²），激发分散在石英或玻璃衬底上的 ZnO 纳米线（直径为 200～800nm，长度 L 约为 10～30μm）[41]，用显微镜物镜采集发射光谱，同时使用光电倍增管和锁相放大器进行检测。然后用飞秒脉冲光（400nm）注入诱导受激辐射光子，发射光谱产生变化，并检测激发脉冲和注入脉冲之间的时间函数关系，以 300fs 的时间分辨率跟踪动态增益[48]。

　　图 4-27（a）给出了紫外光激发后的发射光谱（虚线），其显示在 390nm 附近有带边发射峰，这是带边态光致发光产生放大自发发射模式导致的。通过测量 400nm 注入脉冲光在时间延迟 $t=2$ps 时产生的发射谱，得到了光学增益谱（实线）。在这里，注入脉冲光产生受激辐射，导致增益谱在 400nm 处出现。这一过程耗尽了带边附近的载流子，从而大大降低了在 390nm 处的初始激光发射强度，插图中给出了增益谱的变化量与原始的激发光谱之间的相关性。

　　图 4-27（b）给出了 386nm、392nm 和 400nm 处增益信号的时间依赖性，在高能量密度脉冲光泵浦下，形成 EHP（载流子浓度 N 约为 5×10^{18}cm⁻³）时，400nm

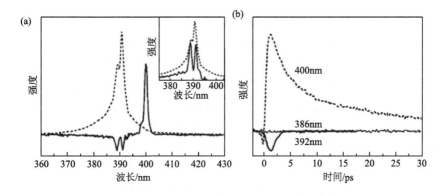

图 4-27　（a）经 267nm 激发和 400nm 注入脉冲（$t = 2$ps）后获得的光学增益谱（实线），以及只有 267nm 的激发脉冲时得到的发射光谱（虚线），其中插图给出了增益谱变化与激射光谱之间的关系；（b）不同时间延迟下，400nm 脉冲注入情况下，不同波长的动力学过程[41]

处的受激辐射在大约 1ps 范围内达到最大值，随后在 3ps 的时间尺度上快速弛豫，因为 EHP 导致的受激辐射耗尽了光生载流子[48]，随后完成了 30ps 慢弛豫过程，这是由于较低载流子密度下的慢速非相干弛豫过程主导激子动力学。相反地，初始激射波长（392nm）处，400nm 光的注入诱导受激发射过程，消耗了 EHP 形成的增益载流子，因而其强度下降，但在 EHP 复合之前恢复到正常强度（由 400nm 信号相关对应位置可以看出），这是因为激射过程对 EHP 密度的超线性依赖关系，表明 392nm 处激射的超快恢复过程不是唯一由载流子密度决定的。相关研究表明带隙重整（BGR）效应也会影响高浓度载流子的动力学过程，可在较短波长下观察到有较长衰减寿命的激射过程（在 390nm 以下可达 9ps）。另外，386nm 处是一个非增益区，无激射出现，基本上不受 400nm 注入脉冲对相干载流子增益的影响[42]。

通过研究不同泵浦功率下此单根 ZnO 纳米线的 PL 动力学过程，可以得到泵浦能量密度对激射过程光谱和衰减特性的影响（图 4-28）[43]。用较宽的泵浦能量密度范围（$25 \sim 120 \mu J/cm^2$）激发样品获得荧光衰减谱，其结果与图 4-26（a）给出的数据类似。此纳米线激射阈值约为 $35 \mu J/cm^2$，在阈值以下，由于激子发射，光致发光的衰减时间常数为 25ps，而在激光阈值附近出现了快速的受激发射成分，相对于阈值下的 PL 衰减时间加快到 5ps。随着激发能量密度的进一步增加，这一成分衰减变得更快，其上升起始时间也更快。在氧化锌四脚纳米线的 TRPL 实验中，也观察到了类似的激发能量密度依赖上升时间移动的情况[47]。这是由于形成激发态载流子聚集所需的时间和光"吸收时间"的竞争，当激发功率高的时候，积累足够的增益载流子引起受激辐射的时间变短[43,47]。另外，几何光学参数也影响受激发射，如低反射率端面（约为 20%）会降低增益，需要在纳米腔内多次往返获得足够增益以实现可测量的激射（当泵浦能量密度约 120μJ/cm² 时震荡 3～4 次，当能量密度约 35μJ/cm² 时震荡 15 次），另外，纳米线的长度、直径等参数会直接影响纳米线的腔模式，从而影响激射动力学。短的 ZnO 纳米棒，在高泵浦能量密度（150μJ/cm²）下，观察到了带隙重整（BGR）效应。在高密度载流子形成的 EHP 情况下，BGR 使激射峰发生红移，经过 2ps 恢复。在 InP 纳米线中也观察到了类似情况[49]。通过对氧化锌四脚纳米线的 TRPL 光谱进行详细研究，在激子-激子散射激射过程中，也观察到了上述机制导致的随时间变化的光谱移动[44]。

上述所有实验中观察到的快分量和慢分量的弛豫时间在很大程度上也取决于纳米线几何特性，如直径，以及表面态。此外，在其他纳米材料中，如 CdS[50-52]，CdSe[52, 53] 和 GaN[54] 中也都可观察到激射，其中，以 Zou 为首的团队实现了 CdS 纳米线阵列的激射现象，并且指出室温下实现激射与 EHP 和光学 Fabry-Perot（F-P）共振过程有关[51]。这些研究为深入理解纳米体系中光学增益和激射的物理机制提供了可能，为此类结构在纳米光子方面的应用奠定了基础。

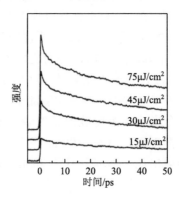

图 4-28　氧化锌纳米线在不同泵浦能量下动力学曲线[43]

3. 半导体纳米线中表面缺陷态俘获载流子的超快过程

半导体纳米线比表面积大，位于表面附近或表面的缺陷态将对这些一维体系内的载流子弛豫过程起重要作用。前面没有详细讨论表面缺陷态的作用，事实上，在 CdSe 纳米线的实验中，载流子密度足够高，可以使表面态饱和，而在 ZnO 纳米线的实验中，在衰减时间较长（大于 10ps）时表面态可能影响长寿命的激子弛豫[39, 43, 55]。这些研究揭示了表面缺陷态对半导体纳米线中超快电子和空穴弛豫的影响。

针对此类研究，有学者利用光学泵浦太赫兹波探测（OPTP）光谱法对 ZnO 纳米线、薄膜和纳米颗粒中的电导率动力学过程进行了报道[56]。该泵浦探测系统使用飞秒脉冲产生频率为 0.1～3THz 的远红外亚皮秒 THz 脉冲［即利用飞秒脉冲在碲化锌（ZnTe）晶体中的非线性差频过程获得 THz 脉冲］[57]。可以通过检测 THz 脉冲的振幅和相位变化，直接获得样品的复介电常数和电导率。在 OPTP 测量中可实现两种数据采集模式：第一种是改变泵浦探测延迟时间检测 THz 脉冲峰值的光诱导变化（类似于光学泵浦探测系统），第二种是固定泵浦探测延迟时间，检测 THz 波形的光学诱导变化[58]。这些不同类型的扫描，以及对通过样品传输之前和之后的 THz 脉冲的时域检测，允许光学诱导的复数电导率变化 $[\sigma_{real}(\omega,t)+i\sigma_{image}(\omega,t)]$ 以亚皮秒的时间分辨率被测量。上述工作中使用的多晶 ZnO 薄膜厚度为 4.5μm，晶粒尺寸约为 500nm 和 1μm。球形 ZnO 纳米粒子的直径为 20～100nm，形成 4μm 厚的薄膜。锥形 ZnO 纳米线底部直径约为 100nm，尖端附近为 200nm，这些纳米结构长度约为 4μm[55]。将所有样品生长或沉积在玻璃盖玻片上进行测量。图 4-29 为对 ZnO 纳米材料进行光泵 THz 探测的动力学行为。在 ZnO 纳米线和纳米颗粒中，归一化 THz 传输信号光谱显示上升时间（由于移动电子的自由载流子吸收）约为 400fs，而在 ZnO 薄膜中存在大约 5ps 的较长上升时间。传输信号的衰减时间很大程度上取决于样品的形貌：在晶粒尺寸为 1μm 的薄膜中，衰减时间太长而不能精确拟合；在晶粒尺寸为 500nm 的薄膜中，信号衰减可以用单个时间常数（13.6ns）来拟合；在纳米线中，信号衰减存在两个时间常数（160ps 和 5.6ns）；而在纳米颗粒中，描述信号衰减的两个时间常数分别为 94ps 和 2.4ns。这表明电子俘获和复合（负责减少测量信号）主要发生在这些纳米结构的表面而不是体内，表面缺陷态对纳米线中的载流子弛豫过程有着重要的影响。

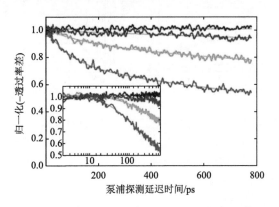

图 4-29　用 400nm 的光激发粒径为 1μm（黑色）、500nm（红色）的 ZnO 晶粒构成的膜以及 ZnO 纳米线（蓝色）、ZnO 纳米颗粒（绿色）后，归一化的传输信号与延迟时间的关系[56]

　　此外，通过固定泵浦探测延迟时间检测 THz 波形中的光诱导变化可以获取频率相关的复合光电导率测量[56]。在粒径尺寸更大、缺陷密度更低、有序性更高的材料中迁移率会提升。另外，通过退火降低由天然缺陷引起的电子浓度，可明显增加纳米线和膜的光诱导电导率。最近对 CdSe 纳米线和量子点的 OPTP 检测结果也表明，随着纳米结构维度的降低，载流子寿命显著缩短，进一步证明表面效应对纳米线载流子动力学的影响[59]。

OPTP 光谱法也用于研究 GaAs 纳米线中的超快动力学过程[55]。这些 GaAs 纳米线是通过 VLS 方法生长的，其直径约为 50～100nm，长度为 5～10μm。具体来说，采用波长为 800nm、能量密度为 44μJ/cm^2 和 1.3mJ/cm^2 的飞秒脉冲光泵浦 GaAs 纳米线，并且采用同波长、能量密度为 1.3mJ/cm^2 的飞秒脉冲光泵浦块体 GaAs，分别得到了标准 THz 探测传输信号的变化情况 $\Delta T / T$，如图 4-30 所示。很明显，在纳米线中，$\Delta T/T$ 信号（与光诱导电导率成比例）要比块体 GaAs 中的信号恢复得更快，并且纳米线信号在能量密度为 1.3mJ/cm^2 时呈现非 e 指数衰减，在 44μJ/cm^2 处，几乎呈现单指数衰减。另外，图 4-31 展示了在几个固定的泵浦探测延迟时间处测量的 THz 波形的诱导变化 $[\Delta \sigma(\omega, t)]$。早期 $\Delta \sigma(\omega, t)$ 是无特征的，在 $t = 350$fs 时，伴随着 $\Delta \sigma_{虚部}(\omega, t)$ 的零交叉 [图 4-31（b）]，在 $\Delta \sigma_{实部}(\omega, t)$ 中出现了一个峰值 [图 4-31（a）]。然后，随着延迟时间的增加，该峰值向低频移动，到 1ns 时，电导率具有自由载波状响应[55]。

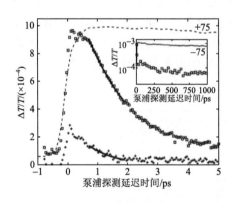

图 4-30　当泵浦光能量密度为 44μJ / cm^2（十字叉）以及 1.3mJ / cm^2（方框）时 GaN 纳米线的 $\Delta T / T$ 信号与延迟时间的关系，与能量密度为 1.3mJ / cm^2 时块体 GaN（虚线）的信号进行对比[55]

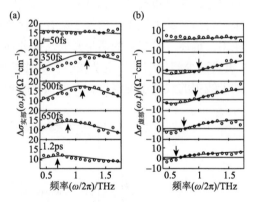

图 4-31　GaAs 纳米线的光诱导电导率的实部（a）和虚部（b）[55]

数据分析表明，当 THz 场的偏振方向垂直于纳米线轴时，会形成一种局域表面等离子体模式，从而使得 $\Delta \sigma_{实部}(\omega, t)$ 中的峰位随时间而移动。当 THz 场偏振方向平行于纳米线轴时，只有电导率出现变化，这是因为块体的 EHP 模式。由于纳米线在衬底上是随机分布的，总的电导率是这两种模式的电导率之和，根据散射比来提取出每种模式下的光生载流子密度 N，图 4-31 中的实线也与模型得到的数据吻合较好。可以通过测试载流子的寿命 τ 作为 N 的函数来研究表面俘获的影响，寿命范围为 0.8~1.8ps 时，拟合出和图 4-30 相似的一系列曲线，表明 τ 随着 N 的增加是非线性增加的。这是由于在高载流子密度下，表面缺陷态处于饱和状态，可用于俘获载流子的缺陷态越来越少，有效地提升了寿命 τ。这可以用一个载流子俘获速率方程模型来量化，和初始光激发载流子相比，产生了一个 $2\times10^{17}cm^{-3}$ 的俘获密度。最终，得到纳米线中载流子的迁移率为 $2600cm^2/(V\cdot s)$，是体材料 GaAs 的 1/3，表明纳米线在纳米电子应用的潜力。总的来说，OPTP 光谱法在研究纳米体系中的光诱导电导率和揭示表面缺陷态对载流子弛豫动力学的影响方面发挥着重要的作用并具有实用性。

　　超快光学测量方法对表面缺陷态也很灵敏。例如，对于间接带隙半导体锗（Ge），通过时间分辨且波长可调的测试方法，来研究两种不同直径纳米线中的载流子动力学过程，结果证明，该方法可用来分别探测电子和空穴的动力学过程。对于 Ge 来说，研究表明，对于直径大于 10nm 的纳米结构，量子效应可以忽略不计，因此可以使用体材料 Ge 的能带结构来解释数据。体材料 Ge 的理论研究表明，在 800nm 光激发后，由于间接带隙特性，在 4ps 内，电子将扩散到导带底的 L 点，而空穴则扩散到价带顶的 Γ 点。在最初的几皮秒后，可见光探测将只对 L 点的电子弛豫过程敏感，近红外探测只对 Γ 点的空穴弛豫动力学敏感。目前已证实通过 800nm 作为泵浦光，可见光/近红外光探针对体材料 Ge 的测试与先前的测量和计算结果匹配得很好。图 4-32（a）给出了 800nm 光作为泵浦光和 550nm 光作为探测光，对两个 Ge 纳米线样品的测试结果，与体材料的反射率结果（$\Delta R/R$）进行对比[60]。泵浦脉冲光（泵浦功率 P 约为 $81\mu J/cm^2$）激发了一个很大的载流子密度（$N=2\times10^{19}cm^{-3}$），在最初的几皮秒内，所有纳米线样品中的载流子动力学和体材料 Ge 基本一致，大约 2ps 内在纳米线里建立了 EHP 态。纳米线中的激发态热载流子随后很快地弛豫下来，从图中可以看出，高浓度激发态电子在 $d=18nm$ 的纳米线中弛豫最快，其次是在 $d=30nm$ 纳米线中，然后是体材料 Ge 中。直径 d 为 18nm 和 30nm 的纳米线中载流子衰减时间常数分别为 6ps 和 16ps，与体材料 Ge 的衰减时间（55ps）相比较，快了很多。纳米线的 $\Delta R/R$ 信号迅速衰减是纳米线表面缺陷态迅速俘获载流子导致的，τ 随 d 的减小而减少证明了这一点，因为纳米线越细，其表面态越丰富（这同样在 GaN 纳米线的 TRPL 测量中观察到）。图 4-32（b）揭示了在 $d=30nm$ 纳米线中电子和空穴的时间相当，因为表面电场在 EHP 体系里一般会吸引空穴排斥电子。用 1200nm 的光作为探测光进行空穴衰减动力学测量时具有相似的趋势。

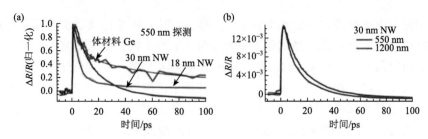

图 4-32　（a）在 Ge 纳米线上用 800nm 波长的光泵浦，并用 550nm 探测；（b）在 Ge 纳米线中电子和空穴动力学的对比[60]

4. 体缺陷态对半导体纳米线中载流子弛豫的影响

上述讨论证明了表面缺陷态对半导体纳米线的载流子动力学影响较大，对体缺陷态的影响却很少提及，然而其也会大大降低光电器件的性能，特别是在宽带隙纳米线中，这些纳米线因其在 LED 和激光方面潜在的应用得到大量的研究。正如 ZnSe 和 GaN 纳米线的光致发光结果显示，由于带间缺陷态的存在，通常 ZnSe 和 GaN 纳米线的窄带边发射峰与第二个宽峰同时存在。最近在宽带隙半导体纳米线的研究中，光学泵浦探测实验指出，这些体缺陷态同样影响载流子弛豫过程，但可通过对纳米线生长参数的严格控制，在一定程度上减小它们的影响。

光致发光实验显示 VLS 方法生长的 ZnSe 纳米线在 465nm 处存在较弱的带边发射，而在 520～690nm 范围内出现了宽光谱带，其中后者是由 ZnSe 晶格的固有点缺陷引起的缺陷态复合造成的。富 Zn 的纳米线可以大幅度减小缺陷发射，而富 Se 纳米线的发射光谱却与理论最优配比的纳米线的发光谱相似。图 4-33 给出了标准化学计量比的 ZnSe 纳米线和富 Zn 的 ZnSe 纳米线的瞬态吸收谱[61]。随着探测波长大于带隙对应波长（400 nm 和 450nm 两个波长均位于带隙以上），标准化学计量比的 ZnSe 纳米线的瞬态吸收信号增强，并在几皮秒内恢复 [图 4-33（a）]。当探测波长的能量低于带隙时，也可观察到能带的填充，这将导致出现一个负瞬态吸收信号，而且该负信号也在几皮秒内恢复。然而，富 Zn 的 ZnSe 纳米线的瞬态行为却非常不同，当探测波长在 450～650nm 之间时，出现正诱导吸收信号，而当探测波长大于 650nm 时，出现负瞬态吸收信号[图 4-33（b）]。对于 400nm 的探测波长，也可观察到负信号，且具有超快的 400fs 恢复时间。而位于 450nm 处的动力学过程非常复杂，初始为正信号，随后衰减为负信号，在较长时间尺度上恢复，这表明在该探测波长下能态填充过程和吸收过程出现竞争。合成过程中标准的化学计量比会直接影响缺陷态的态密度，如富 Se 的 ZnSe 纳米线具有高密度的缺陷态，其严重影响着这些材料中的载流子动力学。导带的能态填充控制着带隙之上（λ 是 400nm 和 450nm）的瞬态吸收信号，而载流子还会从这些能态上快速弛豫到缺陷态，随后被诱导吸收至更高的能态。对于低于带隙的探测波长，负瞬态吸收信号是由固有点缺陷态的快速填充造成的，随后 3～4ps 后，载流子离开这些状态然后复合发光，形成宽带光谱。此外，有研究利用光学泵浦探测系统检测到，泵浦光生载流子首先被富 Se 的 ZnSe 纳米线的缺陷态俘获[62]，并观察到了能态填充与吸收的竞争关系，进一步说明这些纳米线中载流子弛豫过程受固有点缺陷的影响。在富 Zn 的纳米线上测量不到泵浦探测信号的衰减，是因为该纳米线中缺陷态密度较低。总之，这些实验说明了固有点缺陷对 ZnSe 纳米线中载流子弛豫过程有重要影响，因此可以通过生长富 Zn 的纳米线使缺陷态的影响最小化，为纳米系统在光电器件上的应用奠定良好的基础。

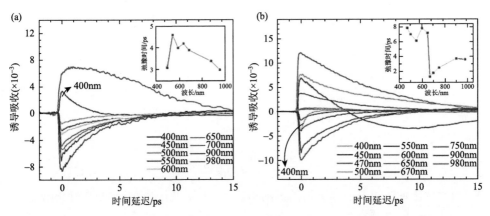

图 4-33　标准化学计量比的 ZnSe 纳米线（a）和富含 Zn 的 ZnSe 纳米线（b）的瞬态吸收谱，插图是弛豫时间对波长的依赖性关系[61]

Ⅲ-Ⅴ族氮化物也因其在光电子学中的潜在应用被广泛研究，并有希望将这些材料用于纳米激光器。已有研究证明合理调控纳米线的成分以及构造合适的异质结能够实现宽波长范围内的受激发射。为优化器件，同样需要研究缺陷对应的发光机理及其对器件性能的影响，因此，需要进一步加大对这些体系中载流子动力学的研究[63-65]。图 4-34 展示了对不同沉积温度 T_{sub} 下生长的 GaN 纳米线进行紫外光学泵浦探测的实验结果[65]。其中泵浦脉冲波长为 266nm（能量密度约为 250μJ/cm²），其可以很好地激发带边发射（364nm），用波长为 550nm 的脉冲光探测黄光发射带的动力学过程。$\Delta T/T$ 信号表明，光生载流子可在 500fs 内占据黄色发光的缺陷态，而与沉积温度无关。由这些状态的弛豫过程引起的慢衰减过程明显随着沉积温度的增加而增加。较低沉积温度下生长的纳米线，它们的弛豫过程更快，可能是由于内部存在额外的杂质位点，也可能是由于合成过程中引入了碳杂质。通过荧光光谱实验证实，这些依赖于生长温度的杂质缺陷也会影响自由载流子浓度，从而影响纳米线的带边发光特性。另外，用紫外泵浦探测系统对径向异质结的 GaN/AlGaN 核壳纳米线进行实验，结果显示，弛豫时间会随着壳层厚度的增加而增加，说明 AlGaN 壳层能够钝化束缚载流子的表面态。总之，上述实验都揭示了缺陷态在 GaN 纳米线的载流子弛豫过程中发挥着重要作用，也表明可通过控制生长温度优化纳米结构的发光特性。因此，光学泵浦探测光谱学在研究半导体纳米线的超快载流子动力学以及表面缺陷态和体缺陷态中发挥着巨大的作用。缺陷态在载流子弛豫中有非常重要的作用，优化它们对载流子动力学过程的影响，对优化基于纳米线的纳米光子器件有很大帮助。

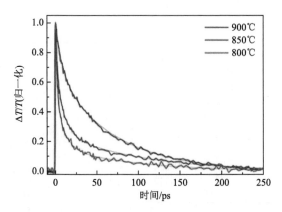

图 4-34 UV 脉冲光（266nm）泵浦下，GaN 纳米线上的 $\Delta T / T$ 及上升时间与沉积温度的函数关系[65]

综上所述，就带间的载流子弛豫过程而言，载流子密度在低密度到中密度范围内，带间载流子弛豫可以发生非辐射过程，主要发生在被束缚的表面态或体缺陷态。准一维纳米线主要有以下两种方式影响低到中密度的载流子动力学：①在量子限域纳米线中一维激子的存在；②比表面积大，增加了表面界面处载流子俘获的可能性并导致纳米线中载流子弛豫过程要比在块体材料中快。通过严格设计和控制纳米结构的生长，可以降低表面和体缺陷的影响，生长参数如温度或化学计量比的变化可以减少体缺陷密度，而径向异质结结构的纳米线可以实现表面缺陷钝化。这些"缺陷修补工程"方法的进一步发展对于纳米线在光电子学和纳米光子学中的应用极其重要。半导体纳米线中高密度下的带间载流子弛豫也会受俄歇复合的影响，俄歇复合是在块体和三维限域半导体中一个典型的三载流子过程，并且在非量子限域的 CdS 纳米线中观察到过，该复合也被认为会影响 ZnO 纳米线中的载流子动力学。然而，一种特殊情况，即在 CdSe 二维量子限域的纳米线中，存在一维激子的双分子俄歇复合。因为通常表面态会俘获载流子，从而阻止观察一维载流子分子，如果此时表面态在这些高载流子密度（N 大于 $7 \times 10^{18} cm^{-3}$）下被饱和填充，就可以看到上述现象。当缺陷态俘获载流子出现饱和时，缺陷态对半导体纳米线中载流子弛豫的贡献会随着载流子密度的增加而减小。然而缺陷态密度高（N 大于 $10^{19} cm^{-3}$）的 Ge，GaN 和 ZnSe 纳米线中，载流子动力学主要受表面和体缺陷对载流子俘获的影响，从而阻止观察其中常见的高载流子密度形成的 EHP 物理过程。缺陷态对载流子动力学的影响程度主要取决于光生载流子密度与缺陷密度的比率，以及一些纳米线本身的物理属性，如纳米线直径、生长温度和表面质量等。

5. 一维纳米线光波导的瞬态光学性质

除了本征发光之外，由于纳米线本身很适合作为光波导的载体[66-69]，因此其光波导性质也很受关注。通常的光波导器件仅仅是给光子提供一个载体，将光子限域在其中以达到特定的传输效果，对于均质的纳米线也是如此。然而，在纳米线的生长过程中，可以通过对纳米线的化学成分的精确控制，来实现成分梯度渐变的合金纳米线，如 CdS_xSe_{1-x} 等[66]。对于此类成分渐变的纳米线，其成分沿着纳米线轴向变化，相应的能带结构和带隙宽度也随之改变。由此带来的特殊性质之一，便是这一类成分梯度渐变的光波导行为的变化。

研究表明，梯度渐变的纳米线中存在光波导非对称传播的性质，即当光波导沿着梯度纳米线由宽带隙一侧向窄带隙一侧传播时，所得到的光波导信号的波长与激发点位置的荧光波长相关。而当光波导沿着梯度纳米线由窄带隙一侧向宽带隙一侧传播时，光波导信号的波长则不随激发点位置的荧光波长变化而变化，反而是保持一致，且与光波导出射端的半导体带隙相关[66]。这一非对称传播的性质，不仅仅是光传输，还伴随有载流子在纳米线长度方向的传输与复合过程，可以用空间分离的时间分辨荧光技术进行测量[69]。

图 4-35 是研究者使用条纹相机对梯度渐变的 CdS_xSe_{1-x} 纳米线的光波导信号进行测量所得到的结果[67]。可以很清楚地看到激发点位置不同，不同方向产生的光波导信号的时间衰减曲线的变化趋势也有着非常大的差异。其中，当光波导信号由宽带隙向窄带隙传播时 [图 4-35（a）]，不同激发点位置的光波导信号的荧光强度的衰减曲线存在着明显差异。这个差异是和激发点位置本身的荧光寿命相关联的，也进一步说明当光波导信号由宽带隙向窄带隙传播时，激发点位置的电子空穴对先发生了辐射复合，然后所产生的一部分光子沿着纳米线传导到了纳米线的端部并被释放出来。

而当光波导信号由窄带隙向宽带隙传播时，从图 4-35（b）中看到，尽管从纳米线上不同的位置去激发纳米线，但是纳米线光波导的时间分辨荧光信号的衰减速率基本上是不变的，同时考虑到光波导信号的波长也是基本一致的，

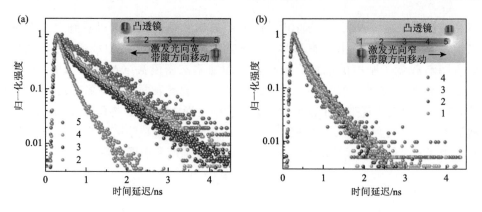

图 4-35　使用条纹相机对梯度渐变的 CdS_xSe_{1-x} 纳米线的光波导信号进行动力学测量[67]

因此可以推断出，这个方向上传导出来的光信号并不是在激发点位置产生的光信号，而是在纳米线的这个端点位置所产生的光信号，其发光波长以及相应的荧光衰减动力学曲线都与这个端点位置的能带结构相关，并不因激发点位置的改变而改变。这是由于激发点所产生的电子空穴，在带隙梯度的驱动下，同时向窄带隙半导体一端移动，形成有带隙梯度推动的载流子输运[69]。这种带隙梯度推动的载流子输运，不同于载流子浓度差驱动的自发扩散，相比之下，带隙梯度驱动的载流子传输具有更长的传输距离，如上述纳米线的传输距离超过了百微米。

6. 基于泵浦探测异位技术的光生载流子的扩散动力学过程

除了上面原位泵浦探测对载流子弛豫、复合过程的研究以外，泵浦探测光束分离技术近几年也逐渐发展并被广泛应用。利用该技术，可以直观观察到纳米尺度上光生电子集体的瞬态迁移过程，这种高空间分辨和超快时间分辨结合技术，首次完整地描述激发后的载流子扩散漂移等过程[4, 70]，如 Si 纳米线中束缚电子的时空分辨探测（图 4-36）。

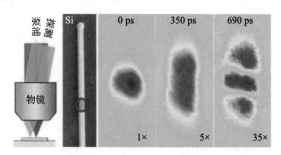

图 4-36　Si 纳米线的泵浦探测实验图以及不同延迟时间后载流子扩散的信号图[4]

采用不同位置激发和探测，得到的不同探测光延迟情况下 Si 纳米线的泵浦探测信号如图 4-37 所示。本征 Si 纳米线（NW_1 和 NW_2），在初始时刻，激发态电子聚集在激发点附近，但随着延迟时间推迟，激发态电子云沿纳米线轴向方向传播，并在约 500ps 时逐渐消失，说明在泵浦光的激发下，电子局域聚集后集体运动并最终完成束缚复合等过程或形成电流。而对于 n-Si 纳米线（NW_3），延迟探测信号显示一些自由态的电子空穴从纳米线实体上逃逸出去，纳米线本身只剩下了纯粹的负信号（蓝色）。

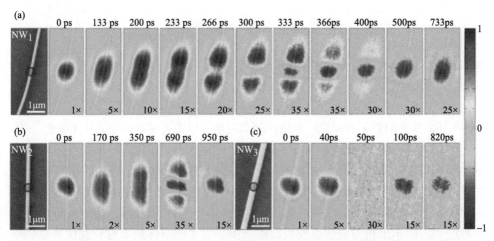

图 4-37　Si 纳米线（NW_1、NW_2 和 NW_3）在不同延迟时间下时间分辨及空间分辨泵浦探测的显微镜照片[4]

此外，为观测金属纳米结构的表面等离激元（SPP）和激发态电子的相互作用，可以利用双波长泵浦探测技术，即泵浦光和探测光为不同波长的光，探测光接近金属的带间跃迁波长，这样可以探测到纯粹的电子动力学过程。日本 Imura 等利用近场光学和泵浦探测相结合的方法，研究了金纳米棒的近场时间分辨的电子态分布，结果表明在金纳米棒中心部分和两端的电子状态具有不同的集体动力学行为[69]。另外，结合近场显微光学的泵浦探测技术，可以实现 150nm 的空间横向分辨率及 250fs 的时间分辨率[72, 73]。该方法可以探测材料内载流子动态演变情况，图 4-38（b）中的阴影部分是在 GaAs 中注入周期间隔的条状 AlGaAs 量子点所导致的。图 4-38（a）中的衰减时间 8ps 远远小于在非注入区域的复合辐射 100ps 的衰减时间，因为泵浦探测信号较大的信噪比和强度，这种快速衰减是由材料非局域效应导致的。该实验证明了在亚微米尺度上的载流子衰减很大程度上是由被激发载流子的复合辐射导致，这些现象是远场技术所不能探测到的。

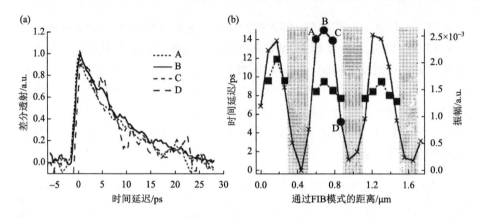

图 4-38 GaAs（用条状 AlGaAs 量子点周期间隔）的归一化泵浦探测动力学曲线（a）和空间分辨扫描信号（b）[72]

此外，零维的量子点非线性泵浦探测响应也可以用近场泵浦探测技术研究[74, 75]，能量为 1.675eV 的泵浦光能够在每个量子点上产生 5 个电子空穴对，PL 图和探测光反射信号如图 4-39（b）所示。根据时间分辨的泵浦探测反射信号得出的光谱图显示，泵浦光诱导多体之间相互扰动使得量子点电子极化具有时间衰减，衰减源于能量共振和量子点的极化率的改变。另外，其他时间分辨光谱技术，如时间分辨拉曼光谱法[76]，近年来也得到快速发展，进一步丰富了半导体纳米材料超快特性的研究与探测。

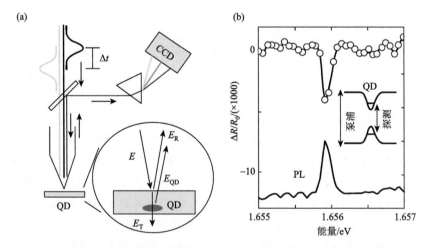

图 4-39 近场泵浦探测技术的实验装置（a）和探测光反射信号与能量的关系图（b）[7]

总之，泵浦探测在半导体纳米线的研究主要集中在探测纳米线内载流子弛豫复合动力学、金属表面等离激元和物质与泵浦光的非线性响应，并用于探究亚微米尺寸和纳米尺寸的光电作用过程及电子、分子的动力学过程。然而，目前仍有许多领域未被探索。在不同实验条件下将纳米线合成技术的发展和各种时间分辨光学技术应用于半导体纳米线的研究，将推动这些材料的潜在应用。全面了解一维体系中的超快载流子动力学，不仅对基础科学研究具有很高的价值，而且有助于提高基于纳米线的器件性能，并加快它们的应用。

4.5　二维材料的瞬态光学特性

二维材料即空间上有一维度极薄（通常为 1～100nm）从而使得粒子或光波等被限域在另外两个维度的平面上进行运动的材料，如超晶格、量子阱、过渡金属硫族化物（TMDs）等。二维材料的概念是由曼彻斯特大学 Geim 团队使用机械剥离的方法成功地从石墨块体上得到单原子层的石墨烯材料而衍生提出的。然而，石墨烯作为狄拉克的碳结构，其布里渊区边界的高对称点上存在具有线性色散关系的上下锥形能带结构，因此石墨烯是没有带隙的。氮化硼具有较大的可达 6eV 的带隙值，使得其成为优异的绝缘体从而被应用到许多电子器件中充当包覆或隔离层。而 TMDs 这种半导体材料的能带恰好坐落于可见到近红外波段（1.0～2.1eV）。这种优良的电子能带性质使其适用于制备光发射器件、晶体管、光伏器件以及纳米腔激光器等光电器件[77-80]。由于 TMDs 材料为单原子或几层原子厚度限域的层状材料，因此二维半导体材料的瞬态光学特性，从某种意义上来说在 TMDs 材料中显得尤为重要。

TMDs 的化学结构以及晶体对称的性质使其具备许多特殊的光学性质，谷二向色性便是其中之一。由于弱的电场屏蔽，TMDs 的激子束缚能很大，甚至高达几百毫电子伏特，从而使得这些激子同时具有佛仑克尔和万尼尔激子的特性[81]。如此大的激子束缚能也使得 TMDs 材料中的载流子一旦形成激子之后便很难再被解离。这也使得激子成为了 TMDs 材料中占据主导地位的粒子。通过研究 TMDs 材料中的激子动力学行为，可以得到其在二维材料中输运、俄歇作用、复合的过程。此外，TMDs 从两层变为单层时，由于层间的电子轨道耦合作用的消失，其能带结构由间接带隙转变为直接带隙。单层 TMDs 的直接带隙性质使得其在光学上可以得到许多进一步的应用。

实验上，人们常常使用机械剥离的方法来制备高质量的单层 TMDs。这种方法制备的 TMDs 具有较少的空位和结构缺陷以及较轻的杂质污染。对于机械剥离制备的 TMDs 材料可观察其较为本征的激子复合动力学。图 4-40（a）为低功率激发下 [0.04 μJ/(pulse·cm^2)] 采集到的机械剥离法制备的单层 WS$_2$ 的典型瞬态荧光图像（采集于条纹相机，日本滨松公司）。通过将条纹相机图像进行相对应光谱范围的横向截取并积分强度便可得到时间延迟的强度变化。图 4-40（b）

给出了指数拟合的荧光强度-时间延迟动力学曲线,可以看到衰减曲线接近为一条直线。这表明机械剥离的 WS$_2$ 材料中的荧光随时间呈单指数衰减。低激发功率下,激子密度较低,因此激子与激子相遇从而导致激子-激子碰撞的概率也较小,非辐射的俄歇作用比较弱。此外,机械剥离材料因其较轻的掺杂也使得多体效应减少,从而保证了单组分的衰减动力学过程。此外,TMDs 材料中激子的自身复合仅仅涉及紧束缚的电子空穴对之间的复合,因此其概率完全遵守指数衰减。综上所述,基本上可在机械剥离的单层 WS$_2$ 中观察到本征的激子复合过程。根据单指数去卷积拟合,可以得到其本征的复合寿命为 $\tau = 186.77$ps,以及换算的本征复合速率 $k = 5.35 \times 10^9 / s^{-1}$。当然,这个数值是一个非辐射复合与辐射复合综合体现的寿命值,其本征复合速率 $k = k_r + k_{nr}$。这里 k_r 和 k_{nr} 分别代表辐射复合及非辐射复合速率。Palummo 等[82]利用第一性计算理论地分析了室温(300K)下和低温(4K)下多种 TMDs 材料的本征的激子辐射复合寿命。单层TMDs 材料的室温下的辐射复合寿命在几百皮秒的量级而低温下仅仅只有几皮秒的量级。

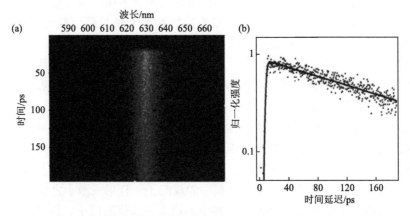

图 4-40 (a) 机械剥离 WS$_2$ 的典型条纹相机图像;(b) 垂直截取图 (a) 得到的荧光衰减曲线
(圆点) 及其单指数拟合 (实线)

上述 TMDs 材料中的激子本征复合寿命以及激子辐射复合寿命都是基于理想的复合过程而并未考虑其他诸如缺陷之类的影响。事实上,实际的激子复合过程包含了许多其他的过程。最近,时间分辨实验揭示了 TMDs 材料中的激子复合过程涉及一个归咎于辐射复合的慢过程(0.1~1ns)以及一个来自缺陷捕获激子的较快过程(1~10ps)[83-88]。此外,Wang 等[89]利用泵浦探测系统观测了单层 MoS$_2$ 的瞬态吸收光谱并提出了一个量化模型。如图 4-41 所示,整个激发以及衰减过程包含三个过程。首先,激发样品后热电子从价带跳跃到导带中一个较高的能级。由于热化以及热电子的弛豫，可以观察到一个在 500fs 内的上升时间（过程Ⅰ）。随后，由于强的库仑相互作用连同强的电子空穴相互关系，由缺陷捕获带来的载流子的俄歇过程变得有效从而主导随后的复合，导致一个快的载流子捕获过程（1～2ps，过程Ⅱ）以及一个慢的载流子捕获过程（大于 100ps，过程Ⅲ）。

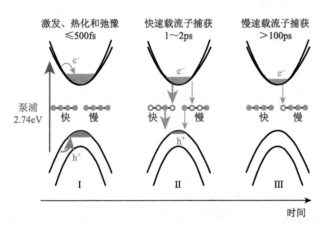

图 4-41 MoS$_2$ 中三个过程的超快载流子动力学示意图[89]

另外，高的激发功率使得光生载流子密度的增加也会带来强的俄歇复合过程。Sun 等[90]利用泵浦探测系统研究了不同激发功率下的单层 MoS$_2$ 的瞬态吸收光谱。他们发现，在低激发功率下，衰减曲线可被单指数公式进行拟合，对应于激子本征复合。而高激发功率下，此拟合过程出现了很大的偏差（图 4-42）。但是，高激发功率下得到的衰减曲线可以利用基于二维平面内激子-激子湮灭过程的公式进行拟合：

$$\frac{\partial N_x}{\partial t} = -\gamma N_x{}^2 \tag{4-6}$$

其中，N_x 为载流子数量。该公式的数值解为

$$N_x(t) = \frac{N_0}{1 + \gamma N_0 t} \tag{4-7}$$

其中，N_0 为光生初始载流子数量；γ 为湮灭过程的速率常数。该研究揭示了在低功率激发下，激子本身的复合过程主导了激子的衰减通道。而在高功率激发下，由于激子密度升高，具有高衰减速率的激子-激子湮灭过程主导了激子的衰减通道。

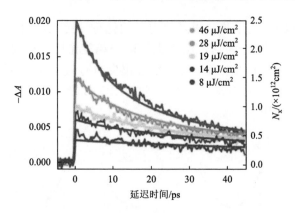

图 4-42　不同激发功率下的单层 MoS_2 瞬态动力学曲线及其拟合[90]

　　以上讨论都是基于机械剥离得到的 TMDs 材料。然而，如果人们需要将 TMDs 材料进行产业化应用，则需要大批量的生产方法，如化学气相沉积（CVD）法。不同的是，CVD 法制备的 TMDs 材料具有较多的缺陷和应力及衬底掺杂，因此其发光性质也会受到影响。由于缺陷或衬底带来的电子掺杂，使用 CVD 方法制备的 TMDs 材料在室温下表现出明显的三激子发光。而机械剥离的 TMDs 材料，仅能够在低温情况下观察到三激子发射，这是由其较低的电子掺杂形成的[90]。图 4-43（a）为 CVD 方法生长的单层 WS_2 材料在低激发功率（$19nJ/cm^2$，400nm，80MHz）下得到的稳态荧光光谱。其峰位大约位于 636nm，较机械剥离具有明显的红移（618nm）。这可能是由于生长过程中衬底对材料施加的应力以及掺杂导致其电子结构变化所造成的。有趣的是，该 CVD 方法生长的单层 WS_2 荧光峰能够很好地被洛伦兹双峰函数进行拟合，得到两个分别为 633nm 以及 640nm 的峰，可将其分别归咎于激子与三激子的荧光发射信号。根据计算出的红移量可以得到三激子中激子与二次电子的束缚能为 21meV，这与许多报道也是相符的[91-93]。CVD 法制备的单层 WS_2 的瞬态荧光特性如图 4-43（b）所示，其明显具有一快一慢两个寿命组分。利用双指数衰减公式进行拟合，如图 4-43（c）所示，其中值为 12.8ps 的快组分和值为 51.0ps 的慢组分，分别对应于三激子和激子的寿命。CVD 法制备的单层 WS_2 其激子的寿命较机械剥离的单层 WS_2 的激子寿命明显缩短。这是由于 CVD 法制备的 TMDs 中缺陷的大量增加造成非辐射复合速率增加，从而造成更快的总复合速率而得到较短的寿命。

　　范德瓦耳斯层状异质结层与层之间通过范德瓦耳斯作用力进行黏合。这种作用力相对于传统异质结界面处的化学键较弱，因此也导致了范德瓦耳斯异质结各组分的晶格失配容忍度大幅提高。这种提高使得范德瓦耳斯异质结的种类大大增加。

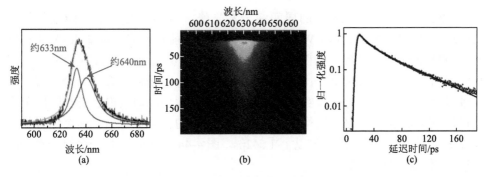

图 4-43 （a）CVD 方法生长的单层 WS$_2$ 的荧光光谱以及洛伦兹双峰拟合；（b）CVD 方法生长的单层 WS$_2$ 的典型条纹相机图像；（c）垂直截取（b）图得到的荧光衰减曲线（圆点）及其单指数拟合（实线）

　　理论预测大部分 MX$_2$ 垂直异质结都为 II 型的能带排布[94]。这种能带排布使得电子和空穴能够在不同层之间有效分离，从而实现诸如光捕获和光探测等功能[95-97]。Zheng 等[97]最近生长出了新型的大尺寸 PbI$_2$/WSe$_2$ 双层异质结，如图 4-44（a）所示，PbI$_2$ 半覆盖于 WSe$_2$ 之上。由于很强的荧光猝灭现象以及 PbI$_2$ 单层的间接带隙性质，并未观察到 PbI$_2$ 的荧光，因此以 WSe$_2$ 的荧光作为研究对象，通过对该样品进行原位的荧光强度成像［图 4-44（b）］，荧光波长取值范围在 730～810nm，荧光的强度进行了归一化。值得注意的是，被 PbI$_2$ 覆盖的 WSe$_2$ 区域其荧光得到了大幅度的猝灭。在图 4-44（c）中可以看到，异质结区域的 WSe$_2$ 的荧光较单层 WSe$_2$ 区域具有一个明显的红移，这可能是由于两层之间的耦合带来的电子能带结构的变化[98]。最重要的是，异质结区域的 WSe$_2$ 的荧光强度较单层 WSe$_2$ 区域猝灭明显，这表明异质结的形成给 WSe$_2$ 层带来了新的有效的载流子衰减通道，使得其载流子的衰减速率大幅提高。通过理论计算得到 PbI$_2$/WSe$_2$ 异质结的能带排布为 II 型，也就是 PbI$_2$ 的导带底和价带顶都低于 WSe$_2$ 的导带底和价带顶［图 4-44（d）］。在这种情况下，WSe$_2$ 中的电子和 PbI$_2$ 中的空穴由于能带的偏移可以自发转移到对方层中。这种转移分别带来了 WSe$_2$ 和 PbI$_2$ 中电子和空穴数量的消耗，形成新的载流子衰减通道。根据报道，两层之间的电荷转移速率往往是十分迅速的（<100fs）[99]。如此迅速的电荷转移大幅压制了单材料中本征的复合过程，从而造成了有效的荧光猝灭现象。此外，由于两层之间较好的耦合，转移后的电子与空穴仍然是库仑相关的粒子，从而形成了具有一定空间分离的层间激子。然而，层间激子由于其电子与空穴位于不同材料层，其复合往往是动量失配的，因而是一种间接复合，所以层间激子的发光效率通常也较弱。将异质结中的 WSe$_2$ 荧光进行长时间的光谱积分，得到的结果见图 4-44（e）。整个光谱可以被双洛伦兹峰进行拟合，两个峰的峰位分别位于 774.4nm 和 800.4nm。分别将 774.4nm 和 800.4nm 处的光谱归属于 WSe$_2$

的 A 激子发光峰以及形成的层间激子发光峰。这两个光谱峰的能量差约为
52meV,这个值同样代表着 WSe_2 与 PbI_2 导带顶的能量差值。对 WSe_2 异质结进
行了时间分辨光谱采集,如图 4-44（f）所示。可以看到,其衰减曲线较单层
WSe_2 材料具有一个明显的加快过程,这说明 WSe_2 异质结中存在一个载流子的
快速消耗过程,这个过程其实是电荷转移过程。此外,通过拟合更长时间范围
内的时间分辨荧光光谱,还得到了一个占比较大的长寿命组分,这个组分是单
层 WSe_2 材料本征寿命的十倍以上 [642ps,图 4-44（g）]。该长寿命组分也辅助
说明了层间激子的存在。

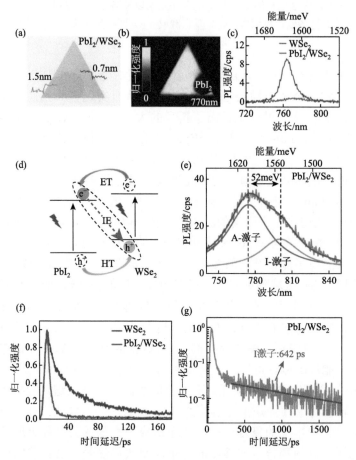

图 4-44　（a）PbI_2/WSe_2 的光学照片;（b）与（a）对应的荧光强度成像图,强度进行了归一
化,波长范围以 770nm 为中心;（c）采集于 PbI_2/WSe_2 异质结和 WSe_2 单层结构区域的荧光光
谱对比;（d）PbI_2/WSe_2 异质结能带排布及电荷转移示意图;（e）PbI_2/WSe_2 异质结的光谱分析;
（f）PbI_2/WSe_2 异质结与单层 WSe_2 时间分辨光谱;（g）长量程 PbI_2/WSe_2 异质结的时间分辨光
谱及其拟合[97]

　　综上，随着低维半导体纳米材料或结构引起国内外学者越来越多的关注，深入探究其载流子或激子的各种瞬态行为，将有助于阐明这些纳米系统中的各种复杂过程。超快光谱技术可以在飞秒或皮秒的时间尺度上对低维半导体纳米材料或结构的载流子动力学过程进行探测，从而在整个动力学周期中跟踪载流子的瞬态行为，即追踪光激发产生载流子及其通过辐射或非辐射途径弛豫衰减的整个过程。这种技术将有助于研究者发现这些纳米系统中的新现象，并指导设计和优化基于这些体系的低维半导体纳米器件。

参 考 文 献

[1]　Duan X，Ma L，Kang Y，et al. Reflectivity and depth images based on time-correlated single photon counting technique. Internation Snyalm Posiumon Optical Measurement Technology and Instrumentation，2016，10155.

[2]　Grumstrup E M，Cating E M，Gabriel M M，et al. Ultrafast carrier dynamics of silicon nanowire ensembles：the impact of geometrical heterogeneity on charge carrier lifetime. Journal of Physical Chemistry C，2014，118（16）：8626-8633.

[3]　Cating E E M，Pinion C W，Christesen J D，et al. Probing intrawire，interwire，and diameter-dependent variations in silicon nanowire surface trap density with pump-probe microscopy. Nano Letters，2017，17（10）：5956-5961.

[4]　Gabriel M M，Kirschbrown J R，Christesen J D，et al. Direct imaging of free carrier and trap carrier motion in silicon nanowires by spatially-separated femtosecond pump-probe microscopy. Nano Letters，2013，13（3）：1336-1340.

[5]　Guo Z，Wan Y，Yang M J，et al. Long-range hot-carrier transport in hybrid perovskites visualized by ultrafast microscopy. Science，2017，356（6333）：59.

[6]　Gao B，Hartland G V，Huang L. Transient absorption spectroscopy and imaging of individual chirality-assigned single-walled carbon nanotubes. Acs Nano，2012，6（6）：5083-5090.

[7]　Yoon S J，Guo Z，dos Santos claro P C，et al. Direct imaging of long-range exciton transport in quantum dot superlattices by ultrafast microscopy. Acs Nano，2016，10（7）：7208-7215.

[8]　Lo S S，Shi H Y，Huang L，et al. Imaging the extent of plasmon excitation in Au nanowires using pump-probe microscopy. Optics Letters，2013，38（8）：1265-1267.

[9]　Shigekawa H，Takeuchi O，Aoyama M. Development of femtosecond time-resolved scanning tunneling microscopy for nanoscale science and technology. Science and Technology of Advanced Materials，2005，6（6）：582-588.

[10]　Yoshida S，Terada Y，Oshima R，et al. Nanoscale probing of transient carrier dynamics modulated in a GaAs-PIN junction by laser-combined scanning tunneling microscopy. Nanoscale，2012，4（3）：757-761.

[11]　Pu C，Qin H，Gao Y，et al. Synthetic control of exciton behavior in colloidal quantum dots. Journal of the American Chemical Society，2017，139（9）：3302-3311.

[12]　Yin C，Chen L，Song N，et al. Bright-exciton fine-structure splittings in single perovskite nanocrystals. Physical Review Letters，2017，119（2）：026401.

[13]　Htoon H，Furis M，Crooker S A，et al. Linearly polarized 'fine structure' of the bright exciton state in individual CdSe nanocrystal quantum dots. Physical Review B，2008，77（3）：035328-035334.

[14]　Sinito C，Fernee M J，Goupalov S V，et al. Tailoring the exciton fine structure of cadmium selenide nanocrystals

with shape anisotropy and magnetic field. ACS Nano, 2014, 8（11）: 11651-11656.

[15] Chen L, Li B, Zhang C, et al. Composition-dependent energy splitting between bright and dark excitons in lead halide perovskite nanocrystals. Nano Lett, 2018, 18（3）: 2074-2080.

[16] Sykora M, Koposov A Y, McGuire J A, et al. Effect of air exposure on surface properties, electronic structure, and carrier relaxation in PbSe nanocrystals. ACS Nano, 2010, 4（4）: 2021-2034.

[17] Lai R, Pu C, Peng X. On-surface reactions in the growth of high-quality CdSe nanocrystals in nonpolar solutions. Journal of the American Chemical Society, 2018, 140（29）: 9174-9183.

[18] Mondal N, De A, Samanta A. Achieving near-unity photoluminescence efficiency for blue-violet-emitting perovskite nanocrystals. ACS Energy Letters, 2018, 4（1）: 32-39.

[19] Yong Z J, Guo S Q, Ma J P, et al. Doping-enhanced short-range order of perovskite nanocrystals for near-unity violet luminescence quantum yield. Journal of the American Chemical Society, 2018, 140（31）: 9942-9951.

[20] Chirvony V S, González-Carrero S, Suárez I, et al. Delayed luminescence in lead halide perovskite nanocrystals. The Journal of Physical Chemistry C, 2017, 121（24）: 13381-13390.

[21] Xu J, Ma L, Guo P, et al. Room-temperature dual-wavelength lasing from single-nanoribbon lateral heterostructures. Journal of the American Chemical Society, 2012, 134（30）: 12394-12397.

[22] Lao X, Yang Z, Su Z, et al. Luminescence and thermal behaviors of free and trapped excitons in cesium lead halide perovskite nanosheets. Nanoscale, 2018, 10（21）: 9949-9956.

[23] Nirmal M, Dabbousi B, Bawendi M, et al. Fluorescence intermittency in single cadmium selenide nanocrystals. Nature, 1996, 383: 802.

[24] Meng R, Qin H, Niu Y, et al. Charging and discharging channels in photoluminescence intermittency of single colloidal CdSe/CdS Core/Shell quantum dot. The Journal of Physical Chemistry Letters, 2016, 7（24）: 5176-5182.

[25] Jin X, Price M, Finnegan J, et al. Long-range exciton transport in conjugated polymer nanofibers prepared by seeded growth.Science, 2018, 360（6391）: 897.

[26] Wang L W, Califano M, Zunger A, et al. Pseudopotential theory of Auger processes in CdSe quantum dots. Physical Review Letters, 2003, 91（5）: 056404.

[27] Galland C, Ghosh Y, Steinbruck A, et al. Two types of luminescence blinking revealed by spectroelectrochemistry of single quantum dots. Nature, 2011, 479（7372）: 203-207.

[28] Li M, Begum R, Fu J, et al. Low threshold and efficient multiple exciton generation in halide perovskite nanocrystals. Nat Commun, 2018, 9（1）: 4197.

[29] Hu F, Lv B, Yin C, et al. Carrier multiplication in a single semiconductor nanocrystal. Physical Review Letters, 2016, 116（10）: 106404.

[30] Schaller R D, Klimov V I. High efficiency carrier multiplication in PbSe nanocrystals: implications for solar energy conversion. Physical Review Letters, 2004, 92（18）: 186601.

[31] Schaller R D, Pietryga J M, Klimov V I. Carrier multiplication in InAs nanocrystal quantum dots with an onset defined by the energy conservation limit. Nano Lett, 2007, 7（11）: 3469-3476.

[32] McGuire J A, Sykora M, Joo J, et al. Apparent versus true carrier multiplication yields in semiconductor nanocrystals. Nano Lett, 2010, 10（6）: 2049-2057.

[33] Prasankumar R P, Upadhya P C, Taylor A J. Ultrafast carrier dynamics in semiconductor nanowires. Physica Status Solidi B-Basic Solid State Physics, 2009, 246（9）: 1973-1995.

[34] Johnson J C, Knutsen K P, Yan H Q, et al. Ultrafast carrier dynamics in single ZnO nanowire and nanoribbon lasers. Nano Letters, 2004, 4（2）: 197-204.

[35] Robel I, Bunker B A, Kamat P V, et al. Exciton recombination dynamics in CdSe nanowires: bimolecular to three-carrier Auger kinetics. Nano Letters, 2006, 6 (7): 1344-1349.

[36] Kuno M, Ahmad O, Protasenko V, et al. Solution-based straight and branched CdTe nanowires. Chemistry of Materials, 2006, 18 (24): 5722-5732.

[37] Protasenko V V, Hull K L, Kuno M. Disorder-induced optical heterogeneity in single CdSe nanowires. Advanced Materials, 2005, 17 (24): 2942.

[38] Pemasiri K, Montazeri M, Gass R, et al. Carrier dynamics and quantum confinement in type II ZB-WZ InP nanowire homostructures. Nano Letters, 2009, 9 (2): 648-654.

[39] Puthussery J, Lan A, Kosel T H, et al. Band-filling of solution-synthesized CdS nanowires. Acs Nano, 2008, 2 (2): 357-367.

[40] Klimov V I. Spectral and dynamical properties of multiexcitons in semiconductor nanocrystals. Annual Review of Physical Chemistry, 2007, 58: 635-673.

[41] Schneider H C, Chow W W, Koch S W. Many-body effects in the gain spectra of highly excited quantum-dot lasers. Physical Review B, 2001, 64 (11): 115315.

[42] Song J K, Szarko J M, Leone S R, et al. Ultrafast wavelength-dependent lasing-time dynamics in single ZnO nanotetrapod and nanowire lasers. Journal of Physical Chemistry B, 2005, 109 (33): 15749-15753.

[43] Song J K, Willer U, Szarko J M, et al. Ultrafast upconversion probing of lasing dynamics in single ZnO nanowire lasers. Journal of Physical Chemistry C, 2008, 112 (5): 1679-1684.

[44] Djurisic A B, Kwok W M, Leung Y H, et al. Ultrafast spectroscopy of stimulated emission in single ZnO tetrapod nanowires. Nanotechnology, 2006, 17 (1): 244-249.

[45] Fallert J, Stelzl F, Zhou H, et al. Lasing dynamics in single ZnO nanorods. Optics Express, 2008, 16 (2): 1125-1131.

[46] Johnson J C, Yan H Q, Schaller R D, et al. Near-field imaging of nonlinear optical mixing in single zinc oxide nanowires. Nano Letters, 2002, 2 (4): 279-283.

[47] Leung Y H, Kwok W M, Djurisic A B, et al. Time-resolved study of stimulated emission in ZnO tetrapod nanowires. Nanotechnology, 2005, 16 (4): 579-582.

[48] Szarko J M, Song J K, Blackledge C W, et al. Optical injection probing of single ZnO tetrapod lasers. Chemical Physics Letters, 2005, 404 (1-3): 171-176.

[49] Titova L V, Hoang T B, Yarrison-Rice J M, et al. Dynamics of strongly degenerate electron-hole Plasmas and excitons in single InP nanowires. Nano Letters, 2007, 7 (11): 3383-3387.

[50] Duan X F, Huang Y, Agarwal R, et al. Single-nanowire electrically driven lasers. Nature, 2003, 421 (6920): 241-245.

[51] Pan A L, Liu R B, Yang Q, et al. Stimulated emissions in aligned CdS nanowires at room temperature. Journal of Physical Chemistry B, 2005, 109 (51): 24268-24272.

[52] Pan A, Zhou W, Leong E S P, et al. Continuous alloy-composition spatial grading and superbroad wavelength-tunable nanowire lasers on a single chip. Nano Letters, 2009, 9 (2): 784-788.

[53] Agarwal R, Barrelet C J, Lieber C M. Lasing in single cadmium sulfide nanowire optical cavities. Nano Letters, 2005, 5 (5): 917-920.

[54] Johnson J C, Choi H J, Knutsen K P, et al. Single gallium nitride nanowire lasers. Nature Materials, 2002, 1 (2): 106-110.

[55] Parkinson P, Lloyd-Hughes J, Gao Q, et al. Transient terahertz conductivity of GaAs nanowires. Nano Letters,

2007, 7 (7): 2162-2165.

[56] Baxter J B, Schmuttenmaer C A. Conductivity of ZnO nanowires, nanoparticles, and thin films using time-resolved terahertz spectroscopy. Journal of Physical Chemistry B, 2006, 110 (50): 25229-25239.

[57] Mittleman D. Sensing with Terahertz Radiation. New York: Springer, 2003.

[58] Beard M C, Turner G M, Schmuttenmaer C A. Transient photoconductivity in GaAs as measured by time-resolved terahertz spectroscopy. Physical Review B, 2000, 62 (23): 15764-15777.

[59] Alexander B, Andrews G, Naxwell Aaron, et al. Optical terahertz science and technology. Optical Society of America, 2009.

[60] Prasankumar R P, Choi S, Trugman S A, et al. Ultrafast electron and hole dynamics in germanium nanowires. Nano Letters, 2008, 8 (6): 1619-1624.

[61] Andreas O, Emmanouil L, Philipose U, et al. Ultrafast carrier dynamics in band edge and broad deep defect emission ZnSe nanowires. Applied Physics Letters, 2007, 91 (24): 241113.

[62] Othonos A, Lioudakis E, Tsokkou D, et al. Ultrafast time-resolved spectroscopy of ZnSe nanowires: carrier dynamics of defect-related states. Journal of Alloys and Compounds, 2009, 483 (1-2): 600-603.

[63] Wang G T, Talin A A, Werder D J, et al. Highly aligned, template-free growth and characterization of vertical GaN nanowires on sapphire by metal-organic chemical vapour deposition. Nanotechnology, 2006, 17 (23): 5773-5780.

[64] Shabaev A, Efros A L. 1D exciton spectroscopy of semiconductor nanorods. Nano Letters, 2004, 4 (10): 1821-1825.

[65] Talin A A, Wang G T, Lai E, et al. Correlation of growth temperature, photoluminescence, and resistivity in GaN nanowires. Applied Physics Letters, 2008, 92 (9): 093105-093105-3.

[66] Xu J Y, Zhuang X J, Guo P F, et al. Asymmetric light propagation in composition-graded semiconductor nanowires. Scientific Reports, 2012, 2: 7.

[67] Fan P, Liu H, Zhuang X, et al. Ultra-long distance carrier transportation in bandgap-graded CdS_xSe_{1-x} nanowire waveguides. Nanoscale, 2019, 11 (17): 8494-8501.

[68] Li J B, Meng C, Liu Y, et al. Wavelength tunable CdSe nanowire lasers based on the absorption-emission-absorption process. Advanced Materials, 2013, 25 (6): 833-837.

[69] Tian W, Leng J, Zhao C, et al. Long-distance charge carrier funneling in perovskite nanowires enabled by built-in halide gradient. Journal of the American Chemical Society, 2017, 139 (2): 579-582.

[70] Grumstrup E M, Gabriel M M, Cating E M, et al. Ultrafast carrier dynamics in individual silicon nanowires: characterization of diameter-dependent carrier lifetime and surface recombination with pump-probe microscopy. Journal of Physical Chemistry C, 2014, 118 (16): 8634-8640.

[71] Imura K, Nagahara T, Okamoto H. Imaging of surface plasmon and ultrafast dynamics in gold nanorods by near-field microscopy. Journal of Physical Chemistry B, 2004, 108 (42): 16344-16347.

[72] Nechay B A, Siegner U, Achermann M, et al. Femtosecond pump-probe near-field optical microscopy. Review of Scientific Instruments, 1999, 70 (6): 2758-2764.

[73] Nechay B A, Siegner U, Morier-Genoud F, et al. Femtosecond near-field optical spectroscopy of implantation patterned semiconductors. Applied Physics Letters, 1999, 74 (1): 61-63.

[74] Guenther T, Lienau C, Elsaesser T, et al. Coherent nonlinear optical response of single quantum dots studied by ultrafast near-field spectroscopy. Physical Review Letters, 2002, 89 (5): 057401.

[75] Yang D S, Lao C, Zewail A H. 4D electron diffraction reveals correlated unidirectional Behavior in zinc oxide nanowires. Science, 2008, 321 (5896): 1660-1664.

[76] Sun Z，Martinez A，Wang F. Optical modulators with 2D layered materials. Nature Photonics，2016，10（4）: 227-238.

[77] Mak K F，Shan J. Photonics and optoelectronics of 2D semiconductor transition metal dichalcogenides. Nature Photonics，2016，10（4）: 216-226.

[78] Zeng H，Cui X. An optical spectroscopic study on two-dimensional group-VI transition metal dichalcogenides. Chemical Society Review，2015，44（9）: 2629-2642.

[79] Yu S，Wu X，Wang Y，et al. 2D materials for optical modulation: challenges and opportunities. Advanced Materials，2017，29（14）: 1606128.

[80] Heng W，Jiang Y，Hu X，et al. Light emission properties of 2D transition metal dichalcogenides: fundamentals and applications. Advanced Optical Materials，2018，6（21）: 1800420.

[81] Palummo M，Bernardi M，Grossman J C. Exciton radiative lifetimes in two-dimensional transition metal dichalcogenides. Nano Letters，2015，15（5）: 2794-2800.

[82] Peimyoo N，Shang J，Cong C，et al. Nonblinking，intense two-dimensional light emitter: mono layer WS_2 triangles. ACS Nano，2013，7（12）: 10985-10994.

[83] Shi H，Yan R，Bertolazzi S，et al. Exciton dynamics in suspended mono layer and few-layer MoS_2 2D crystals. ACS Nano，2013，7（2）: 1072-1080.

[84] Lagarde D，Bouet L，Marie X，et al. Carrier and polarization dynamics in monolayer MoS_2. Physical Review Letters，2014，112（4）: 047401.

[85] Robert C，Lagarde D，Cadiz F，et al. Exciton radiative lifetime in transition metal dichalcogenide monolayers. Physical Review B，2016，93（20）: 205423.

[86] Yuan L，Huang L. Exciton dynamics and annihilation in WS_2 2D semiconductors. Nanoscale，2015，7（16）: 7402-7408.

[87] Jin C，Kim J，Wu K，et al. On optical dipole moment and radiative recombination lifetime of excitons in WSe_2. Advanced Functional Materials，2017，27（19）: 1601741.

[88] Wang H，Zhang C，Rana F. Ultrafast dynamics of defect-assisted electron-hole recombination in monolayer MoS_2. Nano Lett，2015，15（1）: 339-345.

[89] Sun D，Rao Y，Reider G A，et al. Observation of rapid exciton-exciton annihilation in monolayer molybdenum disulfide. Nano Letters，2014，14（10）: 5625-5629.

[90] Mak K F，He K，Lee C，et al. Tightly bound trions in monolayer MoS_2. Nat Mater，2013，12（3）: 207-211.

[91] Pei J，Yang J，Xu R，et al. Exciton and trion dynamics in bilayer MoS_2. Small，2015，11（48）: 6384-6390.

[92] Berkelbach T C，Hybertsen M S，Reichman D R. Theory of neutral and charged excitons in monolayer transition metal dichalcogenides. Physical Review B，2013，88（4）: 045318.

[93] Gong C，Zhang H J，Wang W，et al. Band alignment of two-dimensional transition metal dichalcogenides: application in tunnel field effect transistors（vol 103，053513，2013）. Applied Physics Letters，2015，107（13）: 1.

[94] Kang J，Tongay S，Zhou J，et al. Band offsets and heterostructures of two-dimensional semiconductors. Applied Physics Letters，2013，102（1）: 666.

[95] Kosmider K，Fernandez-Rossier J. Electronic properties of the MoS_2-WS_2 heterojunction. Physical Review B，2013，87（7）: 216.

[96] Tongay S，Fan W，Kang J，et al. Tuning interlayer coupling in large-area heterostructures with CVD-grown MoS_2 and WS_2 monolayers. Nano Letters，2014，14（6）: 3185-3190.

[97] Zheng W，Zheng B，Yan C，et al. Direct vapor growth of 2D vertical heterostructures with tunable band alignments

and interfacial charge transfer behaviors. Advanced Science，2019，6（7）：1802204.

[98] Alexeev E M，Catanzaro A，Skrypka O V，et al. Imaging of interlayer coupling in van der waals heterostructures using a bright-field optical microscope. Nano Letters，2017，17（9）：5342-5349.

[99] Ji Z，Hong H，Zhang J，et al. Robust stacking-independent ultrafast charge transfer in MoS_2/WS_2 bilayers. Acs Nano，2017，11（12）：12020-12026.

第5章

低维光传输与光反馈

低维光限域

通过特定的手段，光可以被限制在特定维度上，从而能够在较长时间内沿着特定的方向传输或者限制在空间中，形成光局域。常见的限制手段包括：①通过全反射实现对光的限制。当光从光密介质射向光疏介质时，大于临界角的光会全部反射回光密介质，从而实现对光的限制。②通过光子晶体能带带隙实现对光的限制。类似于电子在晶体中的传播，光在折射率周期性分布的光子晶体中的传播依赖于光子晶体中存在的模式，在光的传播过程中，假如光的频率正好处于光子晶体的带隙，由于光子晶体中不存在相应频率的模式，光会被反射回来，从而实现对光的限制[1]。③通过表面等离激元模式高度局域化的特性，将模式局域在金属与介质的界面。表面等离激元是光子和自由电子耦合振荡的一种电磁波模式，模式沿界面传播，在垂直于界面方向指数衰减。基于表面等离激元可以将电磁波局域在亚波长范围，实现突破衍射极限的局域化[2]。④最近研究发现，在允许光逃逸的情况下利用光的对称性与自由空间模式不同或者不同通道的光相互干涉仍然可能实现光的限域，即连续谱中的束缚态（bound states in the continuum）[3]。此外，还有利用拓扑边界态限制光等。低维半导体材料由于在空间上某个或某几个维度受到限制，其自身与外界的折射率差造成了光在低维材料中的限制，从而形成低维光传输和光反馈。本节将对不同维度的光限制的基础进行简单的讨论。

5.1.1 二维光波导

二维光波导是指在三维立体空间的一个维度上对光进行限制，可以形成在二维面状的结构中传播的模式。二维半导体薄膜材料可以作为一种良好的二维面状波导，由于这些结构中半导体和空气的折射率差，光将被限制在面内。通过求解麦克斯韦方程组，可以得到这些面内模式的解析解，主要包括横磁（TM）或者横电（TE）两类模式。方程的求解将在5.2.1小节中做更深入的讨论。

　　由于衍射极限的存在，对于特定的波长，这些模式的出现存在一个截止厚度。在这个厚度之下，就不再支持光学模式的传播。因此，对于只有一个或者几个单原子层存在的薄膜材料，实际上并不存在容许的光学模式。这里需要特别说明的是，对于存在自由电子的二维材料，如石墨烯，材料中可以支持一类特殊的限制模式——等离激元模式。

　　对等离激元模式的研究开始于 20 世纪，最早研究的是导体和介质界面的传播模式，它是光和金属表面的自由电子耦合振荡的一种模式，不受传统的光学衍射极限限制，可以将能量限制在亚波长范围，是一种高度局域化的模式。由于其高度局域化的特点，等离激元在传感器、太阳能、激光器、非线性光学等领域有广泛的应用。

　　以下以导体/介质模型（图 5-1）来简要说明等离激元模式的特性。表面等离激元模式为横磁（TM）波，模式的电场只有 x、z 分量，磁场只有 y 分量，电场 z 分量在金属/介质界面的法线方向迅速衰减。对于沿金属和介质的界面方向（x 方向）传播的等离激元模式，将电磁场的各分量（E_x、E_z 和 H_y）代入麦克斯韦方程组，利用边界条件可以得出模式传播方向的波矢为[2, 4]

$$k_{SP} = k_0 \sqrt{\frac{\varepsilon_d \varepsilon_m}{\varepsilon_d + \varepsilon_m}} \tag{5-1}$$

在金属/介质界面的法线方向上，金属和介质中的波矢 k_{zm} 和 k_{zd} 满足

$$k_{SP}^2 + k_{zm}^2 = \varepsilon_m k_0^2 \tag{5-2}$$

和

$$k_{SP}^2 + k_{zd}^2 = \varepsilon_d k_0^2 \tag{5-3}$$

其中，$k_0 = \dfrac{\omega}{c}$，为真空中的波矢；ε_m 和 ε_d 分别为金属和介质的相对介电常数。由式（5-1）可得，在传播方向上，表面等离激元模式的动量大于自由空间中同频率光波的动量，也就是相同频率下表面等离激元的波矢 k_{SP} 大于自由空间中电磁波波矢 ［图 5-1（c）］。由不确定关系可以知道，更大的动量意味着其在实空间中可以被限制得更小，即表面等离激元模式不受光学衍射极限的限制。

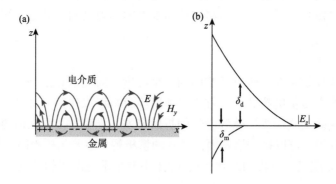

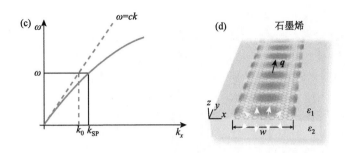

图 5-1　局域在金属和介质界面的表面等离激元模式[4, 5]

（a）表面等离激元的场分布示意图；（b）表面等离激元模式沿垂直于界面方向的电场分布；（c）表面等离激元的
色散关系；（d）在石墨烯上面传播的等离激元

在金属/介质界面的法线方向上，等离激元模式在金属和介质中的波矢都为纯虚数，说明等离激元模式在金属/介质界面的法线方向上为衰减波，模式被局域在表面附近。如图 5-1（b）所示，表面等离激元模式的电场强度在垂直于界面方向，随着到界面距离的增加而指数衰减，电磁波能量无法耦合出界面。

需要说明的是，尽管石墨烯中支持的等离激元模式与介质金属间的等离激元有非常类似的性质，但是由于石墨烯材料的厚度只有约 0.34nm，因此在对石墨烯上传播的等离激元的分析中，不能完全照搬以上半无限界面的模型，而需要考虑石墨烯具体的电子结构。石墨烯是一个多体相互作用的平台，其中电子可以和光子、声子，甚至电子本身相互作用。由于这些因素的存在，石墨烯支持的等离激元模式实际上非常复杂，与此同时，也体现出丰富的物理特性。

5.1.2　一维光波导

一维光波导是指光在三维立体空间的两个维度被限制，只在剩下的一个维度自由传播从而形成传播模式。常见的一维光波导器件有光波导、光纤等。低维材料如一维纳米线材料可以形成一维的光波导，基于此类波导，引入波导端面的反射可以形成纳米线激光器[6]。本小节以一维纳米线为例来说明二维光限域[6, 7]。5.2 节会更加深入地介绍基于二维光限域的波导结构的特性。

图 5-2 为 ZnO 介质纳米线的电镜图和示意图。由于纳米线与空气之间存在折射率差，光可以被限制在 ZnO 纳米线中传播，从而形成一维纳米线波导结构。当介质纳米线（如 CdSe 纳米线）放置于金属表面（如 Ag）时，在纳米线结构上传播的光学模式可以和金属上传播的等离激元模式耦合，从而在两个维度上（垂直于金属表面方向 y 和金属表面内垂直于纳米线的方向 x）实现超越衍射极限的限制。

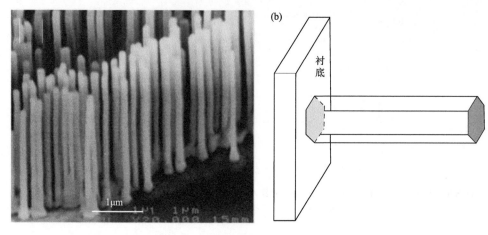

图 5-2　纳米线中的等离激元模式[6]

（a）一维纳米线电镜图；（b）一维纳米线示意图

5.1.3　零维微腔

　　没改完零维微腔是指在三维立体空间的三个维度都对光进行限制，光被局域在一定的空间中形成光学微腔。

　　光学腔的结构种类多样，如利用光子晶体、全反射、分布式反馈等都可以形成光学微腔。①由于空间变化的折射率分布，光可以被限制在折射率较高的区域，形成局域化的介质微腔共振模式[8]。②利用光子晶体的带隙特性，光可以被限制在缺陷中，形成光子晶体微腔[9]。③基于分布式反馈可以形成高反射率的结构，从而形成高性能的微腔，基于分布式反馈的腔结构，已成功研制了如分布式反馈激光器、垂直腔面发射激光器（VCSEL）等。

　　光在空间上的局域化，受到测不准关系的限制。当光在一个维度上被限制的空间越小，这个维度上的光场动量的不确定性就越大。利用表面等离激元高度局域化的特性，可以突破光的衍射极限，实现能量在亚波长空间范围的局域化[7, 10, 11]。目前，最小的微腔激光器件是基于零维金属小球的局域等离激元激光器件。此类激光器将在第 7 章中做详细介绍。

　　局域表面等离激元振荡是由限制在小于光波波长的金属颗粒上的电磁场产生的，电磁场与金属颗粒表面的导带电子耦合振荡，形成局域在金属颗粒表面的等离激元模式，如图 5-3 所示。如图 5-3（a）所示，电磁波被局域在金属颗粒的两侧，金属颗粒表面的电场被增强，随着到金属颗粒表面的距离增大，电场迅速衰减，同时金属颗粒表面的电荷也被局域在两侧［图 5-3（b）］，耦合的电磁场和电荷在金属颗粒两侧周期振荡。局域表面等离激元模式的共振频率依赖于系统的构成、尺寸、几何形状和介电环境。

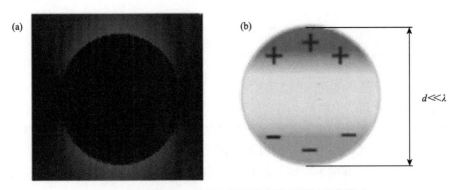

图 5-3 金属颗粒上形成的局域等离激元偶极振荡模式

（a）模式的电磁场在金属颗粒表面的分布；（b）模式的电荷在金属颗粒表面的分布

5.1.4 其他光限域

此外，人们在连续谱中也发现了可以将光限域的束缚态，von Neumann 和 Wigner 首次提出[12]，当量子系统的波函数具有弱的阻尼振荡时，可以找到这类特殊的态——连续谱中的束缚态。如图 5-4 所示，在连续谱中存在一类特殊的束缚态，它和普通的连续谱非束缚能态不同，虽然位于连续谱中，但不会耦合到扩展模式而向外辐射，而是形成空间局域化的模式。随后，人们认识到这是由于共振模式与自由空间模式的对称性不匹配，或者不同模式辐射场间的直接干涉相消抑制了模式的逃逸[13, 14]。最近，人们在各种光学结构中找到了连续谱中的束缚态，如耦合光子晶体平板[15]、复式格子系统[16, 17]等。

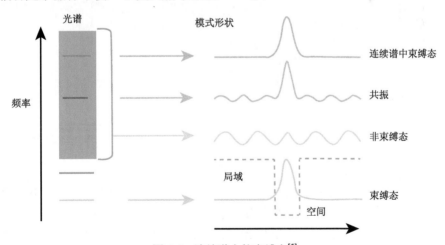

图 5-4 连续谱中的束缚态[5]

开放的系统存在扩展态的连续能谱（蓝线）和束缚态形成的分离能谱（绿线），空间局域化的束缚态是由于势能对模式的空间限制形成的（黑色点线），连续谱对应的非束缚态可以耦合到扩展态而从系统辐射出去（橙色线），连续谱中的束缚态是一类特殊的束缚态，它位于连续性谱中（红色线），但可以形成空间的局域化而不辐射出去

5.2　低维介质与半导体光波导

　　介质光波导是指将光限制在其中，并引导光波在其中传播的介质系统。介质波导是集成光学系统中的基本结构单元，主要起限制、传输、耦合光波的作用。在半导体薄膜材料中，由于半导体和空气的折射率差，可以形成限制在半导体二维薄膜中的模式，本节将详细讨论二维光波导中的传播模式、低维波导中光的吸收与损耗、一维纳米线波导的尺寸和自吸收效应以及二维半导体等离激元光波导。

5.2.1　二维光波导中的传播模式

　　如图 5-5 所示，对于折射率分别为 n_1、n_2 和 n_1 的三层介质层结构，当 $n_2 > n_1$ 时，光可以被限制在高折射率 n_2 区域，从而形成光波导。当中间层的厚度远大于光的波长时，可以忽略光的衍射现象，可以利用几何光学的方法描述光在介质层中的传播，光在介质层的界面处通过全反射，沿折线路径传播。

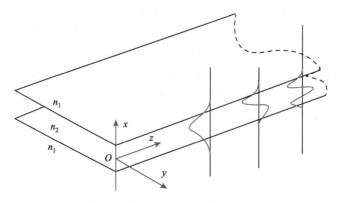

图 5-5　平板介质波导示意图

n_2 为中间介质层的折射率，上下两层的介质折射率都为 n_1，波导模式沿 z 方向传播，图中三个红色曲线为三个模式在 x 方向的电场分布示意图

　　当中间层的厚度与光的波长相差不大时，光的衍射效应不能忽略，其在介质层中的传播过程遵循麦克斯韦方程组，需以电磁波的形式来描述，称为波导模式。由于介质层对光波的限制，波导形成分立的截面模式，每一种模式存在一个截止频率，当光波的频率低于这个频率时，该模式就不能在介质层中传播。下面从麦克斯韦方程组出发，利用介质层截面的边界条件，求解介质波导中传播的模式，并给出模式的截止频率。

光波在介质中的传播，通过麦克斯韦方程组描述为

$$\nabla \times \boldsymbol{E} = -\mu_0 \mu_{\mathrm{r}} \frac{\partial \boldsymbol{H}}{\partial t} \tag{5-4}$$

$$\nabla \times \boldsymbol{H} = -\varepsilon_0 \varepsilon_{\mathrm{r}} \frac{\partial \boldsymbol{E}}{\partial t} \tag{5-5}$$

$$\nabla \cdot \boldsymbol{H} = 0 \tag{5-6}$$

$$\nabla \cdot \boldsymbol{E} = 0 \tag{5-7}$$

其中，$\boldsymbol{E}$ 和 $\boldsymbol{H}$ 分别为电场强度和磁场强度；μ_0 和 μ_{r} 分别为真空磁导率和材料的相对磁导率；ε_0 和 ε_{r} 分别为真空介电常数和材料的相对介电常数。由式（5-4）和式（5-5）可得

$$\nabla^2 \boldsymbol{E} = \mu_0 \mu_{\mathrm{r}} \varepsilon_0 \varepsilon_{\mathrm{r}} \frac{\partial^2 \boldsymbol{E}}{\partial t^2} \tag{5-8}$$

$$\nabla^2 \boldsymbol{H} = \mu_0 \mu_{\mathrm{r}} \varepsilon_0 \varepsilon_{\mathrm{r}} \frac{\partial^2 \boldsymbol{H}}{\partial t^2} \tag{5-9}$$

考虑在单色光的条件下，平面电磁波有如下形式

$$\boldsymbol{E}(r,t) = \boldsymbol{E}(r)\mathrm{e}^{\mathrm{i}\omega t} \tag{5-10}$$

$$\boldsymbol{H}(r,t) = \boldsymbol{H}(r)\mathrm{e}^{\mathrm{i}\omega t} \tag{5-11}$$

其中，ω 为光的角频率。将式（5-10）和式（5-11）分别代入式（5-8）和式（5-9），可得

$$\nabla^2 \boldsymbol{E} = -\mu_0 \mu_{\mathrm{r}} \varepsilon_0 \varepsilon_{\mathrm{r}} \omega^2 \boldsymbol{E} \tag{5-12}$$

$$\nabla^2 \boldsymbol{H} = -\mu_0 \mu_{\mathrm{r}} \varepsilon_0 \varepsilon_{\mathrm{r}} \omega^2 \boldsymbol{H} \tag{5-13}$$

假设光在图 5-5 所示的波导结构中沿 z 方向传播，波导的厚度为 d，$x = 0$ 位于中间层的中线。波导中传播的电磁波模式有两组偏振不同的本征解：横电（TE）模式和横磁（TM）模式。对于 TE 模式，只有电场的 y 分量不为零（$E_y \neq 0$，$E_x = 0$，$E_z = 0$），由式（5-12）可得三个介质层的 TE 模式的通式为

$$E_y(x,z,t) = E_y(x)\exp[\mathrm{i}(\omega t - \beta z)] \tag{5-14}$$

其中，β 为波导模式的传播常数。

TE 模式在三个介质层区域满足的方程分别为

$$\frac{\partial^2 E_y}{\partial x^2} + (n_2^2 k_0^2 - \beta^2)E_y = 0 \quad (|x| < \frac{d}{2}) \tag{5-15}$$

$$\frac{\partial^2 E_y}{\partial x^2} + (n_1^2 k_0^2 - \beta^2)E_y = 0 \quad (|x| > \frac{d}{2}) \tag{5-16}$$

其中，k_0 为真空中光波的波矢。在介质层的交界面上，电场和磁场的切向分量需要满足的连续性条件为

$$E_{1y}\left(x=\frac{d}{2}\right)=E_{2y}\left(x=\frac{d}{2}\right) \tag{5-17}$$

$$H_{1y}\left(x=\frac{d}{2}\right)=H_{2y}\left(x=\frac{d}{2}\right) \tag{5-18}$$

$$E_{2y}\left(x=-\frac{d}{2}\right)=E_{3y}\left(x=-\frac{d}{2}\right) \tag{5-19}$$

$$H_{2y}\left(x=-\frac{d}{2}\right)=H_{3y}\left(x=-\frac{d}{2}\right) \tag{5-20}$$

求解方程（5-15）和方程（5-16），并结合界面连续性条件［式（5-17）～式（5-20）］可得 TE 模式的本征解。所得的解可以分为偶阶 TE 模式和奇阶 TE 模式，偶阶 TE 模式为

$$E_y(x,z,t)=A_0\cos(\kappa x)\exp[\mathrm{i}(\omega t-\beta z)]\ \left(|x|<\frac{d}{2}\right) \tag{5-21}$$

$$E_y(x,z,t)=A_0\cos(\kappa d\,/\,2)\exp\left[-\gamma\left(|x|-\frac{d}{2}\right)\right]\exp[\mathrm{i}(\omega t-\beta z)]\ \left(|x|>\frac{d}{2}\right) \tag{5-22}$$

其中，$\kappa=\sqrt{n_2^2 k_0^2-\beta^2}$，$\kappa$ 为模式在 x 方向的传播常数；$\gamma=\sqrt{\beta^2-n_1^2 k_0^2}$。可以发现，在中间介质层中，模式的电场分布为振荡解形式，在上下两个介质层中的电场分布为指数衰减解形式，称为倏逝波，其在界面处无相位变化。

由式（5-18）可得偶阶 TE 模式的本征方程为

$$\frac{\kappa d}{2}\tan\left(\frac{\kappa d}{2}\right)=\frac{\gamma d}{2} \tag{5-23}$$

此外，由 $\kappa=\sqrt{n_2^2 k_0^2-\beta^2}$ 和 $\gamma=\sqrt{\beta^2-n_1^2 k_0^2}$ 可得

$$(n_2^2-n_1^2)\left(\frac{k_0 d}{2}\right)^2=\left(\frac{\kappa d}{2}\right)^2+\left(\frac{\gamma d}{2}\right)^2 \tag{5-24}$$

令 $X=\dfrac{\kappa d}{2}$、$Y=\dfrac{\gamma d}{2}$、$R=\sqrt{n_2^2-n_1^2}\,(k_0 d\,/\,2)$，式（5-24）和式（5-23）可以表示为

$$X^2+Y^2=R^2 \tag{5-25}$$

$$Y=X\tan X \tag{5-26}$$

将式（5-25）和式（5-26）用图解法数值求解（图 5-6），式（5-25）在图中为圆形实线，式（5-26）在图中为虚线，不同阶数 m 形成不同的虚线，实线和虚线的交点代表波导中存在的本征模式。由图 5-6 可知，当中间层的厚度 d 增加时，波导中可以存在的传输模式数量增加；另外，由 $R=\sqrt{n_2^2-n_1^2}\,(k_0 d\,/\,2)$ 可知，随着中间介质层折射率 n_2 的增加、上下两层介质折射率 n_1 的减小、光波对应的真空中波长 λ_0 的减小，图中实线圆的半径 R 增大，波导中存在的模式数增加。

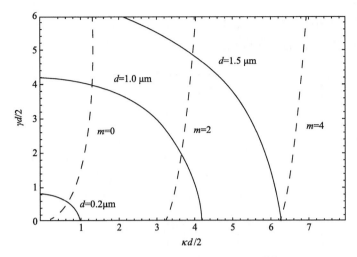

图 5-6　偶阶 TE 模式本征方程图解[18]

对应的波导的参数为：光波对应的真空中的波长 $\lambda_0 = 0.9\mu m$，中间层介质折射率 $n_2 = 3.59$，上下两层介质折射率 $n_1 = 3.385$

由前面的分析可知，随着波导中间层厚度 d 的减小，波导中存在的偶阶 TE 模式数逐渐减少，对于特定阶数的模式，存在一个临界厚度，当中间层的厚度小于该临界厚度时，相应的模式将无法在波导中存在，上述临界厚度称为截止厚度。在图 5-6 中，不同阶数的偶阶 TE 模式的临界厚度对应于实线圆半径减小时，圆边界和虚线在 x 轴上的交点重合的情况，也就是式（5-26）等于零时，由式（5-24）得出偶阶 TE 模式的截止厚度

$$d_{TE} = m\frac{\lambda_0}{2\sqrt{n_2^2 - n_1^2}} \tag{5-27}$$

其中，m 为偶数。

根据以上分析偶阶 TE 模式的方法，可以得出奇阶 TE 模式在三个介质层中的通式为

$$E_y(x,z,t) = A_0\sin(\kappa x)\exp[\mathrm{i}(\omega t - \beta z)] \quad \left(|x| < \frac{d}{2}\right) \tag{5-28}$$

$$E_y(x,z,t) = A_0\frac{x}{|x|}\sin\left(\frac{\kappa d}{2}\right)\exp\left[-\gamma\left(|x| - \frac{d}{2}\right)\right]\exp[\mathrm{i}(\omega t - \beta z)] \quad \left(|x| > \frac{d}{2}\right) \tag{5-29}$$

奇阶 TE 模的本征方程为

$$Y = X\cot X \tag{5-30}$$

将式（5-25）和式（5-30）用图解法数值求解（图 5-7），式（5-25）在图中为圆

形实线，式（5-30）在图中为虚线，包含不同阶数 m 的虚线，实线和虚线的交点代表波导中可以存在的本征模式。

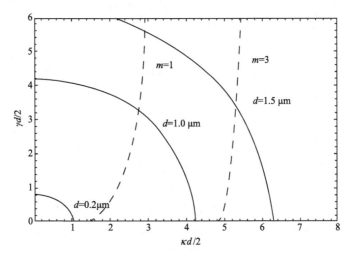

图 5-7 奇阶 TE 模式本征方程图解[18]

对应的波导的参数为：光波对应的真空中的波长 $\lambda_0 = 0.9\mu m$，中间层介质折射率 $n_2 = 3.59$，上下两层介质折射率 $n_1 = 3.385$

对于 TM 模式，只有磁场的 y 分量不为零（$H_y \neq 0$，$H_x = 0$，$H_z = 0$），TM 模式满足的波动方程为

$$\frac{\partial^2 H_y}{\partial x^2} + (n_2^2 k_0^2 - \beta^2)H_y = 0 \quad \left(|x| < \frac{d}{2}\right) \tag{5-31}$$

$$\frac{\partial^2 H_y}{\partial x^2} + (n_1^2 k_0^2 - \beta^2)H_y = 0 \quad \left(|x| > \frac{d}{2}\right) \tag{5-32}$$

与求解 TE 模式的过程类比，可以求得 TM 模式满足的方程，求解可得模式在不同介质层的模式表达式，类比求解 TE 模式的图解法，可以求得 TM 模式的本征值。TM 模式也可分为偶阶和奇阶两组本征模式，其中，偶阶 TM 模式的本征解为

$$H_y(x,z,t) = B_0\cos(\kappa x)\exp[i(\omega t - \beta z)] \quad \left(|x| < \frac{d}{2}\right) \tag{5-33}$$

$$H_y(x,z,t) = B_0\cos(\kappa d / 2)\exp\left[-\gamma\left(|x| - \frac{d}{2}\right)\right]\exp[i(\omega t - \beta z)] \quad \left(|x| > \frac{d}{2}\right) \tag{5-34}$$

对应的本征值方程为

$$\tan\left(\frac{\kappa d}{2}\right) = \frac{n_2^2 \gamma}{n_1^2 \kappa} \tag{5-35}$$

奇阶 TM 模式的本征解为

$$H_y(x,z,t) = B_0 \sin(\kappa x)\exp[\mathrm{i}(\omega t - \beta z)] \quad \left(|x| < \frac{d}{2}\right) \tag{5-36}$$

$$H_y(x,z,t) = B_0 \frac{x}{|x|}\sin\left(\frac{\kappa d}{2}\right)\exp\left[-\gamma\left(|x| - \frac{d}{2}\right)\right]\exp[\mathrm{i}(\omega t - \beta z)]\left(|x| > \frac{d}{2}\right) \tag{5-37}$$

本征值方程为

$$\tan\left(\frac{\kappa d}{2}\right) = -\frac{n_1^2 \kappa}{n_2^2 \gamma} \tag{5-38}$$

类比式（5-23）求解模式本征解的方法，解出偶阶 TM 模式的本征值；同理可以由式（5-38）数值求解出奇阶 TM 模式的本征值。

5.2.2　低维波导中光的吸收与损耗

光在波导中传播时，由于介质吸收，界面散射或传播过程中向外辐射能量，会对在波导内传播的光造成损耗，损耗的来源可以分为三类：吸收损耗、散射损耗和辐射损耗。散射损耗和辐射损耗都来源于光子离开波导，进入自由空间，这两种损耗在介质波导中起主要的作用；吸收损耗对应于光子被吸收，通常将能量传递给原子或者电子，这种损耗在半导体材料的波导中起主要作用。下面分别对这三种损耗进行分析。

1. 散射损耗

散射损耗又可以分为体散射损耗和表面散射损耗。

1）体散射损耗

体散射损耗是由波导内部的材料缺陷造成的。体散射损耗造成的单位长度上光学模式的损耗依赖于单位长度内散射中心的数量和散射中心相对于波长的大小。

2）表面散射损耗

表面散射损耗是由波导界面粗糙引起的散射损耗，从光线模型的角度，波导模式在波导中传播时，不断被波导界面反射（图 5-8），在沿 z 方向传播长度 L 的过程中，模式被反射的次数为

$$N_{\mathrm{R}} = \frac{L}{2d\cot\theta_m} \tag{5-39}$$

其中，d 为中间波导层的厚度；θ_m 为模式的传播光学与界面的夹角，不同阶数的

波导模式具有不同的 θ_m。与低阶模式相比，高阶模式在相同的传播长度上经历的界面反射次数更多，因而高阶模式被界面散射的能量更多，界面散射损耗更大。

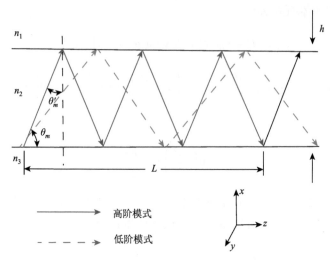

图 5-8   波导模式在波导中的光线传播路径

折射率为 n_1、n_2 和 n_3 的三层介质形成介质光波导，波导的厚度为 h，蓝色实线和红色虚线分别代表高阶波导模式和低阶波导模式

以上是对波导模式表面损耗的定性描述，对其定量描述，通常需借助模式的损耗系数 α，如图 5-8 所示，模式在波导中沿 z 方向传播，设波导模式在 $z=0$ 位置的光强为 I_0，经历表面散射损耗传播到 z 位置时的光强 $I(z)$ 可以描述为

$$I(z) = I_0 \mathrm{e}^{-\alpha z} \tag{5-40}$$

Tien 利用瑞利判据，得到了波导模式表面散射损耗的损耗系数为[19]

$$\alpha_\mathrm{S} = A^2 \left(\frac{\cos^3 \theta_m'}{2\sin \theta_m'} \right) \left(\frac{1}{h + 1/p + 1/q} \right) \tag{5-41}$$

其中，θ_m' 为 m 阶波导模式光线入射到波导界面的夹角（图 5-8）；p 和 q 为波导模式在限制层（如图 5-8 所示的折射率为 n_2 的中间层）x 方向的衰减系数，分别描述光场电磁波在上下两个介质层的衰减特性，对于 $x \geqslant \dfrac{h}{2}$ 的上层介质，

$\mathcal{E} = A_0 \exp\left[-q\left(x - \dfrac{h}{2} \right) \right]$，对于 $x \leqslant -\dfrac{h}{2}$ 的下层介质，$\mathcal{E} = A_0 \exp\left[p\left(x + \dfrac{h}{2} \right) \right]$，$1/p$ 和 $1/q$ 对表面散射损耗的衰减系数的影响为：模式中间波导层的限制越好，$1/p$ 和 $1/q$ 越小，表面散射损耗的衰减系数越大，模式渗透入上下两个介质层越少。

$A_0 = \dfrac{4\pi}{\lambda_2}\sqrt{\sigma_{12}^2 + \sigma_{23}^2}$，$\lambda_2$ 为光在波导中的波长，σ_{12}^2 和 σ_{23}^2 分别为波导介质层上下两个界面的表面粗糙度方差，计算公式为 $\sigma = \displaystyle\int_{-\infty}^{\infty} x^2 f(x)\mathrm{d}x - S^2[x]$，其中，$f(x)$ 为界面坐标 x 的概率分布函数，$S[x]$ 为坐标 x 的平均值。式（5-41）表明，模式的损耗系数正比于波导表面粗糙度方差以及 $\dfrac{\cos^3\theta_m'}{2\sin\theta_m'}$，由于高阶模式的 θ_m' 较小，因而衰减系数较大，此外，模式的衰减系数与波导中模式的波长的平方 λ_2^2 成反比。

2. 吸收损耗

吸收损耗在半导体波导中较为显著，由于半导体材料存在带间吸收和带内吸收，光波模式在波导中传播时，会与半导体材料相互作用而被吸收。

当光子的能量大于带隙能量时，光子将价带的电子激发到导带，从而被材料吸收，称为带间吸收。在直接带隙半导体中，带间吸收可以导致大于 $10^4\,\mathrm{cm}^{-1}$ 的吸收系数。为了避免这种损耗带来的波导模式的衰减，应用中可以选取光子能量小于半导体带隙的光学波导模式。

波导内的光子也可以将能量传递给导带中的电子或者价带中的空穴，将电子（空穴）的能量激发到高能态，这种方式的吸收为自由载流子吸收，有时称为带内吸收。自由载流子吸收还包括导带附近的浅施主态的电子激发产生的吸收损耗，或者价带附近的浅受主态的空穴激发产生的吸收损耗。自由载流子在频率为 ω 的光场中的运动方程为

$$m^* \frac{\mathrm{d}^2 x}{\mathrm{d}t^2} + m^* g \frac{\mathrm{d}x}{\mathrm{d}t} = -eE_0 \mathrm{e}^{i\omega t} \tag{5-42}$$

其中，m^* 为载流子质量；x 为载流子的位移；g 为衰减系数；e 为电子的电荷量。基于式（5-42）和材料极化率的定义可以得到材料介电常数的虚部为

$$K_i = \frac{Ne^3}{(m^*)^2 \varepsilon_0 \omega^3 \mu} \tag{5-43}$$

其中，N 为载流子的浓度；ε_0 为真空的介电常数；$\mu = \dfrac{e}{m^* g}$。此外，光波衰减系数和介电常数虚部的关系为

$$\alpha = \frac{kK_i}{n} \tag{5-44}$$

其中，n 为材料的折射率；k 为光波对应的在真空中的波矢大小。由式（5-43）与式（5-44）可得自由载流子吸收对应的模式吸收系数为

$$\alpha = \frac{Ne^3}{(m^*)^2 n\varepsilon_0 \omega^2 \mu c} \tag{5-45}$$

其中，c 为真空中的光速。

3. 辐射损耗

波导模式的能量还可以通过辐射的方式从波导中损耗掉，即辐射损耗。对于平板直波导，远离截止条件的低阶模式的辐射损耗一般可以忽略，但对于超过截止条件的高阶模式，波导模式的能量会耦合到波导外的辐射模式。对于规则的波导，波导模式之间是正交的，无能量耦合，但是对于不规则形状或者材料不均匀的波导，低阶模式的能量可以通过耦合到高阶模式，进而从高阶模式耦合到辐射模式的方式损耗。

此外，对于弯曲的波导，波导模式的辐射损耗会极大增加[20]。Marcatili 和 Miller 给出了利用稳定波前的速率分析波导损耗的方法，考虑一个在曲率半径为 R 的弯曲波导中传播的波导模式（图 5-9），波导的折射率为 n_2，波导外面的折射率为 n_1，弯曲波导模式各点的切线相速度大小必须正比于各点到曲率中心的距离，才可以存在稳定的波前，为了保持相同的切线相速度，随着波导模式远离曲率中心，模式的切线相速度会逐渐增大，存在一个临界半径 $(R + X_r)$，当大于这个临界半径时，模式的相速度超过了外界材料中对应频率的光波传播速率，这部分光波将从波导模式中脱离，变成辐射模式。根据切线相速度必须相同这个条件可得

$$(R + X_r)\frac{\mathrm{d}\theta}{\mathrm{d}t} = \frac{\omega}{\beta_0} \tag{5-46}$$

和

$$R\frac{\mathrm{d}\theta}{\mathrm{d}t} = \frac{\omega}{\beta} \tag{5-47}$$

其中，$\dfrac{\mathrm{d}\theta}{\mathrm{d}t}$ 为波导模式传播的角速度；ω 为波导模式的频率；β 为波导模式沿环形波导的传播常数；β_0 为频率 ω 的光波在波导外介质中的传播常数。由式（5-46）和式（5-47）可得

$$X_r = \frac{\beta - \beta_0}{\beta_0} R \tag{5-48}$$

基于上述推导，辐射损耗引起的波导模式的衰减系数可以简单表示为

$$\alpha = C_1 \exp(-C_2 R) \tag{5-49}$$

其中，C_1 和 C_2 为依赖于波导的维度和波导模式的形状的常数。由式（5-49）可知，辐射损耗系数与波导的曲率半径为指数依赖关系。

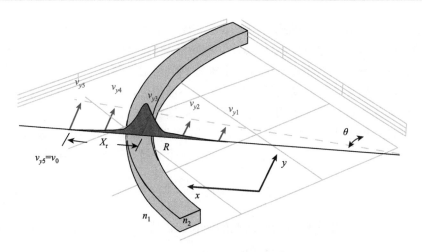

图 5-9　速率方法分析弯曲波导中波导模式损耗示意图

其中灰色区域为环形波导，波导的曲率半径为 R ，波导的折射率为 n_2 ，波导外面的折射率为 n_1 ，图中给出了一个波导模式的示意图 $F(x)$ （红色图），蓝色箭头给出了模式不同位置对应的切向相速度， v_0 是在介质 1（折射率 n_1 ）中平面波的相速度

　　当波导的曲率半径逐渐增大时，波导的辐射损耗逐渐减小，当波导的曲率半径趋近于无穷大时，波导变为直波导（图 5-10），由式（5-49）可知，波导的辐射损耗趋近于零，另外，由式（5-48）可知，直波导的临界半径为无穷大，波导模式在临界半径外的分布为零，从这个角度也可以得出辐射损耗为零，此时，直波导各点的相速度为相同的常数，可以形成稳定的波前。

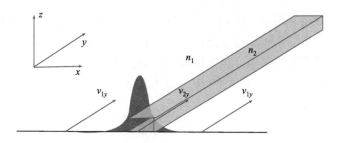

图 5-10　速率方法分析直波导中波导模式损耗示意图

灰色区域为直波导，波导的折射率为 n_2 ，波导外面的折射率为 n_1 ，图中给出了一个波导模式的示意图 $F(x)$ （红色图），蓝色箭头给出了不同位置对应的模式的相速度，各个位置的相速度相同

5.2.3　一维纳米线波导的尺寸效应

1. 一维纳米线波导模式的截止

纳米线波导在垂直于波导方向的两个维度对光进行了限制，在被限制的维度

上会形成不同阶数的波导模式（如图 5-6 和图 5-7 所示的求解二维波导不同阶数模式的数值图），随着波导尺寸的减小，高阶波导模式截止 [式（5-27）]，波导支持的模式逐渐减少，当光在一个维度上被限制到衍射极限附近时，波导模式在这个维度上的局域化将不再随着波导尺寸的减小而增强，反而随着波导尺寸的减小表现出明显的扩展，模式的损耗也出现明显的增加。

对于在折射率为 n 的材料中传播的模式，可以由频率相同的平面波叠加而成，对应于空间的三个自由度，平面波的波矢有三个分量，三个分量满足

$$k_x^2 + k_y^2 + k_z^2 = \left| \frac{2n\pi}{\lambda_0} \right|^2 \tag{5-50}$$

其中，λ_0 为真空中角频率 ω 的平面波的波长。由式（5-50）可知，任何一个维度上，平面波波矢的范围为 $\left[-\frac{2n\pi}{\lambda_0}, \frac{2n\pi}{\lambda_0} \right]$，也就是波矢的不确定性 Δk 为 $\frac{4n\pi}{\lambda_0}$。又因为模式的空间分布和波矢满足不确定性关系：

$$\Delta r \cdot \Delta k \geqslant \pi \tag{5-51}$$

所以，模式在一个维度被限制到的最小尺寸为

$$\Delta r \geqslant \frac{\lambda_0}{4n} \tag{5-52}$$

因此在衍射极限附近的时候，传统光波导的模式截止。

2. 一维等离激元纳米线波导的亚波长特性

传统的光学波导的本征模式为光学模式，波导的尺寸受到光学衍射极限的限制，在光学器件小型化和高密度集成方面存在限制，基于表面等离激元模式的波导可以超越衍射极限的限制，极大地减小波导的尺寸。

等离激元的模式限制借助于介电常数为负的金属材料。负介电常数的材料中传播的电磁波，波矢满足[21]

$$k_x^2 + k_y^2 + k_z^2 = \varepsilon\mu(\omega/c)^2 < 0 \tag{5-53}$$

式（5-53）表明波矢有一个或者两个分量为复数波矢，取 $k_z = \mathrm{i}\kappa_z$，则

$$k_x^2 + k_y^2 - \kappa_z^2 = \varepsilon\mu(\omega/c)^2 < 0 \tag{5-54}$$

在这种情况下，x 或者 y 方向的波矢范围 Δk 可以大于 $2|k|$，相对应的空间维度上即可以被限制到光学衍射极限以下。

金属介电常数的实部为负数，在金属和介质界面可以形成表面等离激元模式，模式在垂直金属表面的方向上指数衰减，因此被局域化在金属和介质的界面，利用表面等离激元的特性，可以将模式局域化在超越光学衍射极限的空

间范围传播，如图 5-11（a）所示[17]。图 5-11（b）给出了波导中的一阶和二阶杂化模式和等离激元模式（TM）的传播常数随波导半径的变化，二阶杂化模式在波导半径减小到 $a/\lambda_0 = 0.7$ 时截止，一阶杂化模式的传播常数随着波导半径的减小，逐渐趋近于真空中的波矢。相比之下，等离激元模式的传播常数随着波导半径的减小而逐渐增大，在波导半径趋近于零时发散，这意味着，和光学模式相比等离激元模式可以被限制在更小的区域。图 5-11（c）给出了等离激元模式的场分布半径 r_H 随波导半径 a 的变化关系，r_H 随波导半径减小超过衍射极限而逐渐趋近于 0。

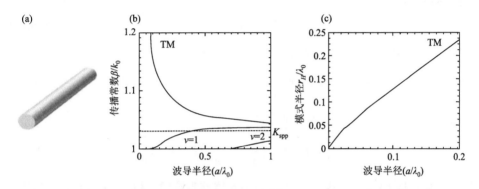

图 5-11　金属棒和传播常数、模式半径分别与波导半径的关系图像[21]

（a）金属棒等离激元波导，其中金属棒的介电常数为–19，周围介质的介电常数为 1；（b）等离激元模式（TM）和不同阶杂化模式的传播常数对波导半径的依赖关系；（c）等离激元模式的空间分布半径对波导半径的依赖关系，其中，β 通过 k_0 归一化了，a 和 r_H 通过波长 λ_0 归一化了

此外，利用介质纳米线和金属形成交界面，同样可以实现等离激元波导，如将 CdS 纳米线波导放在 Ag 衬底上，纳米线和 Ag 之间有一层 5nm 的 MgF$_2$，利用这种波导结构，实验上将波导模式局域化到了 $400/\lambda^2$ 的范围内[7]。

5.2.4　一维纳米线波导的自吸收效应

在极性半导体中，材料中的缺陷、杂质或声子可引起晶体结构的无序，使得电子态密度延伸进入带隙的边缘，从而在本征吸收边的长波方向产生指数状的吸收边缘，被称为带尾态[22, 23]。在块体或薄膜半导体中，带尾态源于激子-声子强耦合引起的能带波动，并引起带边发射的自吸收，导致光谱的红移和强度的降低，在一维纳米线系统中，由于约束条件下声子-激子耦合较强，这种效应明显增强[24, 25]。一维纳米线同时作为增益介质和圆形波导，自身的光致发光可以沿着纳米线的轴向方向有效传输，如图 5-12 所示。

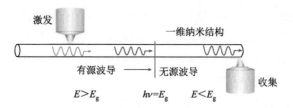

图 5-12　纳米线光波导的传输机制[24]

基于半导体的光吸收理论，当 $E \geqslant E_g$ 时，纳米线作为有源光波导，吸收系数 $\alpha(h\nu)$ 的定义如下：

$$\alpha(h\nu)_{\mathrm{I}} = A_0(E - E_g)^{1/2} \tag{5-55}$$

当 $E < E_g$ 时，纳米线作为无源光波导，吸收系数定义为

$$\alpha(h\nu)_{\mathrm{II}} = K_0\exp\left[\frac{\sigma}{kT}(E - E_g)\right] \quad (\text{Urbach 规则}) \tag{5-56}$$

式（5-56）的连续函数表达形式如下

$$\alpha(h\nu) = A_0\sqrt{\frac{kT}{2\sigma}}\exp\left[\frac{\sigma}{kT}(E - E_{\mathrm{ch}})\right] \tag{5-57}$$

其中，$A_0 = 2 \times 10^4\,\mathrm{cm}^{-1}(\mathrm{eV})^{-1/2}$；$E_g$ 为半导体的带隙值；$kT = 0.025\mathrm{eV}$，为室温下的活化能；h 为普朗克常数；ν 为光子的频率（ $E = h\nu$ ）；σ 为无量纲拟合参数；$E_{\mathrm{ch}} = E_g + kT/2\sigma$，在固体材料中，$\sigma$ 的表达式为

$$\sigma = \sigma_0\frac{2kT}{h\omega_0}\tanh\left[\frac{h\omega_0}{2kT}\right] \tag{5-58}$$

其中，σ_0 和 ω_0 均为常数，光沿着一维纳米线传播的过程中，吸收过程可以描述为

$$I(x) = I_0\mathrm{e}^{-\alpha(h\nu)x} \tag{5-59}$$

其中，I_0 和 $I(x)$ 分别为纳米线原位和传输距离为 x 时的光强度，因此，综合上述分析，在纳米线 x 位置处的光谱可以表示为

$$S(x) = S_0\mathrm{e}^{-\alpha(h\nu)x} \tag{5-60}$$

其中，S_0 为纳米线的原位光谱。综上所述，纳米线 x 位置处的光谱特性最终是由 σ_0 和 ω_0 的数值确定的。ω_0 通常随体系温度而变化，例如，在 Se 掺杂的 CdS 体系中，室温下 $h\nu_0$ 约为 36meV。σ_0 通常随体系固有结构的变化而变化，是表征晶体材料结构无序程度的指标，材料无序程度越高，σ_0 的值越小[26]。

2005 年研究者[24]对 CdS 纳米带不同传播距离的光波导信号进行了定量精确测量，如图 5-13 所示，在纳米线的中间部位激发信号，在端部收集光谱信号，利用上述激发与探测空间分离的微区光谱探测技术，可以实现对纳米结构光波导信

号的精确测量。实验发现激光激发后的带边发射被带隙中的带尾态重新吸收,并以较低的能量光子再次发射。这种吸收-发射-吸收(absorption-emission–absorption,A-E-A)过程在光沿纳米带传输的过程中进行了多次,每一次都会引起一些能量损失,这与理论模拟分析相吻合,因此随着传输距离的增加,纳米线的光波导信号强度逐渐降低且红移。一旦光能量小于带尾的能量,A-E-A 过程消失,光能量将不会因散射或吸收而损失,此时纳米带作为无源波导,光的传播过程几乎不会再有光子能量的损失。因此,当距离足够长时,光致发光光谱的红移最终达到饱和。上述实验结果证明低维半导体一维纳米结构的光传输过程是在有源和无源波导的共同作用下,通过 A-E-A 机制完成的。

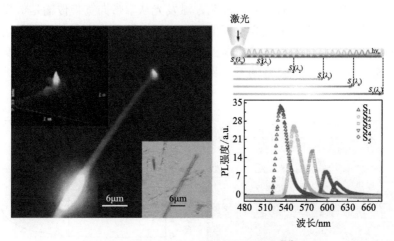

图 5-13　纳米线光波导的传输机制[24]

基于所发现的 A-E-A 光波导机制,可以通过对 CdS 纳米线进行组分掺杂(掺Sn)形成间隙态,改变 Sn 的掺杂量,实现低损耗的无源波导。如图 5-14 所示,随着掺杂量的增加,Sn 导致的低能杂质态发光逐渐占据主导,因此光信号将以无

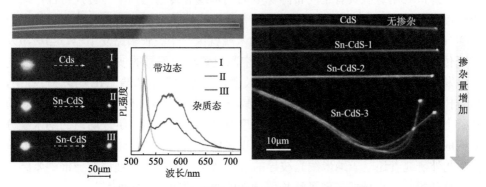

图 5-14　Sn-CdS 纳米线带边态和杂质态光波导[27]

源波导的形式沿着纳米线传输，有效避免了带尾态的自吸收过程。定量光波导测试结果表明无掺杂 CdS 纳米线的带边态传输损耗约为 100dB，而杂质态波导的传输损耗仅约为 10 dB，光传输效率比掺杂前提高了一个数量级。

此外，对纳米线光波导的传播机制研究为不对称光传播器件的设计和研究提供了理论基础。众所周知，二极管是一种允许电流单向传播的结构，也是半导体电子器件和电路最基本的组成部分。面向新一代全光运算计算机，不对称（单向）光传播或光子整流具有潜在的应用价值。研究者构建梯度能隙一维纳米结构（图 5-15 左图所示的单根组分能隙梯度 CdS_xSe_{1-x} 纳米线），由于沿纳米线长度方向存在固有的空间依赖的梯度成分和带隙，波导光在纳米线内部的吸收或损耗高度依赖于传播方向。测试结果表明，激发光从窄带向宽带传输是低损耗的正向过程，从宽带到窄带传输是高损耗的反向过程。此外，正向和反向传输的功率依赖的波导光输出强度曲线与整流器的特性曲线非常相似，这进一步证实了这些空间带隙梯度纳米线具有良好的不对称光传播效应，有利于构建基于单纳米线的光二极管。

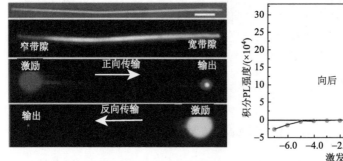

图 5-15　基于 A-E-A 光波导机制设计的光二极管[28]

另外，利用这些具有空间带隙梯度的纳米线对传输光频率的转换特性，通过微操控手段，可以在沿着纳米线长度的方向上搭建单一组分纳米线分支结构，如图 5-16 所示。一方面，这种带隙梯度纳米线就像一个波长多路复用器，当被激发的光传导到宽带隙端（WE）时，每个空间位置输出信号的波长是由沿长度方向的激发位置决定或选择。另一方面，在被激发的光向窄带隙端（NE）传导过程中，随着传播距离的增加，光子能量会逐渐减小（波长增加）。在此波长转换光波导的基础上，通过分支化纳米线结构，由梯度纳米线主干和多个组分均匀的纳米线分支构成了纳米尺度光波分器，研究者实现了能带结构对光传输频率及方向性的调控。此外研究者还基于纳米线光波导的 A-E-A 效应，通过合理调控一维纳米结构的组分和尺寸，设计并实现了波长可调谐的激光器等光子器件[29-31]。

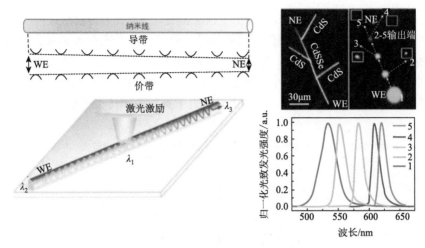

图 5-16　基于 A-E-A 光波导机制设计的波分器[32]

5.2.5　二维半导体等离激元光波导

如前所述，在低维结构波导中，基于等离激元模式可以实现深亚波长尺度的光限制。等离激元模式的传播常数（衰减和限制特性）不仅依赖于金属和半导体的材料参数，还依赖于系统的几何结构、模式的对称性和频率。光学模式在空间上的限制受到测不准关系的约束，如果增加波矢的取值范围 Δk，就可以使得模式在空间上的不确定度 Δr 减小，从而增强模式的局域化。因而可以通过调节材料参数或者系统构成来实现 Δk 的增加。

通过两个表面等离激元模式耦合，可以进一步提高等离激元模式的波矢，从而增强模式在空间上的局域化。如图 5-17 所示，一层半导体薄膜夹在金属之间［图 5-17（a）］或者一层金属薄膜夹在半导体之间［图 5-17（b）］都可以构造出两个靠近的金属和介质界面，两个界面离得比较远的时候，两个界面均支持一个表面等离激元模式，两个模式的耦合非常小，为两个独立的模式；当两个界面靠近的时候，两个模式之间的耦合强度增加，形成耦合等离激元模式（Fano模式），耦合等离激元模式可以分为偶对称模式和奇对称模式（图 5-17 中的蓝色曲线给出了两种模式磁场的 x 分量 H_x 的示意图）。

对于图 5-17（a）中金属/介质/金属的结构，图 5-18（a）给出了耦合表面等离激元的传播常数，可以看出，在中间层厚度较大的时候，模式的耦合很小，耦合模式的传播常数等于单个界面上传播的表面等离激元的传播常数（图中虚线对应单个表面等离激元的传播常数），随着中间层厚度 h 的减小，模式的耦合强度增大，耦合表面等离激元模式的传播常数劈裂为上下两支，上一支的传播常数随着厚度 h 的减小趋近于无穷，实现了较大的传播常数（增加了测不准关系中波矢的变化区间 Δk），另一支的传播常数随着厚度的减小而减小，存在一个截止厚度。对于图 5-17（b）的介质/金属/介质结构，图 5-18（b）给出了耦合表面等离激元的传播常数，可以看出，在中间层厚度较大的时候，耦合模式的传播常数等于单个表面等离激元的传播常数，随着中间层厚度 h 的减小，耦合模式的传播常数也劈裂为上下两支，上一支模式的传播常数随着厚度 h 的减小趋近于无穷，同样实现了较大的传播常数，另一支模式的传播常数随着厚度的减小而减小，趋近于真空中的传播常数。

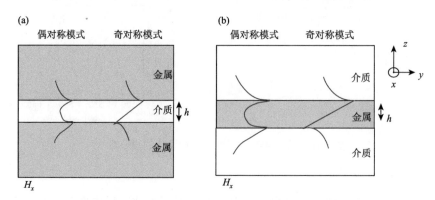

图 5-17　支持耦合等离激元模式的结构和模式分布示意图

（a）上下两层金属夹一个介质层，形成两个靠近的金属和介质的交界面；（b）上下两个介质层夹一个金属薄膜，形成两个靠近的金属和介质的交界面；（a，b）中两个界面上支持的表面等离激元模式形成耦合等离激元模式，耦合等离激元模式分为偶对称模式和奇对称模式两种，图中蓝色曲线为两种模式对应的磁场 H_x

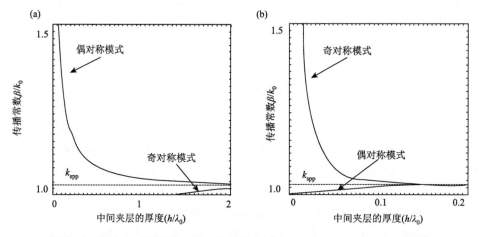

图 5-18　耦合表面等离激元模式的传播常数随中间夹层厚度的变化关系[21]

（a）上下两层金属夹一个介质层［对应图 5-17（a）的结构］的传播常数随中间夹层厚度的变化关系；（b）上下两层介质夹一个金属层［对应图 5-17（b）的结构］的传播常数随中间金属层厚度的变化关系；（a，b）中均给出了偶对称等离激元模式和奇对称等离激元模式的波矢变化曲线，其中虚线给出了对应的金属和介质层形成的表面等离激元的传播常数作为参考，纵坐标表示的传播常数对真空中的波矢大小做了归一化，横坐标中间层的厚度对真空中的波长 λ_0 做了归一化，计算中取材料参数为：金属的介电常数 $\varepsilon_m = -19$，介质的介电常数 $\varepsilon_d = 1$

对于两种结构中的耦合表面等离激元模式,通过中间层厚度的减小可以使得一支模式在传播方向的传播常数趋近于无穷。模式在垂直于截面方向的限制可以通过模式的衰减系数粗略估计为[21]

$$t \approx h + 2/\kappa \qquad (5\text{-}61)$$

其中,κ 为模式在上下两层材料中指数衰减的衰减系数。另外,由于模式在各方向的波矢满足

$$k_x^2 + k_y^2 + k_z^2 = \varepsilon\mu(\omega/c)^2 \qquad (5\text{-}62)$$

其中,ε 为材料的介电常数;$k_z = \mathrm{i}\kappa_z$,随着中间层厚度 h 的减小,($k_x^2 + k_y^2$)趋近于无穷,所以 k_z^2（即衰减系数 κ_z）趋近于无穷,使得模式在垂直于界面方向上的分布范围可以趋近于零。

5.3　低维结构中的光耦合与反馈

人们通常用光与物质相互作用来描述几乎所有的光学过程。对光与物质相互作用的研究极大地推动了科学技术的进步与发展,并取得了重要应用成果,如激光器、LED、光电探测器、太阳能电池等,这些成果在人类科学史中占据了重要的地位。如今,对光与物质相互作用在量子光学、量子通信、量子计算方面的研究正进入快速发展的阶段,这些领域所取得的成果将在未来扮演无可替代的角色。

由于低维结构中的光限制,光与物质的相互作用在低维结构中会与真空中的结果存在很大不同。即使如此,其相互作用过程仍然可以通过光子态密度、费米黄金法则等进行描述。因此下面将从光子态密度、费米黄金法则等角度进行系统的描述,从而进一步了解在低维结构中光与物质相互作用的物理过程。

5.3.1　微腔光子态密度

和电子态类似,光子态描述的是光子可以存在的状态,而光子态密度则描述的是每单位能量间隔每单位体积内光子态的数目。在微腔中,其对应的光子态密度将有别于真空中的光子态密度。本小节将首先求解真空中光子的态密度,并在此基础上认识微腔对于光子态密度的影响。

真空中的光子态可以用平面波描述:

$$\phi(r) = \sqrt{v}\exp(\mathrm{i}\boldsymbol{k}\cdot\boldsymbol{r}) \qquad (5\text{-}63)$$

其中,v 为归一化常数,等于系统的体积的倒数。为了避免无穷空间带来的归一化系数为零的问题,选取边长为 L 的立方体作为研究的系统。系统中可以存在的平面波的波矢由边界条件决定,边界条件分为无穷高势垒边界条件和周期性边界条件两种,基于两者得到的光子态密度是相同的,这里选取立方体的边界为无穷

高势垒，则各个维度的波矢需要满足的条件为

$$k_i = n_i \frac{\pi}{L}, n_i = 1, 2, 3, \cdots \tag{5-64}$$

其中，$i = x, y, z$，为空间正交的三个方向。在具有边界的有限空间中，光子态为驻波，由权重相同的具有 $\boldsymbol{k}$ 和 $-\boldsymbol{k}$ 的两个平面波叠加而成，各个光子态在波矢空间均匀分布，也就是在三个正交的方向上都是等间距分布的。即在 k 空间中，一个态占据的体积为 $\left(\frac{2\pi}{L}\right)^3$。利用平面波频率和波矢之间的关系 $\omega = ck$，考虑对于 k 空间中具有 $\mathrm{d}^3 k / \left(\frac{2\pi}{L}\right)^3$ 的体积微元的态数目的积分，并考虑到平面波有两个偏振自由度，可以很容易地得到单位能量间隔单位体积内光子能量为 E 的态数目为

$$N(E) = \frac{E^2}{\pi^2 \hbar^3 c^3} \tag{5-65}$$

可见，真空中的光子态密度正比于光子能量的平方（图 5-19）。例如，在波长为 500 nm 附近 1 Hz 的范围内单位立体空间内（$1\mathrm{m}^3$）光子态数约为 50000 个。当不是在真空环境，而是在折射率为 n 的均匀介质中时，对应的态的数目为

$$N(E) = \frac{n^3 E^2}{\pi^2 \hbar^3 c^3} \tag{5-66}$$

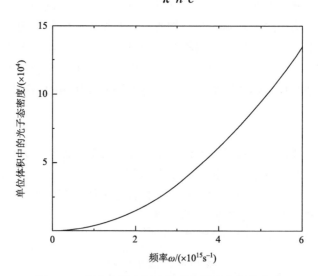

图 5-19　真空中的光子态密度在频率空间的分布

　　存在微腔时，光被限制在微腔内传播，形成局域化的模式。相比于自由空间中的连续量子数描述光学模式而言，在微腔中，光学模式由分立的量子数描述，即在频谱上只存在分立的模式。

首先考虑一个完美的一维微腔（或一对平行镜面），即假设腔能够将光场完全限制在腔内，没有能量损耗。对于满足半波长的整数倍等于腔长 L 的模式，可以在腔内形成稳定的驻波模式：

$$L = \frac{m\lambda}{2n} \tag{5-67}$$

其中，λ 为模式在真空中的波长；n 为腔内材料的折射率；$\frac{\lambda}{n}$ 为腔内模式的波长；m 为正整数，可见腔内的模式在频谱上是分立的。

二维情况与一维类似，可以通过亥姆霍兹方程求解，考虑在 x-y 平面内有一个长 a、宽 b 的矩形腔，电场强度可以表示为

$$\boldsymbol{E} = \boldsymbol{E}_x(x,y) + \boldsymbol{E}_y(x,y) \tag{5-68}$$

亥姆霍兹方程为

$$(\nabla^2 + n^2 k^2)\boldsymbol{E} = 0 \tag{5-69}$$

其中，k 为真空中波矢大小；n 为腔中介质折射率，将式（5-68）代入上式，可以得到

$$\left(\frac{\partial^2}{\partial x^2} + \frac{\partial^2}{\partial y^2} + n^2(k_x{}^2 + k_y{}^2) \right)[\boldsymbol{E}_x(x,y) + \boldsymbol{E}_y(x,y)] = 0 \tag{5-70}$$

同时电场还需满足边界条件

$$E_y = 0 , \quad \frac{\partial E_x}{\partial x} = 0 \quad (x = 0, a) \tag{5-71}$$

$$E_x = 0 , \quad \frac{\partial E_y}{\partial x} = 0 \quad (y = 0, b) \tag{5-72}$$

通过对每个电场分离变量求解可以得到腔内的电场强度各分量具有如下形式：

$$E_x = A_1 \cos k_x x \sin k_y y \tag{5-73}$$

$$E_y = A_2 \sin k_x x \cos k_y y \tag{5-74}$$

其中波矢分量 k_x、k_y 只能取分立值：

$$k_x = \frac{p\pi}{a} \tag{5-75}$$

$$k_y = \frac{q\pi}{b} \tag{5-76}$$

其中，$p, q = 0, 1, 2, \cdots$。

由上述结果可以看出，边界条件使得自由空间中连续分布的电场变成了一系列驻波形式。p 和 q 及一维情况下的 m 是描述场分布的量子数。三维情况可以类比由二维情况得出。

对于微腔而言，由于只在这些特定的本征频率腔内才存在相应的模式，因此

态密度关于频率 ω 的分布函数将表现为以各本征频率为中心的 δ 函数，不同于真空中正比于 ω^2 的连续分布。

5.3.2 微腔的品质因子和模式体积

1. 品质因子 Q

实际情况中，并不存在上面所说的绝对完美、零损耗的腔，无论是腔壁还是腔内填充的材料都可能造成腔内能量的损耗，从而使之前提到的尖锐的 δ 函数形式的场强或态密度关于频率的分布获得一定展宽。

这就使得当外界激发腔内模式时，即使本征频率少许偏离仍可能将模式激发（不是最佳的激发状态），腔的品质因子 Q 就是描述腔内模式对外界激发响应锐度的衡量，定义 Q 为

$$Q = \omega_0 \frac{U}{-\dfrac{\mathrm{d}U}{\mathrm{d}t}} \tag{5-77}$$

其中，ω_0 为无损耗时腔的本征频率；U 为腔内储存的能量；$-\dfrac{\mathrm{d}U}{\mathrm{d}t}$ 为能量随时间的损耗。将式（5-77）变换形式，得到

$$\frac{\mathrm{d}U}{\mathrm{d}t} = -\frac{\omega_0}{Q}U \tag{5-78}$$

则腔内储存的能量随时间的演变可以表示为

$$U(t) = U_0 \mathrm{e}^{-\omega_0 t/Q} \tag{5-79}$$

根据能量与电场强度的关系，可以将电场表示为

$$E(t) = E_0 \mathrm{e}^{-\omega_0 t/2Q} \mathrm{e}^{-\mathrm{i}(\omega_0 + \Delta\omega)t} \tag{5-80}$$

其中，$\Delta\omega$ 为考虑损耗后本征频率相对于 ω_0 的偏离，可以看出此时腔内电场是一个随时间自然指数衰减、频率不单一的函数。

再由傅里叶变换得到

$$E(t) = \frac{1}{\sqrt{2\pi}} \int_{-\infty}^{\infty} E(\omega) \mathrm{e}^{-\mathrm{i}\omega t} \mathrm{d}\omega \tag{5-81}$$

$$E(\omega) = \frac{1}{\sqrt{2\pi}} \int_{0}^{\infty} E_0 \mathrm{e}^{-\omega_0 t/2Q} \mathrm{e}^{-\mathrm{i}(\omega - \omega_0 - \Delta\omega)t} \mathrm{d}t \tag{5-82}$$

得到电场强度的平方与频率的关系满足如下形式：

$$E(\omega)^2 \propto \frac{1}{(\omega - \omega_0 - \Delta\omega)^2 + (\omega_0/2Q)^2} \tag{5-83}$$

如图 5-20 所示，由于损耗的引入，$E(\omega)^2$ 与 ω 的关系由无损耗腔中的在本征频率 ω_0 处尖锐 δ 函数关系，变成了以 $\omega_0 + \Delta\omega$ 为中心具有一定展宽的洛伦兹函数分布。

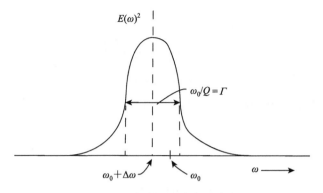

图 5-20 频率空间中能量分布

根据式（5-83）可得 $E(\omega)^2{}_{\max} = \dfrac{1}{(\omega_0 / 2Q)^2}$，则 $\dfrac{1}{2} E(\omega)^2{}_{\max}$ 对应的 ω 的取值为

$\omega = \omega_0 + \Delta\omega \pm \dfrac{\omega_0}{2Q}$，因此上述谱线的半高宽 Γ 与品质因子 Q 的关系为

$$\Gamma = \frac{\omega_0}{Q} \tag{5-84}$$

所以在模式分析中可以直接用 Q 表示模式的展宽，表征腔对模式的限制特性。

上述腔的损耗对光学模式的影响也可以从光子寿命的角度来分析：考虑一个 F-P 腔，由于腔两侧镜面的反射率小于 1，光学模式会从镜面两侧透射出去，使得光子在腔内存在的寿命 τ 为有限值，假设腔内有 N 个光子，则光子在两个镜面反射往返一次，从镜面两侧透射出去的光子数为

$$\Delta N = 2(1 - R)N \tag{5-85}$$

此外，光子在两个镜面之间往返一次所需的时间为

$$\Delta t = \frac{2nL}{c} \tag{5-86}$$

由式（5-85）和式（5-86）可得

$$\frac{\mathrm{d}N}{\mathrm{d}t} = \frac{\Delta N}{\Delta t} = \frac{2c(1 - R)}{nL}N \tag{5-87}$$

因此，随着时间的推移，腔内的光子数为

$$N = N_0 \mathrm{e}^{-\frac{t}{\tau}} \tag{5-88}$$

其中，N_0 为 $t = 0$ 时刻腔内的光子数；$\tau = \dfrac{nL}{2c(1 - R)}$，为光子处于腔内的寿命。

由于模式随时间指数衰减，模式在频谱上展宽后的线型为洛伦兹函数（图 5-21）。频谱上的态密度为

$$N(\omega) = A_0 \frac{1}{(\omega - \omega_0)^2 + \left(\dfrac{\Delta\omega}{2}\right)^2} \tag{5-89}$$

其中，ω_0 为频谱的中心频率；$\Delta\omega$ 为频谱的半高全宽；A_0 为归一化系数。其使得态密度在整个频域空间的积分等于 1：

$$\int_0^\infty N(\omega)\mathrm{d}\omega = 1 \tag{5-90}$$

因此，可以得到

$$A_0 = \frac{\Delta\omega}{2\pi} \tag{5-91}$$

频谱的半高全宽依赖于光子处于腔内的寿命：

$$\Delta\omega = \frac{1}{\tau} \tag{5-92}$$

因此，可以进一步将光子态的态密度写为

$$N(\omega) = \frac{1}{2\pi\tau} \frac{1}{(\omega - \omega_0)^2 + \left(\dfrac{1}{2\tau}\right)^2} \tag{5-93}$$

由式（5-93）可知，在共振频率处，光子态的态密度为

$$N(\omega_0) = \frac{2\tau}{\pi} = \frac{2Q}{\pi\omega_0} \tag{5-94}$$

其中，$Q = \omega_0\tau$，为光子态的品质因子。

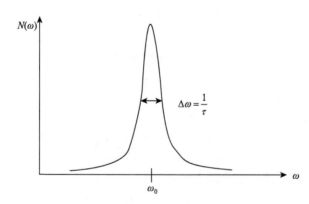

图 5-21　F-P 腔内光学模式的态密度分布

2. 模式体积 V_{m}

在一个光学谐振腔中，模式体积 V_{m} 的定义为某模式总能量与腔中最强的能量密度的比值，即

$$V_{\mathrm{m}} = \frac{\int \frac{1}{2}\left[\mathrm{Re}\left[\frac{\mathrm{d}(\omega\varepsilon)}{\mathrm{d}\omega}\right]\left|E(r)\right|^2 + \mu\left|H(r)\right|^2\right]\mathrm{d}^3 r}{\max\left[\frac{1}{2}\left[\mathrm{Re}\left[\frac{\mathrm{d}(\omega\varepsilon)}{\mathrm{d}\omega}\right]\left|E(r)\right|^2 + \mu\left|H(r)\right|^2\right]\right]} \tag{5-95}$$

其中，分子为模式的能量密度对全空间体积积分；ω 为该模式的本征频率；ε 为材料的介电常数。模式体积 V_{m} 从另一个角度描述了腔对光学模式的限制能力。

品质因子 Q 和模式体积 V_{m} 不仅仅是定量地对微腔中光子的寿命和模式的限制能力进行描述，从后文中会发现，品质因子 Q 和模式体积 V_{m} 将会直接决定发光体在微腔中的自发辐射速率的快慢。

5.3.3　费米黄金法则

费米黄金法则用来计算跃迁速率，可以通过量子力学中含时微扰论得到。

量子力学指出，定态情况下，当处于初态的系统受到一个与时间 t 有关的微扰时，此系统将有一定概率从初态跃迁至其他本征态。设系统受到含时微扰后的哈密顿量为

$$H = H_0 + H'(t) \tag{5-96}$$

其中，H_0 为未加扰动时系统的哈密顿量，满足能量本征方程：

$$H_0\left|\varphi_n\right\rangle = E_n\left|\varphi_n\right\rangle \tag{5-97}$$

其中，E_n 为能量本征值；$\left|\varphi_n\right\rangle$ 为能量本征函数，是系统波函数 $\left|\varphi_n(t)\right\rangle$ 的不含时分量：

$$\left|\varphi_n(t)\right\rangle = \left|\varphi_n\right\rangle\mathrm{e}^{-\mathrm{i}E_n t/\hbar} \tag{5-98}$$

引入微扰后，描述系统演化的薛定谔方程如下：

$$H\left|\varphi(t)\right\rangle = \mathrm{i}\hbar\frac{\partial\left|\varphi(t)\right\rangle}{\partial t} \tag{5-99}$$

此时系统波函数 $\left|\varphi(t)\right\rangle$ 可以以 $\left|\varphi_n(t)\right\rangle$ 为一组完备基做线性展开：

$$\left|\varphi(t)\right\rangle = \sum_n c_n(t)\left|\varphi_n(t)\right\rangle \tag{5-100}$$

将式（5-100）代入式（5-99），系数 $c_n(t)$ 随时间的变化为

$$\frac{\partial c_n(t)}{\partial t} = \frac{1}{\mathrm{i}\hbar}\sum_k c_k(t)H'_{nk}(t)\mathrm{e}^{-\mathrm{i}\omega_{nk}t} \tag{5-101}$$

其中，$H'_{nk}(t) = \left\langle\varphi_n\left|H'\right|\varphi_k\right\rangle$；$\omega_{nk} = \dfrac{E_n - E_k}{\hbar}$。

假设系统在 $t = 0$ 处于初态 $\left|i\right\rangle$，所受微扰为一小量且作用时间很短，则可以得到如下近似：

$$\frac{\partial c_n(t)}{\partial t} = \frac{1}{i\hbar} c_i(t) H'_{ni}(t) \mathrm{e}^{-\mathrm{i}\omega_{ni} t} \tag{5-102}$$

则 t 时刻，系统在微扰下跃迁至末态 $|f\rangle$ 的概率为［式（5-102）中用 f 代替 n 并对时间积分］

$$\left| c_f(t) \right|^2 = \left| \frac{1}{i\hbar} \int_0^t H'_{fi}(t') \mathrm{e}^{-\mathrm{i}\omega_{fi} t'} \mathrm{d}t' \right|^2 \tag{5-103}$$

现在考虑微扰具有频率为 ω 的简谐振动形式

$$H'(t) = 2H' \cos \omega t \tag{5-104}$$

利用旋光近似，即

$$\left| \omega - \omega_{fi} \right| \ll \left| \omega_{fi} \right| \tag{5-105}$$

得到

$$\left| c_f(t) \right|^2 = \frac{H'^2_{fi}}{\hbar^2} F(t, \omega - \omega_{fi}) \tag{5-106}$$

其中，$F(t, \omega - \omega_{fi}) = \left\{ \dfrac{\sin[(\omega_{fi} - \omega)t / 2]}{(\omega_{fi} - \omega)/2} \right\}^2$。

由图 5-22 可知，$\left| c_f(t) \right|^2$ 随微扰频率 ω 呈现以 $\omega = \omega_{fi}$ 为中心的尖峰，且在其附近 $\Delta\omega = \dfrac{4\pi}{t}$ 的积分占图像总积分95%以上，说明加入 $H'(t) = H' \cos\omega t$ 的微扰后，系统只有在满足 $\omega \approx \omega_{fi}$ 的小范围内有较大概率会从初态 $|i\rangle$ 跃迁至 $|f\rangle$。

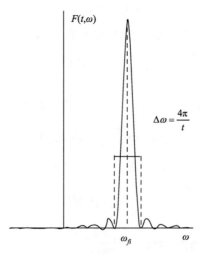

图 5-22 $\left| c_f(t) \right|^2$ 随频率 ω 变化关系图

若系统的末态并不是单一能态，而是一系列连续的能级，就必须在讨论中引入态密度 $\rho(E)$：

$$\left|c_f(t)\right|^2 \to \int_{\{E\}}\left|c_f(t)\right|^2 \rho(E)\mathrm{d}E \qquad (5\text{-}107)$$

其中，$\{E\}$ 为在微扰下系统可以跃迁的所有末态能级。

将式（5-103）代入式（5-107），且假设在 $\Delta\omega$ 间隔内 $\rho(E)$ 为一个常数，可得跃迁概率为

$$\left|c_f(t)\right|^2 = \frac{\pi H_{fi}'^2}{2\hbar^2}\rho(E)t \qquad (5\text{-}108)$$

可见得到的微扰下向连续能级的跃迁概率是 t 的线性函数，定义跃迁速率为

$$R = \frac{\mathrm{d}\left|c_f(t)\right|^2}{\mathrm{d}t} = \frac{\pi}{2\hbar^2}H_{fi}'^2\rho(E) \qquad (5\text{-}109)$$

因此在微扰矩阵项确定时，系统的跃迁速率与态密度成正比。

5.3.4 自发辐射、受激辐射和受激吸收

光辐射场与物质的相互作用会产生粒子在能态间的跃迁，同时伴随着吸收或辐射光子的现象，该过程可以通过自发辐射、受激辐射和受激吸收这三个过程加以描述。以二能级原子为例，受激吸收过程可以描述为：处于低能态的原子吸收一个光子的能量，跃迁到高能态，跃迁过程中，初态为一个处于基态的原子和一个光子，末态为处于高能态的原子和零个光子 [图 5-23（a）]。受激辐射过程可以描述为：处于高能态的原子在光子的扰动下，从高能态跃迁到低能态，同时放出一个和入射光子相同的光子，跃迁过程中，初态为一个处于高能态的原子和一个光子，末态为处于基态的原子和两个光子 [图 5-23（b）]。自发辐射过程可以描述为：处于高能态的原子，在真空场的扰动下跃迁到低能态，同时辐射出一个光子，原子将能量转移给光子，跃迁过程中，初态为一个处于激发态的原子和零个光子，末态为处于基态的原子和一个光子 [图 5-23（c）]。

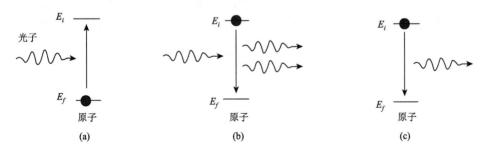

图 5-23 二能级原子的受激吸收（a）、受激辐射（b）和自发辐射（c）示意图

下面通过简单的推导，计算受激吸收、受激辐射和自发辐射三者速率之间的关系。考虑一个单价原子（如钠原子），有一束任意传播方向和极化方向的单色光波，频率为ω，则原子价电子与光波的相互作用为

$$-\boldsymbol{E}(\boldsymbol{r},t) \cdot (-e\hat{\boldsymbol{r}}) \tag{5-110}$$

式中，$-e\hat{\boldsymbol{r}}$为原子偶极矩；$\boldsymbol{E}$为光波电场强度，满足

$$\boldsymbol{E}(\boldsymbol{r},t) = \boldsymbol{E}_0\cos(\omega t - \boldsymbol{k} \cdot \boldsymbol{r}) \tag{5-111}$$

由于在原子尺度下可以将电场看作均匀的，因此式（5-111）可以简化为

$$e\hat{\boldsymbol{r}} \cdot \boldsymbol{E}_0 \cos(\omega t) \tag{5-112}$$

则原子偶极系统在受到光场带来的含时微扰后的哈密顿量为

$$H = H_0 + H'(t) \tag{5-113}$$

其中，

$$H'(t) = e\hat{\boldsymbol{r}} \cdot \boldsymbol{E}_0 \cos(\omega t) \tag{5-114}$$

则原子在此相互作用的微扰下，从初态$\left|\varphi_i\right\rangle$跃迁至$\left|\varphi_f\right\rangle$的概率为

$$c_f(t) = \frac{1}{i\hbar}\int_0^t H'_{fi}(t')e^{-i\omega_{fi}t'}\mathrm{d}t' \tag{5-115}$$

其中，

$$H'_{fi} = (\varphi_f, \hat{r}\varphi_i) \cdot e\boldsymbol{E}_0 \cos(\omega t) = e\hat{\boldsymbol{r}}_{fi} \cdot \boldsymbol{E}_0 \cos(\omega t) \tag{5-116}$$

定义拉比频率Ω_R：

$$\Omega_R = \frac{e\hat{\boldsymbol{r}}_{fi} \cdot \boldsymbol{E}_0}{\hbar} \tag{5-117}$$

则令$H'(t) = H'\cos\omega t$，$H' = e\hat{\boldsymbol{r}}_{fi} \cdot \boldsymbol{E}_0 = \hbar\Omega_R$，根据式（5-115），同时由于$\hat{\boldsymbol{r}}_{fi}$和$\boldsymbol{E}_0$之间所夹角度$\theta$是任意的，在计算跃迁概率时需要引入三维空间的平均，即

$$
\begin{aligned}
\left|c_f(t)\right|^2 &= \int_0^{2\pi}\int_0^{\pi}\frac{\pi H'^2_{fi}}{2\hbar^2}\rho(E)t\frac{\sin\theta}{4\pi}\mathrm{d}\theta\mathrm{d}\varphi \\
&= \frac{\pi e^2\left|\hat{\boldsymbol{r}}_{fi}\right|^2 E_0^{\,2}}{2\hbar^2}\rho(E)t\int_0^{2\pi}\int_0^{\pi}\frac{\cos^2\theta\sin\theta}{4\pi}\mathrm{d}\theta\mathrm{d}\varphi \\
&= \frac{4\pi^2 e^2\left|\hat{\boldsymbol{r}}_{fi}\right|^2}{3\hbar^2}\frac{E_0^{\,2}}{8\pi}\rho(E)t
\end{aligned}
\tag{5-118}
$$

其中，系数 $\dfrac{4\pi^2 e^2 \left|\hat{r}_{fi}\right|^2}{3\hbar^2}$ 为 B_{21}，称为爱因斯坦系数；$\dfrac{E_0^{\,2}}{8\pi}$ 为场强的能量密度。

上述讨论是在假设有外界经典光场的干涉情况下，原子系统从低能态初态跃迁至高能态末态的演化情况，因此对应受激吸收过程。而对于初始时刻原子处于高能态的情况，就对应受激辐射的过程，根据量子力学含时微扰论的基本性质，在这两种仅初态不同的情况下，跃迁速率仍然相等。

则受激辐射或受激吸收的速率同为

$$\frac{\mathrm{d}\left|c_f(t)\right|^2}{\mathrm{d}t} = \frac{4\pi^2 e^2 \left|\hat{r}_{fi}\right|^2}{3\hbar^2}\frac{E_0^{\,2}}{8\pi}\rho(E) \tag{5-119}$$

其与环境光场能量密度（光子数密度）、系统末态态密度成正比。

由于上述讨论的光场属于经典描述，因此在没有入射光，即没有微扰的情况下，原子无法自己从高能级跃迁到低能级，通过讨论热平衡系统，可以巧妙地导出自发辐射速率。

考虑一个容器中光子数密度（能量密度）为 ρ_{density}，其中有 N 个原子，其中 N_1 个处在低能态 ψ_1，能量为 E_1；N_2 个处在高能态 ψ_2，能量为 E_2。$E_2 - E_2 = \hbar\omega$，在热平衡条件下满足玻尔兹曼分布，即

$$\frac{N_1}{N_2} = \frac{\mathrm{e}^{-\frac{E_1}{kT}}}{\mathrm{e}^{-\frac{E_2}{kT}}} = \mathrm{e}^{\frac{\hbar\omega}{kT}} \tag{5-120}$$

由于受激辐射和受激吸收的速率相等，因此为满足上述平衡，除了这两个过程之外，假设还存在一自发辐射项，一个原子单位时间内从 ψ_2 跃迁至 ψ_1 的概率为 A_{12}，则平衡状态下 $\left(\dfrac{\mathrm{d}N_1}{\mathrm{d}t} = -\dfrac{\mathrm{d}N_2}{\mathrm{d}t} = 0\right)$ 有如下速率方程：

$$\frac{\mathrm{d}N_1}{\mathrm{d}t} = N_2 B_{12}\rho_{\text{density}} - N_1 B_{21}\rho_{\text{density}} - \frac{\mathrm{d}N_2}{\mathrm{d}t}N_2 A_{12} = -\frac{\mathrm{d}N_2}{\mathrm{d}t} \tag{5-121}$$

由式（5-120）、式（5-121）可得

$$\rho_{\text{density}} = \frac{A_{12}}{\mathrm{e}^{\frac{\hbar\omega}{kT}}B_{21} - B_{12}} \tag{5-122}$$

结合普朗克黑体辐射公式：

$$\rho_{density} = \frac{\hbar}{\pi^2 c^3} \frac{\omega^3}{e^{\frac{\hbar\omega}{kT}} - 1} \tag{5-123}$$

已有 $B_{21} = B_{12}$，则对比以上二式，可以得到

$$A_{12} = B_{12} \frac{\hbar\omega^3}{\pi^2 c^3} \tag{5-124}$$

至此，通过含时微扰论以及热平衡理论，了解了自发辐射、受激吸收、受激辐射三个物理过程，并掌握了其中基本物理量，如跃迁概率、跃迁速率。实际上自发辐射可以看作激发态原子在真空背景电磁场微扰下跃迁向低能级的过程，因此本质与受激吸收或受激辐射相同，都是原子系统与环境光场相互作用的结果。

需要注意的是，根据前面的讨论，若系统要达到热平衡状态，则必然会发生自发辐射，在爱因斯坦提出这一观点后的一段时间里，物理学家普遍认为激发态的原子将不可避免地跃迁至低能态，并将自发辐射看成孤立的激发态原子的固有属性。

实际上，自发辐射是原子和真空场相互作用的结果，由于真空能级数的无限性，自发辐射产生的辐射光子总能被真空场吸收，因此在真空中，自发辐射具有不可逆性。但是，当这些环境中的能级被改变（如将原子放入腔中或镜面之间），自发辐射就可能被很大程度上抑制或增强，甚至表现出可逆性，即原子可以和腔周期性地交换能量（即后面将展开讨论的拉比劈裂及拉比振荡）。

为简化分析过程，考虑核外只有一个电子的二能级原子系统，自发辐射发生时，电子从高能级 e 跃迁至低能级 f 同时有一个光子出射，且光子能量 $\hbar\omega$ 满足

$$E_e - E_f = \hbar\omega \tag{5-125}$$

其中，E_e、E_f 分别为能级 e、f 的能量。

当此自发辐射过程发生在自由空间时，由于背景能级连续，自发辐射产生的光子总有相应的去处可以安身，因此自发辐射不可避免地会发生。另外，由费米黄金法则可以得到自发跃迁速率：

$$R = \frac{2\pi}{\hbar} H_{fi}'^2 \rho(E) \tag{5-126}$$

在自由空间中，任意量子化体积 V 内的态密度 $\rho(E) = \rho_0(E) = \frac{\omega^2 V}{\pi^2 c^3} (V \gg \lambda^3)$，

量子涨落引起真空能量密度为谐振子的基态能级 $\frac{\hbar\omega}{2}$，则可以得到真空电场强度

为 $E_{vac} = \sqrt{\dfrac{\hbar\omega}{2\varepsilon_0 V}}$。

因此可以将上式具体化为

$$R_0 = \frac{2\pi}{\hbar} {H'_{fi}}^2 \rho_0(E) \propto {E_{vac}}^2 D_{ef}^2 \omega^2 V \propto D_{ef}^2 \omega^3 \qquad (5\text{-}127)$$

对于 $t=0$ 时刻处于激发态 e 态的电子来说，经过时间 t 后仍处于激发态 e 的可能性为 $e^{-R_0 t}$，这样一个以 e 指数衰减的概率表明激发态在与真空场的相互作用下将不可避免且不可逆地向基态 f 跃迁。

当将原子放入微腔中，且腔的体积可以与光波长相比拟时，真空场的分布相比自由空间将会发生极大改变，先看最简单的一维受限的情况：将原子限制在两面互相平行相距 d 的平面镜之间，根据对二维光学微腔模式的分析很容易看出，由于边界条件的限制，平行于平面镜的电场分量将形成驻波，能量呈分立值。当 $\lambda < 2d$ 时，将没有模式能稳定存在于这两个镜面之间，当 λ 超过 $2d$ 时，最低阶的模式将立刻从体系中消失；而对于垂直于镜面的电场分量，则不会表现出这种分布特性。

因此，当激发态原子及其核外电子形成的偶极子极化方向与镜面平行，即 σ 极化，由于受到此方向电场分布的影响，当 $\lambda < 2d$ 时，自发辐射产生的光子无处可去，因此激发态原子的寿命理论将会无限长，即自发辐射在这种情况下被禁止了；若偶极子极化方向沿镜面法向，即 π 极化，则不会出现自发辐射禁止，激发态原子仍会以自然指数衰变至基态。

5.3.5　低维结构光与物质相互作用

根据上述讨论可知，在微纳尺度的低维结构中，光与物质的相互作用会受到调制。根据相互作用的强弱及其现象的差异，光与物质的相互作用可以分为强耦合和弱耦合两个区域，如图 5-24 所示[33]。首先引入三个常用量以描述相互作用系统的性质：定义 γ 为自由空间中的自发辐射速率或称为物质极化的均匀衰减速率，反比于激发态原子寿命；定义 κ 为腔中光子损耗速率，反比于空腔的品质因子 Q；定义 g 为光与物质耦合强度，满足

$$g = \mu \frac{E_{vac}}{\hbar} \qquad (5\text{-}128)$$

其中，E_{vac} 为真空电场强度，$E_{vac} = \sqrt{\dfrac{\hbar\omega}{2\varepsilon_0 V_m}}$；$\mu$ 为原子偶极矩；V_m 为模式体积。

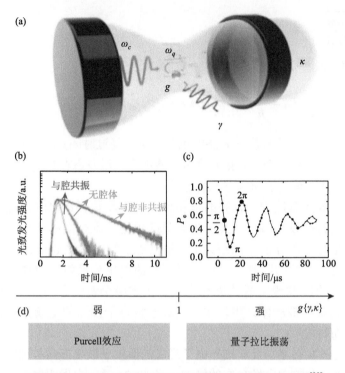

图 5-24　光与物质的相互作用中弱耦合和强耦合示意图[33]

（a）单个二能级原子谐振系统在腔内与光子相互作用的示意图，图中参数 ω_c 是腔模的共振频率、ω_q 是跃迁频率、g 是光与物质耦合强度、κ 是腔中光子损耗速率、γ 是自由空间中的自发辐射速率；（b）弱耦合下的珀塞（Purcell）效应，图中表示的是 InGaAs 量子点在与腔共振、非共振和无腔体中的时间分辨光致发光衰减曲线；（c）强耦合下的真空拉比振荡，P_e 表示在有效相互作用时间下探测到处于激发态的原子的概率；（d）光与物质相互作用从弱耦合到强耦合下的两种典型效应：Purcell 效应和量子拉比振荡。

以上 γ、κ、g 三个参量可以用来定义光与原子耦合的不同区间：当 $g < \gamma$、κ 时，称为弱耦合区域，自发辐射将不可逆地发生，在这个区域内具有代表性的是 Purcell 增强效应；当 $g > \gamma$、κ 时，称为强耦合区域，自发辐射变为可逆的，出现拉比振荡，且二能级原子谐振系统和小体积、高品质因子的腔模谐振系统在这样的耦合强度下将会出现两个新的本征值，即发生拉比劈裂。

1. 弱耦合

在光与物质相互作用的弱耦合过程中，最直接的体现为对发光体的自发辐射速率的调控。自发辐射作为自然界最广泛存在的一种光的发射方式，被广泛应用于人们的日常生活中，如 LED 灯、显示器屏幕等。同时，物质的自发辐射对很多光电子器件的性能起着决定性的作用，如激光器、光放大器、太阳能电池等。长期以来，自发辐射速率被认为是物质的本质属性之一，不会随着外界环境的变化而发生改变。随着科学技术的发展，人们意识到自发辐射本质上来源于物质与其所处的电磁环境的相互作用。通过改变其所处的电磁环境，可以对自发辐射进行调控，而这正是光与物质相互作用中弱耦合的范围。

对于一个原子或分子而言，其电子态是薛定谔方程的稳态解。在微扰存在的情况下，上能级的电子会跃迁到下能级并释放出一个光子，从而产生自发辐射。而这里所说的微扰，需要考虑量子辐射场。因此，为了准确考虑自发辐射，要用到量子电动力学的相关知识。1930 年，Weisskopf 和 Wigner 首次通过量子电动力学得到了自由空间中物质的自发辐射速率[34]：

$$\Gamma_0 = \frac{\omega_0^3 \mu_{12}^2}{3\pi\varepsilon_0\hbar c^3} \tag{5-129}$$

其中，$\hbar\omega_0$ 为初末态的能级差；μ_{12} 为初末态之间的偶极矩阵元。自发辐射速率描述的是处在激发态的发光体通过辐射一个光子的形式跃迁到基态的速率，其倒数为发光体的自发辐射寿命。重复 Weisskopf 和 Wigner 的推导方式，可以得到在非自由空间中受到调制的自发辐射速率为[35]

$$\Gamma_g = \frac{2\pi\mu_{12}^2 E_0^2}{\hbar^2} \rho(\omega_0) \tag{5-130}$$

其中，E_0 为一个光子在发光体所在位置产生的电场大小；$\rho(\omega_0)$ 为在频率 ω_0 附近电磁场的局域态密度（local density of states，LDOS），即单位体积单位频率内所存在的发光体辐射出来的光子可以耦合到电磁场模式的数目。局域态密度可以通过发光体产生的在发光体本身所在位置的电场的格林函数的虚部进行计算。而这种自发的电场依赖于发光体所在环境引起的发光体的极化大小，因此可以通过这种发光体-环境的相互作用来调制发光体的自发辐射。

1946 年 Purcell 第一次提出了通过将发光体置于一个腔体内，可以调制发光体的自发辐射速率[36]。Purcell 提出自发辐射不是单独一个辐射源发光的过程，而是辐射源与环境电磁场耦合的过程。在满足特殊条件的情况下（辐射源与腔共振耦合，且位于腔内模式强度较大的位置），与位于真空中的辐射源相比较，腔内辐射源的自发辐射率可以被增强，这一现象通常被人们称作 Purcell 效应，调制后的速率与自由空间中的辐射速率的比值被称为 Purcell 因子。下面将从麦克斯韦方程组和跃迁速率出发，简要推导出 Purcell 因子。

$$\nabla \times \boldsymbol{E} = -\frac{\partial \boldsymbol{B}}{\partial t} \tag{5-131}$$

$$\nabla \times \boldsymbol{H} = \frac{\partial \boldsymbol{D}}{\partial t} \tag{5-132}$$

$$\nabla \cdot \boldsymbol{D} = 0 \tag{5-133}$$

$$\nabla \cdot \boldsymbol{B} = 0 \tag{5-134}$$

$$\boldsymbol{B} = \mu \boldsymbol{H} \tag{5-135}$$

$$\boldsymbol{D} = \varepsilon \boldsymbol{E} \tag{5-136}$$

在式（5-131）~式（5-136）的基础上，引入矢势 $\boldsymbol{A}$，满足

$$\boldsymbol{E} = -\frac{\partial \boldsymbol{A}}{\partial t} \tag{5-137}$$

$$\boldsymbol{B} = \nabla \times \boldsymbol{A} \tag{5-138}$$

通过电磁场的量子化，具有任意介电函数 $\varepsilon(\boldsymbol{r})$ 结构的电场强度可以表示为所有模式的求和：

$$\boldsymbol{E}(\boldsymbol{r},t) = -\mathrm{i}\sum_{c=0}^{N}\sqrt{\frac{\hbar\omega_c}{2V_c\varepsilon(\boldsymbol{r})}}(a_c\boldsymbol{A}_c(\boldsymbol{r})\mathrm{e}^{\mathrm{i}\omega_c t} - a_c^{\dagger}\boldsymbol{A}_c^{*}(\boldsymbol{r})\mathrm{e}^{-\mathrm{i}\omega_c t}) \tag{5-139}$$

其中，a_c、$a_c^{\dagger}$ 分别为对应于 c 模式的光子湮灭和产生算符；ω_c 为 c 模式的本征频率；V_c 为 c 模式的模式体积。偶极子与电磁场的相互作用矩阵为

$$H' = -\boldsymbol{E}(\boldsymbol{r},t) \cdot (-e\hat{r}) \tag{5-140}$$

其中，$-e\hat{r}$ 为原子偶极矩。由费米黄金法则，跃迁速率为

$$R_{fi} = \frac{2\pi}{\hbar}|H'|^2 \delta(\nu_\xi - \nu) \tag{5-141}$$

其中，ν 为环境光场带来的谐波扰动的频率。E_i、E_f 分别为初态和末态能级，满足

$$\frac{E_i - E_f}{2\pi\hbar} = \nu_\xi \tag{5-142}$$

将式（5-139）、式（5-140）代入式（5-141），并将图 5-24（a）所示原子和环境光子总体作为系统，得到

$$R_{fi} \propto \sum_{c=0}^{N}\frac{e^2\omega_c}{V_c}\left|\left\langle 1,n_c+1\right|\frac{1}{\sqrt{\varepsilon(\boldsymbol{r})}}(a_c\boldsymbol{A}_c(\boldsymbol{r})\mathrm{e}^{\mathrm{i}\omega_c t} - a_c^{\dagger}\boldsymbol{A}_c^{*}(\boldsymbol{r})\mathrm{e}^{-\mathrm{i}\omega_c t})\cdot\hat{r}\left|2,n_c\right\rangle\right|^2 \delta(\nu_\xi - \nu) \tag{5-143}$$

对于 c 模式，系统初态为电子处于 2 能级，环境中共有 n_c 个光子，末态为电子跃迁至 1 能级，环境中共有 n_c+1 个光子。

由 a_c、$a_c^{\dagger}$ 的性质，上式可以看成两项：

$$\sum_{c=0}^{N}\frac{e^2\omega_c}{V_c}\left|\left\langle 1,n_c+1\right|\frac{1}{\sqrt{\varepsilon(\boldsymbol{r})}}(a_c\boldsymbol{A}_c(\boldsymbol{r})\mathrm{e}^{\mathrm{i}\omega_c t}\right|^2 \delta(\nu_\xi - \nu) \tag{5-144}$$

$$\sum_{c=0}^{N} \frac{e^2 \omega_c}{V_c} \left| \langle 1, n_c+1 | -a_c^\dagger \boldsymbol{A}_c^*(\boldsymbol{r}) e^{-i\omega_c t}) \cdot \hat{r} | 2, n_c \rangle \right|^2 \delta(\nu_\xi - \nu) \qquad (5\text{-}145)$$

式（5-144）表示受激辐射过程，式（5-145）表示自发辐射过程。为方便起见，将上式简化为只考虑自发辐射过程，即式（5-145），并令

$$\boldsymbol{A}_c(\boldsymbol{r}) e^{i\omega_c t} = \boldsymbol{F}_c(\boldsymbol{r}) \qquad (5\text{-}146)$$

对于自发辐射到某一特定模式 c 的过程，其速率为

$$R_c(\nu) \propto \frac{\omega_c}{V_c} \left| \langle 1 | \frac{e\boldsymbol{F}_c^*(\boldsymbol{r}) \cdot \hat{r}}{\sqrt{\varepsilon(\boldsymbol{r})}} | 2 \rangle \right|^2 \delta(\nu_\xi - \nu) \qquad (5\text{-}147)$$

假设电磁场以及介电常数相比于原子波函数 $|1\rangle$、$|2\rangle$ 随空间变化要平缓得多，就可以得到

$$\langle 1 | \frac{e\boldsymbol{F}_c^*(\boldsymbol{r}) \cdot \hat{r}}{\sqrt{\varepsilon(\boldsymbol{r})}} | 2 \rangle \approx \frac{\boldsymbol{F}_c^*(\boldsymbol{R})}{\sqrt{\varepsilon(\boldsymbol{R})}} \cdot \langle 1 | e\hat{r} | 2 \rangle \qquad (5\text{-}148)$$

其中，$\boldsymbol{R}$ 为原子核的空间位置，令

$$\langle 1 | e\hat{r} | 2 \rangle = \boldsymbol{\mu}_{12} \qquad (5\text{-}149)$$

则自发辐射速率简化为

$$R_c(\nu) \propto \frac{\omega_c}{V_c} \left| \frac{\boldsymbol{F}_c^*(\boldsymbol{R})}{\sqrt{\varepsilon(\boldsymbol{R})}} \cdot \boldsymbol{\mu}_{12} \right|^2 \delta(\nu_\xi - \nu) \qquad (5\text{-}150)$$

为使问题更贴近实际，此处引入三种展宽来源：腔引起的展宽、均匀展宽和非均匀展宽。腔引起的展宽即之前讨论的由于腔体内能量损耗引起的谱线展宽，其线型用 $g_c(\nu - \nu_c)$ 表示；均匀展宽是指每一发光原子所发出的光对谱线宽度内任一频率都有贡献，而且这个贡献对每个原子都是相同的增宽，其线型用 $g_h(\nu - \nu')$ 表示；不同速度的原子的作用不同造成的增宽称为非均匀展宽，其线型用 $g_i(\nu_\xi - \nu_{\xi 0})$ 表示。

则在考虑了三种展宽后，式（5-147）可以表示为

$$R_c(\nu) \propto \frac{\omega_c}{V_c} \int_{V_a} \int_0^\infty \int_0^\infty \left| \frac{\boldsymbol{F}_c^*(\boldsymbol{R})}{\sqrt{\varepsilon(\boldsymbol{R})}} \cdot \boldsymbol{\mu}_{12} \right|^2 \cdot g_c(\nu - \nu_c) g_h(\nu - \nu') \delta(\nu_\xi - \nu') \qquad (5\text{-}151)$$
$$g_i(\nu_\xi - \nu_{\xi 0}) N_i(\boldsymbol{R}) d\nu d\nu' d^3 R$$

其中，对体积的积分遍布所有有源区 V_a；N_i 为激发态原子浓度。为使上式看起来更直观简洁，将引入几个物理参量：首先利用光子数为零的模式电场定义腔内平均介电函数 ε_{avg}

$$\varepsilon_{\text{avg}} \int_c E^2 \mathrm{d}^3 r = \varepsilon_{\text{avg}} \int_c \frac{\hbar \omega_c}{2V_c} \left| \frac{F_c^*(r)}{\sqrt{\varepsilon(r)}} \right|^2 \mathrm{d}^3 r = \frac{\hbar \omega_c}{2} \tag{5-152}$$

接着，定义衡量有源区与腔模匹配程度的模式填充因子 Γ_r，满足

$$\Gamma_r \overline{N_i} = \frac{\int_a N_i(\boldsymbol{R}) \left| \dfrac{F_c^*(\boldsymbol{R})}{\sqrt{\varepsilon(\boldsymbol{R})}} \right|^2 \mathrm{d}^3 R}{\dfrac{1}{V_c} \int_c \left| \dfrac{F_c^*(r)}{\sqrt{\varepsilon(r)}} \right|^2 \mathrm{d}^3 r} \tag{5-153}$$

其中，$\overline{N_i} = \int_c N_i(\boldsymbol{R}) \mathrm{d}^3 R$，为总的激发态原子数。

将式（5-152）、式（5-153）代入式（5-151），可以得到总自发辐射速率

$$R_c \propto \omega_c \Gamma_r \overline{N_i} {\mu_{12}}^2 \frac{1}{\varepsilon_{\text{avg}}} \int_0^\infty \int_0^\infty g_c(\nu - \nu_c) g_h(\nu - \nu_\xi) g_i(\nu_\xi - \nu_{\xi 0}) \mathrm{d}\nu \mathrm{d}\nu_\xi \tag{5-154}$$

考虑腔主导的 Purcell 效应，也就是当腔引起的共振线宽远大于辐射线宽，即

$$(\nu - \nu_c) \gg (\nu - \nu_\xi), (\nu_\xi - \nu_{\xi 0}) \tag{5-155}$$

由式（5-154）可以得到

$$R_c \propto \omega_c \Gamma_r \overline{N_i} {\mu_{12}}^2 \frac{1}{\varepsilon_{\text{avg}}} \frac{1}{\Gamma} \propto \Gamma_r \overline{N_i} {\mu_{12}}^2 \frac{1}{\varepsilon_{\text{avg}}} Q_c \tag{5-156}$$

其中，Γ 为腔损耗带来展宽的半高宽，上式运用了式（5-84）。

则考虑系统中只有一个激发态原子，即 $\overline{N_i} = 1$ 时，

$$R_c \propto \Gamma_r {\mu_{12}}^2 \frac{1}{\varepsilon_{\text{avg}}} Q_c \tag{5-157}$$

又根据自由空间态密度 $\rho_0(E) \propto \dfrac{\omega^2}{\pi^2 c^3}$，考虑与腔内具有相同介质的自由空间，可以得到自由空间的自发辐射速率：

$$R_0 \propto \frac{n^3 {\mu_{12}}^2 \omega^3}{\varepsilon} \tag{5-158}$$

容易看出，由于微腔对光学态密度分布的影响，腔内自发辐射速率将与自由空间有所不同，一般情况下由于微腔对模式的限制，腔内局域态密度将远大于腔外，将两者的比值定义为 Purcell 增强因子 F_p，则 c 模式的 Purcell 增强因子为

$$F_\text{p} \propto \frac{Q}{V_m} \left(\frac{\lambda}{n} \right)^3 \tag{5-159}$$

其中，λ 为模式在真空中波长；n 为腔中介质折射率；Q 为腔的品质因子；V_{m} 为模式有效体积，满足

$$\frac{1}{V_{\mathrm{m}}} \equiv \Gamma_r \frac{\varepsilon}{\varepsilon_{\mathrm{avg}}} \tag{5-160}$$

在上述假设情况下，决定 Purcell 增强因子的主要为腔的品质因子和模式的有效体积，通过增大腔的品质因子、减小模式的有效体积，可以增强偶极子的自发辐射。

类似可以看出，对于腔引起的展宽小于辐射展宽时，决定 Purcell 增强因子的主要因素为辐射线宽以及模式的有效体积，且线宽越宽、模式体积越大，Purcell 增强因子越小。

截至目前，光子晶体微腔和金属纳米粒子微腔是在 Purcell 增强方面实现得最好的微腔[37]。对于光子晶体而言，由于周期性结构对光场的限制，其品质因子可以达到 10^4 数量级。然而对于光子晶体微腔而言，由于衍射极限的限制，其最小的模式体积约为 $0.1\left(\dfrac{\lambda}{n}\right)^3$，其中 λ 为自由空间中跃迁对应的波长，n 为谐振器对应的折射率。与光子晶体微腔不同的是，对于金属纳米粒子微腔而言，由于此时的能量部分存储于金属的自由电子的集体振荡中（等离激元），因此其体积不会受到光学衍射极限的限制。因此利用金属纳米粒子可以将光场限制在和金属粒子的大小同数量级的水准，即 10nm 数量级。截至目前，通过利用两个金属粒子之间的很小的间隙，可以实现 $10^{-6}\left(\dfrac{\lambda}{n}\right)^3$ 的模式体积。需要注意的是，这种超强的对场的限制建立在金属的吸收损耗上，因此对于金属纳米粒子微腔而言，其品质因子只能达到 10 左右。

下面将简要介绍利用光子晶体微腔和金属纳米粒子微腔实现对辐射速率的调制的历史脉络。

1）光子晶体微腔

光子晶体材料作为一种可以调控发光体自发辐射的人造材料，在 1987 年由 E. Yablonovitch[38] 和 S. John 分别独立提出[39]。光子晶体是由不同折射率的介质周期性排列而成的人工微结构。通过设计不同的周期性结构和调节使用材料的折射率，可以获得光子频率禁带或光子带隙（photonic band gap，PBG），即频率落在禁带中的光是无法传播的，通过调节周期性结构，可以获得对应不同频率的光子频率禁带。将发光体置于光子晶体中，当发光体的辐射频率位于光子频率禁带内或禁带外时，发光体所在位置由于光子晶体引起光子态密度变化，从而导致发光体的辐射性质发生改变。例如，当发光体的辐射频率位于光子频率禁带内时，发光体的自发辐射行为将被禁止。

　　由于三维光子晶体在三个维度上均可以实现周期性的结构，因此是控制发光体自发辐射的理想结构。对光子晶体而言，其周期性结构的尺寸在对应的光波长量级，为了实现三维光子晶体的构建，研究者提出了两种具有代表性的方案：一种是基于纳米微加工技术的三维晶体，另一种是基于自组装的三维晶体。2000年，研究人员利用III-V族半导体通过微纳加工技术实现了通信波段的三维光子晶体[40]，并在2004年，将发光物质引入光子晶体中，实现了对发光体辐射性质的控制，其对应的Purcell增强因子约为1.4[41]。在基于自组装的三维光子晶体方面，研究者也进行了长期的努力，从早期（1990年）研究者利用有序排列的聚苯乙烯球的悬浮溶液观测到发光体自发辐射寿命的增加[42]，到观测添加了发光染料分子[43]或者半导体纳米晶体的人造固态蛋白石的荧光光谱的变化[44]。这些尝试中由于晶体中弱的折射率反差，只观测到了微弱的光子晶体的调制作用。2004年，研究人员利用反蛋白石结构中更大的折射率反差获得了更好的光子频率禁带，从而实现了更好的自发辐射抑制效应[45]。

　　二维光子晶体由于更小的物理体积和更容易的加工方式，受到了研究者广泛的关注。由于只在两个维度上存在周期性的折射率调制，在垂直于光子晶体方向上，很难利用光子频率禁带效应实现对自发辐射的调制。因此对于二维光子晶体而言，如何实现在垂直方向上的光场限制是最重要的研究方向之一。在早期的工作中，研究者尝试利用不同组分的III-V族半导体来实现垂直方向上的折射率反差。由于光子晶体核心与包覆层之间小的折射率反差，因此很难观察到明显的光子频率禁带效应。为了实现大的折射率反差从而在垂直方向上实现更好的光场限制，1997年研究者制备悬空的二维光子晶体，利用半导体材料（折射率约为3）和空气（折射率为1）大的折射率差异实现了在垂直方向上强的光场限制[46]。2005年，研究者在悬空的二维光子晶体中，观测到了明显的自发辐射禁止和增强效应[47]。

　　2）金属纳米粒子微腔

　　20世纪70年代，Drexhage教授通过将分子薄膜置于染料分子和平整的金属表面，得到了约为3的Purcell增强因子[48,49]。这是研究者第一次测量受到调制后的自发辐射，受限于当时人们的理解，研究人员并不清楚染料分子的自发辐射受到调制的本质原因。在此之后，利用金属表面增强自发辐射的研究趋于停止，直到表面增强拉曼散射（SERS）的出现。研究者在被吸附于粗糙的银表面的分子上观测到了极强的拉曼信号[50]。1980年，研究人员发现利用粗糙的银的表面，分子的荧光强度得到了极大的提升[51]；1982年，同样利用粗糙的银表面，研究人员发现发光体的弛豫速率同样得到了增强[52]。随着研究的深入，研究者意识到这是由于在粗糙的银表面的金属纳米颗粒产生了等离激元共振，并与发光分子产生了相互作用，从而对分子的自发辐射产生了很强的调制作用。这些等离激元共振来源于金属颗粒中传导电子的集体震荡，并在金属颗粒周围纳米尺度范围内产生了强大的局部场，从而对发光体的自发辐射产生了很强的调制效应。

21 世纪初，人们利用金属纳米颗粒对发光体的自发辐射的调制进行了大量的研究，研究者主要是利用金和银的纳米颗粒进行相关实验，主要原因是金和银的纳米颗粒可以支持在可见光波段的等离激元共振；同时金和银在这些波段的损耗比其他金属更小；而且可以通过化学合成的方式制备出单晶的金和银的纳米颗粒，进一步降低其损耗；并且可以通过调节金和银的纳米颗粒的纵横比对其共振峰位进行准确的调控[53-56]。基于这些因素，研究者利用金和银的纳米颗粒做了大量的实验工作，尤其是利用两个金属纳米颗粒之间纳米级的间隙，实现了对于发光体辐射速率极强的调控。2012 年，研究者将发光体置于银纳米线和银表面之间的间隙，实现了高达 1000 的 Purcell 增强因子，并通过调控间隙的大小，实现不同强度的自发辐射增强效应[57]。2014 年，研究者将发光体置于银纳米立方体与银衬底之间的缝隙中，通过调控银纳米立方体的大小，控制立方体的共振峰位，测量不同共振峰位情况下发光体的自发辐射增强效应。在该体系中，研究者观测到了超过 30000 倍的强度增强效应，对应的自发辐射速率的增强达到了 74 倍[58]。

2. 强耦合

对于一个高品质因子微腔，当其满足 $g > \gamma$、κ 的强耦合条件时，辐射场将在腔中存在足够长的时间以至于光子在其消失之前有很大概率重新被原子吸收，于是，自发辐射在这种情况下变为了可逆的，与弱耦合下的不可逆状态不同，这种现象被称为拉比振荡。其实拉比振荡现象在核磁共振等领域出现更早，但这里的光与物质相互作用引起的自发辐射拉比振荡特指原子与其自身产生的单光子电磁场相互耦合的结果，并不需要引入其他额外的辐射，这是与其他领域中的拉比振荡的不同之处。

与经典情况的拉比振荡（如核磁共振）相类比（二能级系统中利用含时微扰），可以推知，在自发辐射拉比振荡中，若假设腔的品质因子 Q 无穷大，且原子在初始 $t = 0$ 时刻处于二能级系统的激发态，则在 t 时刻，此原子仍处于该激发态上的概率 $P_\mathrm{e}(t)$ 为

$$P_\mathrm{e}(t) = \sum_n p(n) \cos^2\left(\frac{1}{2}\Omega_0\sqrt{n+1}\,t\right) \qquad (5\text{-}161)$$

由上式可以观察出腔与原子系统的振荡特性，其中分布函数 $p(n)$ 表示其腔中存在 n 个光子的概率，Ω_0 定义为真空中的拉比频率，其系数为 $\sqrt{n+1}$ 或 $\sqrt{n}$ 是由所设初始状态为激发态或基态决定的。真空中的拉比频率 Ω_0 可以表示为

$$\Omega_0 = \frac{\mu_{12}E_\mathrm{vac}}{\hbar} \qquad (5\text{-}162)$$

其中，μ_{12} 为对应于初末态的偶极子矩阵元；E_{vac} 为真空中的电场强度。自发辐射对应于一个初态为空的腔，即 $p(0) = 1$。对于一般的原子或分子，Ω_0 本质上会非常小，因此要观察到拉比振荡就需要一个非常大的平均光子数 $\bar{n}$（经典电磁场对应于一个以平均光子数 $\bar{n}$ 为中心的狭窄的光子分布）；而对于里德堡原子，当主量子数大约为 40 时，其 Ω_0 可以达到 $10^3 \sim 10^6\,\text{s}^{-1}$，因此即使 $\bar{n}$ 趋于零，拉比振荡仍然可以被观测到。

在上述强耦合区域，将会形成两个具有不同能量的新的混合态，取代原来两个能量相等且相互独立的能态，且能量间隔正比于耦合强度的大小[65]，如图 5-25 所示。

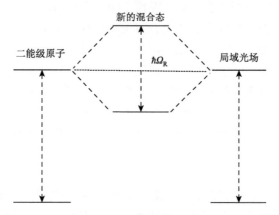

图 5-25　二能级原子和受限电磁场的共振相互作用[101]

这种效应被称为拉比劈裂。表征这种现象最直观的实验手段一般为比较二能级原子放入空腔前后的透射光谱，如图 5-26 所示。

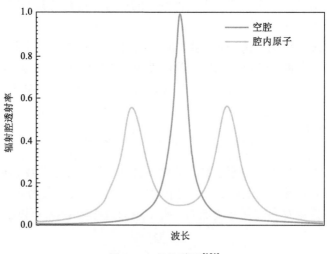

图 5-26　拉比劈裂[101]

在最简单的情况下，强耦合现象可以用两个可以交换能量的谐振子模型来描述，而实际上光与物质的杂化态及相应劈裂效果可以用经典、半经典或量子手段得到，在特定的情况下可以选用最合适的处理方法。处理一个放在腔中的单偶极子的最简单情况的完全量子化的方法是使用 J-C 模型：考虑一个放置在腔的电磁场模式中的二能级原子，在不考虑耗散时，其哈密顿量为

$$H = \hbar\omega a^{\dagger}a + \frac{1}{2}\hbar\omega_0\sigma_z + \hbar g(a\sigma_+ + a^{\dagger}\sigma_-) \qquad (5\text{-}163)$$

其中，ω 为腔场的频率；ω_0 为原子两能级之间的跃迁频率；$a^{\dagger}$、a 为对应腔模的光子产生和湮灭算符；g 为耦合强度；σ_+、σ_- 为原子的泡利赝自旋算符，σ_z 为布居数算符，满足

$$\sigma_+ = \begin{pmatrix} 0 & 1 \\ 0 & 0 \end{pmatrix}, \quad \sigma_- = \begin{pmatrix} 0 & 0 \\ 1 & 0 \end{pmatrix}, \quad \sigma_z = \begin{pmatrix} 1 & 0 \\ 0 & -1 \end{pmatrix} \qquad (5\text{-}164)$$

σ_+ 表示由基态 g 向激发态 e 的跃迁，σ_- 表示由激发态 e 向基态 g 的跃迁，σ_z 表征了两个原子态 g、e 的能量大小。式（5-163）前两项分别表示腔中电磁场和原子单独存在时的哈密顿量，第三项表示两者相互作用的两种可能过程：$a\sigma_+$ 表示原子从腔中吸收一个光子而从下能态跃迁到上能态，$a^{\dagger}\sigma_-$ 表示原子从上能态跃迁到下能态而发出一个光子进入腔中。

在共振相互作用情况下，系统的本征态为

$$\left|\pm_n\right\rangle = \frac{1}{\sqrt{2}}\left(\pm\left|e, n_{\text{ph}}\right\rangle + \left|g, n_{\text{ph}}+1\right\rangle\right) \qquad (5\text{-}165)$$

对应的本征能量为

$$E_{\pm n} = \hbar\omega\left(n + \frac{1}{2}\right) \pm \hbar g\sqrt{n_{\text{ph}}+1} \qquad (5\text{-}166)$$

其中，n_{ph} 为参与耦合的光子数，由上式可以看出二能级原子和腔模对耦合系统的本征态的贡献是同等的。由式（5-166）可以导出拉比劈裂的大小为

$$\Omega_{\text{R}} = 2g\sqrt{n_{\text{ph}}+1} = 2\mu \times E_{\text{vac}}\sqrt{n_{\text{ph}}+1} \qquad (5\text{-}167)$$

其中，E_{vac} 为腔中电场强度。从上式中可以看到，为达到强耦合范围，一个大的 μ 是非常必要的，但同时原子和腔的耦合还取决于其偶极矩相对于腔电场的取向。并且模式体积需要尽可能地小，以最大化原子和腔的耦合。

由式（5-167）可以看到即使腔中没有光子强耦合现象，仍可以发生真空拉比劈裂（VRS），也就是原子与电磁场零点能之间的相互作用，这种情况常常用来描述多偶极子存在的情况。当有很多个偶极子被放置在腔中时，并假设偶极子 N 数量远大于光子数，即对于一个腔中的偶极子都相应只有少于一个的光子，因此与 VRS 的情况比较类似。在上述无损耗的耦合系统中，若考虑 N 个耦合的谐振子，则 $\Omega'_{\text{R}} = \sqrt{N}\Omega_{\text{R}}$，因此有

$$\Omega'_{R} \propto \sqrt{\frac{N}{V_m}} = \sqrt{C} \qquad (5\text{-}168)$$

其中，C 表示模式体积中物质的浓度，增加原子的浓度可以增强耦合强度，以使实验中更容易观察到拉比劈裂现象。

现在在系统中考虑自由空间中的自发辐射速率 γ 和腔中光子损耗速率 κ，以此分析自发辐射光谱，以验证拉比劈裂在强耦合区的发生。以一个二能级原子和一个谐振微腔为研究对象[64]，假设所研究腔模与原子偶极矩之间存在一个立体角，使得 γ 相对于 κ 不可忽略，则在同时考虑原子和腔的损耗时，描述二能级原子和单个腔模共振相互作用的方程如下：

$$\dot{\rho} = \frac{1}{i\hbar}[H,\rho] + \frac{\gamma}{2}(2\sigma - \rho\sigma_+ - \sigma_+\sigma_-\rho - \rho\sigma_+\sigma_-) + \frac{\kappa}{2}(2a\rho a^\dagger - a^\dagger a\rho - \rho a^\dagger a)$$

$$(5\text{-}169)$$

其中，$H = i\hbar g(\sigma_- a^\dagger - \sigma_+ a)$；$\rho$ 为约化密度算符。上式描述了通过两种渠道辐射的原子-腔模混合系统：正比于 $\frac{\gamma}{2}$ 的部分描述通过原子和自由空间模式耦合的辐射，而正比于 $\frac{\kappa}{2}$ 的部分描述通过腔反射镜的损耗。

又因为对于一个理想的探测系统（带宽可以忽略），其测量的自发辐射光谱将由下式描述：

$$2\pi S(\omega) = \left[\int_0^\infty dt\, C_s(t,t')\right]^{-1} \times \int_0^\infty dt \int_0^\infty dt'\, e^{-i(\omega-\omega_0)(t-t')} C_s(t,t') \qquad (5\text{-}170)$$

其中，$C_s(t,t') = \langle\sigma_+(t)\sigma_-(t')\rangle$，$\left[\int_0^\infty dt\, C_s(t,t')\right]^{-1}$ 的作用为将 $S(\omega)$ 归一化，右边的双重积分项正比于理想探测器在从 $t=0$ 开始的无限长时间内探测到一个光子的可能性（探测频率为 ω）。

通过求解上述两式可以得到在此特定情况下的自发辐射光谱满足

$$2\pi S(\omega) = \left[\frac{1}{4}\frac{\frac{\kappa(\kappa+\gamma)}{2} + g^2}{(\kappa+\gamma)\left(\frac{\kappa\gamma}{4} + g^2\right)}|\lambda_+ - \lambda_-|^2\right]^{-1} \times \left|\frac{\lambda_+ + \kappa/2}{\lambda_+ - i(\omega-\omega_0)} - \frac{\lambda_- + \kappa/2}{\lambda_- - i(\omega-\omega_0)}\right|^2$$

$$(5\text{-}171)$$

其中，

$$\lambda_\pm = -\frac{1}{4}(\kappa+\gamma) \pm \left[\frac{(\kappa-\gamma)^2}{4} - g^2\right]^{1/2} \qquad (5\text{-}172)$$

为清晰起见，同样考虑强耦合的极限情况，即 $g \gg \gamma$、κ。在此极限下自发辐射光谱满足

$$2\pi S(\omega) = \frac{1/4(\kappa+\gamma)}{1/16(\kappa+\gamma)^2 + (\omega-\omega_0-g)^2} + \frac{1/4(\kappa+\gamma)}{1/16(\kappa+\gamma)^2 + (\omega-\omega_0+g)^2} \quad (5\text{-}173)$$

可以看出，自发辐射光谱是一个双峰形式，即发生了光谱的劈裂，如图 5-27 所示。

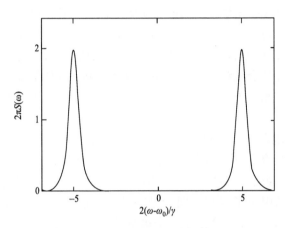

图 5-27　自发辐射光谱劈裂[102]

由式（5-173）可以得出两峰的半高宽为 $\frac{1}{2}(\kappa+\gamma)$，当 $\kappa < \gamma$ 时，小于自由空间辐射的半高宽 γ；当 $\kappa \ll \gamma$ 时，此线宽为自由空间辐射半高宽的一半。之前已经提到强耦合的条件为 $g > \gamma$、κ，则在此可以更直观地理解这一条件：由于劈裂两峰之间的间距为 $2g$，若要发生劈裂，一定要有 $2g$ 大于线宽，而当 $g > \gamma$、κ，一定能够满足 $2g > \frac{1}{2}(\kappa+\gamma)$。

下面是强耦合的历史发展脉络及研究现状。

（1）强耦合理论模型的提出及强耦合条件的探索。

1963，J-C 模型的提出，实现了对一个放置在腔中的二能级的单辐射源（emitter）系统的完全量子化处理[59]。而当有很多发射极放置在腔中，此类系统需要由 Dicke 或 Tavis-Cummings 哈密顿量描述[60]。

在 1963 年提出强耦合机制的概念后，人们对实现强耦合的条件进行了深入探索。1990 年，Zhu 等讨论了当激子和腔模的线宽与耦合强度同量级时，观测到的劈裂将会减弱[61]。1992 年两组研究者先后发现为了达到单原子的真空拉比劈裂，耦合系统振子的线宽必须小于耦合强度[62, 63]。1999 年，研究者发现样品中带有吸收线宽很窄的 InGaAs 量子阱，可以产生具有较大劈裂-线宽比例的真空拉比劈裂[64]。

2006 年 G. Khitrova 等提出了达到强耦合所需的严格条件[65]。2014 年 P. Törmä 等发现为了达到强耦合范围，必须增加耦合强度直到光与物质交换能量的速率快于它们的衰减速率[66]。

（2）强耦合机制的实现。

1987 年，Rempe 等利用一个放置在微波谐振腔中的里德堡原子，实验上首次在微波范围内实现了单个原子的强耦合机制[67]。之后的几年中，通过让原子束经过一个由球形镜面组成的光学腔，人们在实验上证实了几个原子[68-70]或单个原子[71]的强耦合效应。1994 年，Norris 等观察到了时域的强耦合现象，即拉比振荡[72]。次年，Savona 等发现当将量子阱放置在电场的波腹附近时，可以观察到真空拉比振荡[73]。至今，强耦合机制已经被证明可以在各种各样的情况下发生，如光学腔中有单发射极[74-76]或一个发射极的集合[77-90]以及激子和各种形态构型的等离激元的耦合[91-97]。

自从强耦合现象被发现以来，人们一直致力于利用更加简单的结构和在更加容易实现的实验条件下来实现更明显的强耦合现象。一方面，可以通过减小腔的损耗速率 κ 以及辐射源在自由空间中的自发辐射速率 γ 使得强耦合条件 $g > \gamma$、κ 更容易达到。利用量子点与不同类型的腔也可以观察到强耦合现象，分别在 2004 年、2005 年、2007 年实现了一个单量子点与一个光子晶体平板纳米腔[74]、微碟型腔[76]和微柱型腔[98]中模式的强耦合。另一方面，实验中可以通过增大耦合强度加强光与物质的耦合。通过增加腔模中的分子浓度，1983 年 Kaluzny 等实现了腔场和集体偶极子的强耦合。在最近十年中，集体耦合的引入为强耦合的实际应用提供了更多新的可能。相比于在低温条件和复杂的装置中观察到耦合能量几十纳电子伏的单原子拉比劈裂，集体耦合增加了耦合强度，使得本来所要求的高辐射速率和高品质因子条件不再需要严格满足，如今可以在简单的 F-P 腔中利用分子系统在室温下达到几百毫电子伏的耦合能量[65]。这种通过分子系综大幅提高腔中耦合强度的方法使得不仅可以通过电子跃迁[65, 74-86]实现强耦合，还可以通过振动跃迁[94-99]获得强耦合机制。加强耦合强度除了通过增加偶极子偶极矩，还可以通过减小模式体积来实现。在这方面，激子与可超越衍射极限的等离激元模式的强耦合为实际应用提供了更好的机会，尽管此情况下等离激元纳米腔的 Q 会很小，但是由于模式体积被限制得非常小，因此即使在室温下仍然可以实现单分子的强耦合机制，且利用表面等离激元可以实现各种不同种类激子（如染料分子、量子点等）与腔的强耦合。尽管等离激元纳米结构本身已经具有非常小的模式体积，但其实还有很多方法能够在此基础上进一步减小模式体积，如利用两个紧密放置的纳米颗粒之间的空间模式或贵金属膜及其上放置的单纳米颗粒之间的空间模式等，利用上述结构不仅可以实现多激子的强耦合[93-95, 100]，还可以实现单激子的强耦合[96, 97]。

（3）激子-光子耦合。

半导体材料中光子和激子之间的强耦合导致激子-极化子（exciton-polaritons）的形成，这是一种典型的光与物质相互作用方式，激子-极化子表现出光子-电子的混合性质，是一种半光子半物质的准粒子形态[103, 104]。拉比劈裂能 $\Omega(2g)$ 通常用来衡量光与物质相互作用的耦合强度（g），用谐振强度 f 和模式体积 V_m 表示为

$$\Omega(2g) \sim \sqrt{(f/V_m)} \tag{5-174}$$

因此，光与物质的强耦合通常是在较强的振荡强度、较小的模式体积的情况下实现的。研究表明，由于一维纳米线的尺寸效应，激子振荡强度会得到有效提高，另外，纳米线谐振腔对光子的高限域能力使得模式体积较小。因此，纳米线腔内的光子在两个端面来回振荡的过程中会与激子发生强烈的相互作用，这种光子-激子耦合的增强有利于腔内极化子的形成。例如，实验发现，CdS 和 ZnO 纳米线中的真空拉比劈裂能比相应的块体材料大[105-108]。近年来，研究表明，与传统的 II-VI 或 III-V 族半导体纳米线相比，$CsPbX_3$（X 为 Cl，B，I）钙钛矿中的激子束缚能较大，如 $CsPbBr_3$ 的激子束缚能约为 $37meV$[109]，大于室温活化能（约 $26meV$），室温下激子可以稳定存在，极易与光子耦合形成激子-极化子。

通过激子-光子耦合模型可以定量分析 $CsPbX_3$ 纳米线中的激子-极化子色散关系和极化子上下分支的拉比劈裂能，极化子的能量由如下方程定义[110, 111]：

$$E(\omega, k) = \frac{\hbar ck}{\sqrt{\varepsilon(\omega, k)}} \tag{5-175}$$

其中，$\hbar$ 为约化普朗克常数；c 为真空中的光速；k 为波矢；ω 为激子-极化子的频率；$\varepsilon(\omega, k)$ 为材料的介电函数，与激子-极化子频率 ω 有关，因此，介电函数 $\varepsilon(\omega, k)$ 决定了激子-极化子的能量色散关系，根据介电函数的微观模型，纳米线谐振腔的 $\varepsilon(\omega, k)$ 的表达式如下：

$$\varepsilon(w, k) = \varepsilon_b \left(1 + \Omega \frac{f}{\omega_T^2 - \omega^2} \right) = \frac{c^2}{\omega^2} k_z^2 \tag{5-176}$$

$$k_z = m \frac{\pi}{L_z} + k_0 \tag{5-177}$$

其中，ε_b 为初始介电常数；Ω 为前置因子；f 为纳米线谐振腔的震荡强度，通常由横向谐振模式和纵向谐振模式的频率决定（$f = \omega_L^2 - \omega_T^2$）；$k_0$ 为最低能量模式的波矢量。从激子-极化子色散关系的角度考虑，在波矢空间，这些具有不同模式间隔的激射峰将以相等的波矢间隔分布（π/L_z 的整数倍，L_z 为纳米线长度）。结合以上理论分析，纳米线中的激子-光子耦合强度以及能量-波矢色散关系曲线可以通过波导模式的测量结果进一步拟合确定。

图 5-28 为 $CsPbBr_3$ 纳米线的光子模式色散关系（粉色实线）和极化子色散曲

线（黑色实线）[112]，根据以上对激子-极化子模型的分析，对实验数据进行拟合，发现激光模式对应的能量（绿色点）位于下极化子分支，如图 5-28（a）所示。对于纳米线系统，激子-光子耦合通常发生在较低的能量范围，这是由于半导体材料固有的带尾态导致光在纳米线的传导过程中高能量光子损耗较大，因此激光模式通常在光谱的低能端出射。拟合结果表明 CsPbBr$_3$ 纳米线的室温拉比劈裂能约146meV，证明 CsPbBr$_3$ 纳米线中存在较强的光-物质相互作用。实际影响纳米级结构的拉比劈裂能的因素是复杂的，如材料中的载流子密度、晶体结晶质量和横截面的尺寸等。其中载流子密度主要是由激发强度决定的，从图 5-28（b）能量-波矢色散关系与激发光强度的结果可以看出，随着激发光强度增加，模式均向高能方向转移，但依然与激子-极化子模型吻合较好，说明在高泵浦光强条件下，纳米线中依然存在较强的光与物质相互作用。但是，由于高激发强度导致纳米线中自由载流子密度大幅度增加，对激子具有一定的屏蔽作用，室温激子束缚能降低，使得激子态密度降低，因此由实验结果计算发现，高激发强度下，拉比劈裂能降低了 10%左右。

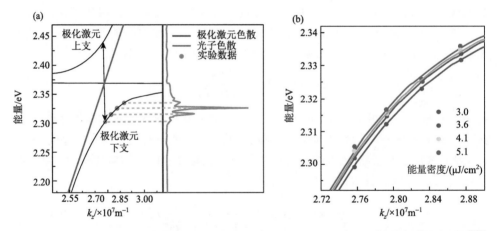

图 5-28 （a）CsPbBr$_3$ 纳米线的能量-波矢色散关系图；（b）功率依赖的能量-波矢色散关系图[112]

研究者还分别通过实验探究了化学组分依赖的 CsPbX$_3$ 纳米线的室温拉比劈裂能（图 5-29）。大量实验数据统计表明，CsPbCl$_3$、CsPbBr$_3$ 和 CsPbI$_3$ 纳米线的室温拉比劈裂能分别为约（210±13）meV、（146±9）meV 和（103±5）meV。根据已有报道，CsPbCl$_3$、CsPbBr$_3$ 和 CsPbI$_3$ 晶体的激子束缚能分别约为 72meV、40meV 和 20meV[109]。通常激子束缚能越大，在光激发时，材料中的激子态密度相对自由载流子的密度就越高，有利于与纳米线谐振腔内的光子发生强耦合，从而产生较大的拉比劈裂能。纳米线微腔的激子-光子的强耦合研究为了解纳米线中光与物质的相互作用提供了理论和实验基础。更有趣的是，纳米线腔内极化子的形成有利于进一步在单纳米线中观测到玻色-爱因斯坦凝聚态[113]，这对于实现低阈值连续光泵浦的极化子激光器具有重要的研究意义。

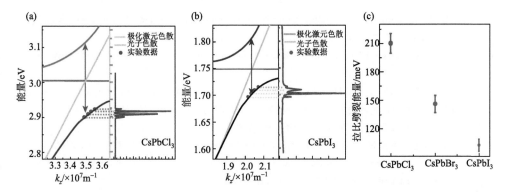

图 5-29　（a，b）CsPbCl$_3$ 和 CsPbI$_3$ 纳米线的能量-波矢色散关系图；（c）CsPbX$_3$ 三种组分的拉比劈裂能[112]

参 考 文 献

[1]　Notomi M. Manipulating light with strongly modulated photonic crystals. Reports on Progress in Physics，2010，73（9）：096501.

[2]　Maier S A. Plasmonics：Fundamentals and Applications. New York：Springer Science & Business Media，2007.

[3]　Hsu C W，Zhen B，Stone A D，et al. Bound states in the continuum. Nature Reviews Materials，2016，1（9）：16048.

[4]　Barnes W L，Dereux A，Ebbesen T W. Surface plasmon subwavelength optics. Nature，2003，424（6950）：824.

[5]　Nikitin A Y，Guinea F，García-Vidal F J，et al. Edge and waveguide terahertz surface plasmon modes in graphene microribbons. Physical Review B，2011，84：161407.

[6]　Huang M H，Mao S，Feick H，et al. Room-temperature ultraviolet nanowire nanolasers. Science，2001，292（5523）：1897-1899.

[7]　Oulton R F，Sorger V J，Zentgraf T，et al. Plasmon lasers at deep subwavelength scale. Nature，2009，461（7264）：629.

[8]　Cao H，Wiersig J. Dielectric microcavities：model systems for wave chaos and non-Hermitian physics. Reviews of Modern Physics，2015，87（1）：61.

[9]　Joannopoulos J D，Villeneuve P R，Fan S. Photonic crystals. Solid State Communications，1997，102（2-3）：165-173.

[10]　Hill M T，Marell M，Leong E S P，et al. Lasing in metal-insulator-metal sub-wavelength plasmonic waveguides. Optics Express，2009，17（13）：11107-11112.

[11]　Noginov M A，Zhu G，Belgrave A M，et al. Demonstration of a spaser-based nanolaser. Nature，2009，460（7259）：1110.

[12]　von Neumann J，Wigner E P. Über das Verhalten von Eigenwerten bei adiabatischen Prozessen.The Collected Works of Eugene Paul Wigner. Berlin，Heidelberg：Springer，1993：294-297.

[13] Feshbach H. Unified theory of nuclear reactions. Annals of Physics，1958，5（4）：357-390.

[14] Friedrich H，Wintgen D. Interfering resonances and bound states in the continuum. Physical Review A，1985，32（6）：3231.

[15] Liu V，Povinelli M，Fan S. Resonance-enhanced optical forces between coupled photonic crystal slabs. Optics Express，2009，17（24）：21897-21909.

[16] Marinica D C，Borisov A G，Shabanov S V. Bound states in the continuum in photonics. Physical Review Letters，2008，100（18）：183902.

[17] Ndangali R F，Shabanov S V. Electromagnetic bound states in the radiation continuum for periodic double arrays of subwavelength dielectric cylinders. Journal of Mathematical Physics，2010，51（10）：102901.

[18] 黄德修. 半导体光电子学. 3 版. 北京：电子工业出版社，2018.

[19] Tien P K. Light waves in thin films and integrated optics. Applied Optics，1971，10（11）：2395-2413.

[20] Marcatili E A J，Miller S E. Improved relations describing directional control in electromagnetic wave guidance. Bell System Technical Journal，1969，48（7）：2161-2188.

[21] Takahara J，Kobayashi T. Nano-optical waveguides breaking through diffraction limit of light. International Society for Optics and Photonics，2004，5604：158-173.

[22] Urbach F. The long-wavelength edge of photographic sensitivity and of the electronic absorption of solids. Physical Review，1953，92（5）：1324.

[23] van Mieghem P. Theory of band tails in heavily doped semiconductors. Reviews of Modern Physics，1992，64（3）：755.

[24] Pan A，Liu D，Liu R，et al. Optical waveguide through CdS nanoribbons. Small，2005，1（10）：980-983.

[25] Guo P，Zhuang X，Xu J，et al. Low-threshold nanowire laser based on composition-symmetric semiconductor nanowires. Nano Letters，2013，13（3）：1251-1256.

[26] Pan A，Wang X，He P，et al. Color-changeable optical transport through Se-doped CdS 1D nanostructures. Nano Letters，2007，7（10）：2970-2975.

[27] Xu J，Zhuang X，Guo P，et al. Dilute tin-doped CdS nanowires for low-loss optical waveguiding. Journal of Materials Chemistry C，2013，1（28）：4391-4396.

[28] Xu J，Zhuang X，Guo P，et al. Asymmetric light propagation in composition-graded semiconductor nanowires. Scientific Reports，2012，2：820.

[29] Yang Z，Wang D，Meng C，et al. Broadly defining lasing wavelengths in single bandgap-graded semiconductor nanowires. Nano Letters，2014，14（6）：3153-3159.

[30] Zhang Q，Shang Q，Shi J，et al. Wavelength tunable plasmonic lasers based on intrinsic self-absorption of gain material. ACS Photonics，2017，4（11）：2789-2796.

[31] Zhuang X，Ouyang Y，Wang X，et al. Multicolor semiconductor lasers. Advanced Optical Materials，2019，7（17）：1900071.

[32] Xu J，Zhuang X，Guo P，et al. Wavelength-converted/selective waveguiding based on composition-graded semiconductor nanowires. Nano Letters，2012，12（9）：5003-5007.

[33] Kockum A F，Miranowicz A，De Liberato S，et al. Ultrastrong coupling between light and matter. Nature Reviews Physics，2019，1（1）：19.

[34] Merzbacher E. Quantum Mechanics. 3rd ed. New York：Wiley，1997.

[35] Sakurai J J. Modern Quantum Mechanics. Revised ed. New Jersey：Addison-Wesley，1994.

[36] Purcell E M. Spontaneous emission probabilities at radio frequencies//Burstein E，Weisbuch C. Confined Electrons

and Photons. Boston，MA：Springer，1995：839-839.

[37] Pelton M. Modified spontaneous emission in nanophotonic structures. Nature Photonics，2015，9（7）：427.

[38] Yablonovitch E. Inhibited spontaneous emission in solid-state physics and electronics. Physical Review Letters，1987，58（20）：2059.

[39] John S. Strong localization of photons in certain disordered dielectric superlattices. Physical Review Letters，1987，58（23）：2486.

[40] Noda S，Tomoda K，Yamamoto N，et al. Full three-dimensional photonic bandgap crystals at near-infrared wavelengths. Science，2000，289（5479）：604-606.

[41] Ogawa S，Imada M，Yoshimoto S，et al. Control of light emission by 3D photonic crystals. Science，2004，305（5681）：227-229.

[42] Martorell J，Lawandy N M. Observation of inhibited spontaneous emission in a periodic dielectric structure. Physical Review Letters，1990，65（15）：1877.

[43] Petrov E P，Bogomolov V N，Kalosha I I，et al. Spontaneous emission of organic molecules embedded in a photonic crystal. Physical Review Letters，1998，81（1）：77.

[44] Romanov S G，Fokin A V，De La Rue R M. Anisotropic photoluminescence in incomplete three-dimensional photonic band-gap environments. Applied Physics Letters，1999，74（13）：1821-1823.

[45] Lodahl P，van Driel A F，Nikolaev I S，et al. Controlling the dynamics of spontaneous emission from quantum dots by photonic crystals. Nature，2004，430（7000）：654.

[46] Fan S，Villeneuve P R，Joannopoulos J D，et al. High extraction efficiency of spontaneous emission from slabs of photonic crystals. Physical Review Letters，1997，78（17）：3294.

[47] Fujita M，Takahashi S，Tanaka Y，et al. Simultaneous inhibition and redistribution of spontaneous light emission in photonic crystals. Science，2005，308（5726）：1296-1298.

[48] Drexhage K H. Influence of a dielectric interface on fluorescence decay time. Journal of Luminescence，1970，1：693-701.

[49] Drexhage K H. IV interaction of light with monomolecular dye layers. Progress in Optics，1974，12：163-232.

[50] Moskovits M. Surface-enhanced spectroscopy. Reviews of Modern Physics，1985，57（3）：783.

[51] Glass A M，Liao P F，Bergman J G，et al. Interaction of metal particles with adsorbed dye molecules：absorption and luminescence. Optics Letters，1980，5（9）：368-370.

[52] Weitz D A，Garoff S，Hanson C D，et al. Fluorescent lifetimes of molecules on silver-island films. Optics Letters，1982，7（2）：89-91.

[53] Dulkeith E，Morteani A C，Niedereichholz T，et al. Fluorescence quenching of dye molecules near gold nanoparticles：radiative and nonradiative effects. Physical Review Letters，2002，89（20）：203002.

[54] Schneider G，Decher G，Nerambourg N，et al. Distance-dependent fluorescence quenching on gold nanoparticles ensheathed with layer-by-layer assembled polyelectrolytes. Nano Letters，2006，6（3）：530-536.

[55] Liu N，Prall B S，Klimov V I. Hybrid gold/silica/nanocrystal-quantum-dot superstructures：synthesis and analysis of semiconductor-metal interactions. Journal of the American Chemical Society，2006，128（48）：15362-15363.

[56] Ringler M，Schwemer A，Wunderlich M，et al. Shaping emission spectra of fluorescent molecules with single plasmonic nanoresonators. Physical Review Letters，2008，100（20）：203002.

[57] Russell K J，Liu T L，Cui S，et al. Large spontaneous emission enhancement in plasmonic nanocavities. Nature Photonics，2012，6（7）：459.

[58] Rose A，Hoang T B，McGuire F，et al. Control of radiative processes using tunable plasmonic nanopatch antennas.

Nano Letters, 2014, 14 (8): 4797-4802.

[59] Jaynes E T, Cummings F W. Comparison of quantum and semiclassical radiation theories with application to the beam maser. Proceedings of the IEEE, 1963, 51 (1): 89-109.

[60] Garraway B M. The Dicke model in quantum optics: dicke model revisited. Philosophical Transactions of the Royal Society A: Mathematical, Physical and Engineering Sciences, 2011, 369 (1939): 1137-1155.

[61] Zhu Y, Gauthier D J, Morin S E, et al. Vacuum Rabi splitting as a feature of linear-dispersion theory: analysis and experimental observations. Physical Review Letters, 1990, 64 (21): 2499.

[62] Thompson R J, Rempe G, Kimble H J. Observation of normal-mode splitting for an atom in an optical cavity. Physical Review Letters, 1992, 68 (8): 1132.

[63] Bernardot F, Nussenzveig P, Brune M, et al. Vacuum Rabi splitting observed on a microscopic atomic sample in a microwave cavity. EPL (Europhysics Letters), 1992, 17 (1): 33.

[64] Khitrova G, Gibbs H M, Jahnke F, et al. Nonlinear optics of normal-mode-coupling semiconductor microcavities. Reviews of Modern Physics, 1999, 71: 1591-1639.

[65] Khitrova G, Gibbs H M, Kira M, et al. Vacuum Rabi splitting in semiconductors. Nature Physics, 2006, 2 (2): 81.

[66] Törmä P, Barnes W L. Strong coupling between surface plasmon polaritons and emitters: a review. Reports on Progress in Physics, 2014, 78 (1): 013901.

[67] Rempe G, Walther H, Klein N. Observation of quantum collapse and revival in a one-atom maser. Physical Review Letters, 1987, 58 (4): 353.

[68] Raizen M G, Thompson R J, Brecha R J, et al. Normal-mode splitting and linewidth averaging for two-state atoms in an optical cavity. Physical Review Letters, 1989, 63 (3): 240.

[69] Shore B W, Knight P L. The Jaynes-Cummings model. Journal of Modern Optics, 1993, 40 (7): 1195-1238.

[70] Rempe G, Thompson R J, Brecha R J, et al. Optical bistability and photon statistics in cavity quantum electrodynamics. Physical Review Letters, 1991, 67 (13): 1727.

[71] Sandoghdar V, Sukenik C I, Hinds E A, et al. Direct measurement of the van der Waals interaction between an atom and its images in a micron-sized cavity. Phy Rev Lett, 1992, 68 (23): 3432-3435.

[72] Norris T B, Rhee J K, Sung C Y, et al. Time-resolved vacuum Rabi oscillations in a semiconductor quantum microcavity. Physical Review B, 1994, 50: 14663.

[73] Savona V, Andreani L C, Schwendimann P, et al. Quantum well excitons in semiconductor microcavities: unified treatment of weak and strong coupling regimes. Solid State Communications, 1995, 93 (9): 733-739.

[74] Yoshie T, Scherer A, Hendrickson J, et al. Vacuum Rabi splitting with a single quantum dot in a photonic crystal nanocavity. Nature, 2004, 432 (7014): 200.

[75] Reithmaier J P, Sęk G, Löffler A, et al. Strong coupling in a single quantum dot-semiconductor microcavity system. Nature, 2004, 432 (7014): 197.

[76] Peter E, Senellart P, Martrou D, et al. Exciton-photon strong-coupling regime for a single quantum dot embedded in a microcavity. Physical Review Letters, 2005, 95 (6): 067401.

[77] Hobson P A, Barnes W L, Lidzey D G, et al. Strong exciton-photon coupling in a low-Q all-metal mirror microcavity. Applied Physics Letters, 2002, 81 (19): 3519-3521.

[78] Liu X, Galfsky T, Sun Z, et al. Strong light-matter coupling in two-dimensional atomic crystals. Nature Photonics, 2015, 9 (1): 30.

[79] Skolnick M S, Fisher T A, Whittaker D M. Strong coupling phenomena in quantum microcavity structures.

Semiconductor Science and Technology，1998，13（7）：645.

[80]　Houdré R，Stanley R P，Oesterle U，et al. Room-temperature cavity polaritons in a semiconductor microcavity. Physical Review B，1994，49（23）：16761.

[81]　Daskalakis K S，Maier S A，Murray R，et al. Nonlinear interactions in an organic polariton condensate. Nature Materials，2014，13（3）：271.

[82]　Plumhof J D，Stöferle T，Mai L，et al. Room-temperature Bose-Einstein condensation of cavity exciton-polaritons in a polymer. Nature Materials，2014，13（3）：247.

[83]　Kéna-Cohen S，Forrest S R. Room-temperature polariton lasing in an organic single-crystal microcavity. Nature Photonics，2010，4（6）：371.

[84]　Dietrich C P，Steude A，Tropf L，et al. An exciton-polariton laser based on biologically produced fluorescent protein. Science Advances，2016，2（8）：e1600666.

[85]　Dietrich C P，Steude A，Schubert M，et al. Strong coupling in fully tunable microcavities filled with biologically produced fluorescent proteins. Advanced Optical Materials，2017，5（1）：1600659.

[86]　Konrad A，Kern A M，Brecht M，et al. Strong and coherent coupling of a plasmonic nanoparticle to a subwavelength fabry-pérot resonator. Nano Letters，2015，15（7）：4423-4428.

[87]　Coles D M，Yang Y，Wang Y，et al. Strong coupling between chlorosomes of photosynthetic bacteria and a confined optical cavity mode. Nature Communications，2014，5：5561.

[88]　Tropf L，Dietrich C P，Herbst S，et al. Influence of optical material properties on strong coupling in organic semiconductor based microcavities. Applied Physics Letters，2017，110（15）：153302.

[89]　Tischler J R，Bradley M S，Bulović V，et al. Strong coupling in a microcavity LED. Physical Review Letters，2005，95（3）：036401.

[90]　Coles D M，Somaschi N，Michetti P，et al. Polariton-mediated energy transfer between organic dyes in a strongly coupled optical microcavity. Nature Materials，2014，13（7）：712.

[91]　Sugawara Y，Kelf T A，Baumberg J J，et al. Strong coupling between localized plasmons and organic excitons in metal nanovoids. Physical Review Letters，2006，97（26）：266808.

[92]　Chantharasupawong P，Tetard L，Thomas J. Coupling enhancement and giant rabi-splitting in large arrays of tunable plexcitonic substrates. The Journal of Physical Chemistry C，2014，118（41）：23954-23962.

[93]　Schlather A E，Large N，Urban A S，et al. Near-field mediated plexcitonic coupling and giant Rabi splitting in individual metallic dimers. Nano Letters，2013，13（7）：3281-3286.

[94]　Chen X，Chen Y H，Qin J，et al. Mode modification of plasmonic gap resonances induced by strong coupling with molecular excitons. Nano Letters，2017，17（5）：3246-3251.

[95]　Kleemann M E，Chikkaraddy R，Alexeev E M，et al. Strong-coupling of WSe₂ in ultra-compact plasmonic nanocavities at room temperature. Nature Communications，2017，8（1）：1296.

[96]　Chikkaraddy R，De Nijs B，Benz F，et al. Single-molecule strong coupling at room temperature in plasmonic nanocavities. Nature，2016，535（7610）：127.

[97]　Santhosh K，Bitton O，Chuntonov L，et al. Vacuum Rabi splitting in a plasmonic cavity at the single quantum emitter limit. Nature Communications，2016，7：11823.

[98]　Hennessy K，Badolato A，Winger M，et al. Quantum nature of a strongly coupled single quantum dot-cavity system. Nature，2007，445（7130）：896.

[99]　Kaluzny Y，Goy P，Gross M，et al. Observation of self-induced Rabi oscillations in two-level atoms excited inside a resonant cavity：the ringing regime of superradiance. Physical Review Letters，1983，51（13）：1175.

[100] Zengin G，Wersäll M，Nilsson S，et al. Realizing strong light-matter interactions between single-nanoparticle plasmons and molecular excitons at ambient conditions. Physical Review Letters，2015，114（15）：157401.

[101] Dovzhenko D S，Ryabchuk S V，Rakovich Y P，et al. Light-matter interaction in the strong coupling regime: configurations，conditions，and applications. Nanoscale，2018，10（8）：3589-3605.

[102] Carmichael H J，Brecha R J，Raizen M G，et al. Subnatural linewidth averaging for coupled atomic and cavity-mode oscillators. Physical Review A，1989，40（10）：5516.

[103] van Vugt L K，Rühle S，Ravindran P，et al. Exciton polaritons confined in a ZnO nanowire cavity. Physical Review Letters，2006，97（14）：147401.

[104] Kasprzak J，Richard M，Kundermann S，et al. Bose-einstein condensation of exciton polaritons. Nature，2006，443（7110）：409-414.

[105] Yamamoto Y，Tassone F，Cao H. Semiconductor Cavity Quantum Electrodynamics. New York：Springer，2003.

[106] Brehier A，Parashkov R，Lauret J S，et al. Strong exciton-photon coupling in a microcavity containing layered perovskite semiconductors. Applied Physics Letters，2006，89（17）：171110.

[107] Rühle S，van Vugt L K，Li H Y，et al. Nature of sub-band gap luminescent eigenmodes in a ZnO nanowire. Nano Letters，2008，8（1）：119-123.

[108] van Vugt L K，Zhang B，Piccione B，et al. Size-dependent waveguide dispersion in nanowire optical cavities：slowed light and dispersionless guiding. Nano Letters，2009，9（4）：1684-1688.

[109] Zhang Q，Su R，Liu X，et al. High-quality whispering-gallery-mode lasing from cesium lead halide perovskite nanoplatelets. Advanced Functional Materials，2016，26（34）：6238-6245.

[110] van Vugt L K，Piccione B，Agarwal R. Incorporating polaritonic effects in semiconductor nanowire waveguide dispersion. Applied Physics Letters，2010，97（6）：061115.

[111] van Vugt L K，Piccione B，Cho C H，et al. One-dimensional polaritons with size-tunable and enhanced coupling strengths in semiconductor nanowires. Proceedings of the National Academy of Sciences，2011，108（25）：10050-10055.

[112] Wang X，Shoaib M，Wang X，et al. High-quality in-plane aligned CsPbX$_3$ perovskite nanowire lasers with composition-dependent strong exciton-photon coupling. ACS Nano，2018，12（6）：6170-6178.

[113] Vanmaekelbergh D，van Vugt L K. ZnO nanowire lasers. Nanoscale，2011，3（7）：2783-2800.

第6章

微纳发光二极管

　　从古至今，光源一直与人类文明、社会发展息息相关。随着人类文明的进步，太阳光和火光不再是人们唯一的照明来源。19 世纪初，碳弧灯的出现带领人类进入了电光源时代。随后，照明光源飞速发展，白炽灯、荧光灯、高压钠灯等相继出现，进入了人类的日常生活。但是这些早期的电光源都存在一些应用上的缺点，例如，白炽灯是热发光，发光效率低；荧光灯虽然是冷光灯，发光效率较高，但含汞等有害物质，且易碎；高压钠灯显色性差。这些缺点限制了它们的进一步长远发展。1962 年，通用电气公司的 Holonyak 等使用 GaAsP 半导体为发光材料，设计出了一种基于新原理和工作模式的可见光发光器件——发光二极管（LED）[1]。相比较而言，发光二极管具有能耗低、效率高、寿命长、不易破损、反应快、可靠性高等特点。利用这一结构，基于不同带隙宽度的半导体材料，不同发光波长的二极管 LED 器件被相继推出，如 GaP 绿光 LED、GaAsP 黄光 LED、AlInGaP 橙光 LED 等。在众多半导体材料中，GaN 具有较宽的带隙，是理想的蓝光 LED 材料，但受限于生长工艺和 p 型掺杂效率影响，蓝光二极管 LED 器件一直未实现，这也进一步限制了白光 LED 的实现。直到 1993 年，日本日亚公司的中村修二（Shuji Nakamura）与日本名古屋大学的赤崎勇（Isamu Akasaki）和天野浩（Hiroshi Amano）实现了高质量 GaN 薄膜的生长及 p 型掺杂，并成功构建了 GaN 蓝光二极管 LED。此后，白光二极管 LED 开始走进千家万户。此发明也被高度誉为"爱迪生之后的第二次照明革命"，并于 2014 年获得了诺贝尔物理学奖[2]。

　　LED 按构筑结构单元可分为 p-n 结二极管 LED 和肖特基结二极管 LED，相比较而言，前者具有更高的发光效率，应用也更为广泛。在 p-n 结二极管中，当施加正向偏压时，在电压驱动下，空穴和电子分别从 p 型端和 n 型端源源不断地注入到 p-n 结内，最终在结区内，电子从半导体导带跃迁至价带，复合形成电流，同时放出与带隙相匹配的能量。当构成 p-n 结的半导体为间接带隙时，这种能量主要以声子的形式放出（发热）；当半导体为直接带隙时，这种能量则主要以光子的形式放出（发光）。利用直接带隙半导体 p-n 结的这种注入式电致发光（electroluminescence，EL）的现象，可构筑具有高效发光性能的 LED 器件。由此可见，LED 器件发光性能主要由半导体的带隙宽度、掺杂浓度、激子结合能、金属半导体接触（金半接触）质量等因素来决定。例如，LED 的发光波长主要取决于半导体的带隙宽度，激子结合能则决定了 LED 的发光效率，金半接触则会影响电子空穴的注入效率进而影响其发光性能。在宏观维度上这些参数都很容易进行调控，从而获得高性能的发光器件。但当 p-n 结二极管的尺寸变小之后，掺杂浓度和掺杂分布就很难精确调控，这使得这类基于传统半导体材料的 p-n 结二极管 LED 很难被应用到高密度的集成电路（integrated circuit，IC）及光电芯片中。

近年来，基于低维半导体结构的纳米光源受到广泛关注，其对于发展芯片集成的光电系统具有重要意义。随着新型纳米材料的不断出现及纳米科技的不断发展，利用低维纳米材料来构筑微纳 LED 成为了科研的前沿领域。本章将聚焦低维纳米材料（零维量子点、一维纳米线、二维材料）体系，综述这一领域微纳 LED 所取得的系列进展，并对其未来的发展前景进行系列展望。

6.1　零维量子点发光二极管

量子点（quantum dot，QD）LED 是把有机材料或者 LED 芯片和高效发光纳米晶体结合在一起而产生的具有新型结构的发光器件。与彩色滤光片产生三原色的白光光源相比，量子点具有更好的光利用效率和色彩饱和度[3-5]，且其发光性质易于调控，如可通过调控化学组分、尺寸、形状、表面功能基团等，得到发光强、稳定性高、单色性好、发光峰在可见光区连续可调的荧光光谱。不同尺寸的量子点，其电子和空穴被量子限域的程度不一样，分子特性的分立能级结构也因量子点的尺寸不同而不同。因此在受到外来能量激发后，不同尺寸的量子点将发出不同波长的荧光。由此，可以进一步调控量子点 LED 的发光波长来达到想要的效果。而与有机染料相比，量子点的光吸收系数是有机染料的两倍以上，且量子点的主要成分是无机物，使得其拥有更好的稳定性。量子点的这些优点，使其在照明和显示领域具有广泛的应用前景。20 世纪 90 年代，量子点就已经开始应用于 LED、量子点红外光侦测器和单色光发射元件[6-12]。此后，量子点 LED 技术迅速发展，已经开始初步从实验室走向商业应用，但其中仍存在很多问题亟待解决。

量子点电致发光 LED 的工作原理如图 6-1 所示。其在结构上类似于 p-i-n 结二极管，当在器件外部施加正向偏压时（阳极为正，阴极为负），电子从阴极注入电子传输层（electron transporting layer，ETL）进而达到量子点最低未占分子轨道（lowest unoccupied molecular orbital，LUMO）能级，空穴从阳极注入空穴传输层（hole transporting layer，HTL）进而达到量子点的最高占据分子轨道（highest occupied molecular orbital，HOMO）能级；这些相向运动的载流子（空穴和电子）到达量子点内部后会发生复合，形成电流，同时放出能量。这部分能量中大部分会通过辐射光子的形式放出（发光），也有很小一部分会通过无辐射复合的方式放出声子（产热）。在这一过程之外，还有一小部分电子空穴会在空穴传输层或电子传输层复合，并通过振动将能量传递给量子点［福斯特能量转移（Förster energy transfer）］，使量子点发光。

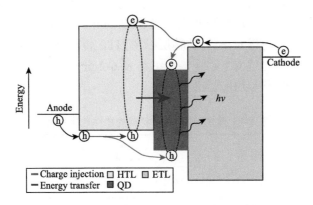

图 6-1　电致发光量子点 LED 发光机理图[13]

HTL. 空穴传输层；ETL. 电子传输层；QD. 量子点

　　量子点 LED 器件通常采用图 6-1 所示的三明治结构，其与有机发光二极管（organic light emitting diode，OLED）类似。早期 OLED 多为单层结构，即有机薄膜夹在 ITO 阳极和金属阴极之间，其中的有机层既作为发光层（emitting layer，EML），又作为电子传输层和空穴传输层。单层结构的 OLED 载流子注入不平衡，并且材料内部电子和空穴载流子迁移率相差较大，容易使发光区域靠近载流子迁移率较小的注入电极一侧，导致电极对发光产生猝灭，从而大大降低了器件的发光效率。后来双层 ETL 和 HTL 代替发光层的 OLED 器件被研发出来，其中 HTL 同时充当空穴传输层及发光层的功能，在很大程度上解决了电子和空穴注入不平衡问题，极大地提高了器件效率。同时基于三层结构的 OLED 器件也被广泛研究，其中 HTL、ETL、EML 分别对应三种具有不同掺杂浓度及带隙宽度的材料，此结构的优点是三个功能层各司其职，对材料选择、优化器件结构、提高器件性能十分有利。

　　自 1994 年电致发光量子点 LED 被成功制备以来[14]，不断有科学家对器件结构进行进一步改进，从而实现效率更高、开启电压更低的量子点发光 LED 器件。例如，针对器件中，由于有效质量小，电子比空穴移动速度更快这一问题，在图 6-1 所示量子点发光 LED 结构的基础上，在 EML 与 ETL 之间引入电子阻挡层（electron blocking layer，EBL），构筑 HTL/EML/EBL/ETL 的器件结构，可以有效降低电子的传输速度，平衡器件内部载流子的传输，从而提高了载流子注入量子点层的效率。同时，这一过程也提高了 HTL 有机层到量子点层的福斯特能量转移，减少了有机层自身的荧光发射，从而进一步显著提高了量子点 LED 的发光性能。此外也可以在空穴传输层与电极之间引入空穴注入层（hole injection layer，HIL），例如，PEDOT 常用作 HIL，它一方面能提高 ITO 衬底的平整性，使得在其上旋涂的空穴传输层与量子点层更均匀、针孔缺陷更少；另一方面 HIL 还可以显著降低空穴注入势垒，进而降低量子点 LED 的开启电压[15, 16]。

更重要的是，还可以对 ETL 传输层以及 HTL 传输层材料进行设计，进而有效调控构筑器件的发光性能[17, 18]。表 6-1 与表 6-2 分别展示了几类典型的具有不同 ETL 及 HTL 的量子点 LED 器件。

表 6-1 使用不同 ETL 材料的器件性能对比

ETL 材料	器件结构	L_{max} /(cd·m^{-2})	η_P /(cd·A^{-1})	EQE	参考文献
Alq$_3$	ITO/PEDOT/poly-TPD/QD/ Alq$_3$/Al	9064	2.8	>2%	[19]
ZnO （异丙醇）	ITO/PEDOT/PVK/QD/ZnO/ Al	100	0.65	—	[20]
ZnO （乙醇）	ITO/PEDOT/poly-TPD/QD/ ZnO/Al	31000	7.1	1.6%	[21]
TiO$_2$	ITO/PEDOT/poly-TPD/QD/ TiO$_2$/Al	1000	<1	—	[22]
ZnO、TiO$_2$	ITO/PEDOT/TFB/QD/ ZnOTiO$_2$/Al	730	1	—	[23]
ZnO、Zn(Ac)$_2$	ITO/ZnOZn(Ac)$_2$/QD/TPD/ PEDOT/Al	32370	2~3	—	[24]
ZnO （PMMA）	ITO/PEDOT/poly-TPDQD/ PVK/ZnO/Ag	42000	—	20.5%	[25]
ZnO （PEIE）	ITO/ZnO/PEIE/QD/TPD: PVK/MoO$_3$/Al	8600	1.53	—	[26]

表 6-2 使用不同 HTL 材料的器件性能对比

HTL 材料	器件结构	L_{max} /(cd·m^{-2})	η_P /(cd·A^{-1})	EQE	参考文献
CBP	ITO/ZnO/QD/CBP/Al	218800	19.2	5.8%	[27]
无机 NiO	ITO/NiO/QD/Alq$_3$/Al	3000	—	0.18%	[28]
p 型 GaN	ITO/p-GaN/QD/n-GaN/Al	—	—	0.01%	[29]
n 型 NiO	ITO/n-NiO/QD/ZnO/Al	1950	—	0.1%	[30]
PEDOT	ITO/PEDOT/TFB/QD/ZnO@TiO$_2$/Al	730	1	—	[24]

为了加强量子点 LED（quantum dot light emitting diode，QLED）的商用价值，2005 年，Chen 等[31]将蓝光 InGaN 芯片与发光胶体核壳结构的 CdSe-ZnSe 量子点组合在一起，制造了白色发光二极管（white light-emitting diode，WLED）。热沉积法合成核壳结构的 CdSe-ZnSe 量子点光致发光效率高，并且发射波长可在 510～620nm 范围内调节。如图 6-2（a）所示，基于该量子点的发射波长可调性，可以很容易地实现发光颜色的可调谐，WLED 白光的 CIE-1931 坐标为（0.32，0.33），R_a 值为 91。其中，R_a 值是显色指数，可以对光源的显色性进行定量评价。通常把光源对物体真实颜色的呈现程度称为光源的显色性。然而，该 WLED 在 20mA 电流注入下的发光效率仅为 7.2lm/W，与商用 WLED（发光效率为 15～30lm/W）仍存在很大差距。为了进一步增强 QLED 的发光效率以满足商业应用需求，2008 年 Jang 等[32]将发蓝光的 LED 与 $Sr_3SiO_5:Ce^{3+}$，Li^+荧光粉和有机包裹的 CdSe 量子点组合，做成了具有二维超晶格性质的 WLED。发黄绿光的 Li^+荧光体的外量子效率（external quantum efficiency，EQE）可达到 72%，发红光的有机封顶 CdSe 量子点的 EQE 为 34%。如图 6-2（b）所示，合成后的 WLED 具有出色的显色性、高的发光效率（41lm/W）和长的使用寿命（2200h 以上），并且 Li^+荧光体和 CdSe 量子点的引入不会增加器件的工作电压，这也保证了器件的实用性，不久之后，这一器件也被成功应用于 46 英寸液晶显示（liquid crystal displays，LCD）电视面板上[3, 33]［图 6-2（d）］。

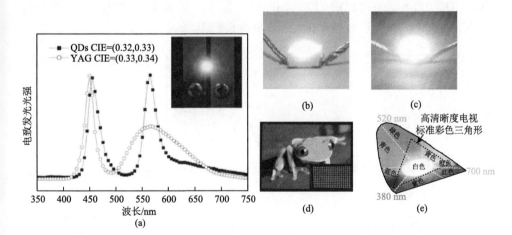

图 6-2　（a）InGaN-CdSe-ZnSe 结构和常规 InGaN/YAG WLED 的发射光谱，插图是由 3.0V/20mA 驱动的 WLED[31]；（b）制备的 CdSe 量子点和 $Sr_3SiO_5:Ce^{3+}$，Li^+基 WLED 在 5mA 电流驱动下的 WLED；（c）20mA 电流驱动下的 WLED[32]；（d）46 英寸 LCD 电视面板的图像，插图是此电视面板的白色 QD-LED 背光灯的 1/4[3, 33]；（e）CIE 色坐标图和高清晰度电视标准彩色三角形[13]

在这一结构中还可以进一步对 CdSe 量子点单元进行优化。已经有工作报道，可以实现接近 100%量子产率（quantum yield，QY）的 CdSe 量子点，其同时具有非常窄的半峰宽，且具有良好的稳定性，适合应用于显示产业。在传统 LCD 中，通常用荧光粉做下转换材料，其色域约为美国国家电视系统委员会标准（NTSC）的 72%，但是，若用发光色饱和度高的红、绿、蓝量子点做 LCD 背光板，则可以得到比高清晰度电视标准［图 6-2（e）］更大的色域[13]，显示色域可以提高到 NTSC 的 110%，这个数值已超越目前市场上最好的 LCD[4]。其中，颜色质量是由国际照明委员会（CIE）制定的色度图评价。色度图包含了人眼能够识别的、不同色调和饱和度的可见光颜色，红、绿、蓝三基色调节可以得到色度图上的任一种颜色。

虽然 CdSe 量子点 LED 已经可以商用，但其中 Cd 元素（有毒）的存在，限制了此类 QLED 的广泛使用。由于量子点和无机荧光粉的组合可以有效地显示具有高 R_a 值的白光，2012 年，Chung 等[34]开发出了一种高发光的 Zn 掺杂 CuInS$_2$（ZCIS）纳米晶体。锌的掺入可使其实现从 536nm 到 637nm 的宽波长可调发光和高达 45%的量子产率。集成了两种 ZCIS 纳米晶体（λ_{em} = 567nm 和 617nm）和 InGaN LED（λ_{em} = 460nm）的 WLED，其 R_a 值可达 84.1。同年，Yang 等[35]通过简便的一锅溶热法制备了在整个可见光谱范围内可调的高质量 InP/ZnS 核壳纳米晶体（nanocrystal，NC），其量子产率高，发射光谱可调范围宽，且稳定性好。如图 6-3（a）所示，半高宽（full width at half maximum，FWHM）可以窄至 38nm，此数值接近 CdSe 纳米晶体的 FWHM，却不会产生污染。由该 NC 组合得到的无镉量子点 WLED 包括 ITO/PEDOT:PSS/聚 TPD/QDs/TPBi/LiF/Al 多层膜，其 R_a 值高达 91，CIE 坐标为（0.332，0.338），发光度可到 270cd/m^2，见图 6-3（b，c）。

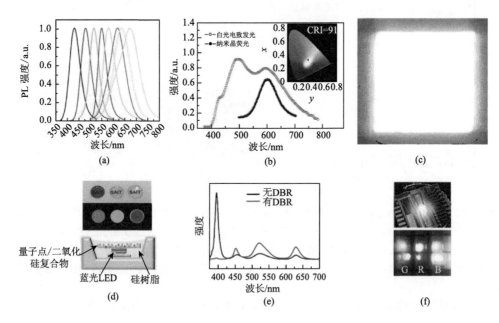

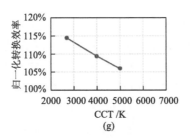

(g)

图 6-3 （a）不同 InP:ZnS 比例下（从左到右 InP:ZnS 之比增大），得到的 InP/ZnS NC 的 PL 光谱随比例增大而红移；（b）发红光的 InP/ZnS NC 的 PL 光谱和 11V 偏压下量子点 WLED 的 EL 光谱，插图为量子点 WLED 的 CIE 色度坐标图；（c）3mm×3mm 像素的 QD-LED 图[35]；（d）QD-二氧化硅复合物及其 LED 结构[37]；（e）有无 DBR 结构时的发射光谱；（f）上图为正在运行的喷涂 RBG 微纳 QD-LED 显示设备，下图为 RGB 像素的代表性图像[42]；（g）在不同的 CCT 值下，可商业化生产 QLED 的转换效率[43]

  基于能量损耗低、色纯度高这些优点，量子点在液晶显示方面具有很好的应用前景，如将量子点与 InGaN 蓝光 LED 混合封装制作成 WLED 可用于高质量液晶显示的背光[36]。常用的方法是将发蓝光、绿光和红光的量子点分散在透明、热稳定性好的聚合树脂中，复合树脂放置于蓝光 LED 表面，形成色纯度高的三基色混合 WLED，见图 6-3（d），此 WLED 具有高光/化学稳定性[37]。LG、Samsung 等公司将这种器件作为背光板放入传统 LCD 中，通过量子点表面配体交换，表面由疏水转变为亲水，量子点与二氧化硅前驱体混合形成的溶胶凝胶加热固化，得到一个高稳定性、高发光效率、均匀分散的量子点二氧化硅复合块体[38-41]。2015 年，Han 等[42]将发红、绿、蓝光的胶体量子点与微纳 LED 阵列组合在一起，其中微纳 LED 阵列的间距为 40 μm，足以应用于高分辨的屏幕。在此极其微小的间距中喷射量子点的方法称为气雾喷射打印技术，该技术使用雾化器和气流控制来获得均匀且受控的小点。阵列中用紫外 LED 激发顶上的红、绿、蓝量子点。为了提高紫外线光子的利用率，他们在器件上铺设了一层分布式布拉格反射器（distributed bragg reflector，DBR），以将大部分泄漏的紫外线光子反射回量子点层。如图 6-3（e，f）所示，通过这种机制，该器件比无 DBR 样品的光通量分别多出 194%（蓝光）、173%（绿光）和 183%（红光），发光效率高达 165lm/W。

  虽然大部分制备的 QLED 都表现出非常不错的性能，也有一些商业应用的模型，但限于成本及稳定性，大部分 QLED 并没有被完全商业化。直至 2017 年，Ken T. Shimizu 等[43]制作出了第一款可商业化生产且正式投入市场使用的 WLED。如图 6-3（g）所示，在相关色温（correlated color temperature，CCT）为 5000~2700K 的情况下，该由量子点与传统荧光粉组合得到的 LED 发光波长可调，发光阈值低，单色性好，转换效率提高了 5%~15%。并且该 LED 在高温、高蓝光通量强度和高湿度的环境下，也能正常运行，足以满足消费者市场的需求。

在提高器件效率及使用寿命方面，科学家们也进行了不断的努力和尝试，如开发更为合适的空穴传输材料以提高其能级与量子点的匹配度，从而提高注入效率。Kim 等[44]将全氟化离聚物（PFI，Nafion117）引入量子点中改善空穴注入，制备了一种全溶液处理的绿色 QLED（G-QLED）。为了减少 HTL 和 QD 之间的能级失配以及金属氧化物表面的激子猝灭，他们为 G-QLED 引入了 PFI 混合的掺铜的氧化镍（Cu-NiO）HTL。Cu-NiO 与 PFI 混合将增加功函，并引起 Cu-NiO 与 PFI 之间的相分离。因此，在表面发生能带弯曲，可以进行有效的空穴注入。HTL 上的相分离PFI 分子会影响量子点层的厚度和致密性，并使量子点层与 HTL 之间形成平滑的界面。PFI 和 Cu-NiO 混合 HTL 的 G-QLED 的最大发光效率可达到 7.3cd/A，EQE可达到 2.14，约是具有 Cu-NiO HTL 的 QLED 的 4 倍，如图 6-4（a）所示。与此同时，与有机材料相比，无机材料具有更高的稳定性和更低的成本，所以在 QLED中始终需要使用坚固的无机电荷传输材料。2018 年，Ji 等[45]用超薄的 Al_2O_3 钝化层修饰经过固溶处理的 NiO（s-NiO）表面，实现了全无机 QLED。瞬态分辨光致发光和 X 射线光电子能谱测试均表明 Al_2O_3 层可有效钝化 s-NiO 表面的 NiOOH，从而抑制激子猝灭，如图 6-4（b）所示。这将加入了 Al_2O_3 钝化层的全无机 QLED的最高效率提升了 8 倍以上，发光效率能达到 34.1cd/A，EQE 达到 8.1%。这提出了一种可能适用于照明和全彩色面板显示器的全无机 QLED 的方法。

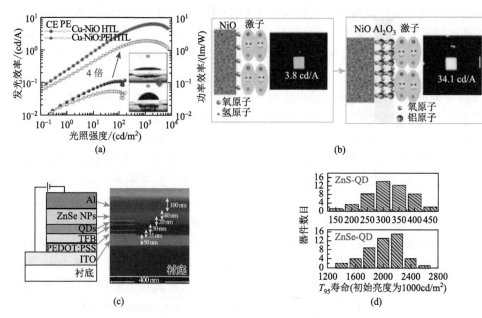

图 6-4　（a）Cu-NiO HTL 的 QLED 与 PFI 和 Cu-NiO 混合 HTL 的 G-QLED 的比较[44]；（b）Al_2O_3钝化层抑制激子猝灭图[45]；（c）ZnSe-QD 的 QLED 器件结构示意图与截面 SEM 图；（d）从 48 个ZnSe-QD 器件和 48 个 ZnS-QD 器件测得的初始亮度为 1000cd/m 的 T_{95} 寿命的直方图[46]

　　在寻找合适空穴传输层的同时，也可以通过对量子材料能带结构调控以匹配 QLED 中相邻层的空穴注入来改善器件的载流子注入效率。例如，Cao 等[46]通过对量子点能带结构的调控，大大提高了器件中空穴的注入效率，获得了具有超长使用寿命的高性能 QLED，见图 6-4（c）。通过梯度组成和壳厚度调整能带结构，他们成功合成了一种具有 ZnSe 外壳的高光致发光量子产率（photoluminescence quantum yield，PLQY）量子点。与空穴的注入势垒相比，该量子点具有极小的载流子注入势垒。如图 6-4（d）所示，基于 ZnSe-QD 的 QLED 初始亮度为 1000cd/m^2 下的 T_{95} 寿命（即，亮度下降到 95%所用的时间）可超过 2300h，100cd/m^2 下的 T_{50} 寿命更超过了 2×10^6h，比以前的报道高出了约一个数量级。这种高稳定的 QLED 可彻底满足显示行业的要求。

　　作为一种发光材料，钙钛矿的发光效率非常高，是纳米尺度集成光子学领域非常有潜力的一种光源材料。全无机卤化铯铅钙钛矿拥有出色的发光量子效率，因此被认为是应用于 LED 的理想材料。然而，钙钛矿 LED（perovskite LED，PeLED）的低效率和低稳定性阻碍了其商业化的进程。Liao 课题组[47]报道了一种非常均匀且平坦的 CsPbBr$_3$ 膜，该膜由基于一步前体涂层的自组装核壳结构量子点（self-assembly core-shell structured quantum dot，SCQD）组成。CsPbBr$_3$ 薄膜中的 QD 尺寸约为 4.5nm，小于玻尔半径，可以在极大程度上限域注入的载流子，使得 CsPbBr$_3$ 量子点拥有极高的激子结合能（exciton binding energy，E_b）。此外，由长链铵基团苯丙氨酸溴化物（phenylalanine bromide，PPABr）组成的薄表面覆盖层可钝化表面缺陷，降低器件内部的非辐射复合率，从而使得材料拥有极高的 PLQY（85%）。这些优点也使得基于 CsPbBr$_3$ SCQD 的绿色 PeLED 拥有高的 EQE（15%），并且具有很好的稳定性，如图 6-5（a～c）所示。随着社会的发展，现代人类对科技的需求越来越大，要求越来越高。可穿戴电子设备随之发展，而可伸展的 LED 和 EL 电容器则为这类科技产品带来了新的机会。Li 等[48]展示了一种效率高、机械柔韧性好的有机金属卤化物钙钛矿 QD-LED。如图 6-5（d～f）所示，这个超薄（<3μm）的 LED 器件可以很好地工作在有表面褶皱的弹性体衬底上，同时拥有高达 9.2cd/A 的发光效率，这类 LED 不仅比传统的二极管 LED 具有更广泛的应用场景，而且拥有更优异的性能，其发光效率比在刚性 ITO 玻璃衬底上制造的二极管要高 70%。作为可伸展的 LED，它可以承受 1000 次 20%拉伸应变的拉伸释放循环，并且其 EL 性能的波动很小。这证明钙钛矿量子点 LED 在多功能光源（如柔性）中还有更大的潜力。

　　目前，量子点 LED 已经获得了长足的发展，其所表现出的优异的发光性能、长的使用寿命等优点，使得其在新一代可穿戴绿色发光光源应用方面具有非常好的应用前景。

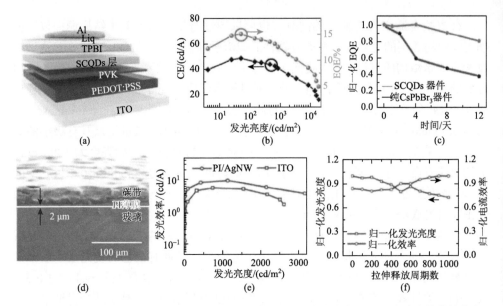

图 6-5 （a）基于 CsPbBr$_3$ SCQD 的 PeLED 的示意图；（b）发光效率和 EQE 与亮度的特性曲线；
（c）通过对器件进行间歇性测试，可实现长期稳定性，在 50cd/m^2 的初始亮度下，SCQD 器件的驱
动电流密度为 0.1mA/cm^2，而纯 CsPbBr$_3$ 器件的驱动电流密度为 1.1mA/cm^2[47]；（d）厚度为 2μm 的
聚酰亚胺（PI）薄膜横截面的 SEM 图像；（e）在 PI/AgNW 和 ITO 玻璃衬底上制造的 QD-LED
的发光效率；（f）在 0% 和 20% 应变之间，可拉伸 QD-LED 的归一化发光亮度和归一化发光效率与
拉伸释放周期数的关系[48]

6.2　一维纳米线发光二极管

　　一维纳米结构是指在两个维度上具有纳米尺寸的微小结构，包括纳米线、纳
米管、纳米棒、纳米纤维等。与量子点比较类似，其在空间上对激子也具有很强
的限域作用，在高效发光器件上具有很好的应用前景。同时，一维半导体纳米结
构是一个天然的可调谐谐振腔，这使得它在单色高强度发光器件方面，如纳米激
光器，具有重要的潜在应用价值。

6.2.1　基于 ZnO 纳米线的 p-n 结电致发光器件

　　作为一种重要的宽禁带直接带隙半导体材料，ZnO 一直是纳米光电子领域研究
的热门材料，其在高效发光器件方面具有广阔的应用前景。2000 年 Hatanaka 等[49]
首次报道了基于一维 ZnO 纳米同质结在低温条件电注入下的紫外和可见光波段的电
致发光。2007 年，Jeong 等[50]报道了基于 ZnO 纳米线阵列的蓝光 LED，构建了一个
三明治结构的器件，最下层为掺 Mg 的 p 型 GaN 膜，中间垂直阵列了一层 n 型的 ZnO
纳米线，最上层覆盖掺 Al 的 n 型 ZnO 膜 ［图 6-6（a）］。与薄膜构成的异质结 LED

相比，其因为纳米级结没有晶体缺陷而具有良好的界面接触，所以在注入电流很小的情况下，此 LED 也表现出了很高的 EL 光强 [图 6-6 (b)]。在此结构基础上，次年，杨培东等[51]通过金属有机化学气相沉积（metal organic chemical vapor deposition，MOCVD）法生长了 p 型 GaN 薄膜，然后通过简单的低温溶液法，在薄膜外延生长了竖直的 n 型 ZnO 纳米线阵列，更高效地制备了基于纳米线阵列的

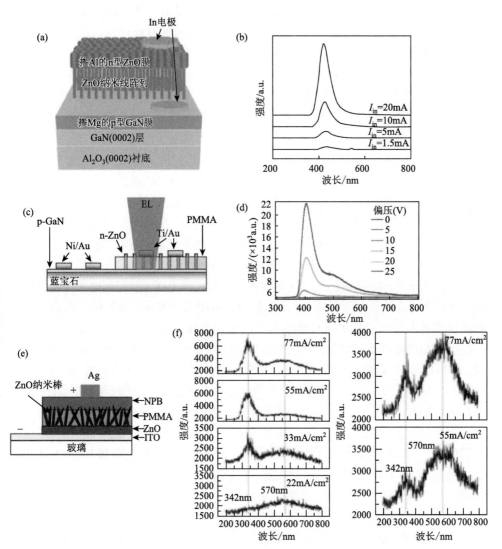

图 6-6　(a) 掺 Mg 的 p 型 GaN 膜/n 型 ZnO 纳米线阵列/掺 Al 的 n 型 ZnO 膜结构 LED 示意图；(b) 不同注入电流下的 EL 光谱图[50]；(c) MOCVD p 型 GaN 膜/n 型 ZnO 纳米线阵列结构 LED 与 EL 发光位置示意图；(d) 不同正偏压下的 EL 光谱图[51]；(e) 无机/有机异质结 LED 示意图；(f) 不同注入电流下的 EL 光谱图（NPB 厚度：左 200nm，右 300nm）[52]

蓝光 LED［图 6-6（c）］。如图 6-6（d）所示，器件在较大的正偏压下可以发出明亮的肉眼可见的蓝光。并且测得的光谱表明，蓝光是由 p 型 GaN 薄膜中受主的能带跃迁控制产生的。该器件的垂直纳米线结构充当了薄膜的光波导。

与此同时，X. W. Sun 等[52]加入了有机物 N, N'-二（萘-2-基）-N, N'-二苯基联苯胺（NPB）制备了一种无机/有机异质结 LED，其由空穴传输层 NPB 和电子传输层 n 型 ZnO 纳米棒组成。如图 6-6（e）所示，采用水热分解法制备出 n 型的 ZnO 纳米棒阵列，然后在阵列的顶部旋涂一层聚甲基丙烯酸甲酯（PMMA）以形成光滑的表面，并露出 ZnO 纳米棒的顶部用于随后 NPB 的沉积。图 6-6（f）中，在 EL 光谱中观察到了 342nm 处的异常蓝移的 ZnO 带边发光，这是 ZnO 导带被 ZnO/NPB 界面处的电子积聚填满而导致的。这项工作在单纯的无机材料 LED 中加入了有机元素，大大提高了一维纳米 LED 器件的稳定性与寿命，并引入了一些有机材料所具有的特征，如柔性等，为之后 LED 的研究发展提供了新的思路。

半导体的发光不仅取决于载流子注入和复合的效率，还取决于提取效率。从 2009 年开始，Wang 课题组就开始大力研发 ZnO 纳米线 LED。他们先是通过在 p 型 GaN 圆片上直接生长 n 型 ZnO 纳米线阵列制造了发紫外-蓝光的阵列 ZnO/GaN 异质结 LED[53]［图 6-7（a）］。此方法的提出进一步简化了一维纳米 LED 器件的制备过程。他们还利用 n 型 ZnO 纳米线/p 型 GaN 衬底的非中心对称性质，通过施加应力在纳米线内产生压电势。由于具有非中心对称性的晶体中离子的极化，晶体在应力的作用下会产生压电势。压电势能充当"栅极"电压，以调节电荷传输并增强载流子注入，这被称为压电效应。压电势和在界面附近的局部压电电荷在通道中的界面区域捕获空穴引起了能带修改，从而导致了局部偏电压的有效增加[54]。压电效应可以通过微调电子电流，来匹配空穴电流，并增加靠近空穴的局部空穴密度，因此，2013 年该课题组制备了一种高效的 ZnO 纳米线/p-聚合物混合无机/有机紫外 LED。如图 6-7（b）所示，在施加适当的应变后，该 LED 的 EQE 至少提高了 2 倍，大约可达到 5.92%[55]。同年，他们用单个的 n-ZnO 纳米线/p-GaN LED 组成单个像素点，由于压电效应，其发光强度取决于局部应变。如图 6-7（c）和（d）所示，该器件基于图案化的 n 型 ZnO 纳米线阵列，其中纳米线阵列空隙被 PMMA 渗透填充，并且透明 ITO 层作为公共电极。在蓝宝石衬底上模制的凸字符图案（如"ABC"）用于在 ITO 电极顶部施加压力图。如颜色代码所示，被模具覆盖的 ZnO 纳米线被单向地压缩，并且在其上部产生负压电势，而未被模具接触的纳米线则不产生压电势。由此得到的纳米线 LED 压力传感器阵列可以映射出二维分布的应变，其空间分辨率可达到 2.7μm，对应 6350dpi 的像素密度[56]。在此基础上，两年后，他们用 PEDOT:PSS 和图案化的 ZnO 纳米线组成了一种柔性 LED 阵列，见图 6-7（e），其空间分辨率为 7μm，用于绘制空间压力分布图。LED 阵列传感器矩阵的发射强度主要由压电效应引起的局部应变控制。因此，通过基于电致发光工作机制并行读取 LED 阵列的照明强度，可以立即获得空间压力分布。因其高空间分辨率和柔性的特点，该柔性 LED 在电子皮肤领域拥有巨大的潜力[57]。

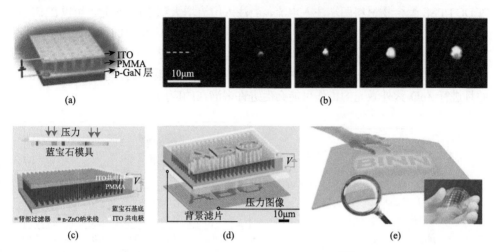

图 6-7　（a）p 型 GaN 圆片/n 型 ZnO 纳米线阵列结构 LED 示意图[53]；（b）施加不同应变时，封装的单线 LED 发射端的 CCD 图像，虚线表示 ZnO 纳米线/p-聚合物核壳结构的位置，比例尺为 10μm[55]；（c，d）在施加压缩应变之前和之后基于纳米线阵列 LED 的压力传感器阵列的设计示意图[56]；（e）施加应变后，ZnO 纳米线/p-聚合物阵列 LED 示意图，插图为柔性设备的照片[57]

　　早在 1998 年，基于一维 ZnO 纳米材料的光泵浦激光已经被观察到，而对于 ZnO 半导体纳米材料的电泵浦激光直到 2006 年才被 E. S. P. Leong 等研究人员报道[58]。ZnO 紫外激光器的工作可能会促进许多潜在的应用，其异质结纳米线二极管结构可用于实现更强的功率输出。2011 年，Sun 课题组首次在化学气相沉积方法制备的 ZnO 纳米棒中实现了高效的回音壁模式（whispering gallery mode，WGM）微区光致发光和激射，同时还在构筑的 n 型 ZnO/p 型 GaN 异质结中获得了电致回音壁模式的受激发射[59]。图 6-8（a）展示了 n 型 ZnO/p 型 GaN 异质结器件结构示意图，将 n 型 ZnO 微米棒放置在高掺杂的 p 型 GaN 衬底上，之后旋涂上一层 PMMA 包裹固定住 ZnO 微米棒，然后分别在 ZnO 和 GaN 上施加源漏电源。从图 6-8（b）中电致发光光谱和注入 p-n 结的电流关系曲线可以得出，当 p-n 结两端注入电流小于 10mA 时，器件发光主要源于 ZnO 微米棒的带边发射，其发光峰位于 388nm。当注入电流达到 12mA 以后，ZnO 发光光谱逐渐变窄，同时出现锐利的激射模式。通过分析发现这些激射波长与光泵浦 WGM 模式的波长位置几乎一致，确认了 n 型 ZnO/p 型 GaN 异质结产生的电致激射 WGM 模式。次年，北京科技大学 Zhang 课题组通过在 n 型 ZnO 微纳米线周围覆盖 p 型聚合物材料 PEDOT:PSS，构建了一种有机/无机 p-n 异质结器件，并实现了低激光阈值的 WGM 模式电致激光[60]。图 6-8（c）和（d）分别展示了此器件结构和该器件在不同注入电流下的 WGM 模式的光谱。将一根 ZnO 纳米线的一端覆盖上一层 p 型聚合物材料，然后在两端同时做上电极，这样在两者接触的界面就形成了 WGM 谐振腔。在 n 型 ZnO 纳米线和 p 型 PEDOT:PSS 聚合物材料两端注入电流，当注入电流增大到 3.12μA 时，可以在 EL 光谱中看到激射峰，并且其特征峰的强度随着 p-n 结两端注入电流的增加而逐渐变强。ZnO 的本征激子发射以下的共振和电子积累与高偏压下 ZnO/PEDOT:PSS 界面处的能带填充效应有关。ZnO/PEDOT:PSS 结构弥合了有机体系和无机体系之间的鸿沟，并且进行 ZnO 紫外激光的工作可能会促进许多潜在的应用。

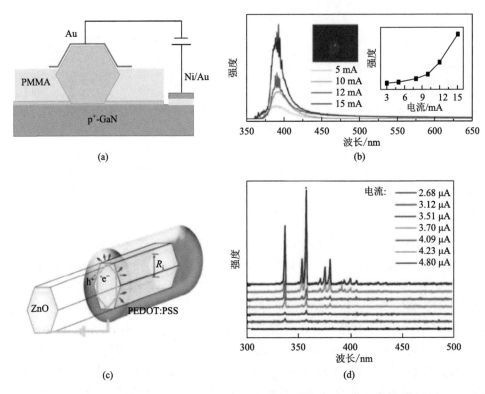

图 6-8　（a）n 型 ZnO 微米棒和 p 型 GaN 异质结器件结构示意图；（b）ZnO 微米棒和 GaN 异质结的 EL 光谱图；插图是电致发光照片、电致发光强度和注入电流的关系曲线[59]；（c）n 型 ZnO 纳米线和 p 型 PEDOT:PSS 聚合物异质结器件结构增益反馈示意图；（d）该有机/无机异质结在不同注入电流下的 EL 光谱图[60]

此外，加利福尼亚大学的 Liu 课题组也一直专注于研发 ZnO 纳米线的电泵浦激光。2011 年，他们展示了一种电泵浦的法布里-珀罗（Fabry-Perot，FP）型波导激光器，该激光二极管由掺 Sb 的 p 型 ZnO 纳米线和 n 型 ZnO 薄膜组成，见图 6-9（a）[63]。此结构利用 ZnO 纳米线两端的光滑平面，组成了一个较好的 FP 腔，为激光的产生提供了良好的增益空间。如图 6-9（b）所示，当在 n 型 ZnO

薄膜和 p 型 ZnO 纳米线顶端电极注入电流达到 50mA 时，激光二极管开始出现激光特征。随着注入电流的增加，发光现象越发明显。当注入电流达到 70mA 时，激光二极管发光强烈，且激射特征相当明显。此外，FP 型紫外激光还在室温下显示出了良好的稳定性。ZnO 纳米线具有天然的 FP 腔，且其折射率和激子结合能都较大，因此是极好的随机激光介质材料。2014 年，Liu 等演示了具有 10 个 SiO_2/SiN_x 周期分布的布拉格反射器（DBR）的电泵浦掺氮 p 型 ZnO 纳米线/n 型 ZnO 薄膜同质结随机激光器，此激光二极管具有低阈值的随机激射[62]。如图 6-9（c）所示，在 Si 基衬底与 ZnO p-n 结之间，插入一层 DBR，其中 ZnO p-n 结由 n 型 ZnO 薄膜和与之表面垂直排列的 p 型 ZnO 纳米线构成。由图 6-9（d）可以看出，当注入电流为 3mA 时，该器件的激射特征已经相当明显了。次年，他们还展示了基于 Au-ZnO 纳米线肖特基结二极管的电泵浦随机激射[63]。如图 6-9（e）所示，在 ZnO 纳米线与 ITO 玻璃间加入一层金膜，使之形成肖特基结。该器件具有良好的随机激光特性，如图 6-9（f）所示，在 100mA 的注入电流下，输出功率约为 67nW。此基于肖特基结的激光二极管为研发半导体随机激光器提供了另一种新途径。

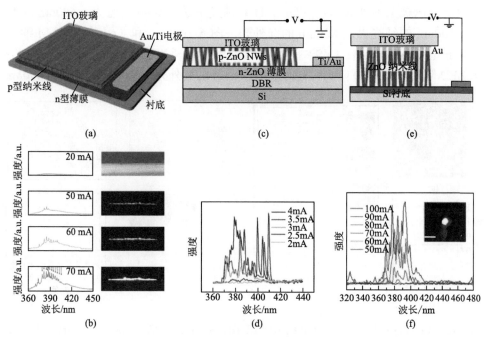

图 6-9　（a）p 型 ZnO 纳米线/n 型 ZnO 薄膜构成的 FP 型激光二极管示意图；（b）FP 型激光二极管在不同注入电流下的 EL 光谱图及其对应的光学图片[61]；（c）DBR/n 型 ZnO 薄膜/p 型 ZnO 纳米线结构随机激光器示意图；（d）DBR 随机激光器在不同注入电流下的 EL 光谱图[62]；（e）Au-ZnO 纳米线肖特基结激光二极管示意图；（f）肖特基结激光二极管在不同注入电流下的 EL 光谱图[63]

6.2.2 基于Ⅲ-Ⅴ族和Ⅱ-Ⅵ族纳米线的 p-n 结电致发光器件

2001 年，M. Lieber 课题组的段镶锋等在 *Nature* 上报道了一种由 InP 纳米线组装的功能纳米级器件[64]，其电学性能由选择性掺杂控制。InP 纳米线可以被合成为 n 型或 p 型纳米线。这些掺杂的 InP 纳米线起着纳米级场效应晶体管（field-effect transistor，FET）的作用，还可以组装成具有整流特性的交叉型 pn 结。如图 6-10（a）和（b）所示，InP p-n 结纳米线 EL 发光明显，且随施加偏压的增加而显著增强。仅由两根纳米线和四个电极构成的 LED，可能是当时最小的 LED。在此基础上，2005 年，该课题组的黄昱等使用溶液法大量制备了从紫外到近红外光谱范围发光的纳米 LED 阵列，该方法将可发光的电子掺杂半导体纳米线与不发光的空穴掺杂硅纳米线组装在一起，构成交叉的纳米线架构[65]。单色和多色纳米 LED 器件和阵列的颜色由Ⅲ-Ⅴ和Ⅱ-Ⅵ纳米线构件的带隙决定。如图 6-10（c）所示，可以看出 p 型 Si 纳米线与 n 型 CdS 纳米线、CdSSe 纳米线、CdSe 纳米线、InP 纳米线分别组成了交叉型 p-n 结，通过在两根纳米线两端的电极上施加偏压，这些 LED 分别发出了 510nm 的蓝光、600nm 的黄光、700nm 的红光以及 820nm 的红外光。图 6-10（d）和（e）将 p 型 Si 纳米线与 n 型 GaN 纳米线、CdS 纳米线、CdSe 纳米线垂直放置，做成了一个三色纳米 LED 阵列，该 LED 阵列可同时发出 365nm 的紫外光、510nm 的蓝光和 690nm

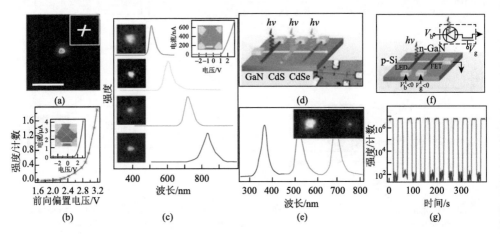

图 6-10　（a）2.5V 正偏压下的 InP 纳米线 EL 图，插图为 PL 图，比例尺为 5mm；（b）EL 强度与施加电压的关系，插图为 *I-V* 特性图，内插图为结本身的 SEM 图，比例尺为 5mm[64]；（c）Ⅲ-Ⅴ和Ⅱ-Ⅵ纳米线与 Si 纳米线组成的 LED 的 EL 光谱及其对应的发光图，插图为 CdS 纳米线器件 SEM 图及其 *I-V* 特性，比例尺为 1μm；（d）三色 LED 示意图及其 SEM 图；（e）三色 LED 的 EL 光谱及其发光图；（f）LED-FET 器件示意图及其等效电路图；（g）固定偏压−6V 下，当施加到纳米线栅极的电压在 0 和＋4V 之间切换时，EL 强度与时间的关系[65]

的红光。图 6-10（f）和（g）分别为交叉纳米线 LED 和 FET 集成的示意图和时间相关 EL 光开关图。将两根 n 型 GaN 纳米线与一根 p 型 Si 纳米线交叉得到 LED-FET 阵列。p 型 Si 纳米线接地，第一根 n 型 GaN 纳米线加上负偏压，形成了一个正向偏置的 p-n 二极管，该二极管用作 LED；第二根 n 型 GaN 纳米线加上正偏压，与接地的 p 型 Si 纳米线形成了一个反向偏置的 p-n 二极管，并阻止电流流过第二根 GaN 纳米线。由此，正偏置的 GaN 纳米线可以用作局部栅极，以调节流经 Si 纳米线的电流，并形成纳米 FET，以调节纳米 LED 的发光强度和流经纳米 LED 的电流。该方法已扩展为将纳米电子器件和纳米光子器件集成，并使用纳米晶体管来对纳米 LED 进行开关控制。纳米 LED 可用于光学激发发光分子和纳米团簇，由此可以实现多路复用分析功能的一系列集成传感与检测"芯片"。

此外，该课题组的 Qian 报道了一种核/多壳（core/multishell，CMS）纳米线径向异质结，并将其做成了高效、组分可调的多色纳米 LED。通过 MOCVD 制备了具有 n 型 GaN 核和 $In_xGa_{1-x}N$/i-GaN/p 型 AlGaN/p 型 GaN 壳的 CMS 纳米线，如图 6-11（a）所示，其中通过 In 的摩尔分数 x 的调控可以调节器件的 EL 发光波长[66]。如图 6-11（b）所示，CMS 纳米线 LED 发光极强，且铟含量从 1%增加到 40%时，发射峰会出现系统性的红移。EL 光谱测量表明，在正向偏置下，CMS 纳米线可作为 LED，在 365～600nm 范围内可调发光，并且具有高量子效率。合理合成氮化物 CMS 纳米线异质结为集成纳米级光子系统（包括多色激光器）打开了新的大门。此后，2010 年，Tomioka 等通过选区金属有机气相外延法在硅基上集成了 GaAs 纳米线 LED，其中，在硅基上直接生长的 GaAs/AlGaAs 核/多壳纳米线具有径向 p-n 结的特性，且此纳米线 LED 阵列垂直排列在硅基上，如图 6-11（c）所示[67]。由图 6-11（d）可知，该 LED 电致发光的阈值电流为 0.5mA，并且 EL 强度随着电流注入的增加而呈超线性增加，这表明该纳米线 LED 超强发光。此研究为在 Si 基上的Ⅲ-Ⅴ族纳米线的单片上集成开辟了新的可能性。

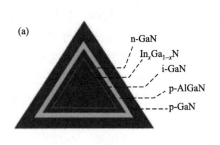

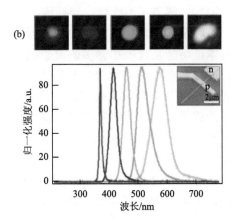

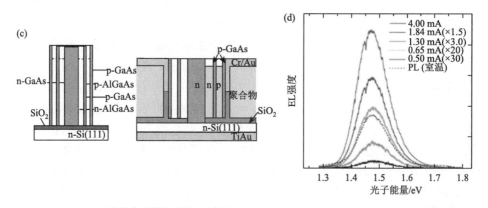

图 6-11 （a）CMS 纳米线结构的截面示意图；（b）CMS 纳米线多色 LED 的 EL 光谱图及其对应的光学图像，插图为 CMS 纳米线器件的 FESEM 图[66]；（c）GaAs/AlGaAs CMS 纳米线结构及其 LED 器件结构示意图；（d）室温下，该 LED 不同注入电流时的 EL 光谱图，其中实线表示 EL，虚线表示室温下的 PL[67]

6.3 二维半导体发光二极管

　　二维原子晶体是指由单原子层或几个原子层构成的晶体材料，因载流子迁移和热量扩散都被限制在二维平面内，其展现出了许多奇特的性质而受到广泛关注。对该类材料的探索可以追溯到 2004 年，英国曼彻斯特大学的 A. K. Geim 及其同事使用胶带首次从块体石墨中剥离制备出单原子层厚度的石墨烯晶体[68, 69]。单原子层厚度的石墨烯具有很多优良特性，如超高的载流子迁移率和透光率、超高比表面积、室温下的量子霍尔效应、优异的光透明度以及优良的电导率和热导率等，使其在电子学、光学、磁学等领域有巨大的应用潜力[70-72]。之后，其他二维原子晶体材料，如黑磷、过渡金属硫族化合物（TMDs）、六方氮化硼、硅烯等也都在各自领域取得了很大进展[73-78]。迄今已经发现了几十种性质截然不同的二维材料（图 6-12），涵盖了绝缘体、半导体、超导体等不同的材料属性。

　　过渡金属硫族化合物（TMDs）是类似于石墨烯的层状材料，其相比石墨烯拥有本征带隙从而吸引诸多研究者的研究兴趣。TMDs 具有纳米级厚度、能带可调、光吸收效率高、比表面积巨大以及光致发光等优异的物理化学性质，从而在光学、电学等领域具有广泛的应用前景，其中对发光二极管的研究已取得了一定的成果。已有的研究表明，有机发光二极管（OLED）具有成本低、密度小以及柔性等特点，但是为了降低驱动电压，需要具有合适功焓的 PEDOT:PSS 作为空穴注入层（HIL）。然而，PEDOT:PSS 表现出酸性和吸潮性，会腐蚀 ITO 电极进而导致 OLED 快速降解，因此不利于实际应用。而 TMDs 材料表面没有悬挂键，可以有效降低与其他物质发生化学反应的可能性，进而提高其在空气中的稳定性[79]。目前基于 TMDs 材料的电致发光器件根据结构类型主要分为横向单层器件和 p-n 结器件。

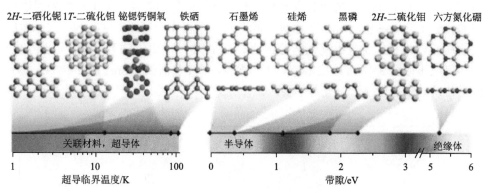

图 6-12 系列二维原子晶体材料

6.3.1 Schottky 型发光二极管

2013 年，Sundaram 等[80]利用 PMMA 辅助转移的方法在透明玻璃衬底制备了基于单层 MoS_2 的场效应晶体管（field-effect transistor，FET），并研究其电致发光性能（图 6-13）。对比单层 MoS_2 的吸收、PL 和 EL 光谱，发现它们具有相同的激发态。EL 发光具有明显的阈值行为，并集中在与金属的接触处。接触边缘处的光电流响应主要是由 MoS_2-Cr/Au 界面处形成肖特基势垒对电流进行调控产生的。然而，相对于其他发光器件，如碳纳米管[81]，该单层 MoS_2 FET 缺乏有效的电子和空穴的注入，导致其电致发光效率低、单色性差。

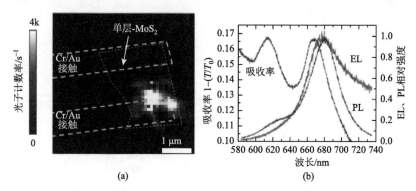

图 6-13 （a）单层 MoS_2 接触边缘附近 EL 发射图像；（b）相应的吸收、PL 和 EL 光谱[86]

众所周知，$CsPbBr_3$ 钙钛矿单晶材料的发光效率非常高，所以是纳米尺度集成光子学领域非常有潜力的光源材料[82-85]。但是，钙钛矿材料易被极性溶液溶解，而传统的光刻工艺都有极性溶剂的参与，这使得将具有优异发光性能的 $CsPbBr_3$

钙钛矿材料制备成发光器件成为一个极具挑战性的课题。2017 年，作者所在实验室[86]通过直接在预先设计好图案的 ITO 电极上进行生长的方式,解决了这个难题,实现了高性能 CsPbBr₃ 钙钛矿肖特基发光二极管器件的制备。该工作首先通过传统的光刻工艺制备出一对 ITO 电极，再将 ITO 电极作为钙钛矿生长的衬底，然后直接在 ITO 电极上生长出高性能的钙钛矿 LED 器件，如图 6-14（a）所示。该 LED 的开启电压低至 3V，而且发光光谱性能优越，半高宽低至 22nm[图 6-14（b,c）]，满足传统的集成电路片上光源的要求。

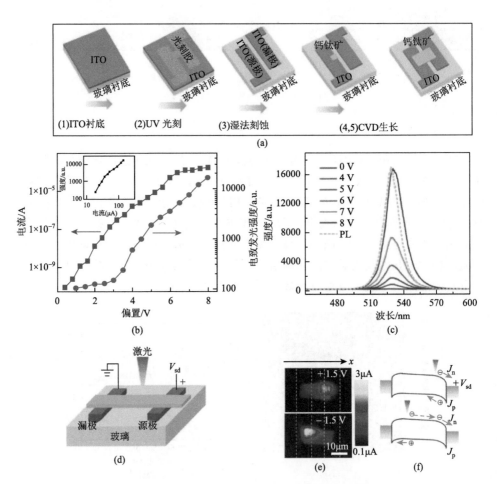

图 6-14 （a）CsPbBr₃ 肖特基器件制备过程；（b）CsPbBr₃ 肖特基器件随电压变化的电流强度和电致发光强度；（c）CsPbBr₃ 肖特基器件随电压变化的电致发光光谱和光致发光谱；（d）扫描光电流成像测试的实验装置结构图；（e）光电流成像图；（f）正偏压电极处结区的能带图[86]

利用扫描光电流光谱的实验装置，表征了这个肖特基器件的光电流成像信息，见图 6-14（d）和（e），由于 CsPbBr$_3$ 钙钛矿与 ITO 电极接触的区域都形成了肖特基势垒，造成了能带弯曲，因此当激光照射在正电极附近时，能带弯曲会大大地促进光生载流子的分离进而导致大量的光生载流子穿过结区被电极收集。但当激光远离肖特基结区时，不仅能带弯曲促进载流子分离的效应大大减弱，另外考虑到光生电子（少数载流子）在电场迁移下呈现指数级衰减，因此光电流强度明显地减弱［图 6-14（f），J_n 表示电子电流，J_p 表示空穴电流］。所以光电流成像表征表明在 ITO 与 CsPbBr$_3$ 钙钛矿的界面形成了肖特基势垒，从而实现了钙钛矿电子空穴在电极附近有效注入和高质量发光。开尔文探针力显微镜和原子力显微镜测试更是直接证明 CsPbBr$_3$ 钙钛矿和 ITO 之间存在费米能级差，因此会导致内建电场和能带弯曲的形成，如图 6-15（a）和（b）所示。表面电势均匀地分布在 CsPbBr$_3$ 钙钛矿上，但在边缘突然变化。该表面电势测量表明，CsPbBr$_3$ 钙钛矿的费米能级比 ITO 电极的费米能级大约低 35meV。因此，可以预料负偏压施加电极（EL 的区域）附近的热平衡能带图如图 6-15（d）所示。除此之外，钙钛矿场效应晶体管输出特性曲线表现出指数型曲线规律，也

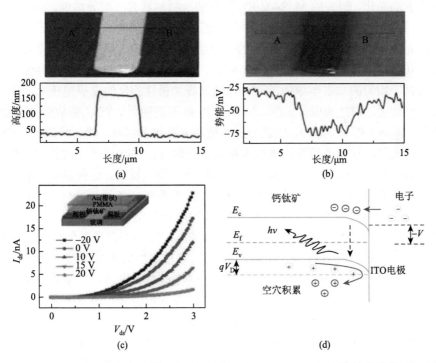

图 6-15　（a）CsPbBr$_3$ 肖特基器件的原子力显微图片；（b）CsPbBr$_3$ 肖特基器件的开尔文探针力显微图片；（c）CsPbBr$_3$ 晶体管的输出特性曲线；（d）外加负向偏压时，CsPbBr$_3$/ITO 结区的能带弯曲原理图[86]

间接证明了肖特基势垒的形成［图 6-15（c）］。通过直接生长钙钛矿纳米结构来制造基于卤化物钙钛矿的纳米级光电器件，这一简单实用的方法在片上集成光子电路系统中有潜在应用。

6.3.2 p-n 结发光二极管

此外，电致发光可以通过构造 p-n 结来实现，通过施加偏压使电子和空穴复合并以光子的形式释放出能量。TMDs 因其独特的光学性质已成为光电子应用的潜在候选者。2014 年 Yin 等[87]制备了一种 MoS_2-MoO_3 混合纳米材料，在空气喷涂过程中，MoS_2 纳米片首先被部分氧化为 $MoS_{2-x}O_x$。4h-SiC 衬底上 $MoS_{2x}O_x$ 膜的成分通过 XPS 得到证实。随后，在高温下实现了 $MoS_{2-x}O_x$ 薄膜的热退火结晶，从而形成 SiC/MoS_2-MoO_3 薄膜，制成了 LED 器件，见图 6-16（a）。图 6-16（b）显示了在施加不同正向电压时的 EL 光谱。在拟合 18V 施加电压情况下的 EL 光谱后，发现 EL 光谱显示出较宽的发射轮廓，四个子能带分别位于 411nm、459nm、553nm 和 647nm 附近。基于热膨胀的 MoS_2 纳米片在空气中的热辅助部分氧化和热退火驱动晶化，制备的 MoS_2-MoO_3 混合纳米材料具有 p 型导电性，可作为器件中的 p 型空穴注入层有效地工作。作为概念应用的证明，采用 n 型 SiC/p 型 MoS_2-MoO_3 异质结作为发光二极管的有源层，并从理论上研究了器件电致发光的起源。其可用于各种功能性应用，如电子、光电子、清洁能源和信息存储。

而对于均匀的二维半导体，则可以通过施加极性相反的栅极电压来产生 p 型和 n 型掺杂区，使之形成 p-n 结。2014 年 Ross 等证明[88]，在单层 WSe_2 中通过静电诱导（$V_{g1} = -V_{g2} = +8V$），使之形成 p 型和 n 型掺杂区域，然后将薄层 h-BN 材料作为介电层，这两个掺杂区域被未掺杂区域隔开，并在其下方设置多个金属门电路，如图 6-16（c）所示，就可以实现静电诱导电致发光。这种结构可以实现电子和空穴的有效注入，并结合 WSe_2 较高的发光效率，使得该器件在 300K 的环境下，注入低至 5nA 的超小电流时，注入的电子和空穴也能复合，产生明亮的电致发光，见图 6-16（d）。单层 WSe_2 p-n 结电致发光器件所需的注入电流是单层 MoS_2[80]电致发光器件的 1/1000，而且具有较窄的发光光谱线宽，仅为单层 MoS_2[80]电致发光器件光谱的 1/10。该电致发光光谱与未掺杂单层 WSe_2 的典型 PL 发射光谱相似，因此可以推知，由于强库仑相互作用，注入的电子和空穴形成了激子（包括中性和带电激子以及束缚激子）来复合发光。

受其启发，2017 年 Ya-Qing Bie 等[89]展示了一种基于双层 $MoTe_2$（具有红外带隙的 TMD 半导体）的 p-n 结的硅波导集成光源和光电探测器。如图 6-16（e）所示，在硅波导衬底和 h-BN 层上方的双层 $MoTe_2$ 被 h-BN 电介质层保护，双层 $MoTe_2$ 的电致发光是通过 p-n 结的构成实现的——在左右栅极上分别加上偏压（加正偏压为 n 端，加负偏压为 p 端），使得双层 $MoTe_2$ 展现出横向 p-n 结特性，进而实现双层 MoTe$_2$ 的 EL 发光。其中，MoTe$_2$ 中的载流子浓度由分开的石墨栅极控制，源电极（S）和漏电极（D）是连接着 Cr/Au 电极的石墨烯薄片。从图 6-16（f）看出，MoTe$_2$ p-n 结的左右栅压分别为–8V 和 8V 时，其 EL 光谱和 PL 光谱是类似的，特别是在室温下，EL 光谱和 PL 光谱几乎一致，说明此器件作为 LED 的发光性能极好，用作二维 LED 的发展前景很大。

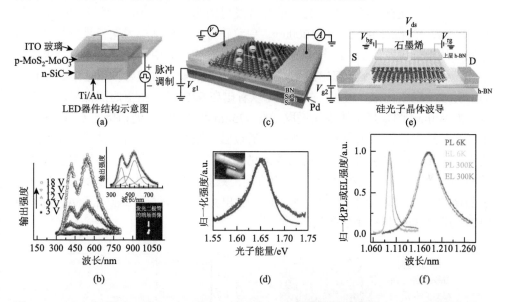

图 6-16　（a）p 型 MoS$_2$-MoO$_3$/n 型 SiC 异质结 LED 器件结构示意图；（b）不同正偏压下的 EL 光谱图，插图为 18V 施加电压下 EL 光谱的拟合图和此时拍摄的 LED 发光暗场图像[87]；（c）单层 WSe$_2$ p-n 结 LED 器件结构示意图；（d）300K（室温）时，5nA 注入电流下的归一化 EL 和 PL 光谱图，插图为此时的 EL 发光图像[88]；（e）硅波导顶部的双层 MoTe$_2$ p-n 结的截面示意图；（f）在 300K 和 6K 时，双层 MoTe$_2$ 薄片的 PL 和 MoTe$_2$ p-n 结的 EL 光谱图，V_{ds} = 2V[89]

6.3.3　量子阱发光二极管

石墨烯和二维材料的兴起引出了一门新的技术：基于这些原子层厚度材料的异质结工程技术。如此又进一步引发一系列新奇光电子器件的发展，如具有负微分电阻特征的隧穿二极管[90]、隧穿晶体管[91]、光伏器件[92, 93]等。异质结工程的灵活性为 LED 器件性能的提升提供了巨大的可能性。目前大部分报道的二维 LED 都是基于横向结构的（如基于肖特基势垒的热辅助发光二极管或 p-n 结发光二极管），但其实纵向异质结更能够减小接触电阻，提高电流密度和增强发光强度。

半导体发光二极管发出的大部分光被高介电材料中的导模所损耗，从而导致低提取效率。2001 年，Erchak 等使用了一种非对称性的二维光子晶体来增强 LED

光发射[94]。如图 6-17（a）所示，下半程由 6 个周期的 GaAs/Al$_x$O$_y$ 的 DBR 和较厚的 Al$_x$O$_y$ 层组成，上半程由带有光子晶体的 InGaP 层构成。使用 810nm 的连续激光来激发微腔，在样品上聚焦的光斑大小为 5μm，泵浦光被 InGaAs 量子阱层吸收，而不是被 InGaP 包层吸收，并被下半程 DBR 反射。聚焦透镜以正常的方向将光收集到离轴 15°。图 6-17（c）为光子晶体的 LED 台面的 CCD 图像，其是在四个不同的滤光镜下拍摄的。每个滤光片发射的光谱具有 10nm 半高宽，中心约在 925nm、950nm、975nm 和 1000nm。白色正方形圈住部分为光子晶体外的发射区域，从量子阱发射的光在横向上都是指数引导的，其中存在一些光与光子晶体中的模式耦合。只有在计算出的 935nm 共振附近的量子阱发射波长才能在垂直方向上有效地提取出来。因此，在图中可以看出在 925nm 处拍摄的图像显示高光提取，而 950nm 图像显示较少光提取。在 975nm 和 1000nm 处拍摄的 CCD 图像由于距离共振太远，显示出光提取很差。通过激光激发整个台面，光子晶体内的平均光致发光强度被绘制为位置的函数，见图 6-17（d）。没有光子晶体的区域发射的 925nm 附近的光致发光强度在垂直方向上最强，然而，此 PL 强度只是从有光子晶体的区域观察到的强度的 1/6。可以看出光子晶体对于二维 InGaAs 量子阱 LED 的发光增强具有明显效果。

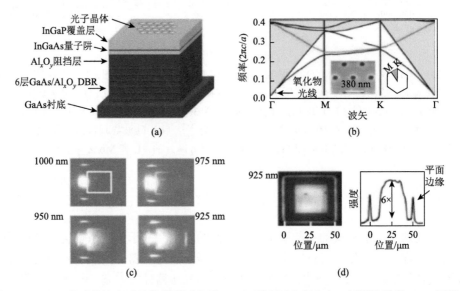

图 6-17　（a）非对称性光子晶体模型示意图；（b）倒空间光程分布，插图为腔的 SEM 图像；（c）以不同波长出射的以 LED 台面为中心的光子晶体的 CCD 图像；（d）在 925nm 附近的 6 倍强度增强图

　　2015 年 Novoselov 课题组[95]基于金属石墨烯（透明导电层）、绝缘氮化硼（隧穿层）以及多种单层半导体材料（量子阱材料），设计了一个复杂的量子阱结构纵向 LED，

其 EQE 高达 10%，并且结合不同的二维半导体材料可以实现发光光谱宽范围可调。
Novoselov 等首先利用剥离/抬起范德瓦耳斯技术制备出量子阱发光二极管
（quantum-well LED，QW-LED）器件，图 6-18（a）所示为单量子阱发光二极管
（single-quantum-well LED，SQW-LED）器件，图 6-18（b）所示为多量子阱发光二极
管（multiple-quantum-well LED，MQW-LED）器件。量子阱器件的扫描透射电子显微
镜图片［图 6-18（c）和（d）］表明 Novoselov 等所制备的器件具有原子级平整度。对
单量子阱器件的透明导电层施加电压，可以改变石墨烯狄拉克点和单层半导体材料（如
硫化钼）导带底之间的带排布，进而实现向量子阱材料中注入电子和空穴，引导电致
发光。图 6-18（e）和（f）分别是硫化钼单量子阱发光二极管的光学图片和电致发光
图片。图 6-18（g～j）分别是硫化钼单量子阱器件的结构示意图和零偏压下、低偏压
下以及高偏压下量子阱器件的能带排布示意图。当外加电压超过一个阈值（2.4V）时，
硫化钼量子阱器件开始发出荧光［图 6-18（k）］，这是因为顶层石墨烯的费米能级低于
硫化钼的价带底，产生了有效的空穴注入，同时底层石墨烯能有效注入电子。同时
Novoselov 等在硫化钨量子阱器件上也实现了电致发光，如图 6-18（l）所示。

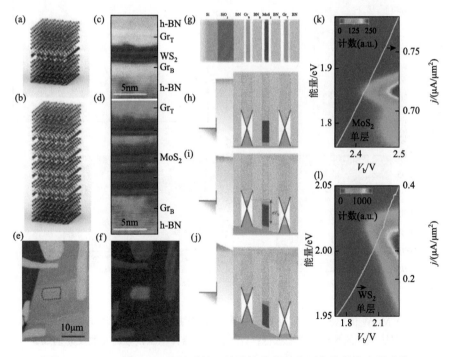

图 6-18　SQW 和 MQW 的异质结器件结构及其随电压依赖的发光谱成像

　（a）单量子阱器件的结构示意图；（b）多量子阱器件的结构示意图；（c）单量子阱器件的扫描透射电子显微镜图
片；（d）多量子阱器件的扫描透射电子显微镜图片；（e，f）硫化钼单量子阱发光二极管的光学图片和电致发光图
　片；（g）硫化钼单量子阱器件的结构示意图；（h，i，j）零偏压下、低偏压下以及高偏压下量子阱器件的能带排布
　示意图；（k）硫化钼量子阱器件电压依赖的荧光光谱成像；（l）硫化钨量子阱器件电压依赖的荧光光谱成像[95]

相比肖特基发光二极管和平面 p-n 结发光二极管，单量子阱发光二极管的量子效率提高了一到两个数量级。但是仍然只有 1%，还是低于应用的要求。所以为了进一步提高发光二极管器件的效率，Novoselov 等设计了一种多量子阱结构器件：提高隧穿层的厚度以及载流子复合的概率。器件结构示意见图 6-18（b）：Si/SiO$_2$/h-BN/Gr$_B$/3h-BN/MoS$_2$/3h-BN/MoS$_2$/3h-BN/MoS$_2$/3h-BN/Gr$_T$/h-BN。同样当外加电压超过一个阈值时，多量子阱发光二极管开始发出荧光［图 6-19（a）］，并且这种发光二极管的电流密度相比单量子阱发光二极管要小两个数量级。更重要的是，这种结构的量子效率高达 8.4%。这是由于注入电子和空穴后，电子和空穴在不同层量子阱材料中重新分布。相比单量子阱器件光致发光谱随外加电压变化的图像，多量子阱器件的电流-电压曲线呈现阶梯状上升，多量子阱器件在外加电压超过 1.2V 时激子的再次出现可以证明这一现象［图 6-19（b～d）］。

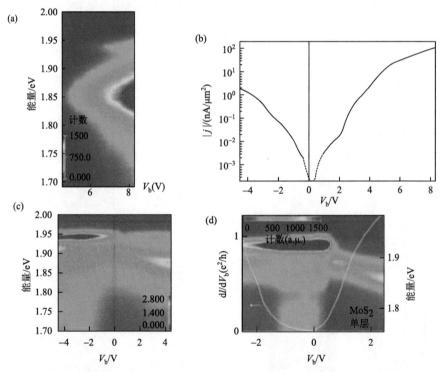

图 6-19　（a）MQW 的电压依赖发光光谱成像；（b）对应图（a）的电流-电压曲线；（c）SQW 器件电压依赖的光致发光谱成像；（d）MQW 器件电压依赖的光致发光谱成像

参 考 文 献

[1] Holonyak Jr N, Bevacqua S. Coherent（visible）light emission from Ga（As$_{1-x}$P$_x$）junctions. Applied Physics Letters，1962，1（4）：82-83.

[2]　Normile D. Physicists change the light bulb. Science，2014，346：149-150.

[3]　Kim S，Im S H，Kim S W. Performance of light-emitting-diode based on quantum dots. Nanoscale，2013，5（12）：5205-5214.

[4]　Steckel J S，Ho J，Hamilton C，et al. Quantum dots：the ultimate down-conversion material for LCD displays. Journal of the Society for Information Display，2016，23（7）：294-305.

[5]　Zhu R，Luo Z，Chen H，et al. Realizing Rec. 2020 color gamut with quantum dot displays. Optics express，2015，23（18）：23680-23693.

[6]　Dupont E，Liu H C，Buchanan M，et al. Pixelless infrared imaging devices based on the integration of an n-type quantum well infrared photodetector with a near-infrared light-emitting diode. Photodetectors：Materials and Devices Ⅳ，1999，3629：155-162.

[7]　Gunapala S D，Bundara S，Liu J K，et al. Long-wavelength 640/spl times/486 GaAs-AlGaAs quantum well infrared photodetector snap-shot camera. IEEE Transactions on Electron Devices，1998，45（9）：1890-1895.

[8]　Levine B F. Quantum-well infrared photodetectors. Journal of Applied Physics，1993，74（8）：R1-R81.

[9]　Liu H C，Li J，Wasilewski Z R，et al. Integrated quantum well intersub-band photodetector and light emitting diode. Electronics Letters，1995，31（10）：832-833.

[10]　Ryzhii V，Ershov M，Ryzhii M，et al. Quantum well infrared photodetector with optical output. Japanese Journal of Applied Physics，1995，34（1A）：L38.

[11]　Ryzhii V，Khmyrova I. Electron and photon effects in imaging devices utilizing quantum dot infrared photodetectors and light-emitting diodes. Symposium on Integrated Optoelectronics，2000.

[12]　Ryzhii V，Khmyrova I，Ryzhii M. Analysis of integrated quantum-well infrared photodetector and light-emitting diode for implementing pixelless imaging devices. IEEE Journal of Quantum Electronics，1997，33（9）：1527-1531.

[13]　Shirasaki Y，Supran G J，Bawendi M G，et al. Emergence of colloidal quantum-dot light-emitting technologies. Nature Photonics，2013，7（1）：13-23.

[14]　Colvin V L，Schlamp M C，Alivisators A P，et al. Light-emitting diodes made from cadmium selenide nanocrystals and a semiconducting polymer. Nature Photonics，1994，370（6488）：354-357.

[15]　Niu Y H，Munro A M，Cheng Y J，et al. Improved performance from multilayer quantum dot light-emitting diodes via thermal annealing of the quantum dot layer. Advanced Materials，2007，19（20）：3371-3376.

[16]　Sun Q，Wang Y A，Lin S L，et al. Bright，multicoloured light-emitting diodes based on quantum dots. Nature Photonics，2007，1（12）：717-722.

[17]　Coe-Sullivan S，Woo W K，Steckel J S，et al. Tuning the performance of hybrid organic/inorganic quantum dot light-emitting devices. Organic Electronics，2003，4（2）：123-130.

[18]　Steckel J S，Snee P，Coe-Sullivan S，et al. Color-saturated green-emitting QD-LEDs. Angewandte Chemie International Edition，2006，45（35）：5796-5799.

[19]　Sun Q，Wang Y A，Li L S，et al. Bright，multicoloured light-emitting diodes based on quantum dots. Nature Photonics，2007，1（12）：717.

[20]　Stouwdam J W，Janssen R A J. Red，green，and blue quantum dot LEDs with solution processable ZnO nanocrystal electron injection layers. Journal of Materials Chemistry C，2008，18（16）：1889-1894.

[21]　Qian L，Zheng Y，Xue J，et al. Stable and efficient quantum-dot light-emitting diodes based on solution-processed multilayer structures. Nature Photonics，2011，5（9）：543.

[22]　陈肖慧，赵家龙. 倒置器件结构及局域等离子体效应对 CdSe 量子点 LED 发光性能的改进. 发光学报，2012，

33（12）：1324-1328.

[23] Yin Y，Yu J，Cao H，et al. Efficient non-doped phosphorescent orange，blue and white organic light-emitting devices. Sci Rep，2014，4（1）：6754.

[24] Castan A，Kim H M，Jang J. All-solution-processed inverted quantum-dot light-emitting diodes. Acs Appl Mater Interfaces，2014，6（4）：2508-2515.

[25] Khan F A A，Phillips C D，Baker R J. Timeframes of speciation，reticulation，and hybridization in the bulldog bat explained through phylogenetic analyses of all genetic transmission elements. Systematic Biology，2014，63（1）：96-110.

[26] Jia H，Liu H，Zhong Y. Role of surface plasmon polaritons and other waves in the radiation of resonant optical dipole antennas. Sci Rep，2015，5：8456.

[27] Kwak J，Bae W K，Lee D，et al. Bright and efficient full-color colloidal quantum dot light-emitting diodes using an inverted device structure. Nano letters，2012，12（5）：2362-2366.

[28] Caruge J M，Halpert J E，Bulović V，et al. NiO as an inorganic hole-transporting layer in quantum-dot light-emitting devices. Nano letters，2006，6（12）：2991-2994.

[29] Mueller A H，Petruska M A，Achermann M，et al. Multicolor light-emitting diodes based on semiconductor nanocrystals encapsulated in GaN charge injection layers. Nano Letters，2005，5（6）：1039-1044.

[30] Caruge J，Halpert J，Wood V，et al. Colloidal quantum-dot light-emitting diodes with metal-oxide charge transport layers. Nature Photonics，2008，2（4）：247.

[31] Chen H S，Hsu C K，Hong H Y. InGaN-CdSe-ZnSe quantum dots white LEDs. IEEE Photonics Technology Letters，2005，18（1）：193-195.

[32] Jang H S，Yang H，Kim S W，et al. White lightemitting diodes with excellent color rendering based on organically capped CdSe quantum dots and Sr_3SiO_5: Ce^{3+}，Li^+ phosphors. Advanced Materials，2008，20（14）：2696-2702.

[33] Jang E，Jun S，Jang H，et al. White-light-emitting diodes with quantum dot color converters for display backlights. Advanced Materials，2010，22（28）：3076-3080.

[34] Chung W，Jung H，Lee C H，et al. Fabrication of high color rendering index white LED using Cd-free wavelength tunable Zn doped $CuInS_2$ nanocrystals. Optics Express，2012，20（22）：25071.

[35] Yang X，Zhao D，Leck K S，et al. Full visible range covering InP/ZnS nanocrystals with high photometric performance and their application to white quantum dot light-emitting diodes. Advanced Materials，2012，24（30）：4180-4185.

[36] Chen J，Hardev V，Hartlove J，et al. 66.1：Distinguised paper：a high-efficiency wide-color-gamut solid-state backlight system for LCDs using quantum dot enhancement film. Sid Symposium Digest of Technical Papers，2012，43（1）：895-896.

[37] Lee J，Sundar V C，Heine J R，et al. Full color emission from Ⅱ-Ⅵ semiconductor quantum dot-polymer composites. Advanced Materials，2000，12（15）：1102-1105.

[38] Chen B，Zhong H，Wang M，et al. Integration of $CuInS_2$-based nanocrystals for high efficiency and high colour rendering white light-emitting diodes. Nanoscale，2013，5（8）：3514.

[39] Shinae J，Junho L，Eunjoo J. Highly luminescent and photostable quantum dot-silica monolith and its application to light-emitting diodes. Acs Nano，2013，7（2）：1472.

[40] Zhou Q，Chen B，Bai Z，et al. Intelligent remote light-emitting systems using PMMA and $CuInS_2$ nanocrystals composite films. Sid Symposium Digest of Technical Papers，2015，45（1）：1285-1287.

[41] Zhu M，Peng X，Wang Z，et al. Highly transparent and colour-tunable composite films with increased quantum dot

loading. Journal of Materials Chemistry C，2014，2（46）：10031-10036.

[42] Han H V，Lin H Y，Lin C C，et al. Resonant-enhanced full-color emission of quantum-dot-based micro LED display technology. Optics express，2015，23（25）：32504-32515.

[43] Shimizu K T，Böhmer M，Estrada D，et al. Toward commercial realization of quantum dot based white light-emitting diodes for general illumination. Photonics Research，2017，5（2）：A1.

[44] Kim H M，Kim J，Jang J. Quantum-dot light-emitting diodes with a perfluorinated ionomer-doped copper-nickel oxide hole transporting layer. Nanoscale，2018，10（15）：7281-7290.

[45] Ji W，Shen H，Zhang H，et al. Over 800% efficiency enhancement of all-inorganic quantum-dot light emitting diodes with an ultrathin alumina passivating layer. Nanoscale，2018，10（23）：11103-11109.

[46] Cao W，Xiang C，Yang Y，et al. Highly stable QLEDs with improved hole injection via quantum dot structure tailoring. Nature Communications，2018，9（1）：2608.

[47] Yuan S，Wang Z K，Zhuo M P，et al. Self-assembled high quality CsPbBr$_3$ quantum dot films toward highly efficient light-emitting diodes. Acs Nano，2018，12（9）：9541-9548.

[48] Li Y F，Chou S Y，Huang P，et al. Stretchable organometal-halide-perovskite quantum-dot light-emitting diodes. Advanced Materials，2019：1807516.

[49] Aoki T，Hatanaka Y，Look D C. ZnO diode fabricated by excimer-laser doping. Applied Physics Letters，2000，76（22）：3257-3258.

[50] Jeong M C，Oh B Y，Ham M H，et al. ZnO-nanowire-inserted GaN/ZnO heterojunction light-emitting diodes. Small，2007，3（4）：568-572.

[51] Lai E，Kim W，Yang P. Vertical nanowire array-based light emitting diodes. Nano Research，2008，1（2）：123-128.

[52] Sun X W，Huang J Z，Wang J X，et al. A ZnO nanorod inorganic/organic heterostructure light-emitting diode emitting at 342 nm. Nano Letters，2008，8（4）：1219-1223.

[53] Zhang X M，Lu M Y，Zhang Y，et al. Fabrication of a high-brightness blue-light-emitting diode using a ZnO-nanowire array grown on p-GaN thin film. Advanced Materials，2009，21（27）：2767-2770.

[54] Yang Q，Wang W，Xu S，et al. Enhancing light emission of ZnO microwire-based diodes by piezo-phototronic effect. Nano Letters，2011，11（9）：4012-4017.

[55] Yang Q，Liu Y，Pan C，et al. Largely enhanced efficiency in ZnO nanowire/p-polymer hybridized inorganic/organic ultraviolet light-emitting diode by piezo-phototronic effect. Nano Letters，2013，13（2）：607-613.

[56] Pan C，Dong L，Zhu G，et al. High-resolution electroluminescent imaging of pressure distribution using a piezoelectric nanowire LED array. Nature Photonics，2013，7（9）：752-758.

[57] Bao R，Wang C，Dong L，et al. Flexible and controllable piezo-phototronic pressure mapping sensor matrix by ZnO NW/p-polymer LED array. Advanced Functional Materials，2015，25（19）：2884-2891.

[58] Leong E S P，Yu S F. UV random lasing action in p-SiC（4H）/i-ZnO－SiO$_2$ nanocomposite/n-ZnO：Al heterojunction diodes. Advanced Materials，2006，18（13）：1685-1688.

[59] Dai J，Xu C X，Sun X W. ZnO-microrod/p-GaN heterostructured whispering-gallery-mode microlaser diodes. Adv Mater，2011，23（35）：4115-4119.

[60] Zhang Q，Qi J，Li X，et al. Electrically pumped lasing from single ZnO micro/nanowire and poly（3，4-ethylenedioxythiophene）：poly（styrenexulfonate）hybrid heterostructures. Applied Physics Letters，2012，101（4）.

[61] Chu S，Wang G，Zhou W，et al. Electrically pumped waveguide lasing from ZnO nanowires. Nature Nanotechnology，2011，6（8）：506-510.

[62] Huang J, Morshed M M, Zuo Z, et al. Distributed Bragg reflector assisted low-threshold ZnO nanowire random laser diode. Applied Physics Letters, 2014, 104 (13): 131107.

[63] Gao F, Morshed M M, Bashar S B, et al. Electrically pumped random lasing based on an Au-ZnO nanowire Schottky junction. Nanoscale, 2015, 7 (21): 9505-9509.

[64] Duan X F, Huang Y, Cui Y, et al. Indium phosphide nanowires as building blocks for nanoscale electronic and optoelectronic devices. Nature, 2001, 409 (6816): 66-69.

[65] Huang Y, Duan X, Lieber C M. Nanowires for integrated multicolor nanophotonics. Small, 2005, 1(1): 142-147.

[66] Qian F, Gradecak S, Li Y, et al. Core/multishell nanowire heterostructures as multicolor, high-efficiency light-emitting diodes. Nano Letters, 2005, 5 (11): 2287-2291.

[67] Tomioka K, Motohisa J, Hara S, et al. GaAs/AlGaAs core multishell nanowire-based light-emitting diodes on Si. Nano Letters, 2010, 10 (5): 1639-1644.

[68] Novoselov K S, Geim A K, Morozov S V, et al. Electric field effect in atomically thin carbon films. Science, 2004, 306 (5696): 666-669.

[69] Novoselov K S, Geim A K, Morozov S V, et al. Two-dimensional gas of massless Dirac fermions in graphene. Nature, 2005, 438 (7065): 197-200.

[70] Huang X, Yin Z, Wu S, et al. Graphene-based materials: synthesis, characterization, properties, and applications. Small, 2011, 7 (14): 1876-902.

[71] Park S, Ruoff R S. Chemical methods for the production of graphenes. Nat Nanotechnol, 2009, 4 (4): 217-24.

[72] Yan L, Zheng Y B, Zhao F, et al. Chemistry and physics of a single atomic layer: strategies and challenges for functionalization of graphene and graphene-based materials. Chem Soc Rev, 2012, 41 (1): 97-114.

[73] Li L, Lu S Z, Pan J, et al. Buckled germanene formation on Pt (111). Adv Mater, 2014, 26 (28): 4820-4824.

[74] Li L, Wang Y, Xie S, et al. Two-dimensional transition metal honeycomb realized: Hf on Ir (111). Nano Lett, 2013, 13 (10): 4671-4674.

[75] Li L, Yu Y, Ye G J, et al. Black phosphorus field-effect transistors. Nat Nanotechnol, 2014, 9 (5): 372-377.

[76] Meng L, Wang Y, Zhang L, et al. Buckled silicene formation on Ir (111). Nano Lett, 2013, 13 (2): 685-690.

[77] Wang Y, Li L, Yao W, et al. Monolayer PtSe$_2$, a new semiconducting transition-metal-dichalcogenide, epitaxially grown by direct selenization of Pt. Nano Lett, 2015, 15 (6): 4013-4018.

[78] Huang M, Li S, Zhang Z, et al. Multifunctional high-performance van der Waals heterostructures. Nat Nanotechnol, 2017, 12 (12): 1148-1154.

[79] Kim C, Nguyen T P, Le Q V, et al. Performances of liquid-exfoliated transition metal dichalcogenides as hole injection layers in organic light-emitting diodes. Advanced Functional Materials, 2015, 25 (28): 4512-4519.

[80] Sundaram R S, Engel M, Lombardo A, et al. Electroluminescence in single layer MoS$_2$. Nano Lett, 2013, 13 (4): 1416-1421.

[81] Mueller T, Kinoshita M, Steiner M, et al. Efficient narrow-band light emission from a single carbon nanotube p-n diode. Nat Nanotechnol, 2010, 5 (1): 27-31.

[82] Gu C, Lee J S. Flexible hybrid organic-inorganic perovskite memory. Acs Nano, 2016, 10 (5): 5413-5418.

[83] Sutherland B R, Sargent E H. Perovskite photonic sources. Nature Photonics, 2016, 10 (5): 295.

[84] Xin Y C, Cortecchia D, Yin J, et al. Lead iodide perovskite light-emitting field-effect transistor. Nature Communications, 2014, 6: 7383.

[85] Zhang X, Yang S, Zhou H, et al. Perovskite-erbium silicate nanosheet hybrid waveguide photodetectors at the near-infrared telecommunication band. Advanced Materials, 2017, 29 (21): 1604431.

[86]　Hu X，H Z，Z J，et al. Direct vapor growth of perovskite CsPbBr$_3$ nanoplate electroluminescence devices. Acs Nano，2017，11（10）：9869.

[87]　Yin Z，Zhang X，Cai Y，et al. Preparation of MoS$_2$-MoO$_3$ hybrid nanomaterials for light-emitting diodes. Angewandte Chemie-International Edition，2014，53（46）：12560-12565.

[88]　Ross J S，Klement P，Jones A M，et al. Electrically tunable excitonic light-emitting diodes based on monolayer WSe$_2$ p-n junctions. Nat Nanotechnol，2014，9（4）：268-272.

[89]　Bie Y Q，Grosso G，Heuck M，et al. A MoTe$_2$-based light-emitting diode and photodetector for silicon photonic integrated circuits. Nature Nanotechnology，2017，12：1124.

[90]　Britnell L，Gorbachev R V，Geim A K，et al. Resonant tunnelling and negative differential conductance in graphene transistors. Nature Communications，2013，4：1794.

[91]　Britnell L，Gorbachev R V，Jalil R，et al. Field-effect tunneling transistor based on vertical graphene heterostructures. Science，2012，335（6071）：947-950.

[92]　Britnell L，Ribeiro R M，Eckmann A，et al. Strong light-matter interactions in heterostructures of atomically thin films. Science，2013，340（6138）：1311-1314.

[93]　Yu W J，Liu Y，Zhou H，et al. Highly efficient gate-tunable photocurrent generation in vertical heterostructures of layered materials. Nature Nanotechnology，2013，8（12）：952-958.

[94]　Erchak A A，Ripin D J，Fan S，et al. Enhanced coupling to vertical radiation using a two-dimensional photonic crystal in a semiconductor light-emitting diode. Applied Physics Letters，2001，78（5）：563-565.

[95]　Withers F，Del Pozo-Zamudio O，Mishchenko A，et al. Light-emitting diodes by band-structure engineering in van der Waals heterostructures. Nat Mater，2015，14（3）：301-306.

第7章

微 纳 激 光

自梅曼于 1960 年发明激光器至今,激光器已经成为推动科学发展的核心技术之一。激光器对于现代社会发展的推动力已难以估量,其在医学、工业、军事、科研等领域都起着不可替代的作用[1]。在大尺度激光器的应用中,人们基于激光器在光谱和空间上的局域特性,构建出能量巨大的激光出射装置并被广泛地应用于工业和军事领域,甚至利用高功率激光作为驱动力来实现可控的核聚变反应。除此之外,激光器的另一个发展方向是追求器件小型化。最初,人们是想通过小型化得到结构更紧凑同时能耗更低的激光器。20 世纪 90 年代,当激光器的尺寸缩小到光波长量级时,另一个激光器小型化的驱动力开始凸显,即实现纳米尺度的光与物质的相互作用。这方面的基础研究很快被运用到实际应用中,如超密集数据存储、纳米光刻、传感、超分辨成像、光学互联等[2-5]。

关于微纳激光器的研究可以追溯到 20 世纪初的微盘激光器[6]、光子晶体激光器[7]和纳米线激光器[8]。微盘激光器利用回音壁模式提供有效的腔反馈;光子晶体激光器利用周期性纳米阵列中存在的光学带隙将光腔模式限制在光波长量级;纳米线激光器不仅拥有很好的光场限制,还可通过多种方式在纳米尺度对晶体生长进行操控,避免了传统光电器件基于外延生长的限制[9]。然而,由于受到光学衍射极限的限制,这些基于纯介质的激光器的尺寸不能被进一步小型化,无法在尺寸上真正实现纳米量级。光学衍射极限的存在成为纳米激光器实现的最大阻碍。

2003 年,David J. Bergman 和 Mark I. Stockman 提出了等离激元纳米激光器(surface plasmon amplification by stimulated emission of radiation,spaser)的概念。这类激光器受激辐射放大的不是光子,而是在金属-介质表面存在的局域表面等离激元[10]。近年来,spaser 的概念被推广到等离激元纳米激光器。在常规激光器中,为防止金属对光的吸收,金属电极都被设计放置于远离发光区域和光腔模式区域的位置。因此早期在激光腔中引入金属的想法超越了人们的常规认知。现在,受激光器小型化的驱使,研究人员利用金属在一些特殊的构型中构建纳米激光器,包括金属腔激光器[11-19]、等离激元纳米线激光器[20-36]、金属-介质-金属间隙模式激光器[37, 38]、金属纳米颗粒激光器[39-42]、纳米板激光器[43]、纳米盘激光器[44]、纳米方腔激光器[45-53]、等离激元晶体激光器[54-56]、

同心轴纳米激光器[57, 58]、波导嵌入的等离激元激光器[59]、赝楔形纳米激光器[60]、Tamm
等离激元激光器[61, 62]和双曲超腔激光器[63]等。这些纳米激光器的一个共同特点就是利
用金属纳米结构将光场限制在接近甚至超过光学衍射极限的范围内。由于在纳米尺度
的光腔中可以存在的光学模式的数量有限，人们可以通过光腔的结构设计有效地控制
纳米激光器的本征模式[64]，从而进一步地控制激光器的性能[65-73]。图 7-1（a）展示了
一些具有代表性的微米激光器和纳米激光器的构型。

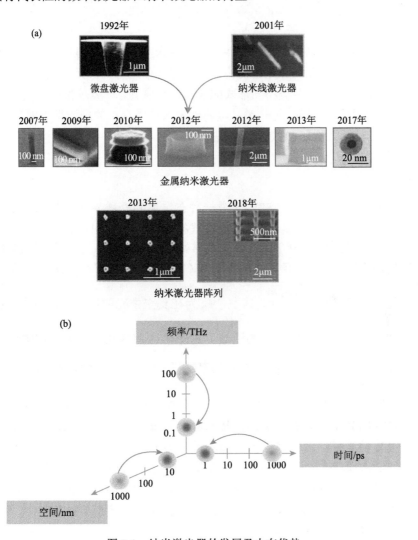

图 7-1　纳米激光器的发展及内在优势

（a）有代表性的微米激光器和纳米激光器的构型[6, 12, 18, 20, 42, 44, 57, 59, 65, 73, 74]；（b）纳米激光器可以同时提供电磁场在
频率空间、时间和实空间的限制，空间轴上浅色和深色标记分别标识了可见/近红外光波段的光波长和腔的尺度，在
频率空间和时间轴上，红色的标识对比了典型半导体增益介质和纳米激光器的光谱带宽和寿命

本章主要参考了作者近年来的两篇综述文章[75, 76]。首先简要概述包括光学模式、等离激元模式在内的各种基于低维纳米结构的激光器件，系统地阐述纳米激光器的基本物理和激射特性。然后讨论纳米激光器在芯片上光电互联、高灵敏物质检测、生物标记与探针、新型光束产生与调控等领域的应用进展与挑战。

7.1 零维纳米颗粒激光器

零维纳米颗粒可以构成激光器件。由于纳米颗粒在三个维度上都具有远小于衍射极限的尺寸，因此该激光器的构成通常需要借助等离激元。这种等离激元纳米激光器实际上放大了两类不同形式的表面等离激元，一类是存在于金属/介质界面的传播型表面等离激元，另一类是金属纳米颗粒中存在的局域型表面等离激元。下面简单地对这两种类型的等离激元进行讨论。

1. 基于传播型表面等离激元的等离激元纳米激光器件

传播型表面等离激元（SPPs）是一种在金属和介质界面上传播的电磁场，其在垂直于界面的方向上以倏逝波的形式被限制。考虑到该结构中包含一个无限大的平面，平面以上为介质，其介电常数是正实数 ε_2，平面以下为金属，其介电常数是复数 $\varepsilon_1(\omega)$，且其实部小于 0（Re[ε_1]<0），则在界面上传播的 SPPs 的色散关系为 $\beta = k_0 \sqrt{\dfrac{\varepsilon_1 \varepsilon_2}{\varepsilon_1 + \varepsilon_2}}$。其中，$k_0$ 为在真空中光的波数，β 为传播波的传播常数，对应于传播方向上光的波数。这个色散曲线在色散关系图中处于介质中光色散曲线的右侧，其传播常数在频率趋近于等离子体共振频率 $\omega_{sp} = \dfrac{\omega_p}{\sqrt{1 + \varepsilon_2}}$ 时趋于无穷 [图 7-2（a）]。这个独特的性质使得 SPPs 在相同频率下相对于在纯介质中传播的光来说具有更大的传播常数，因此可以将场限制在更小的范围。目前有很多种波导结构可以支持传播的等离激元模式，如介质加载型[44, 45, 77]、纳米线[46]、楔和槽[47, 48]、MIM[49, 78]和混合 MIS 等离激元波导[51-53]。基于这些等离激元波导，把绝缘介质换成增益介质如直接带隙半导体，再引入腔反馈如法布里-珀罗[9, 13, 79]、分布式反馈[14, 15]，或者全内反射回音壁等结构[10, 12, 16]，可构造纳米激光器件。

2. 基于局域型表面等离激元的等离激元纳米激光器件

局域型表面等离激元是金属纳米颗粒中传导电子的谐振，是一种非传播型等离激元［图 7-2（b）］。当纳米颗粒的尺度远小于在自由空间中的激发波长时，由于在纳米颗粒的尺度上电磁场的相位可近似成一个常数，因此在电磁场下纳米颗粒间的相互作用可以用准静态近似分析。在这个近似下，纳米结构中会出现一个共振电偶极子等离激元模式。例如，考虑介电常数为 ε_1 的金属纳米球处于介电常数为 ε_2 的背景中，其共振频率满足 $Re[\varepsilon_1] = -2\varepsilon_2$。对于不规则的颗粒，共振频率不仅依赖于环境的介电常数，而且依赖于结构的形状。在特定增益材料的情况下，可以通过改变结构的形状使得其共振频率与增益谱重合。需要注意的是，在这里静电近似只有在粒子颗粒非常小的情况下才成立。对于大的颗粒，在颗粒的尺寸范围内电场的相位会发生改变，此时必须用米散射理论来分析。基于局域等离激元的纳米激光器可以通过把围绕金属颗粒的电解质更换成增益介质来实现。

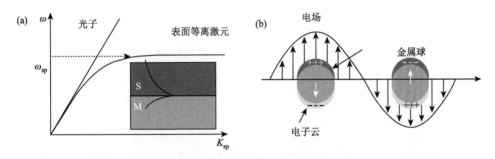

图 7-2　（a）SPPs 在金属和介质界面上的色散关系；（b）球形金属纳米颗粒上支持的局域等离激元模式[76]

　　尽管在讨论的时候把传播等离激元和局域等离激元分开了，但本质上两者没有明显的区别。首先，当传播等离激元的频率接近 ω_{sp} 的时候，电磁场的群速度和相位速度趋于 0，此时传播等离激元的性质类似于局域等离激元。其次，当传播等离激元的腔反馈非常强的时候，从腔体产生辐射的损耗基本被抑制住了，类似于小金属颗粒的局域等离激元。

　　三维限制的等离激元纳米激光器是利用金属颗粒中存在的局域等离激元。当金属纳米颗粒的直径小到几纳米时，局域等离激元模式仍然可以存在[81]。原则上，利用该结构的等离激元纳米激光器可具有类似的尺寸。Noginov 等报道了基于局域等离激元模式的纳米颗粒激光器。该纳米激光器是一个介质壳包裹的金球。整个结构的直径为 44nm，金球的直径为 15nm，外部为掺入 OG-488 染料的二氧化硅壳层，作为增益介质（图 7-3）。金纳米小球中会存在一个具有偶极子特征的等离激元模式。作者报道了在强的泵浦功率下该等离激元纳米结构出现激射行为的特征，其泵浦阈值能量在毫焦量级。

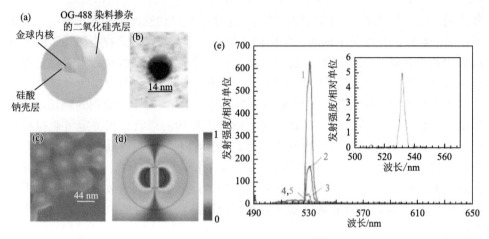

图 7-3　局域等离激元激光器[39]

（a）纳米颗粒的示意图，染料分子分布在二氧化硅球中；（b）14nm 金球的透射电镜照片；（c）金/二氧化硅/染料核壳结构纳米颗粒的扫描电镜照片；（d）在波长 525nm 处的等离激元模式，Q 值为 14.8，内部和外部的圆分别代表了 14nm 的核和 44nm 的壳；（e）纳米颗粒样品在脉冲宽度为 5ns，脉冲能量为 22.5mJ（1）、9mJ（2）、4.5mJ（3）、2mJ（4）和 1.25mJ（5）的受激辐射谱，泵浦波长为 548.8nm，插图为 100 倍稀释下的受激辐射谱

7.2　一维纳米线激光器

　　另一类常见的微纳激光器是纳米线激光器。由于纳米线材料相较于空气和衬底具有较大的折射率，因此光场可以很好地限制在纳米线中。如图 7-4（a）所示，

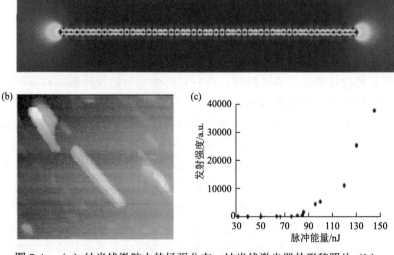

图 7-4　（a）纳米线微腔中的场强分布；纳米线激光器的形貌照片（b）及对应的输入-输出曲线（c）[8]

利用纳米线本身作为光波导腔，可以使光在其内部传播并在两端来回反射，从而形成稳定的驻波场。当纳米线材料同时作为增益材料，且驻波场的谐振频率与增益材料的增益谱重合时，光场会在共振腔中获得增益。在适当的泵浦条件下，当光场获得的增益补偿大于在纳米线中传播的损耗时，可以实现激射。

2001 年，Huang 等报道了基于 ZnO 纳米线的阵列激光器[80]。同年，Johnson 等利用单根 ZnO 纳米线实现了室温下紫外波段的纳米线激光器[8]。该单根纳米线的形貌如图 7-4（b）所示，其直径仅为 140nm，长度为 5 μm，对应的输入-输出曲线如图 7-4（c）所示。在选择不同的泵浦方式后，2003 年 Duan 等报道了电泵浦的单根纳米线激光器[82]，他们利用 CdS 作为增益材料，利用衬底的 p-Si 和上方的 Ti/Au 作为电极，在低温下实现了激射宽度仅为 0.8nm 的单模激射。通过选择不同的增益材料，以 CdS[82-84]、GaN[8, 85]、InGaN[86]、GaAs-AlGaAs 壳层结构[87, 88]、钙钛矿[89-91]等材料的纳米线激光器相继被报道。

与此同时，研究人员利用不同的结构或材料，实现了不同激射性能的纳米线激光器。2013 年，研究人员利用表面等离激元增强 Burstein-Moss 效应，实现了波长可调的单根纳米线激射[22]。2013 年，研究人员利用解理单根 GaN 纳米线，通过控制解理之后两根纳米线之间的间隔来控制两者之间的耦合，从而实现了低阈值的单模激射纳米线激光器[92]。2015 年，研究人员基于 ZnCdSSe 合金，实现了多波长激射的纳米线激光器。其波长颜色范围覆盖了红光、绿光和蓝光等波段，因此被称为白光激光器[93]。

2009 年，Oulton 等报道了等离激元纳米线激光器，他们将 CdS 半导体纳米线放置于 Ag 衬底上，中间间隔了 5nm 的 MgF₂，构成金属-介质-半导体结构（MIS）（图 7-5）[20]。等离激元被限制在纳米线与金属的界面，其截面的限制宽度仅为

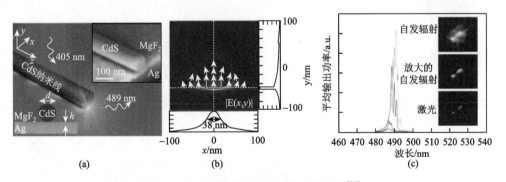

图 7-5　波导半导体等离激元纳米激光器[20]

（a）该等离激元激光器件由一个在银衬底上放置的半导体纳米线构成，在银衬底和纳米线之间被一层只有几纳米厚的 MgF₂ 层分隔开，插图是一个典型纳米激光器件的扫描电镜图；（b）489nm 处混合等离激元模式的电场分布|E(x, y)|；（c）直径为 129nm，介质层厚度为 5nm 的纳米激光器的光谱和远场光学照片，其中在 10K 温度下得到的四个不同泵浦功率下的光谱说明了从自发辐射（21.25MW/cm²）经过自发辐射放大（32.50MW/cm²），再到受激辐射（76.25MW/cm²，131.25MW/cm²）的过程，插图：对应不同泵浦功率下纳米激光器的远场照片

38nm。CdS 纳米线具有三个方面的作用：①作为增益介质；②作为限制机制的一部分；③与空气间的高折射率差形成了激光器内的腔反馈。此类激光器的等离激元特性可以通过多方面来论证：首先，出射光有很强的偏振特性；其次，可以观察到对应于等离激元模式的自发辐射速率增强（Purcell 因子 = 6）。最重要的是该激光器所用到的纳米线的直径可以打破光学衍射极限，在 10K 的温度下通过光泵浦后，可以在直径仅为 52nm 的纳米线激光器上观察到激射行为。同类型的光学模式激光器的截止半径在 140nm 左右。

光波导行为是纳米线激光器中一个重要的过程。根据吸收-发射-吸收（A-E-A）机制，光在纳米线中传播时，由于乌尔巴赫（Urbach）尾态的固有自吸收，局部产生的带边光致发光经过传播后在纳米线端部出射时显示出明显的红移，红移范围与光波导距离有关[94,95]。基于此原理可以改变纳米线长度从而实现纳米线激射波长的调控。2013 年，研究人员利用不同长度 CdS 纳米线实现了不同波长的激射[96]，如图 7-6（c）和（d）所示。

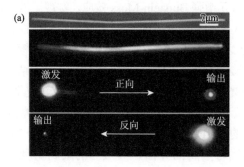
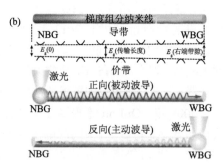

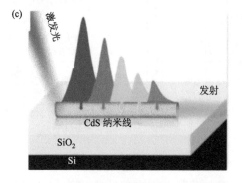
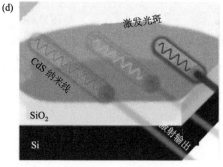

图 7-6　（a）CdS$_x$Se$_{1-x}$ 组分梯度纳米线在 405nm 激光照射下的暗场图；（b）能带梯度 CdS$_x$Se$_{1-x}$ 纳米线中光传播[94,95]；（c，d）不同长度 CdS 纳米线实现不同波长激射[96]

带隙是半导体材料最重要的特性之一，它决定了半导体对光的吸收和发射的基本过程。若能在单根纳米线上实现带隙可调[97]，则可实现对单根纳米线激光器的波长可调。2011年研究人员通过化学气相沉积（CVD）方法，实现了单根半导体纳米线 $CdS_{1-x}Se_x$ 的带隙调谐［图7-6（a）和（b）］，纳米线成分由一端的 CdS 逐渐转变为另一端的 CdSe[98]，沿着纳米线光致发光波长从 505nm 逐渐变到710nm。2014年，研究人员在 $CdS_{1-x}Se_x$ 单根纳米线中实现了激射波长从 517nm 到636nm可调[99]。组分渐变纳米线实现波长调谐激射，而异质结纳米线则能实现特定的多色激射[100]，2017年，研究人员通过高质量的 CdS-CdSe-CdS 轴向异质结纳米线实现双波长纳米线激光器，如图7-7所示。

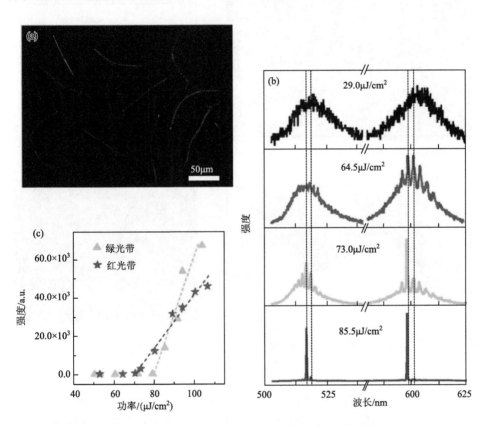

图7-7　（a）CdS-CdSe-CdS 异质结纳米线在405nm激光照射下的暗场图；（b）CdS-CdSe-CdS 异质结纳米线室温下 PL 谱；（c）激射峰在516.4nm（绿色）和597.9nm（红色）处的强度随激发功率变化关系[100]

　　除了纳米线激光器外，准一维纳米带激光器也有报道。2016年研究人员制备出横向组分梯度半导体纳米带，沿纳米带宽度方向，组分从纯 CdS 逐渐调谐为高硒掺杂的合金 CdS_xSe_{1-x}（$x = 0.62$），相应的带隙从约 2.42eV 调至约 1.94eV。所得到的纳米带结晶质量高，沿着宽度方向具有位置相关的带边 PL 发射，峰值波长从 515nm 到 640nm 连续可调。在高激发功率下，这些纳米带实现了多色激射，激射峰值波长分别为 519nm（绿色）、557nm（橙色）和 623nm（红色）。其中红色激光是沿纳米带长度方向共振形成的激射，而绿色和橙色激光是沿纳米带宽度方向共振形成的激射[101]，如图 7-8 所示。

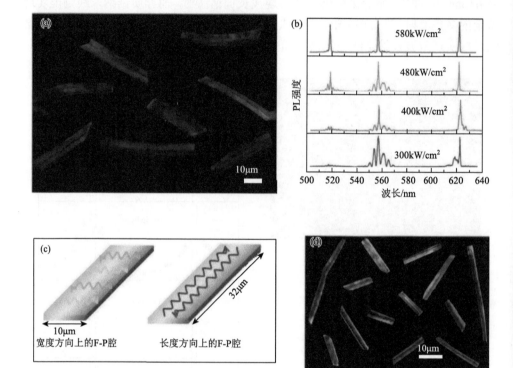

图 7-8　（a，d）405nm 激光照射纳米带暗场发光图；（b）纳米带三色激射；（c）光在纳米带中沿不同方向共振产生不同激射模式[101]

到目前有机-无机杂化钙钛矿、全无机卤素钙钛矿纳米线、纳米片激光器已有报道。2015 年，哥伦比亚大学的 Zhu 和威斯康星大学麦迪逊分校的 Jin 教授课题组通过溶液法首次合成了有机-无机杂化钙钛矿（$CH_3NH_3PbI_3$）的纳米线结构，并实现了具有超低阈值（$220nJ/cm^2$）、超高品质因子（$Q = 3600$）和激光量子效率（约 100%）的激光器。通过卤族元素的置换与替代，实现了从 500nm 到 800nm 的多波长激光发射。随后，又通过阳离子 MA^+ 与 FA^+ 的混合，一方面提高了材料的稳定性，另一方面扩大了带隙调控范围，实现了激射光谱在 500nm 到 820nm 范围内的连续可调[102]，如图 7-9 所示。

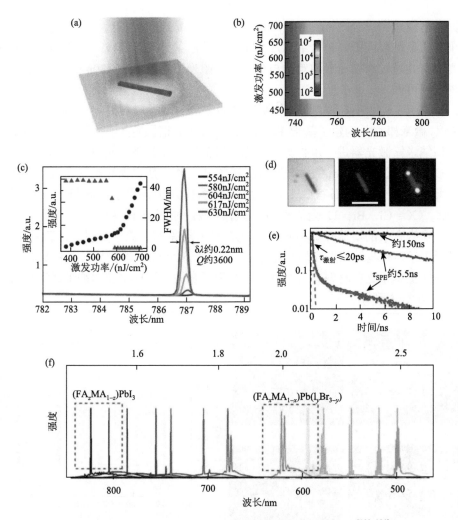

图 7-9　波长可调谐有机-无机杂化钙钛矿纳米线激光器[103, 104]

（a）纳米线激射测试示意图；（b）激发能量密度依赖的激射 mapping 图；（c）激发功率依赖的光谱图，插图为激发功率依赖的发光强度和半高宽；（d）单根纳米线的明场和暗场发光照片；（e）纳米线的发光寿命；（f）单根纳米线激射光谱从 500 nm 到 800 nm 连续可调

　　相比于有机-无机杂化钙钛矿材料，全无机钙钛矿纳米材料具有相近甚至更加优异的光学性能，并且在稳定性方面有显著的优势。2016 年，加利福尼亚大学伯克利分校的 Yang 教授[103]和威斯康星大学麦迪逊分校的 Jin 教授[104]相继报道了溶液法合成的全无机卤化物钙钛矿（$CsPbX_3$，X = Cl，Br，I）单晶纳米线。以上几个工作中，基于全无机钙钛矿纳米线构建的激光器、探测器等性能较有机-无机杂化钙钛矿显著提高。随后，新加坡南洋理工大学熊启华教授课题组[105]利用 CVD 法在云母衬底上合成了 $CsPbX_3$ 纳米片。这种四边形的纳米片可以构成具有高品质因子

的回音壁模式（whispering gallery mode，WGM）的光学谐振腔。由于该谐振腔展示出来的高品质因子，单个纳米片在激光泵浦的条件下可形成高质量的单纳米线激光器，并通过卤族元素的置换与替代使得激光发射波长在 480nm 到 700nm 范围内连续可调。

2016 年，作者所在课题组[106]利用 CVD 法在二氧化硅衬底上合成了高质量的 CsPbX₃ 微米棒，并构建了基于 Fabry-Perot（F-P）谐振腔的激光器。实验结果表明，该纳米棒激光器进一步扩大了激光发射范围，尤其是蓝光部分，并实现了纯 CsPbCl₃ 的波长为 415nm 的激光发射。2018 年，作者所在课题组又在表面光滑、尺寸均匀的退火蓝宝石衬底上，采用气相生长方法合成了高质量平面排列的 CsPbX₃（X = Cl，Br，I）全无机钙钛矿纳米线。如图 7-10 所示，这些高质量的纳米线作为有效的增益介质和低损耗的光学腔，分别在室温下实现了低激光阈值、高品质因子、高线性偏振度的蓝光激射、绿光激射和红光激射[107]。这些纯钙钛矿纳米线加上基于这些材料的合金结构，实现了宽波段激射可调的纳米线激光器，如图 7-10（e）所示。

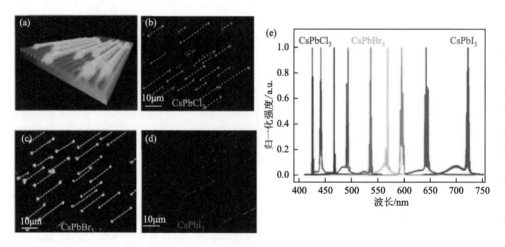

图 7-10　（a）蓝宝石衬底上全无机铅卤素钙钛矿示意图；（b～d）全无机钙钛矿纳米线的蓝光、绿光和红光激射；（e）钙钛矿纳米线宽波长可调激射[107]

7.3　二维半导体激光器

过去四十年中激光器的微型化已经取得了巨大的成就，发展出了包括垂直腔面发射激光器（VCSEL）、微盘激光器[6]、光子晶体激光器[7]和纳米线激光器[8]等微型化激光器。垂直腔面发射激光器目前已经发展成熟，并被广泛应用于光纤通信、传感、打印等领域。

广义来说，形成光学腔需要在三个维度对光场进行限制。很多激光器本身基于二维或者一维的波导，而在原本剩余的自由维度上引入反馈形成激光腔。此处所提到的二维半导体激光器的横模类似于二维波导，而在另外一个维度上引入额外的反馈。此类激光器可以在二维薄膜或者多层量子阱材料的平台上实现。

二维半导体激光器的一个例子是微盘（或者微板）激光器。微盘激光器在纵向上的横模类似于二维光波导，在传播方向上则利用回音壁模式。通过光场在微盘的边界上的全反射实现光场在增益介质中的不断传播。以圆盘为例，其光场分布如图 7-11 (a) 所示[108]，光场以"打转"的形式在微盘内传播并最终形成反馈。光子晶体激光器则是利用周期性结构的光子晶体微腔，如图 7-11 (b) 所示[109]，使得只有具有特定共振频率的光场可以分布并限制在微腔内，如图 7-11 (c) 所示[109]。有关光子晶体的具体介绍参见 5.3.5 小节。对于微盘激光器和光子晶体激光器而言，需要使用微加工技术制备微腔，因此常用多量子阱结构材料作为增益材料。

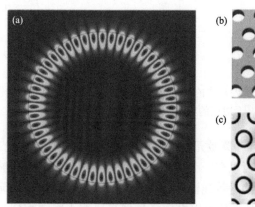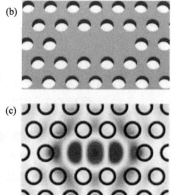

图 7-11　(a) 回音壁腔的电场强度分布[108]；(b) 光子晶体激光腔的 SEM 照片[109]；(c) 光子晶体激光腔的场分布[109]

1992 年，McCall 等利用基于回音壁模式的 InGaAs 微盘实现了直径在微米量级的微盘激光器[6]，如图 7-12 (a) 所示。并在液氮温度下，通过光学泵浦实现了最小直径为 3μm 的单模激射，如图 7-12 (b) 所示。1999 年，Painter 等通过设计的二维光子晶体结构[7]，将光场限制在了 $0.03μm^3$ 的范围内，如图 7-12 (c) 所示。在 143K 的温度下实现了稳定的激射，其对应的输入-输出曲线如图 7-12 (d) 所示[79]。这项工作开创了利用光子晶体限制激光光场范围的先河。

以上几种基于不同几何结构的光学模式激光器成功地将光场限制在几个微米的范围内，在此基础上，基于类似结构的不同类型的激光器相继被报道，研究人员利用不同的增益材料实现了不同波段的微米激光器，同时泵浦方式也由光泵浦发展到电泵浦。

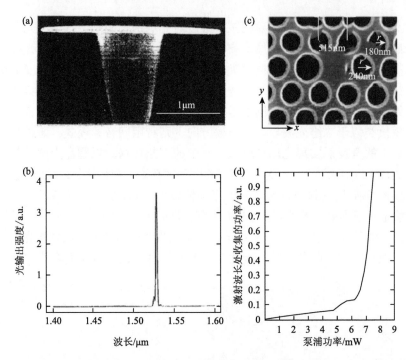

图 7-12   微盘激光器的 SEM 照片（a）及对应的激射光谱图（b）[6]；二维光子晶体激光器的 SEM
照片（c）[7]及对应的输入-输出曲线（d）[79]

从第 5 章的讨论知道，二维等离激元波导可以在限制的维度上打破衍射极限。基于此类结构形成的激光器件可以在一个尺度（厚度/宽度）上实现深亚波长的限制。注意，此类激光器件放大的是等离激元而不是光子，统称为等离激元纳米激光器（spaser）[10]。该类激光器在其提出之后，虽然有研究小组观察到了表面等离激元的受激辐射放大[110,111]，但直到 2009 年等离激元纳米激光器才在实验上证实。以下简单介绍几种二维等离激元激光器的构型。

1. 法布里-珀罗腔

图 7-13 所示[37]为一维限制的等离激元纳米激光器。该器件基于 MIM 结构的传播型等离激元构成。MIM 波导中的 TM$_{01}$ 模式与Ⅲ-Ⅴ族增益介质（InGaAs）在空间中重叠，并在波导的边界反射形成反馈，进而产生受激辐射放大形成等离激元激光器。在低温（室温）下，该激光腔的 Q 值可达 370[140]。Q 值的大小还取决于中心增益层的厚度。整个器件通过电子束刻蚀、剥离和反应离子束刻蚀等半导体加工工艺制成。此外，中心增益层会被 20nm 厚的 Si$_3$N$_4$ 和更外层的 Ag 包覆覆盖。其中 Si$_3$N$_4$ 的作用是防止金属引起的载流子猝灭。在波导内，光在纵向的限制来源于 GaAs 和 InP 的折射率差。低温下，可激射器件的

增益介质层的宽度最窄仅为 90nm，远远低于衍射极限。

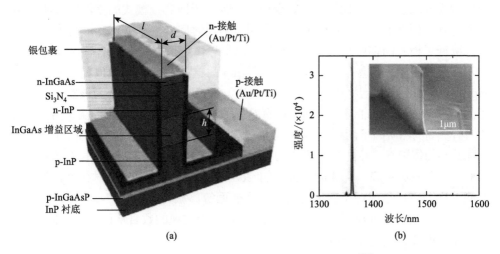

图 7-13 金属-介质-金属（MIM）纳米激光器[37]

（a）激光器示意图，腔体由一个被金属包裹的半导体长方体构成；（b）长 6μm，中心半导体宽度为 90nm 的器件在阈值之上的出射光谱，泵浦电流是 200μA，温度为 10K，插图为一个器件的扫描电镜图

2. 分布式反馈腔

在基于法布里-珀罗腔的一维限制等离激元纳米激光器的基础上，Hill 课题组进一步研究了基于 MIM 结构、在纵向上引入金属布拉格反射镜的等离激元纳米激光器[112]。这些金属布拉格光栅可以提供一个很宽且光栅耦合系数非常大的禁带（约 500nm），在禁带内的自发辐射会被抑制。相比于相同长度的法布里-珀罗腔，光栅的引入可以极大地降低激射的阈值。在 80K 的温度下利用交流电泵浦腔长为 100μm 的器件，他们观察到了明显的激射信号，且证明了器件中出射的光场是对应于 MIM SPP 模式的 TM 偏振。尽管器件在室温下不能工作，他们在室温下利用脉冲泵浦观察到了线宽的减小以及明显的非线性光-电流曲线。

3. 回音壁腔

Kwon 等设计了另一类实现一维亚波长限制的等离激元纳米激光器件，该腔体为一个被 Ag 膜覆盖的 InP/InAsP/InP 微盘，SPP 在其半导体-金属界面上形成回音壁型反馈。在这个设计中，等离激元形成一维的限制。在光泵下，其激射温度提高到了液氮的温度。基于回音壁模式的等离激元纳米激光器可以在 8K 到 80K 的温度区间内激射，对应的激射阈值随着温度增加而增加。

虽然基于上述结构的等离激元纳米激光器均实现了激射，但其工作环境均需要低温。这是激光器应用的阻碍，实现可在室温工作的等离激元纳米激光器因此成为了研究人员的目标。实现室温激射要求激光器具有低的金属损耗、有效的腔反馈和高的增益。基于此，Ma 等报道了一种基于回音壁模式的室温等离激元纳米激光器（图 7-14）[45]。该结构中，利用全内反射回音壁模式作为激射模式，有效地降低了模式的辐射损耗，同时利用单晶半导体纳米方块和金属形成的 MIS 结构形成强的限制。实验中，厚 45nm、边长 1μm 的单晶 CdS 纳米块放置在镀有 5nm MgF$_2$ 薄膜的银衬底上[113, 114]，如图 7-14（b）所示。图 7-14（c）为该器件在室温下的光谱和输入-输出曲线，该器件在室温下表现出明显的激射行为。由于回音壁模式具有更高的品质因子，因此在自发辐射段就可观察到明显的腔调制 [图 7-14（c）]。在如此小的体积下，腔内光学模式的有效折射率使得其在边界上发生全反射。作为对比，在石英衬底上合成同样大小的 CdS 方块并没有体现出激射行为。在金属衬底的样品出现激射源于受激辐射放大了表面等离激元。如图 7-14（d）所示，研究人员还发现通过控制样品的几何结构，可减少腔模的数目从而实现单模激射，单模激射的线宽仅为 1.1nm。

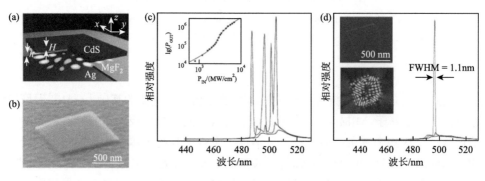

图 7-14　室温混合等离激元激光器[45]

（a）室温等离激元激光器示意图，其由一个薄的单晶 CdS 方块放置在镀有 5nm 厚 MgF$_2$ 薄膜的银衬底上构成，电场主要局域在 MgF$_2$ 薄膜中；（b）厚 45nm，边长 1μm 的 CdS 方块等离激元激光器示意图；（c）图（b）中所示的等离激元激光器在室温下的出射谱和积分光强-泵浦响应曲线（插图），从曲线中可以看到从自发辐射（1960MW/cm^2，黑色线）经过自发辐射放大（2300MW/cm^2，红色线）到受激辐射（3074MW/cm^2，蓝色线）的转变；（d）单模室温等离激元激光器的出射谱和积分光强-泵浦响应曲线，上插图为器件的 SEM 照片，完全的边界打破了四重简并性从而抑制了方块 CdS 激光器中的高阶模式，下插图为激射模式的电场强度分布

7.4 　纳米激光器的工作特性

上面讨论了在不同维度实现限制的激光器件。在过去十年小型化激光器件的快速发展中，可以发现纳米激光器有着不同于常规激光器的工作特性[6, 74, 115-125]。本节将通过速率方程来分析讨论纳米激光器的激射特性。等离激元激光器件是纳

米激光器件的典型代表，出于一致性目的，在以下的讨论中，以等离激元激光器作为主要例子说明纳米激光器的特性。在讨论中也会列举光学模式激光器作为比较。本节的相关讨论可以扩展到其他类型的纳米激光器。

7.4.1 纳米激光器中的 Purcell 效应

Purcell 效应是指微腔模式强的空间局域化使得增益介质与微腔模式之间的相互作用增强，从而导致激光动力学过程的变化（见第 5 章）。对于纳米激光器而言，其 Purcell 增强因子可以通过 Q/V_m 进行估计。如图 7-15（a）所示，在基于金属-介质-半导体纳米线结构的纳米激光器中，当介质层厚度为 5nm、纳米线直径为 120nm 时，对应该体系模式的物理体积仅为光学衍射极限的数百分之一，对应的 Purcell 增强因子大于 6。由于回音壁方腔具有比 F-P 腔更大的品质因子，因此在基于回音壁模式的方腔型纳米激光器中可观测到更高的 Purcell 增强因子。图 7-15（b）中展示该类型的激光器的自发辐射测量结果，在金属 Ag 衬底上，增益材料 CdS 的自发辐射速率增强了约 14 倍。当 CdS 的尺寸逐渐变小时，Purcell 增强因子逐渐增大，可以观测到 Purcell 增强因子最大值可达 18。需要提出的是，对于这类器件，在介质层间隙区域电场强度是半导体材料中的 5 倍多，因此在间隙处 Purcell 增强因子会更大。模拟计算显示，在间隙中的 Purcell 因子高达 100。

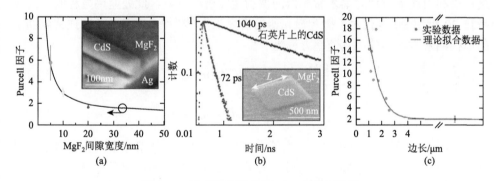

图 7-15 纳米激光器中的 Purcell 效应[20, 45]

（a）CdS 纳米线处在镀有 5nm MgF$_2$ 薄膜的金属衬底上（插图），器件的平均 Purcell 因子在 6 以上[20]；（b）红色曲线为基于 CdS/MgF$_2$/Ag 激光器的自发辐射寿命，其自发辐射寿命仅为 72ps，黑色曲线为 CdS 在石英衬底上的自发辐射寿命，为 1040ps；（c）随着纳米方块边长的减小 Purcell 增强因子逐渐增大，最大达到 18[20, 45]

由于 Purcell 效应，纳米激光器自发辐射寿命将由 τ_0 变化为 $F^{-1}\tau_0$，其中 F 为 Purcell 因子。当有多个模式存在时，对于不同的模式，其自发辐射寿命受到的调制可能不同，耦合到某一个特定模式的自发辐射寿命可以表示为 $F_m^{-1}\tau_0$。更短的自发辐射寿命意味着更快的耦合速率，因此会有更多的能量耦合到相应模式，从而导致更大的自发辐射耦合因子 β。当腔模的谐振线宽比增益介质的发射线宽更宽时，

Purcell 增强因子 F_m 正比于 Q/V_m，其中 Q 是腔模的品质因子，V_m 是腔模的有效光场体积[126]。当腔模的谐振线宽比发射线宽更窄时，F_m 由发射线宽和 V_m 决定[126, 127]。室温下，染料分子和无机半导体的发射光谱的线宽在几十纳米的数量级，因此此时品质因子低于 100 的纳米微腔的 Purcell 增强因子可以通过 Q/V_m 进行估计。

受到 Purcell 效应加速的自发辐射速率和增强的自发辐射耦合因子 β，使得纳米激光器具有超快的响应，在最近的实验中证实了纳米激光器可以实现亚皮秒级的脉冲激光输出[24]。需要注意的是，当腔模的谐振线宽小于增益材料不均匀展宽的出射线宽时，Purcell 增强因子不受腔模的品质因子的影响，而是受增益材料出射线宽的影响。因此无法通过高品质因子的微腔提高 Purcell 因子。此外，一个高品质因子的微腔对于激光器性能来说并不都是有利的。例如，高品质因子的微腔中光子将具有更长的寿命，进而将限制激光器的调制带宽[128]。

7.4.2 纳米激光器的调制速度

对于微纳激光器而言，其大的 Purcell 增强因子使得其具有很快的自发辐射寿命。这是形成一个高调制速度激光器的基础。实验中，研究人员在增益转换的纳米激光器中观测到了 800fs 的脉冲宽度[24]，证明在纳米激光器中实现超高调制带宽可能性的存在。虽然尚未有对纳米激光器的调制速度的直接测量实验结果，但是可以利用速率方程对纳米激光器的调制速度进行分析，此处速率方程的形式参考自 20 世纪 90 年代对于微腔激光器的研究工作[129-132]。考虑一个在连续泵浦下的单模纳米激光器件，其速率方程为

$$\frac{\mathrm{d}n}{\mathrm{d}t} = p - An - \beta\Gamma As(n-n_0) \tag{7-1}$$

$$\frac{\mathrm{d}s}{\mathrm{d}t} = \beta An + \beta\Gamma As(n-n_0) - \gamma s \tag{7-2}$$

其中，s 为光子数；n 为激发电子态的占有数；A 为自发辐射速率；β 为自发辐射耦合因子；p 为泵浦速率；Γ 为限制因子，其描述的是增益和激光模式在空间上的重合程度；γ 为总的腔体损耗；对于线性增益模型描述下的半导体激光器，n_0 为透明情况下的激发态占有数。载流子数目变化的速率由第一个方程描述，其中第一项来源于泵浦，第二项是由自发辐射和非辐射复合引起的腔损耗。最后一项是由受激辐射引起的载流子损耗。第二个方程描述的是光子数目的改变，第一项来自自发辐射的贡献，第二项来源于受激辐射导致的光子数的增加，最后一项是由腔损耗导致的光子的减少。注意这里假设了一个稳定的泵浦速率 p，以及假设泵浦使得载流子快速地从下能级跃迁到上能级。在增益计算中有限的载流子密度使得也可在泵浦耗尽系统中做一个类似的分析。通过速率方程的小信号分析，高损耗等离激元微腔的 3dB 带宽可以描述为[133]

$$f_{3dB} = \frac{\gamma}{\pi} \Omega(\omega_r / 2\gamma) \tag{7-3}$$

其中，$\Omega(\zeta) = \zeta\left(1 - 2\zeta^2 + 2\sqrt{1 + \zeta^2(\zeta^2 - 1)}\right)^{1/2}$，$\omega_r = \sqrt{A\gamma r}$，$r = p_0 / p_{th}$，等离激元的响应速度在 $\omega_r < 2\pi f_{3dB} / \sqrt{3} < \gamma_c$ 的范围内。通过这个公式可以看到，等离激元纳米激光器具有快的自发辐射速率和短的纳米腔光子寿命，因而其具有很快的调制速率。该调制带宽估计在 THz 量级（图 7-16）。

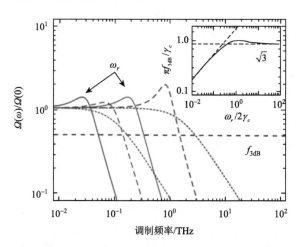

图 7-16 纳米激光器在小信号调制下的响应[133]

处于一维（红线）和二维（蓝线）纳米腔（$m = 1$，$R_c = 99.9\%$）中的在通信波段（$\omega = 0.83\text{eV}$）理想四能级辐射体的响应函数；三种不同的泵浦速率：$r = 10$（实线），$r = 200$（虚线），$r \rightarrow \infty$（点线）；3dB 调制带宽随着一个通用函数演化（插图）；在低泵浦速率下，带宽是被弛豫振荡限制，$f_{3dB} = \sqrt{3}\omega_r / 2\pi$，高泵浦的条件下因为腔损在 $f_{3dB} = \sqrt{3}\gamma_{sp}^c / 2\pi$ 饱和。

7.4.3 纳米激光器的动力学过程

本小节将基于速率方程对纳米激光器的动力学过程进行研究，说明纳米激光器在脉冲泵浦下的性质，从而了解其产生激光的动力学过程。

求解纳米激光器速率方程的参数参考自实验研究[20]：入射泵浦光脉冲，$p(t) = p_0 \exp\left(-\frac{4\ln2(t - t_0)^2}{\Delta t^2}\right)$，半高全宽为 $\Delta t = 100\,\text{fs}$；块体 CdS 激子辐射的本征寿命为 $A_0^{-1} = 400\text{ps}$；Purcell 因子为 $F = 5$；导致自发辐射寿命为 $A^{-1} = 400\text{ps}$；光子在腔内的寿命为 $\gamma^{-1} = 13\text{fs}$；对应于法布里-珀罗腔损耗为 5000cm^{-1}；模式限制因子为 $\Gamma = 0.5$；泵浦光斑的尺寸为 $40\,\mu\text{m}$。假设纳米线吸收截面（长 $40\,\mu\text{m}$，直径为 100nm）的光被完全吸收。自发辐射因子 β 从 0.01 上升到 0.1。为了简化处

理，假设透明情况下的激发态占有数 $n_0 = 0$。图 7-17 展示了计算得到的器件出射功率随着峰值泵浦强度的变化情况[76]。在这种条件下，阈值的泵浦功率密度为 1～10MW/cm²，这与实验预期结果相近。同时，不同的自发辐射耦合因子对应不同的输入-输出曲线，自发辐射耦合因子越大，自发辐射到受激辐射的转变过程越模糊，这与稳态的结果相似。

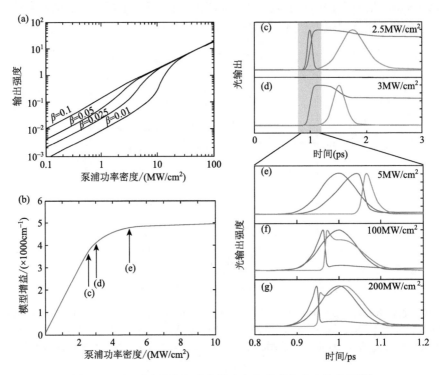

图 7-17 光-泵浦曲线和动力学速率方程瞬态响应的分析[76]

（a）非线性光-泵浦曲线说明了激射过程的开启，可以从对自发辐射耦合因子的依赖中确认激射行为；（b）激光器的平均增益随泵浦功率密度的变化，对应瞬态激光的响应在图（c～g）中展示，在此，可以看到增益开关的效应，红色、蓝色和绿色的曲线分别是泵浦、激发态和光子密度，增益开关导致了快速的输出脉冲，其速度可以和泵浦脉冲相近，因为腔光子寿命比泵浦激光器的脉冲短

根据速率方程，考虑系统的增益，可以得到不同泵浦条件下增益的变化情况。如图 7-17（b）所示，激光器的增益随着泵浦功率密度的增加逐渐趋于饱和。不同增益下激光器出射光脉冲的瞬态响应如图 7-17（c～g）所示。从瞬态响应可以得到激光器的快速开启时间所引起的增益开关特性。值得注意的是，增益开关的时间尺度与等离激元的寿命处于一个量级上（小于 10fs）。这说明等离激元激光器的调制速度可以极快，其弛豫速度表明其调制频率可达 10THz 量级。图 7-17（c～g）揭示了在阈值以上不同泵浦功率下脉冲形状的改变。泵浦功率刚超过阈值时，增益开关效应导

致较窄的脉冲宽度。在远超阈值的大泵浦功率条件下，出射光脉冲开始体现出与泵浦脉冲相似的形状。计算的结果表明，在纳米激光器中，其产生的脉冲时间尺度处于飞秒量级，而空间尺度则处于纳米量级。空间和时间的高度局域使得可以在近场内实现超高的光场强度。

7.4.4 纳米激光器的其他特性

1. 纳米激光器的光谱线宽

在准连续泵浦条件下，基于金属的纳米激光器的光谱线宽可窄至约 0.3nm（波长 700nm 时对应线宽 100GHz）。这与具有类似腔长的现代半导体激光器，如垂直腔面发射激光器的光谱线宽相当。然而对于体积更小的纳米激光器而言，小的增益体积和小的腔模带来的高自发辐射噪声使得纳米激光器具有相对较低的光谱密度。但其光谱密度仍然远远优于非相干光源。因此对于需要利用纳米级局域光场和有相干性要求的应用而言，纳米激光器是极其合适和至关重要的。此外，由于发射线宽直接影响纳米激光器在各种传感应用中的灵敏度和光谱分辨率，因此其发射线宽仍然是纳米激光器的关键参数之一。

2. 纳米激光器的能量密度

对于连续泵浦条件下的纳米激光器而言，其输出功率 P 依赖于其内在的载流子浓度 n、内量子效率 η、受激辐射速率 τ，并满足关系式 $P = \eta nh\nu V_{\text{PHY}}\tau$（$h$ 为普朗克常数，ν 为频率，V_{PHY} 为腔的物理体积）。当泵浦功率大于阈值时，其载流子浓度 n 近似等于阈值载流子浓度，而 τ 和激光器的 Purcell 增强因子以及外界泵浦条件相关。图 7-18 展示了内量子效率为 100%的情况下，纳米激光器的输出功率随着 V_{PHY} 和 τ 的变化关系。可以看到，当纳米激光器的物理尺寸缩小时，由于 Purcell 增强效应的存在，其受激辐射寿命将被加速，从而增加纳米激光器的输出功率。

当利用脉冲宽度小于 τ 的超快脉冲泵浦纳米激光器时，由于增益开关效应纳米激光器可以输出超短脉冲。在这种情况下，单个输出脉冲的峰值功率可以通过将输出脉冲的脉宽近似为 τ 进行估计。光学模式体积 V_m 是一个在纳米光子学领域经常应用的参数。它与光子的局域态密度相关，表征了光与物质相互作用的强度。纳米激光器可以直接在小的增益材料体积 V_{PHY} 内产生光，并将其限制在激光模式体积 V_m 的范围内。对于产生单一脉冲的激光器，其内部的能量密度 U 可估计为 $U = nh\nu V_{\text{PHY}} / V_m$，即其局域能量密度正比于 V_{PHY} / V_m。对于常规的半导体激光器而言，V_{PHY} / V_m 趋近于 1，而对于纳米激光器中的等离激元纳米激光器而言，$V_{\text{PHY}} \gg V_m$，因此等离激元纳米激光器可以实现超高的能量密度。另外，和常规的半导体激光器相比，等离激元纳米激光器倾向于拥有更高的阈值载流子浓度，因此具有更高的能量密度 U。由图 7-18 可知，纳米激光器可以实现能量密度 U 大

于 $50\mathrm{J/cm^3}$。考虑到增益开关的时间尺度处于 $1\mathrm{ps}$ 量级，此时等离激元纳米激光器产生的脉冲的峰值功率密度 I 将大于 $10^{11}\mathrm{W/cm^2}$。

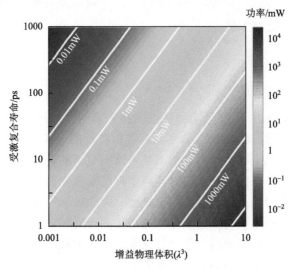

图 7-18　激光器出射光对于其增益物理体积和受激复合寿命 τ 的依赖[75]

假设波长为 1550nm，量子效率为 100%，阈值载流子浓度为 $5\times10^{18}\mathrm{cm^{-3}}$

纳米激光器形成的高局域场密度可以用于各种应用，如数据存储、传感、成像、近场的光学探测和光谱学等。此外，由强场强引起的非线性效应会在非线性光学应用中发挥关键作用，如腔内混频（intra-cavity frequency mixing）。对于这些应用而言，纳米激光器在其腔内产生的局域光学能谱密度（local optical energy spectral density）（U'，表达式为"能量/体积"）也是重要的品质因数之一。假设纳米激光器的量子效率为 100%，此时 $U = \dfrac{U}{\Delta v \Delta t}$，其中 Δv 是光谱的线宽，Δt 是产生的脉冲的宽度。在变换极限脉冲（transform limited pulse）的情况下，纳米激光器在时间、空间和频率上有很好的局域光场能力，因此将产生巨大的局域光场密度。这将是纳米激光器领域未来的潜在研究方向。

3. 激光器的体积与激光器阈值和能耗

降低能耗是激光器小型化的主要驱动力之一，早在 20 世纪 90 年代，研究者就意识到通过缩小激光器的尺寸从而减小激光腔模的数量，可以有效地降低激光器能耗同时提高对增益材料的利用效率，从而实现一个更快调制速率、更低激射阈值和更低能耗的激光器[130-133]。例如，当激光器体积很小时，只有很少的激光腔模可与增益材料的增益谱重叠。因此在自发辐射段光子耦合到最后激射模式的百分比（自发辐射耦合因子 β）会增加。小体积的激光器将会具有更大的自发辐射耦合因子 β，使得激光器可以在更低的泵浦功率下实现受激辐射，即具有更低的激光器阈值。在极端情况下，当只有一个模式可以满足激射行为时（$\beta \to 1$），自发辐射阶段所有光子都耦合进最后的激射模式中。从自发辐射阶段到受激辐射占主导的阶段将不存在明显的相变。此时激光器体现出一种"无阈值"行为[134]。在这种情况下，只能通过其他的方式来判断激光器由自发辐射到受激辐射相变的过程[19,56]。

微纳激光器支持的模式主要包括光学模式和等离激元模式两类。在小尺度情况下，光学模式会经历强的辐射损耗，而等离激元模式则因为金属的应用而引入额外的欧姆损耗。这些损耗都会导致高的阈值，从而影响微纳激光器的实用化。在此研究人员关注的一个重点问题是光学模式激光器和等离激元纳米激光器的激射阈值随尺度的变化规律和差异。

2018 年，研究人员系统研究了基于相同增益材料和反馈机制的等离激元纳米激光器和常规光学模式激光器的激射阈值随增益材料体积的变化规律[53]。两种激光器的结构如图 7-19 所示。图中展示的是 CdSe 方块（尺寸：700nm×700nm×100nm）在两种不同衬底（Au/SiO₂）上形成的回音壁模式的场分布情况。当 CdSe 的尺寸仅为 $\frac{1}{7}\lambda^3$ 时（$\lambda = 700$nm 为 CdSe 的出射波长），等离激元模式还可被很好地限制在界面的两侧。而对于光学模式，相当一部分的场已经泄漏到了 CdSe 外部。这不仅意味着巨大的辐射损耗，同时其腔模与增益材料的耦合因子也将减小。

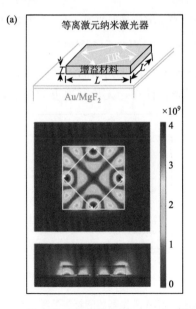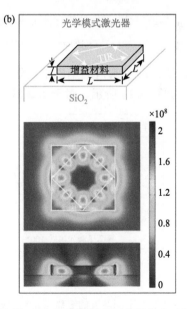

图 7-19　等离激元纳米激光器（a）和光学模式激光器（b）的结构示意图和场分布对比[53]

图 7-20 为两种类型激光器的激射阈值随着 CdSe 的体积和厚度变化的规律。研究人员发现，当 CdSe 的厚度小于 100nm 时，由于厚度已经趋于光学衍射极限，因此常规的光学模式激光器已经不再能激射，而等离激元纳米激光器在如此小的厚度下仍然可以维持稳定的激射。其激射阈值如图 7-20（a）所示。比较两种不同体积激光器的激射阈值，研究人员发现，由光学衍射极限带来的对模式限制的影响进而导致阈值变化的规律是十分明显的。上述实验结果可定性解释为：由不确定关系带来的光学衍射极限使得厚度接近光学衍射极限时光学模式的场在垂直于界面的方向上将不再能很好地被限制在激光腔中。对于激光器的腔模而言，任一方向上的场的弥散都会造成激光器的辐射损耗上升，同时造成光学模式和增益材料在空间上重叠急剧减小。这两者导致光学模式激光器的阈值急剧增加。对于等离激元模式而言，由于可以很好地被限制在光学衍射极限以下，因此在体积远小于光学模式激光器的极限体积条件下仍然可以实现激射。即金属的引入可以将激光器的有效体积变得更小，同时在趋近于衍射极限时，具有更低的激射阈值。

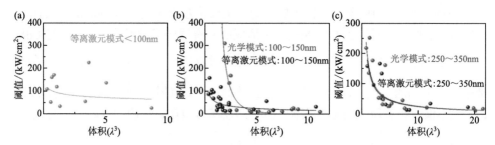

图 7-20　不同厚度的等离激元纳米激光器和光学模式激光器的阈值随体积变化[53]

（a）$T<100$nm；（b）100nm$<T<150$nm；（c）250nm$<T<350$nm

在研究激射阈值的基础上，研究人员得到了两种激光器的能耗随体积的变化规律，如图 7-21 所示。对于等离激元纳米激光器而言，无论其厚度为多少，仍然

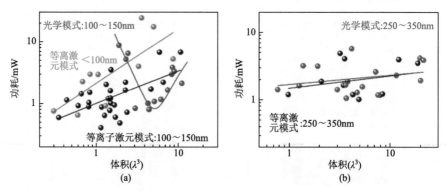

图 7-21　不同厚度的等离激元纳米激光器和光学模式激光器的能耗随体积变化[53]

（a）$T<100$nm 和 100nm$<T<150$nm；（b）250nm$<T<350$nm

遵循越小的激光器体积将拥有更小能耗的普适规律，其并不受激光器厚度的限制。然而对于光学模式激光器而言，当激光器厚度处于 100～150nm 时，当样品的体积 $V>5\lambda^3$ 的时候，能耗依然随着体积的减小而减小；而当 $V<5\lambda^3$ 时，能耗开始随着体积的减小而急剧增加，直至不再能激射。

4. 频率牵引效应与增益效应

在纳米激光器中，为了抵消材料损耗或者辐射损耗，其增益要求很高，这也导致了很强的腔体模式色散[135]。很多单横模法布里-珀罗腔的纳米激光器中都存在此特性[20, 37]。如图 7-22 所示，纵模间隔 $\Delta\lambda=\dfrac{\lambda^2}{2n_g L}$，$L$ 是波长，n_g 是激光模式的群折射率。对于等离激元纳米线激光器[20]，在阈值以上器件的模式间隔满足 $\Delta\lambda\propto 1/L$ 的线性关系，说明单横模法布里-珀罗腔中的模式具有相同的群折射率[图 7-22（a）]。其对应的平均的群折射率约为 11，而光学模式纳米线激光器（没有金属衬底）的群折射率在 3～4 之间[136]。类似地，Hill 在 MIM 结构中也观察到了很高的群折射率[37]，如图 7-22（b）所示。这些等离激元纳米激光器高的群折射率来源于其大的频率牵引效应。由于纳米激光器中需要很大的增益来抵消损耗，因此其增益谱将具有很大的色散。

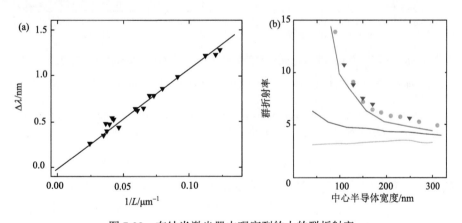

图 7-22　在纳米激光器中观察到的大的群折射率

（a）纵模间隔随着纳米线长度的变化[20]；（b）金属-介质-半导体-介质-金属（MISIM）型等离激元激光器中从激光谱模式间隔估计出的群折射率随着中心半导体宽度的变化[37]，蓝色圆圈是从 6μm 长的器件估计得到的，蓝色三角形是从 3μm 长的器件估计得到，除了最小的两个器件是在 10K 下测量得到，其他的都是在 78K 下得到，蓝色、绿色和红色的曲线是模拟的群折射率：蓝色代表结构中心只有半导体（没有介质），绿色曲线包含了介质层，红色则包含了 SiN 层并且 InGaAs 层考虑了色散的不同，InGaAs 的色散从最薄的 $d\varepsilon/d\omega=2\times10^{-13}$ 变化到最厚的 $d\varepsilon/d\omega=2\times10^{-14}$ [37]

图 7-23 展示了随着泵浦功率变化纳米线激光器光谱和出射性质的变化[20]。自发辐射放大出现在法布里-珀罗腔的模式可辨认之时，在这种条件下，泵浦强度为 88MW/cm²。激光器的阈值与内在的增益具有联系，称为增益饱和。因此频率牵引效应会在阈值增益饱和的时候"固定"。同时，自发辐射在受激辐射开始占主导时饱和。在这种条件下，激光器的出射会随着泵浦强度的增加线性地增加。在图 7-23（b）中，可以看到在自发辐射放大段频率牵引增加，而在激射之后，频率牵引的大小是一个常数。与此同时，通过对比自发辐射的光谱和激射谱，可以看到光致荧光在功率大约在 100～113MW/cm² 的时候饱和。

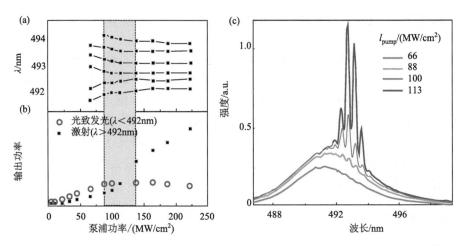

图 7-23　在等离激元纳米线激光器中的频率牵引效应（$d = 112\text{nm}$，$L = 33.7\mu\text{m}$）[20]

（a）法布里-珀罗共振峰位随着峰值泵浦强度功率变化的情况［从图（c）中提出］，对于低的泵浦强度，可以清楚地看到频率牵引效应，在阈值（激射开始）的时候，频率牵引的大小变为常数，说明增益已经固定；（b）激光器的输入输出曲线中可以看到明显的增益饱和现象；（a）和（b）的阴影区域对应于自发辐射放大到激射的转变（小激光器的特性）；（c）等离激元纳米激光器清晰的法布里-珀罗峰的出射谱

从图 7-23 中大的频率牵引效应可以看出纳米激光器具有很大的增益。频率牵引效应允许简单地通过测量法布里-珀罗模式间隔估计激光器的材料增益。在大体积激光器中，由于频率牵引效应非常弱，因此对于其材料增益的估计十分困难。然而，在纳米激光器中，该效应显著存在。材料增益的估计方法如下：首先估计平均的群折射率，可以通过 $n_g = \lambda^2 / 2L\Delta\lambda$ 的关系式将纳米线长度 L 和腔模间隔 $\Delta\lambda$ 相联系。图 7-24 中展示了从峰位变化得到的群折射率。为了得到材料的增益，使用一个简单的公式描述块体 CdS 中激子的增益。CdS 的介电常数写为

$$\varepsilon_{\text{CdS}}(E) = \varepsilon_{\text{CdS}}^{\infty} + \frac{2E_{\text{CdS}}\chi}{E^2 - E_{\text{CdS}}^2 - 2i\gamma_{\text{CdS}}E} \tag{7-4}$$

其中，$E_{\text{CdS}} = 2.53\text{eV}$，$\gamma_{\text{CdS}} = 0.013\text{eV}$，分别为 CdS 激子的能量和线宽；$\varepsilon_{\text{CdS}}^{\infty} = 5$，

为 CdS 的背景介电常数。模式的群折射率 n_g 可以使用这个介电常数 $\varepsilon_{CdS}(E)$ 通过有限元方法计算得到,此处布居数反转和增益都包含参数 χ。群折射率和在 CdS 纳米线中的峰值材料增益 g_{CdS} 如图 7-24(a)和(b)所示。这个等离激元纳米线激光器总的模式增益为 $g = \Gamma g_{CdS}$,对应于预期的模式损耗为

$$\alpha = \frac{1}{L_m} - \frac{1}{L}\ln R \qquad (7-5)$$

其中,$R \approx 20\%$,为纳米线边界上的反射率;$L_m^{-1} = 4100\,\text{cm}^{-1}$,为等离子模式的传播损耗。从频率牵引实验中估计出来的材料增益,达到最大值 $10000\,\text{cm}^{-1}$ 时,如果限制因子估计为 $\Gamma = 0.5$,则实际的模式增益接近于 $5000\,\text{cm}^{-1}$。这与理论上预计的损耗 $\alpha \approx 4600\,\text{cm}^{-1}$ 非常接近(基于 Johnson 和 Christy 的数据[137])。

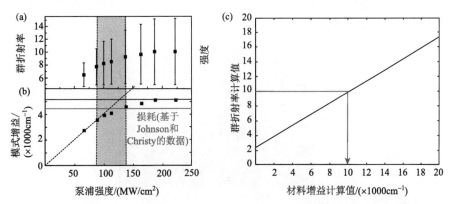

图 7-24 从直径 112nm,$L = 33.7\,\mu\text{m}$ 的等离激元纳米线激光器的频率牵引效应中估计的材料增益[20]

(a)从模式间隔和纳米线长度中得到的平均群折射率;(b)强色散导致的高的平均群折射率,可用来估计材料的内部增益,在激射时,材料增益稳定在大约 $10000\,\text{cm}^{-1}$,与该等离激元腔预计的模式损耗相吻合;(a)和(b)中阴影区域指示了从自发辐射放大到激射过程的转变;(c)计算得到的模式群折射率和材料增益间的联系

5. 纳米激光器的辐射与偏振特性

纳米激光器的辐射特性,包括出射通道以及偏振。这些研究在确定纳米激光器系统中哪一类模式激射,以及在揭示模式结构特性方面起到关键作用。

对于光学模式的激光器,光直接通过激光器端面散射到自由空间。而对于纳米等离激元激光器,其辐射到外界的能量包括两部分,一部分耦合到自由空间以光子的形式存在,另一部分以等离激元的形式存在于金属与介质的界面上。等离激元相较于自由空间中的光子具有更大的动量,因此并不能直接耦合到自由空间中,这一部分能量是一种“暗场”能量,不能耦合到远场被直接观测到。

由于出射性质的不同,光学模式和等离激元模式的散射光有特定的偏振特性,在大部分的情况下,光学模式散射光的偏振垂直于纳米线的轴(x 方向),然而对

于等离激元激光器，散射光的偏振平行于纳米线的轴（z 方向）。图 7-25（a）和（b）分别展示了等离激元和光学模式激光器偏振角分辨出射谱。通过占主导的偏振，可以判断小激光器中的内部模式结果。在混合等离激元模式下，场分量主要垂直于金属表面和平行于纳米线 ［图 7-25（c）和（e）］，产生主要为 z 方向的散射光。场分布高度局域在纳米线和金属表面之间，模式体积小至 $\lambda^2 / 400$［图 7-25（c）］。因此等离激元模式激光器的出射偏振表现为沿着纳米线轴向方向。当纳米线直径比 150nm 更小时，等离激元激光器中只具有这样的偏振性质。然而，当纳米线直径大于 150nm 时，激光器也支持光学模式。这些模式并不限制于金属表面，所以在某些情况下也会具有沿着 x 方向的出射偏振。另外，光学模式激光器的主要电场分量平行于石英衬底表面 ［图 7-25（d）和（f）］，因此产生的散射光主要表现为 x 方向的偏振。这些光学模式在衍射极限下截止，即在直径 140nm 以下不会出现激射行为。

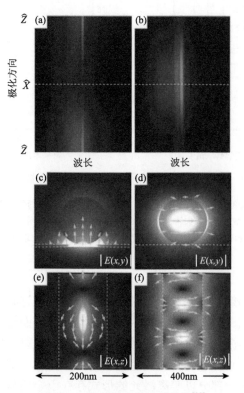

图 7-25　纳米激光器偏振特性[20]

等离激元（a）和光学模式（b）纳米线激光器散射光出射偏振特性的实验结果，激射峰和自发辐射背景都体现出明显的偏振依赖特性，等离激元激光器出射的偏振沿着纳米线方向，光学模式的出射偏振垂直于纳米线方向；（c～f）为等离激元和光学模式电场|E|在 x/y 平面和 x/z 平面的分布图，箭头方向代表电场|E|的方向，等离激元激光器模式的电场|E|主要沿着纳米线方向并且以一个类似的偏振方向散射出去

基于以上讨论，对于等离激元模式的激光器而言，大部分的光直接耦合到了等离激元模式。2017 年研究人员使用漏辐射显微成像技术，通过动量匹配的方法将纳米激光器的表面等离激元暗辐射耦合到远场，实现了在实空间、动量空间和频谱空间对纳米激光器等离激元出射的直接成像[78]，如图 7-26 所示。结果表明，纳米激光器与传统激光器相比存在本质区别，其辐射场主要为金属中自由电子振荡形成的表面等离激元形式。此外，进一步的计算分析显示，在某些特定的情况下，纳米激光器的辐射能量可百分之百耦合至传播模式的表面等离激元。这为对纳米激光器进行进一步操控和应用奠定了基础。

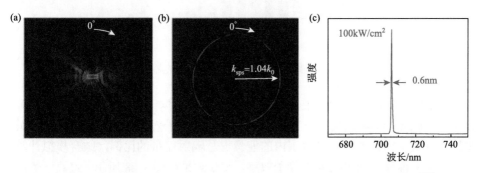

图 7-26　纳米激光器实空间（a）、动量空间（b）和频率空间（c）成像图[76]

6. 量子效率

激光器的内量子效率描述了激光器吸收的泵浦能量中通过辐射复合形式释放出光子的比例；而外量子效率则描述了吸收的泵浦能量中可以耦合至激光的比例。对于等离激元纳米激光器而言，由于 Purcell 增强效应，其自发辐射速率得到了加速，因此压缩了通过非辐射复合消耗能量的比例，从而使得其具有较高的内量子效率。而其外量子效率中耦合到激光器外部的能量包括耦合到自由空间中的光子和存在于金属/介质界面的等离激元。

由于内量子效率描述的是辐射复合和非辐射复合所消耗的能量比例，因此其可通过激光器的辐射复合速率和非辐射复合速率得到。2018 年，研究人员通过测量等离激元纳米激光器和光学模式激光器的自发辐射速率系统地分析对比了两种类型激光器的内量子效率[53]，如图 7-27 所示。对于等离激元纳米激光器而言，通过高斯分布对两者的内量子效率分布进行拟合可以得到其高斯峰位对应的内量子效率为 90.3%。而对于光学模式激光器而言，该值仅为 78.4%。这是由于等离激元纳米激光器具有更大的 Purcell 增强因子，使得其具有更大的自发辐射速率，因此上能级载流子通过辐射渠道跃迁到下能级的概率也更大，从而导致了其具有更大的内量子效率。

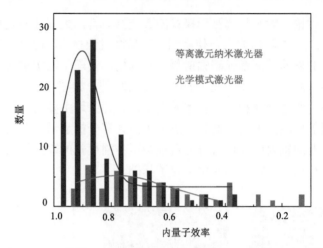

图 7-27　等离激元纳米激光器和光学模式激光器内量子效率[53]

　　纳米激光器的另一个重要属性是它的外量子效率，同年，研究人员基于等离激元纳米激光器的辐射特性，发展了一种新的外量子效率表征手段。研究人员从实验上测量了物镜数值孔径范围内的能量占总辐射能量的比例，结合模拟计算从这个比例中推算出激光器的外量子效率。实验结果如图 7-28 所示，室温下等离激元纳米激光器的外量子效率超过了 10%[138]。

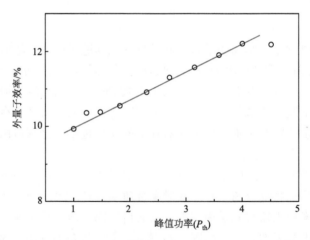

图 7-28　室温下等离激元纳米激光器的外量子效率[138]

7. 纳米激光器的本征模式操控

　　每个激光器的激射模式都是腔的某个特定本征模式。腔中允许存在的本征模式数量（N）可以通过 $N = \rho V_{\mathrm{PHY}} \Delta \nu_E$ 进行估计，其中 ρ 是腔中的态密度，V_{PHY} 是腔的物理体积，$\Delta \nu_E$ 是增益谱的带宽。对于常规的染料分子和半导体材料而言，

$\Delta\nu_E$ 一般处于几十 THz 数量级。因此当激光腔的三维尺寸都处于亚波长量级时，通常只有很少部分的本征模式可在光谱上与增益谱重合。这使得人们可以通过设计调控纳米激光器的本征模式来控制产生新的内部激光场或者新的发射光束合成。这种对本征模式的调控在纳米激光器阵列领域尤为重要。基于此，单一纳米激光器或多个纳米激光器构成的结构阵列的调控成为人们操控激光器性能的一种全新的方式。

7.5　纳米激光器的应用

7.5.1　纳米激光器用于集成光学互联

随着互联网的普及，全球每年互联网流量呈现指数增长的趋势。目前该流量已经增长到约 1Zb。其对应的数据通信能耗也在逐渐增加[139, 140]。因此降低能耗对于未来维持数据驱动至关重要。数十年来，基于边缘发射激光器的长距离光学链路功率已经远远低于电子链路所需要的功率。在短距离光学互联方面，VCSEL已经成为了最佳解决方案。与边缘发射激光器的数百微米相比，VCSEL 的尺寸可以缩小到几微米，同时其能耗也从数百 pJ/bit 下降到几百 fJ/bit。如今，VCSEL 正在逐步取代数据中心和超级计算机中的电互联，自 1996 年以来已经部署了 3 亿台[141]。因此，持续的激光小型化是进一步降低能耗的方法。

将纳米激光器运用到片上集成光学互联中需要满足以下要求：①低功耗但具有可以接受的输出功率和高的调制速率；②高的激光-波导耦合效率；③在室温下的连续电泵浦。这些要求对现有的技术构成很大的挑战，下面逐一进行讨论。

1. 直接调制的纳米激光器光源的每比特能量

传输每比特所消耗的能量大小是光互联的一个关键因素。为了取代成熟的片上电互联，整个系统所需的能量必须明显低于 1pJ/bit。因此作为整个光学系统驱动力的激光器其目标能量应该接近 10fJ/bit[142]。除了调制激光器所需要的能量之外，工作在阈值时的激光器同样需要消耗能量。与此同时，其他因素如调制格式和链路预算同样需要被考虑在内。基于上述要求，才可全面地评估将纳米激光器运用到光互联中所需要达到的能耗。

考虑到一个纳米激光器的阈值为 $10\mathrm{kW/cm^2}$，衍射极限下器件的面积为 $\lambda^2/4$，其中 $\lambda=1.5\mu\mathrm{m}$，此时激光器阈值能耗为 $5.6\mathrm{mW}$。当数据速率为 10 Gb/s 时，每比特能量为 0.56fJ。器件面积小于 $\lambda^2/4$ 的纳米激光器已经在多种激光器构型中被实验验证[12, 13, 17, 21, 35-37, 42, 43, 53, 57, 60, 63]。进一步缩小器件的体积将会进一步减小激光器的阈值能耗。但实际上在器件体积和激光腔损耗之间存在利弊权衡的关系。

事实上，由于纳米激光器中存在更高的金属损耗和极小的腔体横截面积，因此有人认为最小的等离激元纳米激光器阈值电流密度将远高于已经商业化的激光二极管。然而，在任何小型激光器中都不可避免地存在高损耗：纯介质的激光腔受到辐射损耗的困扰，而金属腔则受到欧姆损耗的困扰。因此对于纳米激光器而言，在降低能耗和阈值能量密度之间存在着一个平衡[53]。

用于通信的激光器输出功率可通过每比特能量和调制速度的乘积进行估计。图 7-29 展示了一个工作在 1.55μm 出射波长激光器的每比特能量，其调制速度和输出功率之间的关系。在给定的调制速度下，低能耗要求（＜10fJ/bit）限制了纳米激光器的输出功率上限，光学接收器的热噪声限制了输出功率下限。总的每比特能量还需要考虑外量子效率和寄生电容引起的开关能量。后者可通过 $E = \frac{1}{2}CV^2$ 进行估计，其中 C 是器件的电容，V 是工作电压。基于这些因素，实现激光器在低能耗下工作就需要足够小的器件电容。对于一个结长度在 100nm 量级、载流子复合寿命在 ps 量级的纳米激光器而言，要实现 fF 量级的电容就要求其面积小于 $1μm^2$。同时，电容和系统的电阻 R 还决定了系统的最大调制速度，此最大调制速度为 $(2RC)^{-1}$。

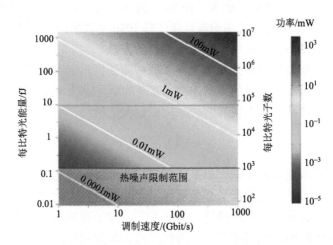

图 7-29　每比特光能量、调制速度和在 1.55μm 工作的激光器出射能量间的联系[75]

每比特总能量应该考虑外量子效率并且考虑寄生电容引起的开关能量；绿色线注明的是激光器驱动的片上光互联目标能量大小（10fJ/bit），红色线标注的是可以保证信噪比高于接收器热噪声的出射功率大小（大约 0.13fJ/bit）

激光器输出功率的下限由光接收器的灵敏度所决定。通常，在考虑热噪声和假定外量子效率为 100% 的情况下，每比特需要 1000 个光子来实现较高的信噪比。对于工作波长为 1.5μm（0.8eV）的链路而言，这相当于每比特 0.13fJ 的能耗，如图 7-29 中的红线所示。在比特率为 10Gb/s 的情况下，需要的平均发射功率为

1.28μW。这要求在光学互联中纳米激光器的尺寸不能太小。

另一个与激光器输出功率相关的物理量是其外量子效率（EQE）。它是指每比特能量中，器件发热和能量耗散占总能量的多少。最近的实验表明，等离激元纳米激光器的外量子效率在室温情况下可超过 10%[138]。尽管在纳米激光器领域关于外量子效率研究的文献很少，外量子效率还是值得人们投入更多关注的。特别是将纳米激光器运用于实际应用的过程中，如近场光谱学、传感、集成光学互联、固态照明和自由空间光通信。

据预测，由于纳米激光器的亚波长尺寸和其低质量的激光腔，纳米激光器的调制带宽可以超过数百吉赫。科研人员在增益转换的纳米激光器中观测到了超窄的脉冲宽度[24]，这表明在纳米激光器中实现超高调制带宽是可行的。然而对于纳米激光器而言，则需要更多关于电调制速度的研究，尤其对开启时间的延迟、弛豫共振和激发态载流子的弛豫等这些重要特征的研究。

2. 纳米激光器辐射的引导

光在深亚波长纳米腔中与在自由空间中的动量不匹配，导致了激光模式在所有方向上都存在衍射，纳米激光器中可以辐射到自由空间中的光所对应的收集效率都很低。该问题可以通过将纳米激光器的出射耦合到波导模式中解决[59, 143]，如图 7-30（a）和（b）所示。最近的实验成果表明，波导嵌式的等离激元纳米激光器耦合到波导模式的效率超过了 70%，如图 7-30（d）和（e）所示[59]。基于金属的嵌入式等离激元纳米激光器和传统的纳米尺度的激光器相比将具有更低的能耗[53]。

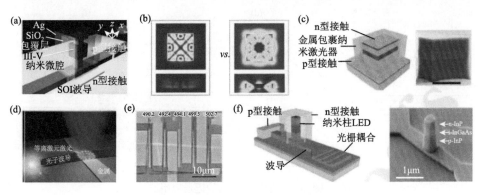

图 7-30　用于光互联的纳米激光器

（a）用于光互联的电注入金属腔激光器和波导耦合的方案[143]；（b）等离激元腔模（左）和光学模式腔模（右）的电场分布（腔体尺寸为 700nm×700nm×100nm ）[53]，近期的实验工作说明比起纯介质激光器，金属腔激光器的功耗可以随着激光器的尺寸更有效地减小；（c）连续电泵浦下工作在室温的金属腔纳米激光器的示意图和扫描电镜照片，比例尺为 1μm[18]；（d）嵌入波导的等离激元激光器，其中激光器耦合到波导的效率很高[59]；（e）基于嵌入波导等离激元纳米激光器阵列的光子回路，回路出射可供复用的多个出射波长；（f）基于硅衬底 InP 的金属腔 LED 的示意图和扫描电镜图[144]

3. 电注入式的纳米激光器

在光学互联中需要小型的电驱动激光器，金属接触的问题不可避免。基于纯电介质材料的光子晶体激光器和纳米线激光器都很难实现金属接触。而将金属的电接触和光的反馈结合是实现紧凑型纳米激光器的一个有效解决方案。除了提供电学接触和场限制，金属材料还可作为散热器，这对于激光器的稳定工作而言是至关重要的。科研人员在实验上证实了一系列的电驱动纳米激光器的可行性[16-18,37]。最近，人们在室温下实现了连续电驱动的纳米激光器，其激光腔的体积只有 $0.69\lambda^3$（$\lambda = 1.59\mu m$）[18]。这些金属包覆的纳米激光器是迄今最小的电驱动激光器。此外，如图 7-30（f）所示[144]，人们还在硅衬底上实现了波导耦合的纳米发光二极管。虽然该纳米发光二极管并没有实现激射，但基于该器件的平台有望成为光互联中的集成光源。尽管科研人员已经取得如上进展，但对于电注入的纳米激光器而言，让其具有高性能（高热稳定性与集成度、高的波导耦合效率和超过几十 GHz 的直接调制带宽）仍然具有挑战。

7.5.2　纳米激光器用于传感

基于表面等离子体共振的传感器是现代生物化学传感和探测领域的一个重要工具[145]，然而表面等离子体传感器由于受到大的辐射和非辐射阻尼的限制，削弱了共振的强度和探测灵敏度。这些阻尼使得覆盖可见光到近红外波段的共振等离子体的线宽达到了数十至数百纳米，从根本上限制了其传感性能。这些阻尼可以被等离激元纳米激光器中的增益介质完全补偿，使得其线宽变窄两个数量级，如图 7-31（a）所示。

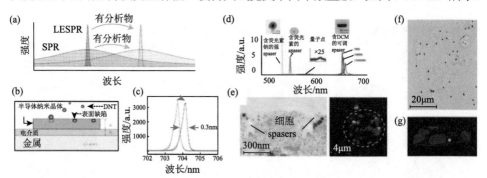

图 7-31　纳米激光器的近场应用

（a）激光增强的表面等离激元共振（LESPR）的线宽比无源的表面等离激元共振（SPR）的线宽窄很多，使其在传感和探测中有很好的性能[47]；（b）用于探测爆炸物的等离激元激光器传感器，其可在亚十亿个分子中分辨出爆炸物分子 2,4-二硝基甲苯[46]；（c）用于折射率探测的 LESPR，当环境中的折射率变化时，激光的峰位会发生变化[47]；（d, e）半径小至 20nm 的等离激元激光器用于生物探针；（d）球状和柱状的等离激元激光器的透射电子显微镜，以及它们相应的出射谱[42]；（e）在乳腺癌细胞薄膜上的单个和群聚的等离激元激光器（细胞在 37℃下培养了 30min）[42]；（f）用于细胞标记和追踪的微盘激光器，在单个活细胞内的激光器的光学照片；（g）在细胞内的单个激光器的三维荧光成像图，绿色、蓝色和红色分别代表激光器、细胞核和肌动蛋白微丝[154]

1. 纳米激光器用于气体传感

最近,研究人员证明了基于等离激元纳米激光器的传感器可用于检测正常条件下空气中的特定分子,并具有亚十亿分之一的灵敏度,如图 7-31 (b) 所示[46]。在一个实例中,两种爆炸分子即 2,4-二硝基甲苯和硝酸铵被选作待测物。其传感机制基于待测物气体分子对等离激元纳米激光器增益材料表面辐射速率的改变。在这个实例中,具有原子级表面平整的半导体平板作为增益材料,并作为反馈腔和传感介质。该纳米腔具有的大表面积和物理体积比值反比于半导体平板的厚度,使得其对于平板表面化学的调制可以显著地影响激光器的发光强度。同时大的表面积有利于对分析物的吸附,而小的增益材料的体积限制了可以被调制的载流子的数量,使得该传感器具有很高的探测灵敏度。

2. 纳米激光器用于生物化学相容环境中的传感

基于等离激元的折射率传感器是被最广泛使用的光学生物传感器。最近,等离激元纳米激光器被证实可作为折射率传感器。如图 7-31 (c) 所示[47, 51],由于等离激元激光高的光谱相干性($<0.3nm$,对应的波长为 700nm),其传感的品质因子相比于普通激光器极大提高。该传感器的品质因子可达到 84000,这比现有表面等离子体共振传感器高约 400 倍。如此高的品质因子来源于高的光谱相干性、低背景辐射和高斯激射线型带来的高信号噪声比。当等离激元微腔的模式体积更小,同时光场分布与分析物的重叠更大时,基于等离激元纳米激光器的传感器性能,特别是波长灵敏度可进一步得到提高[47, 56, 146]。例如,在一个基于纳米渠(nanotrentch)的等离激元激光器中,其激射波长为 373nm,对应的模式体积可达到 $5.75\times10^{-4}\lambda^3$,对应的波长探测的品质因子可达到 1132[56]。

在生物化学相容的环境中,光生载流子与活性位点的反应会导致基于等离激元纳米激光器传感器的性能快速下降[51]。上述传感器的不稳定性可通过表面钝化进行显著改善。最近的实验表明,对于表面覆盖 7nm 厚 Al_2O_3 钝化层的表面等离激元激光器传感器,其在数小时内都没有观测到性能下降,而没有钝化层的传感器则在几秒内便观测到性能明显减弱[51]。

7.5.3 纳米激光器用于生物领域

纳米激光器具有很小的物理体积,同时其光场可以很好地局域在该小体积内,因此可以被用于一系列的生物领域,包括生物学探测、细胞标记和追踪以及超分辨成像。

1. Spaser 作为生物探针

检测激光激发荧光标记物的自发辐射的方法是一种广泛用于研究个体生物分子和细胞的成像方法。然而，在高泵浦激光强度下的光学饱和、光漂白和闪烁效应限制了检测的灵敏度和实用性。采用小尺度激光器的受激辐射可抑制光漂白和闪烁效应，从而实现具有更窄线宽的光发射。最近，E. I. Galanzha 等报道了从体外细胞到活体老鼠组织的复杂生物环境下具有多功能的 spaser[42]，如图 7-31（d）和（e）所示。这种 spaser 的直径只有 22nm，包括直径 10nm 的金核和厚 6nm 的嵌入了有机染料分子的二氧化硅壳。在纳秒激光泵浦条件下，这些 spasers 可提供超高强度的受激发射，为高对比度检测癌细胞以及利用光热破坏癌细胞提供可能性。

2. 微盘激光器用于细胞标记和追踪

微型激光器已被证实在生物系统中拥有比荧光探针更窄的线宽，因而可被用于生物医学成像、血细胞计数、高对比度癌症筛查、免疫诊断与细胞标记和追踪[147-153]。最近，N.Martino 等利用Ⅲ-Ⅴ族半导体 InAlGaAs 和 InGaAsP 制备了独立式微盘激光器[154]。这些微盘激光器的半径约为 1μm，表面覆盖了生物相容性材料。在 1060nm 的光学泵浦条件下，这些微盘激光器可以实现线宽小于 1nm 的单模激射。通过使用不同的增益材料的组分，其发射波长可覆盖 1200~1600nm。这些激光器可被细胞吸收，同时在重复测量过程中可在细胞内部保持稳定发射［图 7-31（f）和（g）］。科研人员在实验上验证了具有 400 多个光谱通道的多路复用的光学条形码，展示了小型激光器在多重细胞标记和追踪应用中的巨大前景。

3. 超分辨成像

Cho 等介绍了一种利用纳米激光器中本征的非线性过程进行超分辨成像的光学显微技术[155]。在激光阈值附近，由于自发辐射到受激辐射的相变，激光器的输出随着泵浦功率呈现非线性的变化。基于这种纳米激光器的非线性功率变化，相同器件在激射条件下的空间分辨率可实现相比于工作在自发辐射阶段高 5 倍。在另一种成像研究中，科研人员证实利用纳米线构成环产生的荧光可用来产生全方向的消逝波照明，从而实现宽视场远场亚衍射成像[156]。这种技术不需要标记，可很好地和传统显微镜集成，从而提高了纳米级光源在成像应用中的灵活性。

7.5.4 纳米激光器用于远场应用

截至目前，本章讨论了如何通过单个纳米激光器产生限制在纳米尺度的光。此外，还讨论了如何通过调控纳米激光器的本征模式从而实现对激光器内部场分布或外部发射束的合成与操控。对于纳米激光器集合的同一种调控可实现传统激光器无法实现的宏观响应，在这种情况下，纳米尺度的激光器结构决定了激光器的工作特性，这与利用超材料的方式类似。在近场中，纳米激光器本征模式的偏振和场分布都是可控的，同时还可通过耦合、相对相位、本征模对称、拓扑等方式对纳米激光器的集合进行调控。这种对于本征模式的调控与光子晶体激光器利用周期性来调控激光器性能参数的方式不同，它可实现前所未有的激光器宏观激光场的操控性，并运用于相关的远场实际应用中。

1. 单一纳米腔内的模式调控

光学涡旋（光学奇点）具有特殊的相位结构和相对应的轨道角动量[157]，已在很多领域中应用，包括光学陷阱、光学操控、度量学、成像光学和自由空间光通信[158]。最近,有报道通过在微腔内控制光学本征模式从而实现涡旋出射 [图 7-32（a）][159, 160]。在微环腔内奇异点形成的涡旋激光本征模可形成一个稳定的涡旋光束[159]。该系统可通过调制在腔上的光栅结构形成不同阶涡旋光出射[64]。

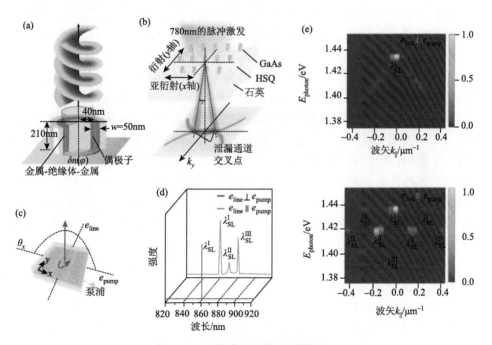

图 7-32　纳米激光器的本征模调控

（a）从手性等离激元纳米激光腔出射的光学涡旋[64]；（b）共振半导体纳米天线阵列形成方向性出射[73]；（c）超晶格构型的等离激元纳米腔阵列[70]；（d）从金纳米颗粒阵列出射的激光，其可以通过改变泵浦激光器的方向实时调节出射的情况[70]；（e）在等离激元超晶格中形成的多模激射，在这个结构中可以控制激光的光谱和出射的远场[70]

最近，有研究表明调制奇异点手性等离激元纳米腔可用来构建无阈值涡旋纳米激光器[64]。这种手性等离激元纳米腔的自发辐射耦合因子趋近于 1，Purcell 因子超过 1000，其可把单个辐射体的出射调制成涡旋场。更有趣的是，当腔体和单个偶极子相互作用时，偶极子辐射场的手性和系统奇异点处两个坍缩的本征模恰好相反[64]。

2. 半导体谐振晶格的能带调控

和薄膜结构相比，应力对于半导体纳米线的影响小很多，因此半导体纳米线得以在硅基光子学上具有很好的发展前景。最近，区域选择的外延生长技术被用来在绝缘硅片平台上生长 InGaAs 纳米线[72]。在光泵的情况下证明了纳米线阵列的单模激射。纳米阵列激光器的出射波长可通过简单调节生长图案实现。

在连续态中的束缚态（BICs）是指在连续辐射谱中仍然保持局域的本征态。已经证明，BICs 可为动量空间的偏振奇点，并且被拓扑保护[161]。最近，在圆柱形半导体共振晶格上证实了 BICs 的激射行为[162]。利用 BICs 的分布式反馈机制，深亚波长尺度的介质纳米天线阵列可实现低阈值、高 Q 值、带有方向性的激光出射［图 7-32（b）］[73]。在纳米天线阵列激光器中，单元共振结构的直径为 100nm，高度为 250nm，而出射波长位于 830nm。BICs 激光器的激射性能十分稳定，当其尺寸发生改变时仍然保持单模激射。这样的激光器还可实现对阵列相位的控制，因而在激光束方向操控、高功率半导体激光器和其他方面有应用价值。

最近，科研人员在实验上证实了拓扑绝缘体激光器。拓扑保护的边缘态可形成稳健的单模激射[163-166]。值得一提的是，在介质蜂窝状阵列上，如果将六个点作为一个原胞，则其形成的偶极子和四极子模式在频率上是简并的，从而形成类似狄拉克锥的色散关系[167]。增强原胞内各个点的耦合强度可打破简并性，偶极子和四极子模式间会发生能带反转，从而形成拓扑光子态。这些结果不仅说明了基于纯介质材料的光子晶体可具有非平庸的拓扑结构，而且证明了改变原胞结构和周期可形成对本征模的调控。

3. 金属离子阵列的能带调控

在中红外开口环共振结构中，最早提出了使用激射子单元耦合成阵列进而形成方向上出射这一概念[168]。该体系可为插入到有机增益介质中的纳米颗粒阵列，或者是半导体板上的金属洞阵列[65-71]。在纳米颗粒阵列中，每一个小的金属颗粒可看作出射球面波的偶极子辐射体。然而，偶极子在远场的干涉形成了尖锐的晶格振荡峰，这和介质周期结构如分布式反馈激光器中的上下带边都不同。在全同介质环境中的周期性纳米金属颗粒阵列会出现分立的晶格等离激元态。这些态具有辐射损耗的抑制和在纳米颗粒附近的亚波长尺度的局域场的特征。

目前有机分子与金属纳米颗粒耦合的周期阵列可在室温下工作，并且体现出很好的谱空间和实空间相干度[65]。在纳米颗粒阵列中激射的一个显著特征为宽的调谐范围。在纳米颗粒阵列激光器中，液相有机分子是动力学可变的，且晶格的等离激元共振也是稳健而机械可调的[67, 70, 71]。最近，利用等离激元超晶格［图 7-32（c～e）］块状的纳米阵列可形成一个更大的周期性结构，从而证实了在不同频率可控的多模激射[70]。超晶格的多模激射行为可通过控制近场强度和单个模式的特性来实现。出射光束的角度可通过调节超晶格来实现。

7.6　前景和挑战

　　从基础物理的观点来看，纳米激光器几乎所有的特性都已满足了许多领域应用的要求。仍然存在的挑战是调控这些结构使得其性能水平满足具体应用的需求。芯片上光互联则需要满足电注入、低能耗和其他特定技术指标的纳米激光器。这些具体的指标包括：调制速率、热稳定性、功率转换效率和集成波导的耦合效率等。然而，也有许多纳米激光器应用不需要电注入，特别是在近场的应用领域。在这些应用中主要需求是纳米激光器同时在空域、时域和频域实现高的光学能量密度。基于此，可使得原本只能在光学实验室内实现的各种光学分析应用到便携式手提设备上。腔结构的调控和金属质量的改善对于提高纳米激光器的性能意义重大。然而更大的挑战是如何在现有的系统中兼容纳米激光器。因此，学术研究和工业界的合作非常重要。着力于远场应用的纳米激光器阵列也将开启一个新兴的领域，基于此有望实现高调制速率的高功率半导体激光器。阵列结构纳米天线中可控的辐射相位也可以应用于光束的操控如光束扫描等。

参 考 文 献

[1]　Maiman T H. Optical maser action in ruby. Advances in Quantum Electronics，1961：91.

[2]　Stockman M I. Nanoplasmonic sensing and detection. Science，2015，348（6232）：287-288.

[3]　Stockman M I，Kneipp K，Bozhevolnyi S I，et al. Roadmap on plasmonics. Journal of Optics，2018，20（4）：043001.

[4]　Genet C，Ebbesen T W. Light in tiny holes. Nature，2007，445（4）：39-46.

[5]　Schuller J A，Barnard E S，Cai W，et al. Plasmonics for extreme light concentration and manipulation. Nature Materials，2010，9（3）：193.

[6]　McCall S L，Levi A F J，Slusher R E，et al. Whispering-gallery mode microdisk lasers. Applied Physics Letters，1992，60（3）：289-291.

[7]　Painter O，Lee R K，Scherer A，et al. Two-dimensional photonic band-gap defect mode laser. Science，1999，284（5421）：1819-1821.

[8]　Johnson J C，Choi H J，Knutsen K P，et al. Single gallium nitride nanowire lasers. Nature Materials，2002，1（2）：106.

[9]　Eaton S W，Fu A，Wong A B，et al. Semiconductor nanowire lasers. Nature Reviews Materials，2016，1（6）：1-11.

[10] Bergman D J, Stockman M I. Surface plasmon amplification by stimulated emission of radiation: quantum generation of coherent surface plasmons in nanosystems. Physical Review Letters, 2003, 90 (2): 027402.

[11] Shane J, Gu Q, Vallini F, et al. Thermal considerations in electrically-pumped metallo-dielectric nanolasers. SPIE, 2014, 8980: 898027.

[12] Hill M T, Oei Y S, Smalbrugge B, et al. Lasing in metallic-coated nanocavities. Nature Photonics, 2007, 1 (10): 589-594.

[13] Nezhad M P, Simic A, Bondarenko O, et al. Room-temperature subwavelength metallo-dielectric lasers. Nature Photonics, 2010, 4 (6): 395-399.

[14] Lu C Y, Chang S W, Chuang S L, et al. Metal-cavity surface-emitting microlaser at room temperature. Applied Physics Letters, 2010, 96 (25): 251101.

[15] Kim M W, Ku P C. Lasing in a metal-clad microring resonator. Applied Physics Letters, 2011, 98 (13): 131107.

[16] Ding K, Liu Z C, Yin L J, et al. Room-temperature continuous wave lasing in deep-subwavelength metallic cavities under electrical injection. Physical Review B, 2012, 85 (4): 041301.

[17] Ding K, Hill M T, Yin L, et al. An electrical injection metallic cavity nanolaser with azimuthal polarization. Applied Physics Letters, 2013, 102 (4): 041110.

[18] Ding K, Hill M T, Liu Z C, et al. Record performance of electrical injection subwavelength metallic-cavity semiconductor lasers at room temperature. Optics Express, 2013, 21 (4): 4728-4733.

[19] Pan S H, Gu Q, El Amili A, et al. Dynamic hysteresis in a coherent high-β nanolaser. Optica, 2016, 3 (11): 1260.

[20] Oulton R F, Sorger V J, Zentgraf T, et al. Plasmon lasers at deep subwavelength scale. Nature, 2009, 461 (7264): 629-632.

[21] Lu Y J, Kim J, Chen H Y, et al. Plasmonic nanolaser using epitaxially grown silver film. Science, 2012, 337 (6093): 450-453.

[22] Liu X, Zhang Q, Yip J N, et al. Wavelength tunable single nanowire lasers based on surface plasmon polariton enhanced Burstein-Moss effect. Nano Letters, 2013, 13 (11): 5336-5343.

[23] Wu X, Xiao Y, Meng C, et al. Hybrid photon-plasmon nanowire lasers. Nano Letters, 2013, 13 (11): 5654-5659.

[24] Sidiropoulos T P H, Röder R, Geburt S, et al. Ultrafast plasmonic nanowire lasers near the surface plasmon frequency. Nature Physics, 2014, 10 (11): 870-876.

[25] Zhang Q, Li G, Liu X, et al. A room temperature low-threshold ultraviolet plasmonic nanolaser. Nature Communications, 2014, 5 (1): 4953.

[26] Lu Y J, Wang C Y, Kim J, et al. All-Color Plasmonic Nanolasers with ultralow thresholds: autotuning mechanism for single-mode lasing. Nano Letters, 2014, 14 (8): 4381-4388.

[27] Ho J, Tatebayashi J, Sergent S, et al. Low-threshold near-infrared GaAs-AlGaAs core-shell nanowire plasmon laser. ACS Photonics, 2014, 2 (1): 165-171.

[28] Ho J, Tatebayashi J, Sergent S, et al. A nanowire-based plasmonic quantum dot laser. Nano Letters, 2016, 16 (4): 2845-2850.

[29] Chou Y H, Wu Y M, Hong K B, et al. High-operation-temperature plasmonic nanolasers on single-crystalline aluminum. Nano Letters, 2016, 16 (5): 3179-3186.

[30] Yu H, Ren K, Wu Q, et al. Organic-inorganic perovskite plasmonic nanowire lasers with a low threshold and a good thermal stability. Nanoscale, 2016, 8 (47): 19536-19540.

[31] Zhang Q, Shang Q, Shi J, et al. Wavelength tunable plasmonic lasers based on intrinsic self-absorption of gain

material. ACS Photonics，2017，4（11）：2789-2796.

[32] Yu H，Sidiropoulos T P H，Liu W，et al. Influence of silver film quality on the threshold of plasmonic nanowire lasers. Advanced Optical Materials，2017，5（6）：1600856.

[33] Lee C J，Yeh H，Cheng F，et al. Low-threshold plasmonic lasers on a single-crystalline epitaxial silver platform at telecom wavelength. ACS Photonics，2017，4（6）：1431-1439.

[34] Kress S J P，Cui J，Rohner P，et al. A customizable class of colloidal-quantum-dot spasers and plasmonic amplifiers. Science Advances，2017，3（9）：e1700688.

[35] Lu J，Jiang M，Wei M，et al. Plasmon-induced accelerated exciton recombination dynamics in ZnO/Ag hybrid nanolasers. ACS Photonics，2017，4（10）：2419-2424.

[36] Liu S，Sheng B，Wang X，et al. Molecular beam epitaxy of single-crystalline aluminum film for low threshold ultraviolet plasmonic nanolasers. Applied Physics Letters，2018，112（23）：231904.

[37] Hill M T，Marell M，Leong E S P，et al. Lasing in metal-insulator-metal sub-wavelength plasmonic waveguides. Optics Express，2009，17（13）：11107-11112.

[38] Nguyen N B，Nielsen M P，Lafone L，et al. Hybrid gap plasmon GaAs nanolasers. Applied Physics Letters，2017，111（26）：261107.

[39] Noginov M A，Zhu G，Belgrave A M，et al. Demonstration of a spaser-based nanolaser. Nature，2009，460（7259）：1110-1112.

[40] Meng X，Kildishev A V，Fujita K，et al. Wavelength-tunable spasing in the visible. Nano Letters，2013，13（9）：4106-4112.

[41] Zhang C，Lu Y，Ni Y，et al. Plasmonic lasing of nanocavity embedding in metallic nanoantenna array. Nano Letters，2015，15（2）：1382-1387.

[42] Galanzha E I，Weingold R，Nedosekin D A，et al. Spaser as a biological probe. Nature Communications，2017，8：15528.

[43] Yu K，Wu M C. Subwavelength metal-optic semiconductor nanopatch lasers. Optics Express，2010，18（9）：8790-8799.

[44] Kwon S H，Kang J H，Seassal C，et al. Subwavelength plasmonic lasing from a semiconductor nanodisk with silver nanopan cavity. Nano Letters，2010，10（9）：3679-3683.

[45] Ma R M，Oulton R F，Sorger V J，et al. Room-temperature sub-diffraction-limited plasmon laser by total internal reflection. Nature Materials，2011，10（2）：110-113.

[46] Ma R M，Ota S，Li Y，et al. Explosives detection in a lasing plasmon nanocavity. Nature Nanotechnology，2014，9（8）：600-604.

[47] Wang X Y，Wang Y L，Wang S，et al. Lasing enhanced surface plasmon resonance sensing. Nanophotonics，2017，6（2）：472-478.

[48] Guo C C，Xiao J L，Yang Y D，et al. Lasing characteristics of wavelength-scale aluminum/silica coated square cavity. IEEE Photonics Technology Letters，2016，28（2）：217-220.

[49] Liu N，Gocalinska A，Justice J，et al. Lithographically defined，room temperature low threshold subwavelength red-emitting hybrid plasmonic lasers. Nano Letters，2016，16（12）：7822-7828.

[50] Chen H Z，Hu J Q，Wang S，et al. Imaging the dark emission of spasers. Science，2017，3（4）：e1601962.

[51] Wang S，Li B，Wang X Y，et al. High-yield plasmonic nanolasers with superior stability for sensing in aqueous solution. ACS Photonics，2017，4（6）：1355-1360.

[52] Huang C，Sun W，Fan Y，et al. Formation of lead halide perovskite based plasmonic nanolasers and nanolaser

arrays by tailoring the substrate. ACS Nano，2018，12（4）：3865-3874.

[53] Wang S，Wang X Y，Li B，et al. Unusual scaling laws for plasmonic nanolasers beyond the diffraction limit. Nature Communications，2017，8（1）：1889.

[54] Lakhani A M，Kim M，Lau E K，et al. Plasmonic crystal defect nanolaser. Optics Express，2011，19（19）：18237-18245.

[55] Tanyi E K，Mashhadi S，On C，et al. Plasmonic laser with distributed feedback. Appl Phys Lett，2019，115（15）：151103.

[56] Cheng P J，Huang Z T，Li J H，et al. High-performance plasmonic nanolasers with a nanotrench defect cavity for sensing applications. ACS Photonics，2018，5（7）：2638-2644.

[57] Khajavikhan M，Simic A，Katz M，et al. Thresholdless nanoscale coaxial lasers. Nature，2012，482（7384）：204-207.

[58] Hayenga W E，Garcia-Gracia H，Hodaei H，et al. Second-order coherence properties of metallic nanolasers. Optica，2016，3（11）：1187.

[59] Ma R M，Yin X，Oulton R F，et al. Multiplexed and electrically modulated plasmon laser circuit. Nano Letters，2012，12（10）：5396-5402.

[60] Chou Y H，Hong K B，Chang C T，et al. Ultracompact pseudowedge plasmonic lasers and laser arrays. Nano Letters，2018，18（2）：747-753.

[61] Symonds C，Lheureux G，Hugonin J P，et al. Confined Tamm plasmon lasers. Nano Letters，2013，13（7）：3179-3184.

[62] Lheureux G，Azzini S，Symonds C，et al. Polarization-controlled confined Tamm plasmon lasers. ACS Photonics，2015，2（7）：842-848.

[63] Shen K C，Ku C T，Hsieh C，et al. Deep-ultraviolet hyperbolic metacavity laser. Advanced Materials，2018，30（21）：e1706918.

[64] Wang X Y，Chen H Z，Wang S，et al. Vortex radiation from a single emitter. Optical Society of America，2018.

[65] Zhou W，Dridi M，Suh J Y，et al. Lasing action in strongly coupled plasmonic nanocavity arrays. Nature Nanotechnology，2013，8（7）：506-511.

[66] van Beijnum F，van Veldhoven P J，Geluk E J，et al. Surface plasmon lasing observed in metal hole arrays. Physical Review Letters，2013，110（20）：206802.

[67] Yang A，Hoang T B，Dridi M，et al. Real-time tunable lasing from plasmonic nanocavity arrays. Nature Communications，2015，6：6939.

[68] Schokker A H，Koenderink A F. Lasing in quasi-periodic and aperiodic plasmon lattices. Optica，2016，3（7）：686.

[69] Tenner V T，de Dood M J A，van Exter M P. Measurement of the phase and intensity profile of surface plasmon laser emission. ACS Photonics，2016，3（6）：942-946.

[70] Wang D，Yang A，Wang W，et al. Band-edge engineering for controlled multi-modal nanolasing in plasmonic superlattices. Nature Nanotechnology，2017，12（9）：889-894.

[71] Wang D，Bourgeois M R，Lee W K，et al. Stretchable nanolasing from hybrid quadrupole plasmons. Nano Letters，2018，18（7）：4549-4555.

[72] Kim H，Lee W J，Farrell A C，et al. Telecom-wavelength bottom-up nanobeam lasers on silicon-on-insulator. Nano Letters，2017，17（9）：5244-5250.

[73] Ha S T，Fu Y H，Emani N K，et al. Directional lasing in resonant semiconductor nanoantenna arrays. Nature

Nanotechnology, 2018, 13 (11): 1042-1047.

[74] Huang M H, Mao S, Feick H, et al. Room-temperature ultraviolet nanowire nanolasers. Science, 2001, 292 (5523): 1897-1899.

[75] Ma R M, Oulton R F. Applications of nanolasers. Nature Nanotechnology, 2018, 14 (1): 12-22.

[76] Ma R M, Oulton R F, Sorger V J, et al. Plasmon lasers: coherent light source at molecular scales. Laser & Photonics Reviews, 2013, 7 (1): 1-21.

[77] Yu K, Lakhani A, Wu M C. Subwavelength metal-optic semiconductor nanopatch lasers. Optics Express, 2010, 18 (9): 8790-8799.

[78] Chen H Z, Hu J Q, Wang S, et al. Imaging the dark emission of spasers. Science Advances, 2017, 3(4): e1601962.

[79] Painter O, Lee R, Scherer A, et al. Two-dimensional photonic band-gap defect mode laser. Science, 1999, 284 (5421): 1819-1821.

[80] Huang M H, Mao S, Feick H, et al. Room-temperature ultraviolet nanowire nanolasers. Science, 2001, 292 (5523): 1897-1899.

[81] Stockman M I. The spaser as a nanoscale quantum generator and ultrafast amplifier. Journal of Optics, 2010, 12 (2): 024004.

[82] Grosshans F, Van Assche G, Wenger J, et al. Quantum key distribution using gaussian-modulated coherent states. Nature, 2003, 421 (6920): 238-241.

[83] Agarwal R, Barrelet C J, Lieber C M. Lasing in single cadmium sulfide nanowire optical cavities. Nano Letters, 2005, 5 (5): 917-920.

[84] Zhang Q, Wang S W, Liu X, et al. Low threshold, single-mode laser based on individual CdS nanoribbons in dielectric DBR microcavity. Nano Energy, 2016, 30: 481-487.

[85] Pauzauskie P J, Sirbuly D J, Yang P. Semiconductor nanowire ring resonator laser. Physical Review Letters, 2006, 96 (14): 143903.

[86] Kuykendall T, Ulrich P, Aloni S, et al. Complete composition tunability of InGaN nanowires using a combinatorial approach. Nature Materials, 2007, 6 (12): 951-956.

[87] Mayer B, Rudolph D, Schnell J, et al. Lasing from individual GaAs-AlGaAs core-shell nanowires up to room temperature. Nature Communications, 2013, 4: 2931.

[88] Saxena D, Mokkapati S, Parkinson P, et al. Optically pumped room-temperature GaAs nanowire lasers. Nature Photonics, 2013, 7 (12): 963-968.

[89] Zhu H, Fu Y, Meng F, et al. Lead halide perovskite nanowire lasers with low lasing thresholds and high quality factors. Nature Materials, 2015, 14 (6): 636-642.

[90] Wang X, Zhou H, Yuan S, et al. Cesium lead halide perovskite triangular nanorods as high-gain medium and effective cavities for multiphoton-pumped lasing. Nano Research, 2017, 10 (10): 3385-3395.

[91] Schlaus A P, Spencer M S, Miyata K, et al. How lasing happens in $CsPbBr_3$ perovskite nanowires. Nature Communications, 2019, 10 (1): 265.

[92] Gao H, Fu A, Andrews S C, et al. Cleaved-coupled nanowire lasers. Procedings of the National Academy of ences, 2013, 110 (3): 865-869.

[93] Fan F, Turkdogan S, Liu Z, et al. A monolithic white laser. Nature Nanotechnology, 2015, 10 (9): 796-803.

[94] Pan A, Liu D, Liu R, et al. Optical waveguide through CdS nanoribbons. Small, 2005, 1 (10): 980-983.

[95] Pan A, Wang X, He P, et al. Color-changeable optical transport through Se-doped CdS 1D nanostructures. Nano Letters, 2007, 7 (10): 2970-2975.

[96] Liu X, Zhang Q, Xiong Q, et al. Tailoring the lasing modes in semiconductor nanowire cavities using intrinsic self-absorption. Nano Letters, 2013, 13 (3): 1080-1085.

[97] Xu J, Zhuang X, Guo P, et al. Wavelength-converted/selective waveguiding based on composition-graded semiconductor nanowires. Nano Letters, 2012, 12 (9): 5003-5007.

[98] Gu F, Yang Z, Yu H, et al. Spatial bandgap engineering along single alloy nanowires. Journal of the American Chemical Society, 2011, 133 (7): 2037-2039.

[99] Yang Z, Wang D, Meng C, et al. Broadly defining lasing wavelengths in single bandgap-graded semiconductor nanowires. Nano Letters, 2014, 14 (6): 3153-3159.

[100] Zhang Q, Liu H, Guo P, et al. Vapor growth and interfacial carrier dynamics of high-quality CdS-CdSSe-CdS axial nanowire heterostructures. Nano Energy, 2017, 32: 28-35.

[101] Zhuang X, Guo P, Zhang Q, et al. Lateral composition-graded semiconductor nanoribbons for multi-color nanolasers. Nano Research, 2016, 9 (4): 933-941.

[102] Fu Y, Zhu H, Schrader A W, et al. Nanowire lasers of formamidinium lead halide perovskites and their stabilized alloys with improved stability. Nano Letters, 2016, 16 (2): 1000-1008.

[103] Fu Y, Zhu H, Stoumpos C C, et al. Broad wavelength tunable robust lasing from single-crystal nanowires of cesium lead halide perovskites ($CsPbX_3$, $X = Cl$, Br, I). ACS Nano, 2016, 10 (8): 7963-7972.

[104] Zhang D, Yang Y, Bekenstein Y, et al. Synthesis of composition tunable and highly luminescent cesium lead halide nanowires through anion-exchange reactions. Journal of the American Chemical Society, 2016, 138, (23): 7236-7239.

[105] Zhang Q, Su R, Liu X, et al. High-quality whispering-gallery-mode lasing from cesium lead halide perovskite nanoplatelets. Advanced Functional Materials, 2016, 26 (34): 6238-6245.

[106] Zhou H, Yuan S, Wang X, et al. Vapor growth and tunable lasing of band gap engineered cesium lead halide perovskite micro/nanorods with triangular cross section. ACS Nano, 2016, 11 (2): 1189-1195.

[107] Wang X, Shoaib M, Wang X, et al. High-quality in-plane aligned $CsPBX_3$ perovskite nanowire lasers with composition-dependent strong exciton-photon coupling. ACS Nano, 2018, 12 (6): 6170-6178.

[108] He L, Özdemir Ş K, Yang L. Whispering gallery microcavity lasers. Laser & Photonics Reviews, 2013, 7 (1): 60-82.

[109] Yamamoto T, Pashkin Y A, Astafiev O, et al. Demonstration of conditional gate operation using superconducting charge qubits. Nature, 2003, 425 (6961): 941-944.

[110] Seidel J, Grafstrom S, Eng L. Stimulated emission of surface plasmons at the interface between a silver film and an optically pumped dye solution. Physical Review Letters, 2005, 94 (17): 177401.

[111] Ambati M, Nam S H, Ulin-Avila E, et al. Observation of stimulated emission of surface plasmon polaritons. Nano Letters, 2008, 8 (11): 3998-4001.

[112] Marell M J H, Smalbrugge B, Geluk E J, et al. Plasmonic distributed feedback lasers at telecommunications wavelengths. Optics Express, 2011, 19 (16): 15109-15118.

[113] Oulton R F, Sorger V J, Genov D A, et al. A hybrid plasmonic waveguide for subwavelength confinement and long-range propagation. Nature Photonics, 2008, 2 (8): 496-500.

[114] Ma R M, Dai L, Huo H B, et al. High-performance logic circuits constructed on single CdS nanowires. Nano Letters, 2007, 7 (11): 3300-3304.

[115] Levi A F J, McCall S L, Pearton S J, et al. Room temperature operation of submicrometre radius disk laser. Electronics Letters, 1993, 29 (18): 1666-1667.

[116] Baba T. Photonic crystals and microdisk cavities based on GaInAsP-InP system. IEEE Journal of Selected Topics

in Quantum Electronics, 1997, 3 (3): 808-830.

[117] Srinivasan K, Borselli M, Painter O, et al. Cavity Q, mode volume, and lasing threshold in small diameter AlGaAs microdisks with embedded quantum dots. Optics Express, 2006, 14 (3): 1094-1105.

[118] Zhang J P, Chu D Y, Wu S L, et al. Photonic-wire laser. Physical Review Letters, 1995, 75 (14): 2678-2681.

[119] Park H G, Kim S H, Kwon S H, et al. Electrically driven single-cell photonic crystal laser. Science, 2004, 305 (5689): 1444-1447.

[120] Tomljenovic-Hanic S, de Sterke C M, Steel M J, et al. High-Q cavities in multilayer photonic crystal slabs. Optics Express, 2007, 15 (25): 17248-17253.

[121] Danner A J, Lee J C, Raftery J J, et al. Coupled-defect photonic crystal vertical cavity surface emitting lasers. Electronics Letters, 2003, 39 (18): 1323.

[122] Nozaki K, Watanabe H, Baba T. Photonic crystal nanolaser monolithically integrated with passive waveguide for effective light extraction. Applied Physics Letters, 2008, 92 (2): 021108.

[123] Cao H. Review on latest developments in random lasers with coherent feedback. Journal of Physics A: Mathematical and General, 2005, 38 (49): 10497-10535.

[124] Altug H, Englund D, Vučković J. Ultrafast photonic crystal nanocavity laser. Nature Physics, 2006, 2(7): 484-488.

[125] Ellis B, Mayer M A, Shambat G, et al. Ultralow-threshold electrically pumped quantum-dot photonic-crystal nanocavity laser. Nature Photonics, 2011, 5 (5): 297-300.

[126] Purcell E M. Spontaneous emission probabilities at radio frequencies. Confined Electrons and Photons: New Physics and Applications, 1995, 340: 839-839.

[127] Van Exter M, Nienhuis G, Woerdman J. Two simple expressions for the spontaneous emission factor β. Physical Review A, 1996, 54 (4): 3553.

[128] Ni C-Y A, Chuang S L. Theory of high-speed nanolasers and nanoLEDs. Optics Express, 2012, 20 (15): 16450-16470.

[129] Casperson L W. Threshold characteristics of multimode laser oscillators. Journal of Applied Physics, 1975, 46 (12): 5194-5201.

[130] Yokoyama H, Brorson S D. Rate equation analysis of microcavity lasers. Journal of Applied Physics, 1989, 66 (10): 4801-4805.

[131] Yamamoto G B Y. Analysis of semiconductor microcavity lasers using rate equations. IEEE Journal of Quantum Electronics, 1991, 27 (11): 2386-2396.

[132] Yokoyama H, Nishi K, Anan T, et al. Controlling spontaneous emission and threshold-less laser oscillation with optical microcavities. Optical and Quantum Electronics, 1992, 24 (2): S245-S272.

[133] Genov D A, Oulton R F, Bartal G, et al. Anomalous spectral scaling of light emission rates in low-dimensional metallic nanostructures. Physical Review B, 2011, 83 (24): 245312.

[134] Keshmarzi E K, Tait R N, Berini P. Single-mode surface plasmon distributed feedback lasers. Nanoscale, 2018, 10 (13): 5914-5922.

[135] Siegman A E. Lasers university science books. Mill Valley, CA, 1986, 37 (208): 169.

[136] Duan X, Huang Y, Agarwal R, et al. Single-nanowire electrically driven lasers. Nature, 2003, 421 (6920): 241.

[137] Johnson P B, Christy R W. Optical constants of the noble metals. Physical Review B, 1972, 6 (12): 4370.

[138] Wang S, Chen H Z, Ma R M. High performance plasmonic nanolasers with external quantum efficiency exceeding 10%. Nano Letters, 2018, 18 (12): 7942-7948.

[139] Index C V N. The Zettabyte era–trends and analysis. Cisco White Paper，2013.

[140] Tucker R S. Green optical communications—part II：energy limitations in networks. IEEE Journal of Selected Topics in Quantum Electronics，2011，17（2）：261-274.

[141] Tatum J A，Gazula D，Graham L A，et al. VCSEL-based interconnects for current and future data centers. Journal of Lightwave Technology，2015，33（4）：727-732.

[142] Miller D. Device requirements for optical interconnects to silicon chips. Proceedings of the IEEE，2009，97（7）：1166-1185.

[143] Kim M K，Lakhani A M，Wu M C. Efficient waveguide-coupling of metal-clad nanolaser cavities. Optics Express，2011，19（23）：23504-23512.

[144] Dolores-Calzadilla V，Romeira B，Pagliano F，et al. Waveguide-coupled nanopillar metal-cavity light-emitting diodes on silicon. Nature Communications，2017，8：14323.

[145] Homola J，Piliarik M. Surface plasmon resonance（SPR）sensors//Jiří H. Surface Plasmon Resonance Based Sensors. Berlin：Springer，2006：45-67.

[146] Zhu W，Xu T，Wang H，et al. Surface plasmon polariton laser based on a metallic trench Fabry-Perot resonator. Science Advances，2017，3（10）：e1700909.

[147] Gather M C，Yun S H. Single-cell biological lasers. Nature Photonics，2011，5（7）：406.

[148] Fan X，Yun S H. The potential of optofluidic biolasers. Nature Methods，2014，11（2）：141.

[149] Humar M，Yun S H. Intracellular microlasers. Nature Photonics，2015，9（9）：572.

[150] McGloin D. Biophotonics：cellular lasers. Nature Photonics，2015，9（9）：559.

[151] Chen Y C，Chen Q，Fan X. Lasing in blood. Optica，2016，3（8）：809-815.

[152] Chen Y C，Tan X，Sun Q，et al. Laser-emission imaging of nuclear biomarkers for high-contrast cancer screening and immunodiagnosis. Nature Biomedical Engineering，2017，1：724-735.

[153] Schubert M，Steude A，Liehm P，et al. Lasing within live cells containing intracellular optical microresonators for barcode-type cell tagging and tracking. Nano Letters，2015，15（8）：5647-5652.

[154] Matino N，Kwok S J J，Liapis A C，et al. Micron-sized laser particles for massively multiplexed cellular labelling and tracking. Optical Society of America，2018，JTh5C.6.

[155] Cho S，Humar M，Martino N，et al. Laser particle stimulated emission microscopy. Physical Review Letters，2016，117（19）：193902.

[156] Liu X，Kuang C，Hao X，et al. Fluorescent nanowire ring illumination for wide-field far-field subdiffraction imaging. Physical Review Letters，2017，118（7）：076101.

[157] Allen L，Beijersbergen M W，Spreeuw R J C，et al. Orbital angular momentum of light and the transformation of Laguerre-Gaussian laser modes. Physical Review A，1992，45（11）：8185-8189.

[158] Yao A M，Padgett M J. Orbital angular momentum：origins，behavior and applications. Advances in Optics and Photonics，2011，3（2）：161.

[159] Miao P，Zhang Z，Sun J，et al. Orbital angular momentum microlaser. Science，2016，353（6298）：464-467.

[160] Wang X Y，Chen H Z，Li Y，et al. Microscale vortex laser with controlled topological charge. Chinese Physics B，2016，25（12）：124211.

[161] Zhen B，Hsu C W，Lu L，et al. Topological nature of optical bound states in the continuum. Physical Review Letters，2014，113（25）：257401.

[162] Kodigala A，Lepetit T，Gu Q，et al. Lasing action from photonic bound states in continuum. Nature，2017，541（7636）：196-199.

[163] Bandres M A, Wittek S, Harari G, et al. Topological insulator laser: experiments. Science, 2018, 359 (6381): eaar4005.

[164] Bahari B, Ndao A, Vallini F, et al. Nonreciprocal lasing in topological cavities of arbitrary geometries. Science, 2017, 358 (6363): 636-640.

[165] Zhao H, Miao P, Teimourpour M H, et al. Topological hybrid silicon microlasers. Nature Communications, 2018, 9 (1): 981.

[166] Parto M, Wittek S, Hodaei H, et al. Edge-mode lasing in 1D topological active arrays. Physical Review Letters, 2018, 120 (11): 113901.

[167] Wu L H, Hu X. Scheme for achieving a topological photonic crystal by using dielectric material. Physical Review Letters, 2015, 114 (22): 223901.

[168] Zheludev N I, Prosvirnin S L, Papasimakis N, et al. Lasing spaser. Nature Photonics, 2008, 2 (6): 351-354.

第8章

低维半导体光子调控

利用光子作为信号载体，实现集成光发射、光互联、光调制、光开关、光探测等功能器件的光子集成电路（PIC）与光电集成电路（OEIC），是突破电子芯片特征尺寸持续缩小所 0 面临的带宽瓶颈、解决功耗持续增加等问题的关键。基于半导体材料的光子调制器件在过去几十年间得到了极大关注和持续发展，基于不同调制机理，已经实现了硅波导、量子点、量子线、量子阱以及二维半导体等低维结构的光调制器。本章将介绍基于各种低维半导体结构的光调制器件及其调制机理。

8.1 电光调控

在电场作用下，晶体的折射率、光吸收特性发生变化的现象称为电光效应。如果折射率变化随外加电场强度呈线性关系，这种情况称为泡克耳斯（Pockels）效应；如果折射率变化与外加电场强度的平方成比例，这种情况则称为克尔（Kerr）效应。电场引起的局部载流子浓度变化所引起的折射率变化称为载流子色散效应。而吸收系数的调制机理主要基于弗朗兹-凯尔迪什效应及量子限域斯塔克效应。下面将一一介绍这些效应的理论基础及相关的电光调制器件。

8.1.1 电折射率调控

对材料折射率的调制其实是对材料复折射率的实部进行调制，通过相位调控来实现对输出光强度的调制，电折射率调制机理主要基于泡克耳斯效应、克尔效应及载流子色散效应。

1. 泡克耳斯效应和克尔效应

在晶体中，分子本身的各向异性和分子排列的各向异性，必然影响到晶体的物理性质，于是光在晶体中传播时，其电场分量与物质相互作用也会随着传播方向而有所不同，表现出各向异性。光与晶体相互作用即光波电场矢量 E 使介质产

生电极化，电极化程度用极化强度矢量 P 来表示，P 与 E 的关系表示为

$$P = \chi \varepsilon_0 E \tag{8-1}$$

其中，χ 为介质的极化率。在各向同性介质中 χ 是标量，P 与 E 平行。而在各向异性介质中，不同方向的极化程度不同，极化率也不同，P 与 E 不再平行，使 χ 变为二阶张量 $[\chi_{ij}]$，即

$$\chi = \begin{vmatrix} \chi_{11} & \chi_{12} & \chi_{13} \\ \chi_{21} & \chi_{22} & \chi_{23} \\ \chi_{31} & \chi_{32} & \chi_{33} \end{vmatrix} \tag{8-2}$$

电极化率 χ_{ij} 表示极化强度的分量不仅与同方向的电场强度分量有关，还会受到另外两个方向的电场强度分量的影响。换句话说，当沿任意方向施加一个不太大的电场 E 时，它的三阶分量 E_x，E_y，E_z 均在三个坐标轴方向产生一定的极化。此时，P 与 E 的关系表示为

$$\begin{vmatrix} P_1 \\ P_2 \\ P_3 \end{vmatrix} = \varepsilon_0 \begin{vmatrix} \chi_{11} & \chi_{12} & \chi_{13} \\ \chi_{21} & \chi_{22} & \chi_{23} \\ \chi_{31} & \chi_{32} & \chi_{33} \end{vmatrix} \begin{vmatrix} E_1 \\ E_2 \\ E_3 \end{vmatrix} \tag{8-3}$$

上式可以简化为

$$P_i = \varepsilon_0 \chi_{ij} E_j \ (i,j=1,2,3) \tag{8-4}$$

根据关系式

$$D = \varepsilon_0 E + P \tag{8-5}$$

$$\varepsilon = \varepsilon_0(1+\chi) \tag{8-6}$$

可以将电位移矢量与电场强度的关系表示为

$$D_i = \varepsilon_{ij} E_j \tag{8-7}$$

其中，$\varepsilon_{ij} = \varepsilon_0(1+\chi_{ij})$，为介质的介电张量。一般来说，$D$ 的每个分量与 E 的三个分量都有关，从而 D 的方向与 E 的方向不一致。从微观上看，足够强的外电场会影响晶体中的原子、分子的排列以及它们之间的相互作用，正是这种内部变化，使得晶体在宏观上表现出光学性质的变化。理论和实验均已证明：晶体的介电常数与晶体中的电荷分布有关，当对晶体施加电场后，将引起束缚电荷的重新分布，并可能导致晶格的微小形变，其结果将引起介电常数的变化，最终导致折射率的变化。电光效应的弛豫时间很短，仅有 10^{-11} s 量级，外电场的施加或撤销导致的介质折射率变化或恢复瞬间即可完成，因此，基于电光效应可以实现高速电光调制器和高速电光开关。

晶体的介电性能随外场的变化 $\varepsilon(E)$ 与折射率随外电场的变化 $n(E)$ 实质上是同一个问题，外加电场后的介电常量可以写为

$$\varepsilon = \varepsilon_0 + \alpha E + \beta E^2 + \cdots \tag{8-8}$$

其中，ε_0 为未加电场时的介电常量，考虑到介电常量与折射率的关系，上式可以写为

$$n^2 = n_0^2 + \alpha E + \beta E^2 + \cdots \tag{8-9}$$

由于外加电场引起的介电常数的变化一般都很小，将上式取二阶近似，得

$$n = n_0 + \frac{\alpha}{2n_0}E + \frac{\beta}{2n_0}E^2 \tag{8-10}$$

其中，n_0 为未加电场时的折射率；n 为加电场后的折射率。于是外加电场引起的折射率变化为

$$\Delta n = \frac{\alpha}{2n_0}E + \frac{\beta}{2n_0}E^2 = -\frac{1}{2}rn_0^3E - \frac{1}{2}\kappa n_0^3E^2 \tag{8-11}$$

$$= \Delta n_{\text{pockels}} + \Delta n_{\text{kerr}}$$

其中，$\frac{1}{2}rn_0^3$ 为线性电光系数，即泡克耳斯系数；$\frac{1}{2}\kappa n_0^3$ 为二次电光系数，即克尔系数。对于大多数电光晶体，一次效应要比二次效应显著，只有在具有对称中心的晶体中，不存在一次效应，二次效应才比较明显。

泡克耳斯效应以及克尔效应，对折射率的影响是非常小的，然而在介质中传播过若干个波长的距离后其累积的相位改变是可观的。假如电折射率系数改变 10^{-5}，光波传播过 10^5 个波长的距离后就会有 2π 的相位改变量。当电场作用于泡克耳斯晶体，并且光在晶体中的传播距离为 L 时，该光产生的相位移动为

$$\varphi = 2\pi n(\boldsymbol{E})L/\lambda_0$$

$$\approx \varphi_0 - \pi\frac{rn^3\boldsymbol{E}L}{\lambda_0} \tag{8-12}$$

其中，$\varphi_0 = 2\pi nL/\lambda_0$；$L$ 为光在波导中传播的几何距离；λ_0 为光在真空中的波长。如果加在晶体两端的偏压为 V，则有 $E = \dfrac{V}{d}$，其中 d 为电极间距，有

$$\varphi = \varphi_0 - \pi\frac{V}{V_\pi} \tag{8-13}$$

其中，$V_\pi = \dfrac{d}{L}\dfrac{\lambda_0}{rn^3}$，为半波电压，该偏压正好可使泡克耳斯晶体相位移动 π。V_π 是该电光调制器的一个非常重要的参数，其依赖于波长 λ_0 处的材料光学参数（折射率 n 和泡克耳斯系数 r），以及器件几何参数 $\dfrac{d}{L}$。单独的相位移动并不会对光强产生影响，然而如果在晶体上构建一个马赫光干涉器，只要对其中的一路光进行相位调制，就可以调节两路光的相位差，进而在出射端实现光的相干相消或相干相涨，从而实现光的调制。

鉴于硅基光电集成的巨大应用前景，光信息处理的核心元器件硅基电光调制器在近二十年来得到了极大关注和发展。由晶体结构对称性可以证明泡克耳斯效应只存在于非中心反演对称性的晶体内，具有中心反演对称性的硅原则上不具有泡克耳斯效应，然而通过施加应变的方式可以打破其晶体结构的对称性，从而实现硅基线性电光效应[1]。如图 8-1 （a）所示，在 SOI 硅波导上沉积应变层 Si_3N_4，由于应力导致的晶格形变打破了硅的中心对称性，在应变硅上观察到了泡克耳斯效应。图 8-1 （b）为基于光子晶体辅助增强的应变硅马赫干涉电光调制器的工作示意图，入射光被分成两束分别进入波导干涉臂。输出端光强将依赖于两干涉臂之间的相位差，同相位实现光强干涉增强，对应于字节“1”，反相实现光强干涉相消，对应字节“0”。此外，光子晶体波导结构也可进一步增强应变硅的非线性电光系数。

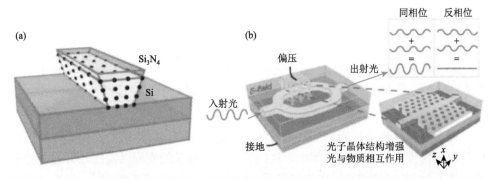

图 8-1　（a）在 SOI 硅波导上沉积 Si_3N_4 应变层，该应变层打破了硅晶体结构的反演对称性并诱导线性电光效应；（b）应变硅马赫干涉电光调制器示意图

2. 载流子色散效应

除了晶体中的电折射率调制效应，半导体局部载流子浓度的变化也会对其折射率产生影响。自由载流子浓度与材料折射率的变化关系可由 K-K 关系推导得到[2]

$$\Delta n(\omega) = \frac{c}{\pi} p \int_0^{\infty} \frac{\Delta \alpha(\omega_1)}{\omega_1^2 - \omega^2} \mathrm{d}\omega_1 \qquad (8\text{-}14)$$

其中，p 为柯西主值（Cauchy principal value），吸收系数变化量 $\Delta \alpha(\omega) = \alpha(\omega, \Delta N) - \alpha(\omega, 0)$，$\Delta N$ 为自由载流子浓度的变化量；ω 为角频率；c 为光速。这就是载流子色散效应。电调制载流子浓度与波导光的相互作用主要通过载流子积累、载流子注入及载流子耗尽三种模式来实现。基于 MOS 结构的载流子积累模式[3]如图 8-2 （a）所示，充当绝缘介质层的 SiO_2 势垒层把硅波导分成两半，形成 MOS 电容结构，也就说通过栅压可以控制栅氧化层下载流子的浓度，进而可以调制积累层的折射率，该模式的调制速度不由少子寿命决定，而是由器件本身的电阻和电容决定，因此这种模式存在着较高电容，并且还会因为参与的

载流子数量有限而影响调制效率。对于载流子注入模式而言，如图 8-2（b）所示，本征硅波导嵌入在重掺杂的 p 与 n 层中间形成 p^+-i-n^+ 二极管结构，正偏压下，载流子注入进波导中并引起其折射率的变化，注入调制模式下，载流子的复合时间决定了它的电光调制速率。载流子耗尽模式如图 8-2（c）所示，是在硅波导核心处构建轻掺杂的 p-n 结，光调制是通过 p-n 结反偏，抽取结区载流子来实现波导折射率的调制，该模式的电光调控动态响应时间由电场扫出结区载流子的时间决定。

图 8-2   基于载流子色散效应的硅基电光调制器示意图

（a）基于 MOS 结构的载流子积累模式，充当绝缘介质的薄 SiO_2 势垒层把硅波导一分为二形成 MOS 电容结构；
（b）基于 p-i-n 结构的载流子注入模式，本征硅波导分隔重掺杂的 p^+ 和 n^+ 区，器件处于正偏压可使载流子（电子和空穴）注入本征波导区；（c）基于 p-n 结的载流子耗尽模式，在硅波导中构建一个轻掺杂的 p-n 结二极管，反向偏压可增加耗尽区的宽度，抽取结区中的载流子

硅单晶电光性质极为微弱，折射率变化对电场响应很不明显，因此要获得足够的调制深度，在光传播过程中，往往需要经历很长的光程以实现足够的相位积累，基于 MOS 结构的硅基电光调制器，器件结构尺寸在毫米量级[4]。光限域共振结构可有效提高折射率变化对波导光的影响，Xu 等采用微环共振谐振腔在微米尺度上实现了硅基电光调制器[5]，器件结构如图 8-3（a）所示，直径 12μm 的微环与硅波导相切形成一个光传播共振结构，微环内为通过掺杂工艺形成的 p^+-i-n^+ 二极管结构，该共振结构中信号光的透射率对波长极为敏感，在正向偏置下，二极

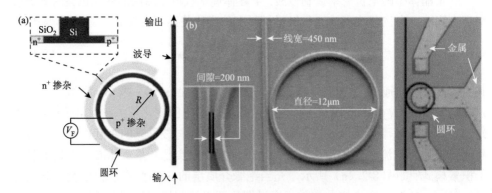

图 8-3   硅基微环共振电光调制器

（a）电光调制器，p^+-i-n^+ 结构在正偏压下可实现微环波导中载流子的积累，从而实现对微环折射率的调控；
（b）微环共振结构的 SEM 照片，微环直径 12μm，波导宽度 450nm，波导微环间距 200nm

管往环形本征硅中注入载流子，通过载流子色散效应调控环形硅的折射率，就可实现信号光共振波长漂移。图 8-4 显示了硅基微环电光调制器的静态电光调制特性，可以看到在 1573.9nm 信号光处，当偏置电压从 0V 变到 0.9V 时，实现了对信号光强度 97%（15dB）的调制。

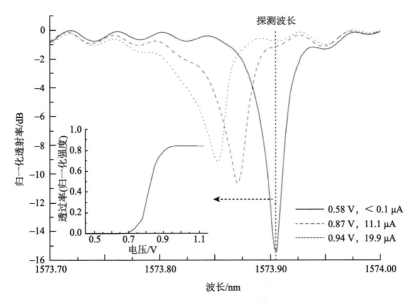

图 8-4　硅基微环电光调制器静态调制

主图为微环共振器在偏压分别为 0.58V、0.87V 和 0.94V 的透射光谱，插图为波长为 1573.9nm 信号光的转移函数曲线

8.1.2　电吸收调控

对材料吸收系数的调制其实就是对材料复折射率的虚部进行调制，通过对波导光的吸收系数的调控，可实现对光波导输出端光强的调控。电吸收调制机理主要基于弗朗兹-凯尔迪什效应和量子限域斯塔克效应。

1. 弗朗兹-凯尔迪什效应

弗朗兹-凯尔迪什效应[6]为体半导体电吸收调制效应，通常认为，理想半导体的导带和价带之间存在一个禁带，禁带中不允许有电子态存在，然而从量子力学观点看来，由于隧穿效应，在禁带中任一点仍然有可能找到电子或空穴，只不过这种找到电子和空穴的概率小到可以忽略不计。该理论认为，存在电场的情况下，这种隧穿概率可以增加，因而禁带中找到电子或空穴的概率也将增大，尤其是在带边缘附近。从光吸收效应看来，这意味着能量 $\hbar\omega$ 小于 E_g 的光子也可引起吸收跃迁，导致吸收向低能方向漂移，或者引起显著的吸收带尾。

图 8-5（a）可说明电场作用下隧穿概率的增加及其对半导体吸收边的影响，存在电场 F 情况下，能带边缘变得倾斜了，如果价电子要出现在导带中，它必须穿越如图所示的三角势垒，这一势垒高度仍为 E_g，但它的宽度 d 改变了，不再是无场情况下的无穷大，d 与外电场 F 有关，其关系为

$$d = \frac{E_g}{eF} \tag{8-15}$$

可见势垒宽度随电场 F 的增大而减小，随着 d 的减小禁带中价带波函数和导带波函数的穿透增加，它们间的交叠也增加，因而找到电子的概率增加，电子穿越禁带的概率也增加了。

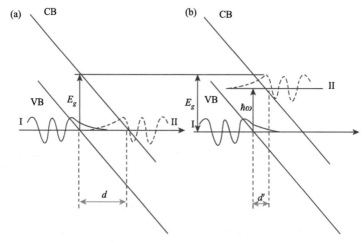

图 8-5   存在电场情况下穿越禁带的电子隧穿过程示意图

（a）总能量不变的情况，图中实线为波函数 $u_1 \mathrm{e}^{-k_1 x}$，虚线为波函数 $u_2 \mathrm{e}^{-k_2(d-x)}$；（b）吸收光子的情况

图 8-5（b）表示存在电场和光吸收情况下电子穿越势垒的过程，发生光吸收时，光子的参与等效于势垒宽度的进一步下降，势垒宽度下降为

$$d' = \frac{E_g - \hbar\omega}{eF} \tag{8-16}$$

这样更增加了波函数的交叠和隧穿跃迁概率。这一定性分析说明，存在电场的情况下，隧穿参与光吸收过程变得更为可能了，使得 $\hbar\omega < E_g$ 时，吸收系数并不急剧地下降到零，而呈现吸收带尾。

可以定量估计这一吸收带尾的宽度和 $\hbar\omega < E_g$ 能量范围内吸收系数的大小。如果电子在带内沿 x 方向运动，电场 F 也沿 x 方向，那么它将在总能量不变的情况下获得动能 eFx。如果假定电子从带边缘出发向禁带内运动，那么它仍能维持总能量不变，但其动能将变成"负值"，它对应的波矢将变为虚数，记为 $\mathrm{i}k_j$，这样禁带内电子的波函数就变成如图 8-5 所示的衰减波，分别为 $u_1 \mathrm{e}^{-k_1 x}$ 和 $u_2 \mathrm{e}^{-k_2(d-x)}$。在禁带中 x

处找到电子或空穴的概率就正比于这些波函数的平方。而吸收系数则与这一概率对整个禁带的积分成正比。下面用量子力学隧穿跃迁理论来估计这一概率与吸收系数。

从真空中电子穿越隧道的简化处理出发，通过电子运动方程（薛定谔方程）来求解禁带中电子的衰减波波函数。在沿 x 方向强度为 F 的电场中，电子势能为 $-eFx$，隧穿过程电子波函数满足的薛定谔方程（x 方向的分量）为

$$-\frac{h^2}{2m_0}\frac{\mathrm{d}^2\varphi}{\mathrm{d}x^2} - eFx\varphi = E\varphi \tag{8-17}$$

其中，E 为 x 方向的动能，总动能还包括 y 和 z 方向的分量 $\hbar^2(k_y^2 + k_z^2)\big/2m_0$，将上式写为

$$-\frac{\hbar^2}{2m_0 eF}\frac{\mathrm{d}^2\varphi}{\mathrm{d}x^2} = \left(x + \frac{E}{eF}\right)\varphi \tag{8-18}$$

进行坐标变换，引入无量纲坐标

$$\zeta = -\left(x + \frac{E}{eF}\right)\Big/l \tag{8-19}$$

其中，

$$l = \left(\frac{h^2}{2m_0 eF}\right)^{\frac{1}{2}} \tag{8-20}$$

称为等效长度，于是有

$$\frac{\mathrm{d}^2\varphi}{\mathrm{d}\zeta^2} = \zeta\varphi \tag{8-21}$$

方程（8-21）的解为艾里（Airy）函数，定义为

$$A_i(\zeta) = \frac{1}{2\pi}\int_{-\infty}^{\infty}\exp\left(\frac{\mathrm{i}s^3}{3} + \mathrm{i}\zeta s\right)\mathrm{d}s \tag{8-22}$$

这是物理上很有用的一个函数，当描述的物理现象从指数函数变化规律连续地变到正弦函数变化规律时，人们常使用艾里函数，或者说常有艾里函数的解，如衍射环就可用艾里函数来描述。

当 ζ 为很大的正值时，容易证明艾里函数渐近为

$$\varphi = \zeta^{-\frac{1}{4}}\exp\left(\pm\frac{2}{3}\zeta^{\frac{3}{2}}\right) \tag{8-23}$$

当 $\zeta \to \infty$ 时，φ 必须趋于零，因而当 $\zeta > 0$ 时，式中只有负号才有物理意义，这样方程的解可写为

$$\varphi = \zeta^{-\frac{1}{4}}\exp\left(-\frac{2}{3}\zeta^{\frac{3}{2}}\right) \tag{8-24}$$

它代表了穿越隧道的衰减波函数，可以假定上述简化处理对半导体中电子穿越禁带的隧穿过程也是适用的，只是必须用有效质量 m^* 来代替自由电子质量 m_0，此外，在光子参与隧道跃迁的情况下用 $(\hbar\omega - E_g)$ 来替代其中的动能 E，即令

$$\zeta = -\left(x + \frac{\hbar\omega - E_g}{eF}\right)\bigg/ l \tag{8-25}$$

$$l = \left[\frac{\hbar^2}{2m^* eF}\right]^{\frac{1}{2}} \tag{8-26}$$

于是得到形式上相似于（8-24）的解，如上所述，吸收系数可写为

$$\alpha(\hbar\omega) \propto \int_{E_v}^{E_c} |\varphi(\xi)|^2 \, d\zeta \tag{8-27}$$

现在来研究吸收系数 α 与电场的关系，忽略 ζ 二次方的影响，仅考虑指数中 ζ 项的影响，则式（8-26）代入上式，得

$$\alpha(\hbar\omega) \propto \exp\left[-\frac{4\sqrt{2m^*}(E_g - \hbar\omega)}{3eF\hbar}\right] \tag{8-28}$$

式（8-28）表明，吸收系数随电场增大而向低光子能量方向移动，例如，强度为 5×10^4 V/cm 的电场可使吸收边往低能方向漂移 10meV，这是一个很弱的电吸收调制效应，在有限的波长调制范围内所需的驱动电压将高达几十伏，难以满足实际应用需求。

然而研究发现，在一些极性直接带隙的半导体纳米结构中，利用声子辅助的电吸收调制方法可突破弗朗兹-凯尔迪什效应高电场条件和有限波长调制范围的限制。CdS 为 II-VI 族直接带隙半导体，相比于 III-V 族半导体（如 GaAs），II-VI 族半导体具有更强的电-声子耦合作用，并且在纳米尺度，该耦合系数进一步增加。用近带隙激光照射 CdS 纳米带，可实现声子辅助的荧光上转换，张俊等利用这种荧光上转换效应成功地在 CdS 纳米带中实现了半导体激光制冷[7]。然而声子辅助吸收是一个二级跃迁过程，光的吸收系数很低。作者所在课题组在实验中发现[8]，在适度电场强度（10^3V/cm 量级）作用下，该荧光上转换效率可得到显著增强。器件结构如图 8-6（a）所示，通过干法转移技术把 CdS 纳米带直接转移到预先图形化的 10μm 间距的 ITO 电极上，ITO 底电极结构在有效防止纳米带被化学污染的同时还可最大限度地保持纳米带的光波导特性。图 8-6（b）为不同偏压下的光电流增益谱，其随着偏置电场的增加逐渐红移，从 0V 到 10V，其有效吸收边从 510nm 红移到 520nm，该红移归结于弗朗兹-凯尔迪什效应引起的吸收边红移。

值得注意的是，电场作用下，高于带隙激光（488nm）和近带隙激光（514nm，532nm）激发下的原位荧光光谱显示完全不同的调制效果。对 488nm 激发的斯托克斯荧光光谱而言，其发光强度随电场的增加而减小。而对 514nm 和 532nm 激发的反斯托克斯荧光光谱而言，其强度随电场的增加而增强。图 8-6（d）给出了不同激发波长作用下，CdS 纳米带的明场光谱照片。对 488nm 激发的荧光光谱，电场调制效果可归结于斯塔克效应。电场使电子空穴波函数的叠加程度减弱，因此激子的复合效率将会减低，荧光强度也会减弱。而对反斯托克斯荧光，其电调制光谱如图 8-7 所示。用近带隙激光（514nm）照射 CdS 纳米带，可激发带边荧光（带边发光：506nm），在荧光谱中可观察到明显的声子伴线（LOP：37meV）。在外加电压（0～12V）的作用下，荧光强度相对于零场情况增加了三个数量级，荧光峰经历了从反斯托克斯上转换演化成斯托克斯下转换过程，峰位红移达 148meV，正好对应 4 个纵光学声子能（LOP：37meV）的能量，这是因为在电场作用下，弗朗兹-凯尔迪什效应使带尾态在禁带中展宽，对应近带边激光的共振吸收态红移且共振吸收得到增强。532nm 激光激发的反斯托克斯荧光具有类似的电场调制效果。

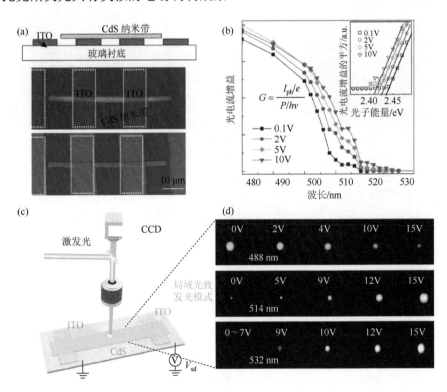

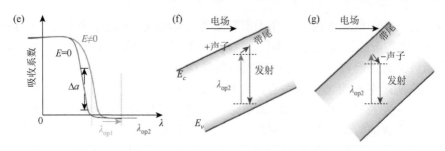

图 8-6　单纳米带电光器件结构、性能表征及工作机制

（a）基于 CdS 纳米带的结构示意图、SEM 照片，ITO 电极间距 10μm；（b）不同电压下的光电流增益谱；
（c，d）原位电光测试示意图及 488nm、514nm、532nm 激发下，不同电压调制的荧光原位明场照片；（e）基于弗朗兹-凯尔迪什效应的电吸收调制示意图；（f，g）共振激发下，声子辅助的电吸收调制及荧光上（下）转换演变示意图

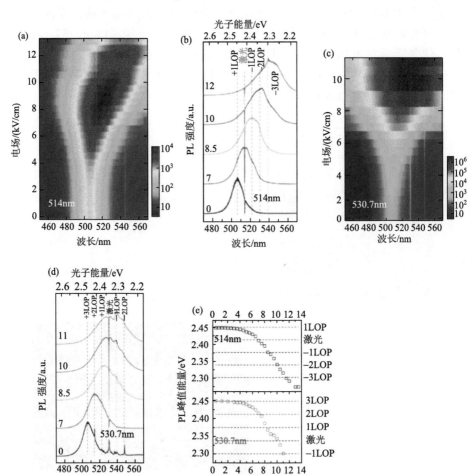

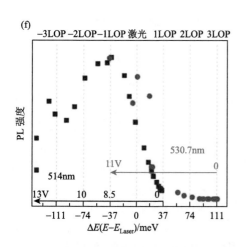

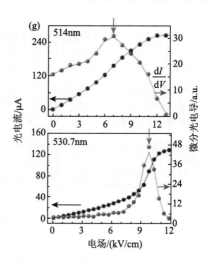

图 8-7　CdS 纳米带的偏压依赖的声子辅助荧光光谱及光电流谱

（a，c）514nm 和 530.7nm 激光激发下，CdS 纳米带随电场演化的荧光光谱，颜色深浅反映了荧光强度的变化；（b，d）归一化的电调制荧光光谱，虚线标识了激发激光及对应的上转换、下转换荧光光谱中的声子伴线；（e）从（a，c）光谱中提取的荧光峰位随电场强度变化的依赖曲线；（f）不同偏压下，514nm 和 530.7nm 激光激发 CdS 纳米带得到的荧光强度随能量偏移量（相对于激发光能量）的变化关系；（g）不同激发波长下光电流及微分光电导随电场的变化关系

利用这种超强的声子辅助电吸收调制效应，在实验上实现了低驱动电压（5～10V）、宽谱（506～532nm）、短光程（约 10μm）及高效（调制深度达 97%）的单纳米线波导结构电光开关，具体的测试方法及调制效果如图 8-8 所示。通过简单的串并联结构，进一步实现了基于 CdS 纳米结构的光探测和光开关的功能集成，并以光为信号源，实现了光信息处理所需的非门、与非门和或非门等基本光逻辑功能，如图 8-9 所示，为实现半导体纳米结构的光电集成迈出了重要一步。

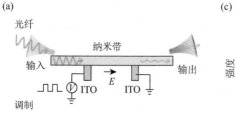

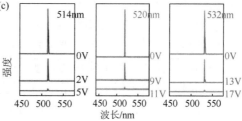

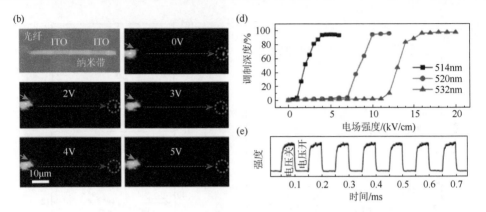

图 8-8　基于 CdS 纳米带电光开关的器件结构及性能表征

（a）纳米带电光开关器件结构；（b）实际器件明场照片（左上角）及不同偏压下纳米带光波导的暗场照片（514nm 波导光），5V 偏压即可实现纳米带波导光的关断；（c）514nm、520nm 及 532nm 波导光在几个不同偏压下的输出端光谱，对应的关断电压分别为 5V、11V 和 17V；（d）波导光（514nm、520nm 及 532nm）调制深度随电场的变化曲线，有效调制电压在 kV/cm 量级；（e）5V 偏压下 514nm 波导光的动态调制序列图，开关响应时间约为 3μs，响应时间主要受限于器件的 RC 延迟时间

2. 量子限域斯塔克效应

与弗朗兹-凯尔迪什效应类似，在电场作用下量子限域斯塔克效应也可引起半导体吸收系数的改变，量子限域斯塔克效应要求量子阱宽度的尺度必须要接近激子的玻尔半径，在这种低维结构中，量子效应起主导作用。半导体中的电子和空穴由于库仑力作用有可能形成类似于氢原子模型的电子束缚态，将这种电子与空穴形成的束缚态称为激子（exciton）。在半导体材料（如 GaAs）中，激子的离化能很小（约 4meV），远小于室温时的热能（$k_B T$ 约 25meV），因此只能在超低温下才能观察到体材料中因吸收外部能量激子离化的弗朗兹-凯尔迪什效应。在量子阱中激子的特点发生很大变化，阱中的激子必须变更其本身的结构（或波函数）来适应量子阱的限制。量子阱中的电子和空穴轨道靠得更近，激子束缚能比在体材料中的情形高很多，因而在室温下可观察和利用激子的共振吸收。在电场作用下，因阱层很薄，在垂直于阱层方向上很小的压降就能产生 10^4V/cm 量级的场强。电场使能带倾斜，导带电子和价带空穴分别聚集于能带能量最小处，电子和空穴的作用增加，即激子的束缚能增加。当静电场作用于体材料中的三维激子时，这种能带的倾斜会导致类似于氢原子中的斯塔克效应，电场使能级产生小的漂移，但这种漂移很快就会被电场作用下的能级扩展所掩盖。在量子阱中，垂直于阱层方向电场也有使电子空穴分离的倾向，但这种趋势会因阱壁的限制而维持束缚态，而激子的离化也只在电子和空穴通过隧穿效应逸出量子阱时才会发生。另外在垂直于量子阱的电场 F 的作用下，由于电场力使处于束缚态的电子空穴分别向相反

方向运动，从而可调节激子束缚能的大小，这种利用外电场对激子吸收的调制是制备电吸收调制器的理论基础。相对于体材料的弗朗兹-凯尔迪什效应，量子限域斯塔克效应具有更为陡峭的吸收边。Bastard 等发现在有限高势垒的量子阱中，最低跃迁能量变化量与电场满足[9]

$$\Delta E_g \sim E^2 W^4_{QW} \qquad\qquad (8\text{-}29)$$

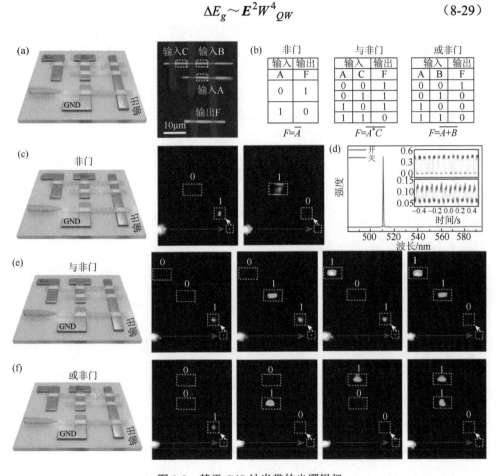

图 8-9　基于 CdS 纳米带的光逻辑门

（a）基于 CdS 纳米带逻辑门的结构示意及实物照片；（b）以光为处理信号，对应于图（a）输入、输出端光信号的真值表；（c）V_{DD} 偏置 8V 下的非门器件工作示意图及其暗场照，该结构由两根 CdS 纳米带串联而成，其中一根作为输入光（375nm 激光）的光探测器，另外一根则作为电光开关（波导光 514nm），其中输入光的开和关作为输入信号的"1"、"0"态，相应的电光开关波导输出端明和暗对应输出端信号的"1"、"0"态；（d）输出端在"1"、"0"状态下所对应的光谱，其强度对比可达 2 个数量级，叠图为"非"门的动态调制序列，上半部对应输入光信号，下半部对应输出光信号；（e）与非门是通过三根纳米带在电极上的依次串联实现的，其中两根充当输入光的光探测器，读取输入光信号的"1"、"0"态，第三根纳米带充当电光开关，其偏置电压将依赖于输入端光信号的"开"、"关"态，其对应的（001）、（011）、（101）、（110）暗场照显示在图（e）的右侧；（f）或非门通过并联的两根纳米带串联第三根纳米带实现，对应的（001）、（010）、（100）、（110）暗场照在图（f）右侧

该关系式表明，激子束缚能的移动量与电场强度的平方及量子阱宽度的四次方成正比。量子限域斯塔克效应可用来实现高性能通信波段的量子阱基电光调制器，典型的基于量子限域斯塔克效应的波导器件长度只有几微米[10,11]，已报道的 InGaAs/InP 量子阱电光调制器在通信波长的驱动电压小于 1V，并且器件工作在反偏状态，不需要载流子的注入，使其具有极低的功耗。理论上，基于量子限域斯塔克效应的器件响应时间在亚皮秒量级，目前已经实现了＞50GHz 的调制带宽[12]。近年来随着硅基光电子应用需求的提高，与硅工艺兼容的 Ge 基量子阱结构、Si/Ge 多量子阱结构的电光调制器均已实现[13]，其调制性能已经可比拟于Ⅲ-Ⅴ族半导体基量子限域斯塔克效应器件，图 8-10 显示的 Ge/GeSi 量子阱电光调制器的驱动电压在 0～4V，调制波长可覆盖 1408～1456nm。

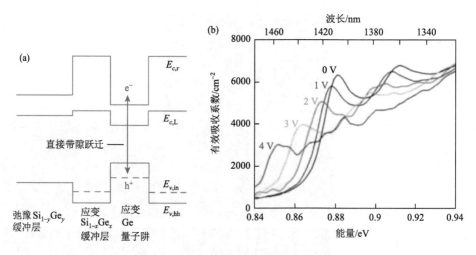

图 8-10 Ge/GeSi 量子阱电吸收调制器[13]

(a) Ge/GeSi 量子阱能带结构；(b) Ge/GeSi 量子阱电吸收谱

在量子阱结构中，电场导致的斯塔克能量偏移量可以远大于激子束缚能，也就是说相对于体材料而言，一维受限的量子阱结构大幅提高了斯塔克效应的强度。因此对于零维量子点限域体系，理论上具有更为高效的电光调制效率。S. A. Empedocles 等利用荧光谱研究了单 CdSe 纳米晶量子点的量子限域斯塔克效应[14]，他们把直径在 2.2～3.75nm 的 CdSe 量子点分散在间距为 5μm 的电极间，研究了单量子原位荧光光谱随电极电压的变化，发现斯塔克能量偏移量与电场强度 ξ 之间可拟合为线性和二次平方和的关系 $\Delta E = \mu\xi + \dfrac{1}{2}\alpha\xi^2 + \cdots$，其中 μ 为激发态的电偶极矩，α 为电子极化率。图 8-11（a）和（b）为 CdSe 量子点原位电调制光谱，图 8-11（c）为斯塔克能移与调制电场关系的拟合曲线，在 0～350kV/cm 电场作用下，能量偏移可达 50meV。

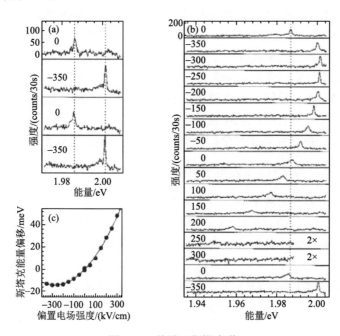

图 8-11 单量子斯塔克谱

（a）变电场下的单量子点发光谱；（b）同一单量子点在不同电场作用下的系列发射光谱；（c）由图（b）得到的
斯塔克能量偏移与电场强度拟合曲线

单原子层半导体厚度小于 1nm，并且由于屏蔽效应的减弱以及库仑相互作用
的增强，二维层状半导体也是研究量子限域斯塔克效应的理想材料体系。如图 8-12
所示，Liu 利用低温扫描隧道显微镜技术（LT-STM）在黑磷的 MIS 结构中，

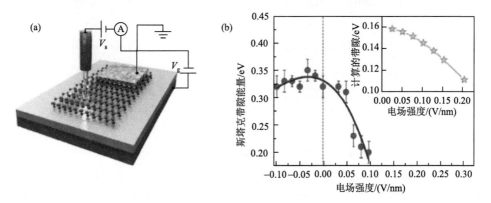

图 8-12 （a）基于黑磷的电控低温扫描隧道显微镜技术结构示意图；（b）带隙随电场变化曲线

在 0.1V/nm 的栅极偏置电场下实现了 105meV 的斯塔克能移,即高达 35.5% 的带隙调制[14]。在 MoS$_2$ 及其范德瓦耳斯异质结中也可直接观察到电场对中性激子和三激子原位发光光谱的调制[16]。二维半导体中显著的量子限域斯塔克效应为实现层状半导体的电光调制器提供了新途径。

除了以上所介绍的半导体中的电吸收调制效应,二维原子晶体石墨烯与硅波导结合也可实现光波导的电吸收调制。石墨烯具有六方蜂窝晶格结构,在第一布里渊区的 K、K' 点具有线性狄拉克锥,光子与石墨烯有着极强的相互作用。光学上,线性色散关系导致其在整个红外到可见光波段的光吸收系数恒为 $\pi\alpha$,其中 $\alpha = \dfrac{e^2}{\hbar c}$,为精细结构常数,$e$ 为电子电荷,$\hbar$ 为约化普朗克常数,c 为光速。并且在石墨烯中,可通过对费米能级的电调控实现对光吸收的调制。例如,张翔课题组报道了一个 25μm^2 的石墨烯基电吸收调制器[17],如图 8-13 所示,具体机理是通过背栅来调节石墨烯中费米能级的位置进而实现对吸收系数的调制。当偏置一个大的负栅压($V_D < -1V$)时,没有电子参与带间跃迁,石墨烯对入射光透明。在低驱动电压($1V < V_D < 3.8V$)下,石墨烯的费米能级靠近狄拉克点,电子被入射光激发时,带间跃迁过程发生。在大于 3.8V 的更高正偏压下,所有电子态被填充,

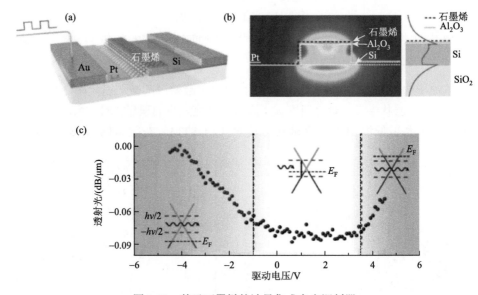

图 8-13 基于石墨烯的波导集成电光调制器

（a）器件的三维结构；（b）左图是通过有限元方法仿真的器件横截面光强分布图,右图是器件的横截面示意图,单层石墨烯薄膜在硅波导的顶层,它们之间有一个 7nm 厚的 Al$_2$O$_3$ 层；（c）在不同驱动电压下的光电反应,插图是每个驱动电压范围下相应的能带结构

电子跃迁禁止。另外，栅压也可调制带内自由载流子浓度，导致在红外波段有很强的类 Drude 吸收峰[18, 19]。除此之外，基于石墨烯自由载流子的等离激元模式，也强烈依赖于载流子浓度[20, 21]，通过栅压控制石墨烯的宽带吸收及等离激元激发，可实现太赫兹到可见光波段的电光调制器。

8.2　磁光调控

作为光调制器间接调制的一种方式，磁光调制也是研究纳米材料特性的一种主要方式，在半导体尺寸减小的过程中，半导体中的强量子限制可以将电子和空穴的波函数压缩到纳米尺度，此时磁场对材料的影响也逐渐显露出来。

8.2.1　磁光调制器的调制机理

磁光调制器的一般调制机理为法拉第效应[22]，其是法拉第在 1845 年发现的一种现象：当一束线偏振光通过磁性介质时，如果在沿光传播方向上施加一个磁场，线偏振光的偏振面会旋转一个角度。这个角度称为法拉第旋转角。除了法拉第旋转效应，另外两种磁光效应分别是磁光克尔效应[23]和塞曼效应[24]。下面首先介绍法拉第旋转效应。

实验表明，在外加磁场的作用下，偏振面旋转的角度与光在磁性介质中走的路程和磁感应强度沿光传播方向上的分量成正比，也就是

$$\theta = VBL \tag{8-30}$$

其中，θ 为线偏振光旋转的角度；B 为磁感应强度沿光传播方向上的分量；L 为光波在介质中走的路程。

因为任何一束线偏振光都可以看作两束等幅的左旋和右旋光的叠加，磁场的作用导致穿过介质的左旋和右旋光的相位延迟产生差异，假设左旋和右旋光的相位延迟分别为

$$\varphi_R = \frac{2\pi}{\lambda} n_R d , \quad \varphi_L = \frac{2\pi}{\lambda} n_L d \tag{8-31}$$

其中，λ 为真空中的波长；n_R 为右旋光的折射率；n_L 为左旋光的折射率；d 为介质的厚度。因此在介质的入射截面上，线偏振光的电矢量 E 可以分解成图 8-14（a）所示的情况；当线偏振光通过磁性介质，由于两束圆偏振光的相位延迟差异，线偏振光的电矢量 E 可以表示成图 8-14（b）。当两束光射出介质后，左旋光和右旋光的速度重新变成相同，相位延迟的差异也将消失，因此叠加之后光束又变成了线偏振光，并且相比入射前的光束，偏振面旋转了 θ。很容易得出

$$\varphi_R - \theta = \varphi_L + \theta \tag{8-32}$$

$$\theta = \frac{1}{2}(\varphi_R - \varphi_L) = \frac{\pi}{\lambda}(n_R - n_L) \cdot d = \theta_F \cdot d \qquad (8\text{-}33)$$

其中，n_R 和 n_L 的差值正比于磁感应强度；$\theta_F = \dfrac{\pi}{\lambda}(n_R - n_L)$；$d$ 为法拉第旋转比，代表单位长度内线偏振光旋转的角度，因此可以得出法拉第旋转角正比于磁感应强度和光波在介质中走过的路程。

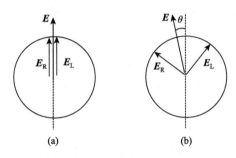

图 8-14　法拉第效应的唯象解释

　　磁光克尔效应是指入射的线偏振光经过磁化表面反射后振动面发生旋转的现象，效果类似于法拉第效应，这两种效应都是由材料介电张量的非对角线分量引起的。非对角线分量使磁光材料具有各向异性介电常数，从而导致入射光的相位延迟。磁光克尔效应分为纵向磁光克尔效应、横向磁光克尔效应和极向磁光克尔效应。如图 8-15 所示，纵向和横向磁光克尔效应，磁化向量与磁化表面平行，与入射面分别平行和垂直。极向磁光克尔效应，磁化向量与磁化表面垂直，与入射面平行。其中极向磁光克尔效应最强，纵向次之，横向几乎没有明显旋转。磁光克尔效应的原理是，当磁性物质被外加磁场磁化或自发磁化时，其会产生双折射现象，同时对左旋和右旋光的吸收率也会不同。当入射的线偏振光经过磁化表面反射后，双折射现象使得两种光产生相位差，因此偏振面会旋转。这两种光在磁化表面吸收率的不同会导致左旋、右旋光的振幅不再相等，因此线偏振光或变成椭圆光。

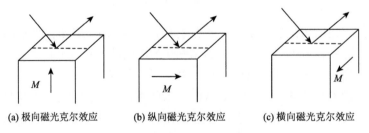

(a) 极向磁光克尔效应　　　(b) 纵向磁光克尔效应　　　(c) 横向磁光克尔效应

图 8-15　磁光克尔效应的三种磁化方式

　　塞曼效应是原子的光谱线在外加磁场作用下发生分裂的现象，是 1896 年荷兰物理学家彼得·塞曼首次发现的。应用量子力学可以解释塞曼效应：电子的轨道磁矩和自旋磁矩耦合形成总磁矩，并且其空间取向是量子化的，外加磁场导致电子能级附加的能量不同，从而引起能级分裂。塞曼效应是继 1845 年法拉第效应和 1875 年克尔效应之后，发现的第三个磁场对光有影响的效应。

　　一般情况下，通过施加一个可调的磁场，调制线偏振光的偏振面，再在出光口放置一个检偏器，就可以将对偏振面的调制转化成对幅度的调制。大部分的磁光调制器都是基于这个结构。例如传统的基于钇铁石榴石（YIG）材料的磁性调制器结构（图 8-16），将缠绕线圈的 YIG 棒平行放置在光的传播方向，线圈中调制过的电流信号会产生变化的磁场，变化的磁场导致法拉第旋转角发生对应的变化，再通过一个检偏器就可以将对法拉第旋转角的调制转化成光幅度的调制，也就实现了对光强度的调制。

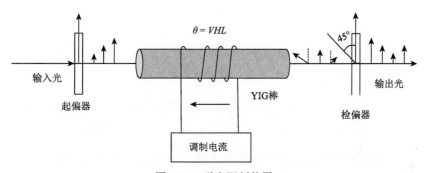

图 8-16　磁光调制装置

　　传统磁光调制器的工作物质是掺 Ga 的钇铁石榴石（或钇铁石榴石），下面简单介绍以掺 Ga 的钇铁石榴石为工作物质的磁光调制器。图 8-17（a）是一种低驱动电压的磁光调制器的结构图[25]，磁性介质盘放置在线圈内，线圈中的交变电流产生垂直于磁性介质盘的磁场，光束也同样垂直通过介质盘，在变化的磁场作用下，通过介质盘的光束的偏振面将会发生相应的变化，再使光束通过检偏器，就可以实现对光束幅度的调制。图 8-17（b）显示的是这种器件可以得到的传输长度和最大调制深度。由于对钇铁石榴石进行了 Ga 的掺杂，这种调制器具备很低的驱动功率（3V，1kHz），并且这种调制器具备大的孔径（5mm）和容纳角（50°）的优点。但是缺点是这种调制器存在一个频率上限，这是因为磁化强度的反转是通过畴壁的移动实现的，而畴壁的移动是一个缓慢的过程并且有很大的损耗，因此当驱动电压高于一定频率时，器件损耗将会大大增强，例如，在 100kHz，4mA 驱动电流的驱动下，调制器的响应下降 25%。因此，为了降低磁损耗，满足更高频率调制的需求，Lecraw[26]用长为 1cm，直径为 0.5mm 的掺 Ga YIG 作为磁性元件，通过施加足够大的磁场让掺 Ga YIG 棒达到饱和磁化强度，从而大大减小磁损耗，除此之外还必须保证磁光调制器铁磁共振频率处在调制器工作频率之外，图 8-17（c）是在 100MHz 频率驱动下调制器的传输长度和调制深度。

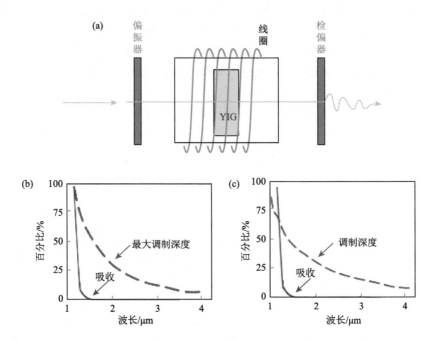

图 8-17 （a）低驱动电压磁光调制器的结构示意图；（b）低电压驱动下的传输长度和最大调制深度；（c）高频调制器的传输长度和最大调制深度

8.2.2 低维半导体磁光调制器

基于传统磁光调制器的基本原理，低维半导体磁光调制器也逐渐受到研究者的关注。目前磁光调制主要集中在红外波段，大多数学者研究的材料也集中在红外波段材料，如石墨烯、磷烯、III-V 族材料等。同时在磁性离子掺杂（如 Mn^{2+}、Co^{2+}等）的材料中也可以观察到磁光调制现象，其部分原因是通过量子效应和波函数工程，能够调制嵌入的磁性原子与载流子（电子或空穴）之间的自旋相互作用。用于自旋电子和光子应用的材料包括磁性掺杂的纳米带[27, 28]、纳米线[29]、外延生长的量子点[30-36]和胶体纳米晶体[37-42]。在这些不断缩小空间尺度的低维材料中，磁化波动必然扮演着越来越重要的角色。

零维半导体中的强量子限域效应可以将电子和空穴的波函数压缩到纳米尺度，显著增强它们与单个掺杂体之间的相互作用。如图 8-18 所示[43]，非磁性 CdSe 纳米晶具有一个小的与温度无关的磁圆二色性。相比之下，Mn^{2+}掺杂的 CdSe/CdS（Mn:CdSe/CdS）纳米晶显示出一个大的、倒置的、与温度强烈相关的磁圆二色性，并且在−27meV 下饱和。在 5K 时，激子的塞曼分裂 E_Z 的特征显示增强的激子 g 因子数为 140，也就是说，纳米晶中的磁场远大于外加磁场。因此高掺杂 Mn: CdSe/CdS 纳米晶表现出很大的 sp-d 相互作用。

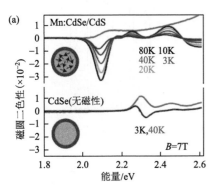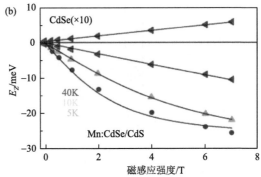

图 8-18　使用磁圆二色性（MCD）光谱对 Mn^{2+} 掺杂 CdSe 纳米晶体中的大 sp-d 自旋相互作用进行量化

（a）Mn:CdSe/CdS 纳米晶以及非磁性 CdSe 纳米晶的磁圆二色性（和吸收）光谱，在法拉第几何体中应用磁场 $B = 7T$，插图显示 CdSe/CdS 核壳纳米晶，黑色箭头表示嵌入的 Mn^{2+}；（b）不同磁场强度和温度下非磁性 CdSe 纳米晶和 Mn^{2+} 掺杂 CdSe 纳米晶的塞曼分裂能量

钴（Co）、铁（Fe）和镍（Ni）纳米线等纳米磁性材料在纳米器件、生物传感器和磁记录中的潜在应用引起了研究人员的广泛关注。磁光克尔效应由于其高灵敏度，被广泛用于研究磁性材料的磁学性质。近年来磁光克尔效应仪器的灵敏度、空间分辨率和时间分辨率都得到了稳步提高。在稀磁半导体纳米线上，可以通过更改直径、纵横比、形状各向异性和外加场角等参数来修改其磁性。图 8-19 所示为使用硫化锌（ZnS）作为固有的宽带隙半导体来覆盖钴纳米线[44]，并使用二氧化硅（SiO_2）作为介质层来封盖结构以增强钴纳米线的克尔信号（Kerr signal，KS）。用作覆盖材料的二氧化硅层可补偿硫化锌层在优化方面的不足，在膜上添加具有适当厚度的二氧化硅层作为低折射率电介质会导致更多的光穿透纳米结构。相对于没有覆盖层的结构，所提出的具有适当厚度的硅/钴/硫化锌/二氧化硅结构将硅/钴纳米线的克尔信号提高了 20 倍。在该结构中，硫化锌和二氧化硅层的厚度彼此互补，这对制造工艺是有利的。

近年来，随着二维光电材料的兴起，二维范德瓦耳斯磁性材料由于其新颖的磁学性质在自旋光电器件中具有巨大的应用潜力，因而受到人们的极大关注。例如目前被广泛研究的碘化铬（CrI_3），其单层材料是一种铁磁间接半导体[45]，自旋向上和向下的带隙分别为 1.23eV 和 1.90eV，每个铬原子的磁矩为 $2.93\mu_B$。如图 8-20（a）所示，当磁场方向与碘化铬平面法线之间的夹角小于 90° 时，

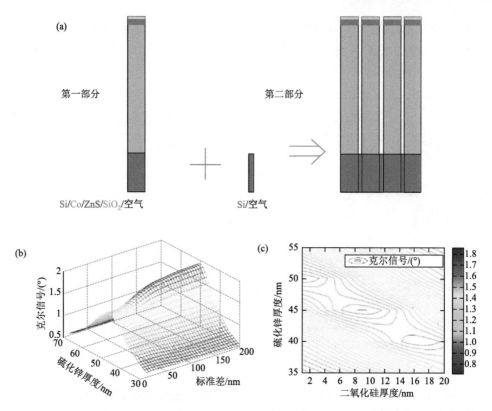

图 8-19 （a）Si/Co/ZnS/SiO₂/空气和 Si/空气模型示意图；（b）Si/Co/ZnS 纳米线结构的克尔信号与标准差和 ZnS 厚度的关系；（c）Si/Co/ZnS 纳米线结构的克尔信号与 ZnS 及 SiO₂ 厚度的关系

克尔旋转谱峰处的光子能量位置几乎不变，而克尔旋转的绝对峰值随着角度的增加而减小。特别地，当角度趋于零时，即磁力线垂直于碘化铬平面时，克尔旋转达到最大值。但是当磁场与样品平面平行时，克尔旋转几乎为零。类似地，当自旋极化沿面外方向时，空穴掺杂磁光克尔效应更加突出，而旋转到晶面中时会降低一个数量级。以上这些结果表明，在碘化铬单层中，磁光克尔效应相对于磁场方向具有很强的各向异性。如图 8-20（b）所示，克尔旋转的正峰值与 z 轴上 Cr 原子的磁矩呈线性。简而言之，随着角度的增加，Cr 原子在 z 轴上的磁矩减小，这意味着 z 轴上的磁化强度减小。图 8-20（c）和（d）显示了在平面外压缩应变和拉伸应变下 CrI₃ 单层的磁光克尔旋转。如图 8-20（c）所示，随着面外压缩应变的增加，克尔旋转光谱发生蓝移，同时克尔旋转的正最大值和负最小值减小。类似地，随着面外拉伸应变的增加，克尔旋转光谱会发生红移，如图 8-20（d）所示，克尔旋转的正最大值和负最小值也会随着增加。

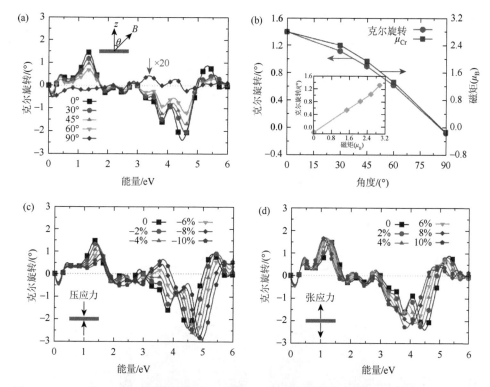

图 8-20　（a）CrI₃ 单层磁光克尔旋转光谱，磁场（B）和 CrI₃ 平面法线之间的角度（θ）从 0° 到 90° 变化，其中 90° 的克尔旋转光谱放大了 20 倍；（b）相对于 z 轴的正克尔旋转峰值和铬原子磁矩，插图显示了在 z 轴铬原子的磁矩上的克尔旋转；　CrI₃ 单层膜在平面外压应变（c）和拉伸应变（d）下的磁光克尔旋转谱

　　单层过渡金属硫族化合物（TMDs）系列可以表示为 MX₂ 的类型（M：Mo、W、V；X：S、Se 或 Te），其中 M 原子夹在 X 原子的两个平面的中间。单层 MX₂ 的反向反转对称性和强自旋轨道耦合（spin-orbit coupling，SOC）并存，使其成为具有各种与谷相关的性质（如谷霍尔效应和谷极化）的载体。以硫化钨（WS₂）为例[46]，如图 8-21 所示，用基于两个非交互的相干二级系统的模型解释了单层硫化钨中相干发射的 K⁺ 和 K⁻ 谷（谷相干）的线性极化，其平面外磁场高达 25T。磁场诱导的谷塞曼分裂效应导致了辐射相对于激发的偏转角达 35°，偏转程度达到了 16%。

　　其他二维材料中的磁光调制，以石墨烯为例介绍[47]。石墨烯具有无质量色散以及电子波函数手性特性，导致非等间距的朗道能级（$n = 0$，± 1，± 2，…）

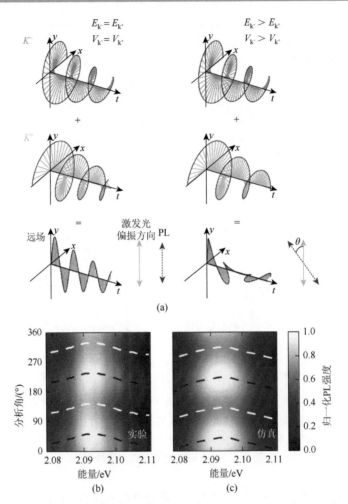

图 8-21 （a）来自 K$^+$ 和 K$^-$ 谷的圆偏振辐射的衰减电场模型，在 $B = 0T$ 时，谷的远场叠加导致了线偏振波，在 $B \neq 0T$ 时，在光致发光衰减过程中，谷的不同频率的辐射引起了一个慢的线性偏振的旋转；单层 WS$_2$ 样品在 $B = 25T$ 时测量（b）和计算（c）的中性激子光致发光谱随分析角的变化关系，虚白（黑）线标出了在分析角处每个能量最小（最大）的光致发光强度

$$E_n = \text{sign}(n)\sqrt{2c\hbar\nu_F^2 |nB|} \qquad (8\text{-}34)$$

其中，E_n 为第 n 能级的能量；ν_F 为费米速率；B 为垂直的磁场强度。在一个垂直磁场 B 中，石墨烯显示半整数量子霍尔效应，最初在剥离的石墨烯材料中体现[48, 49]，后来在 SiC 衬底上也发现了这种效应[50, 51]，如图 8-22 所示。

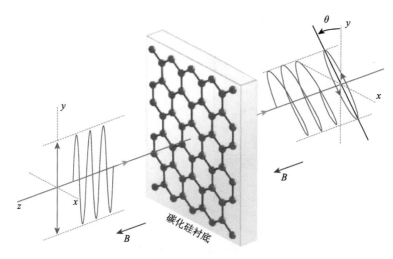

图 8-22　磁光法拉第旋转实验的原理图

线性极化入射光束在垂直磁场中穿过 SiC 基板上的石墨烯后，出射光获得一定的椭圆形且其偏振方向旋转一定角度（法拉第角），磁场的正方向沿 z 轴

实验上对石墨烯磁光效应的研究主要集中在对角电导组分 $[\sigma_{xx}(\omega,B)]$ 的研究，采用薄膜近似值，且使电导率保持线性形式，其表达式如下

$$1-T(\omega,B) \approx 2Z_0 f_s(\omega) \mathrm{Re}[\sigma_{xx}(\omega,B)] \tag{8-35}$$

$$\theta(\omega,B) \approx Z_0 f_s(\omega) \mathrm{Re}[\sigma_{xy}(\omega,B)] \tag{8-36}$$

其中，T 为基板归化传输；$Z_0 = 377\Omega$，为真空阻抗；$f_s(\omega)$ 为特定于基板的光谱无特性函数。在碳化硅上生长的石墨烯由于其形态控制良好和尺寸上的无限性，非常适合于磁光学研究。图 8-23（a）显示了单层石墨烯在 5K 下不同磁场强度（高达 7T）下测量的法拉第旋转角 θ。光谱显示强场依赖边缘状结构，在低能量下产生正极旋转，在高能量下产生负极旋转。法拉第最大旋转角超过 0.1rad（±6°），因为它来自单层，所以这是一个非常大的调制结果。裸衬底上的测量没有显示任何法拉第效应，因此观察到的旋转完全来自碳单层。图 8-23（a）中插图显示 10meV 和 27meV 处法拉第旋转角 θ 的场依赖性。曲线遵循近似线性依赖性，相对斜率分别为 ±18.5mrad/T 和 –4.5mrad/T。单层石墨烯的零场标准化透射光谱 T（B）/T（0）也显示出强烈的磁场依赖性 [图 8-23（b）]，其中插图显示 0T 和 7T 处的吸收谱，可以清楚地看到一个强大的费尔德系数，标志着一个高的调制深度。

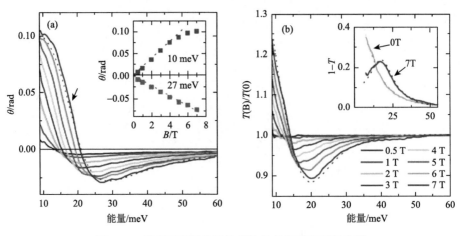

图 8-23　单层石墨烯的法拉第旋转角和磁光透射光谱

（a）单层石墨烯在 5K 下不同磁场强度下测量的法拉第旋转角 θ，插图为在 10meV 和 27meV 处法拉第旋转角 θ 的磁场强度依赖曲线，虚线为对数据点的线性拟合；（b）不同磁场强度下的透射光谱 $T(B)/T(0)$，插图显示了 B 为 0T 和 7T 时的吸收光谱

8.2.3　时间分辨磁光调控

　　前面主要介绍了基于稳态条件下的外界磁场与材料的相互作用，而磁光调控效应的另一个重要作用来自时间尺度。同样基于法拉第效应，将稳态连续光源换成脉冲光源并结合泵浦-探测技术，人们可以实现对信号光的瞬态调制，并能够进一步研究低维光电材料的磁光性质。其基本原理为利用一束圆偏振极化的脉冲激发光在材料中产生自旋极化的载流子或激子，随后将另一束线偏振的脉冲探测光透射被激发的材料。通过测量探测光线偏振面转角随着泵浦-探测脉冲间隔时间的变化，可以提取一系列与所研究材料相关的重要的磁光性质。这种磁光调控技术被称为泵浦-探测磁光法拉第旋转技术。其具体原理与结构如图 8-24（a）所示。由脉冲锁模激光器产生的飞秒脉冲（约 120fs）通过分束片后被分成强度比为 10∶1 的泵浦与探测脉冲，并被光学斩波器周期性调制。泵浦光脉冲通过线偏器与 1/4 波片后被调制成圆偏振脉冲激发材料自旋信号，通过线性步进位移台实现与探测光的相对时间延迟。基于光学跃迁的能量与角动量守恒原理，圆偏振脉冲激发光被材料吸收时，将在导带与价带产生高密度的自旋角动量极化的载流子或激子，载流子与激子的自旋可以通过经典模型被看作与入射光同轴的微观磁矩或等效磁场。因此基于前面介绍的法拉第效应可以得出，当另一束较弱的线偏振探测脉冲光通过材料的时候，其偏振面将围绕载流子或激子自旋轴向发生旋转，旋转角度大小取决于被激发的载流子或激子净自旋密度。为了高精度地采集探测脉冲线偏振面的旋转，如图 8-24 所示，透过样品的探测线偏光随后通过 Wollaston 偏振分光棱镜分束成偏振矢量正交的 $E_\perp$ 与 $E_{\parallel}$ 两束光，并分别被 $D_\perp$ 与 $D_{\parallel}$ 两个平衡光电

二极管（平衡电桥）探测得到光电流 $I_\perp$ 与 $I_\parallel$。当所研究的材料没有外界磁场调控或光泵浦激发的自旋时，探测光偏振面的法拉第旋转角为 0°。因此，将偏振分束棱镜光轴调整到与探测偏振面成 45°角时，可以得到 $E_\perp = E_\parallel$，即 $I_\perp = I_\parallel$。通过此方法，可以校准系统的转角 0 点。在此基础上，当存在外界磁场或光激发载流子与激子自旋作用时，探测光偏振面的旋转将导致 $E_\perp \neq E_\parallel$，即探测光电流的不平衡，$I_\perp \neq I_\parallel$。通过简单的三角函数计算：

$$\frac{I_\perp - I_\parallel}{I_\perp + I_\parallel} = \frac{E_\perp^2 - E_\parallel^2}{E_\perp^2 + E_\parallel^2} = \cos(90° + 2\theta) = \sin(2\theta) \approx 2\theta \qquad (8\text{-}37)$$

可以从非平衡光电流信号推导得出探测光偏振面的旋转角 θ。利用平衡电桥双通道光探测器可以高灵敏地探测线偏光的偏转，其转角探测分辨率可以达到微角度量级，是实现高精度磁光调控与探测的重要手段。更进一步地，通过扫描泵浦脉冲与探测脉冲光之间的时间间隔，磁光法拉第旋转技术可以在时间尺度上探测材料的磁光动力学过程。以下从几个重要方面探讨其具体应用。

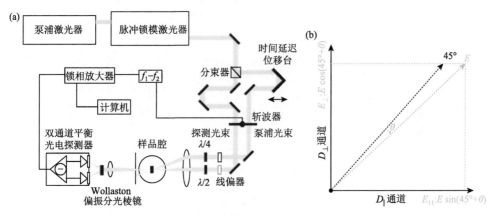

图 8-24　（a）基于泵浦探测的磁光法拉第旋转系统图；（b）探测光线偏振面发生 θ 转角后，通过 Wollaston 偏振分光棱镜在双通道平衡探测器上的投影分量

首先以研究最成熟的 GaAs/AlGaAs 二维量子阱为例，其量子阱内的能级排列如图 8-25（a）所示。在无外加磁场作用下，导带与价带基态分别为角动量量子数 1/2 与 3/2 的电子和空穴简并能级。利用圆偏振极化的泵浦脉冲，如 σ^+ 激发光，可以在初始时刻在量子阱内产生自旋完全极化（极化率为 100%）的电子，其随时间变化的密度可表示为 $N_\downarrow(t)$。随着时间的推演，初始自旋极化向下的电子将通过两个渠道损失，分别是自身的跃迁复合及自旋翻转弛豫。由此造成的直接效应就是量子阱内净自旋极化密度 $N_\downarrow(t) - N_\uparrow(t)$ 减少。因此，当探测线偏脉冲光在激

发后不同时间间隔（延迟）通过材料时，其会感受到随时间衰减的净自旋等效磁场，造成探测线偏转角幅度随时间递减，即

$$\theta(t) \propto [N_\downarrow(t) - N_\uparrow(t)] \qquad (8\text{-}38)$$

由此，可以通过测量时间分辨的法拉第磁光旋转角变化来推导材料体系的自旋寿命 T_s。通过图 8-25（b）的能带模型知道 T_s 与载流子复合寿命 τ 及自旋弛豫时间 τ_s 相关联，其关系表示为

$$\frac{1}{T_s} = \frac{1}{\tau} + \frac{1}{\tau_s} \qquad (8\text{-}39)$$

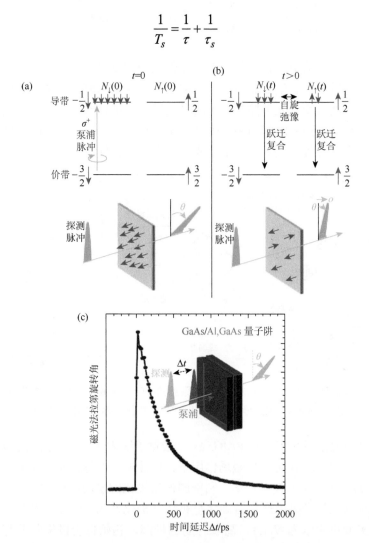

图 8-25 （a，b）GaAs/AlGaAs 二维量子阱中自旋极化电子密度随时间推演的示意图；（c）10K 温度下 GaAs/AlGaAs 量子阱中的法拉第旋转角的时间演化行为

在此公式中，载流子复合寿命 τ 由自旋向上与向下电子的总密度时间演化，即 $[N_\downarrow(t) + N_\uparrow(t)]$ 来决定。可以通过测量双通道平衡探测器的总光电流变化，$[I_\perp(t) + I_\parallel(t)]$ 来确定 τ。在得到 T_s 和 τ 时间参数的基础上，可以利用式（8-39）求得自旋弛豫时间 τ_s。该物理量深刻反映了所研究材料体系的磁光性质，为设计高性能磁光器件提供了重要的物理参量。图 8-25（c）为 10K 温度下 10nm 宽度的 GaAs/Al，GaAs 多层量子阱中的法拉第磁光旋转角的时间演化，可清楚地看出其呈现单指数衰减趋势，通过拟合可以得到自旋寿命 $T_s = 400ps$。

以上探讨了无外界磁场作用下，材料中光泵浦激发的载流子自旋对探测光偏振的时间动力学调制效应。当对样品施加一个横向的磁场，即磁场方向与入射泵浦光和探测光垂直时，新的物理效应将呈现出来。如图 8-26 所示，由圆偏振泵浦光激发的电子自旋磁矩产生后，将围绕磁场方向进行拉莫尔进动旋转，其进动周期为

$$T_L = 2\pi h / (g^* \mu_B B) \tag{8-40}$$

其中，g^* 为朗德 g 因子；μ_B 为玻尔磁子；B 为磁场强度。进动旋转的自旋磁矩在沿泵浦与探测光方向上产生了周期性振荡的投影分量。这意味着当探测光在不同时间延迟透过样品时，其会感受到相同拉莫尔进动周期变化的自旋投影分量产生的等效磁场。因此，探测光线偏振面法拉第转角将出现相同周期的往复振荡，外界磁场越强，振荡频率越高。通过测量旋转角的振荡频率 $f_L = 1/T_L$ 随磁场的线性变化，可以得到材料另一个重要磁光物理参数 g^* 因子。图 8-26（d）为不同磁场强度下，CdS 量子点与块体材料中的法拉第旋转角时间振荡曲线[52]。可以看到在零磁场下，法拉第旋转角信号呈现由净自旋损失导致的衰减。当加上磁场后，两种材料的转角波包在衰减的同时，开始展现振荡现象。这是因为材料的净自旋总量在衰退的同时还要围绕磁场做拉莫尔进动。通过线性拟合不同磁场下的 f_L，研究人员得出了量子点与块体材料的 g 因子。基于磁光法拉第效应的泵浦-探测技术因其高灵敏度及高时间分辨率被广泛应用于研究光电材料的磁光特性，成为深入了解材料的基本物性及器件应用的有效手段。

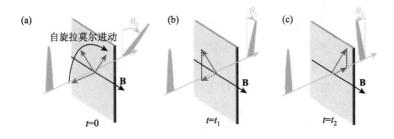

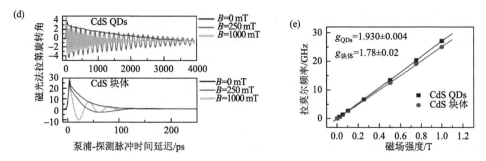

图 8-26 （a～c）横向外加磁场作用下光泵浦自旋发生拉莫尔进动，其沿探测光方向的自旋投影发生振荡，进而周期性调制探测光线偏振面法拉第旋转角；（d）CdS 量子点（QDs）与块体（bulk）材料在外加磁场作用下产生的法拉第旋转角振荡信号；（e）不同磁场强度下的自旋拉莫尔进动频率，通过拟合得出朗德 g 因子

8.3 全光及其他调控方式

与电光调控一样，在半导体纳米结构中实现全光调控也是纳米光子学研究领域的核心内容，同时也是构建半导体纳米结构光信息处理光子芯片的关键。自组装生长的直接带隙半导体纳米线，如 ZnO、GaN、CdS 纳米线等，吸引了众多研究者的关注。同时这类半导体结构也是研究光子、激子、激子极化激元传播及其相互作用的理想平台。

Agarwal 课题组利用激子极化激元的受激散射机制实现了纳米线全光开关[53]。利用高能等离子体在纳米线中切开一个几十纳米间距的口子，纳米线一分为二。利用脉冲激光将一部分纳米线泵浦出激光并作为信号源，该信号激光可以波矢匹配地点对点耦合、点对点耦合进下半部分纳米线。入射端和出射端具有相同峰位的光谱，意味着该结构可实现激光信号的高效耦合和传播。纳米线全光开关示意图及其验证结果如图 8-27 所示，上半部纳米线产生的激光通过纳米尺寸的空气间隙耦合进下半部纳米线，通过 Ar$^+$激光泵浦下半部分纳米线波导的中部，实现纳米线输出端信号激光的开与关，输出端随时间采集的光谱序列确切证实了纳米线全光开关行为。把两根纳米线构造成 Y 形几何结构，即可实现全光与非逻辑门。

除了半导体纳米结构，石墨烯在微纳尺度的光调控也引起了研究者的极大兴趣。类似于通过电掺杂调控石墨烯的费米能级位置实现石墨烯/硅波导结构的电光调控，借助于泵浦-探测概念，通过光掺杂也可实现基于石墨烯的全关调控[54]。如图 8-28 所示，将石墨烯缠绕在一段亚波长直径的微光纤上，一束弱的红外光耦合入微光纤中作为信号光，在传播过程中，由于石墨烯的吸收，信号光的强度急剧衰减。当另一束高能激光作为开关光被引入时，其在石墨烯中激发的载流子会通过泡利阻塞作用使石墨烯的吸收阈值波长蓝移，因此降低了红外信号光的吸收系数及信号光强在传播过程中的衰减程度。开关光对光纤中信号光响应时间的调制作用取决于光生载流子的弛豫时间。在载流子弛豫过程中，石墨烯中载流子的相互散射时间在几十至几百飞秒量级，载流子与声子的散射时间在几皮秒量级。图 8-29 给出了石墨烯基全光调制器中 1064nm 开关光对 1550nm 信号光的调制实验结果，从图中可知其实际调制深度可达 38%，调制响应时间仅为 2.2ps（约 200GHz），该结果展示了石墨烯光调制器在超快光信息处理中的应用潜力。

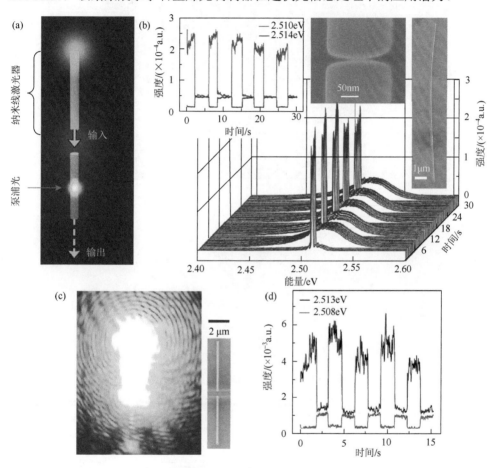

图 8-27　CdS 纳米线全光开关

（a）全光开关实验示意图，上半部纳米线泵浦的激光穿过间隙进入下半部纳米线，采用 457.9nm Ar+ 激光聚焦在下半部纳米线的中心位置，进行周期性开关动作，同时在纳米线出射端固定一位置敏感的光探测器，每 30ms 就进行一次光谱采集；（b）长 13.2μm（其中光开关部分 3.58μm）、间隙 5nm、直径 190nm 纳米线输出端部光开关过程中采集的光谱序列，在 t = 0s，只有光源信号，Ar+ 激光（380μW）在第 3 秒开启，第 6 秒关闭，然后一直重复这个开关动作，左上图为对 2.510eV 和 2.514eV 峰位激光强度追踪，右侧为间隙 5nm、端部交接处纳米线的 SEM 图；（c）左侧为 77k 温度下上半部纳米线光泵浦激光的真实光学照片，右侧为总长 9.9μm（其中开关部分 4.63μm）、直径 205nm、间距 460nm 纳米线的 SEM 照片；（d）在 165MW Ar+ 激光照射下的光开关特性，通过追踪 2.513eV 和 2.508eV 激光强度，证实了纳米线的全光开关行为

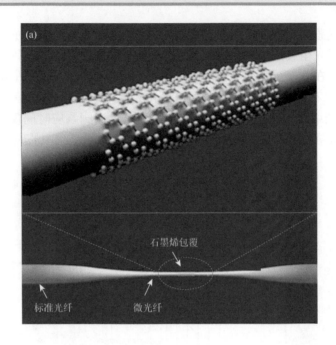

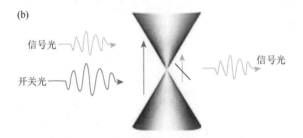

图 8-28　石墨烯包覆的微光纤光调制器

（a）石墨烯缠绕包覆的微光纤示意图；（b）泵浦-探测激光在石墨烯具有锥形结构的价带、导带交叠区激发的载
流子的分布示意图，光生载流子导致的能带填充效应可对信号光的吸收系数进行有效调制

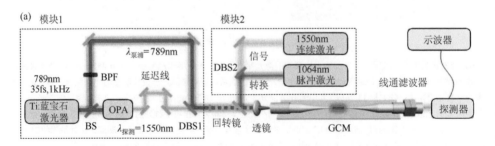

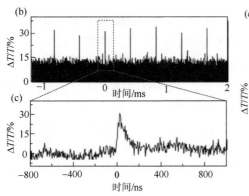
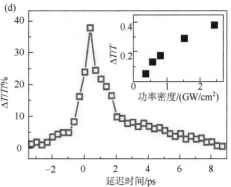

图 8-29　全光调制

（a）实验装置示意图，模块 1 为泵浦探测实验光源，模块 2 为纳秒脉冲全光调控光源；（b）石墨烯全光开关动态调制图，其透射调制深度约 30%；（c）光开关响应时间图；（d）光开关响应时间为 2.2ps，插图为调制深度-泵浦功率依赖曲线

　　除全光调控光信号外，还存在其他丰富广泛的调控手段，具体包括力光调控、热光调控和声光调控等。力光调控主要是利用半导体在应力作用下其带隙发生相应变化的原理来实现其荧光光谱的移动。相对于体材料而言，一维半导体纳米线以及原子层级的二维半导体材料具有更大的韧性及在外力作用下具有更为明显的形变，半导体纳米线的弹性应变极限能达到 2%～15%，因此更易于实现可观的力光调控，特别是在依赖于带隙调制的光发射方面，相对于组分调制、纳米线长度调制以及核壳结构的调制等只适合静态调制方面，纳米线的力光调制可实现可重复的动态调制以及波长可调纳米线激光器，使其在光互联、光通信、光子芯片等的应用方面具有一定前景[55]。

　　与力光调控类似，温度的改变也会引起半导体材料的带隙、折射率、载流子浓度的变化进而引起其光电性质的变化[56]。但相对于电光、全光光调制器，热光调制器的速度依然需要有较大的改进以满足快速信息化处理的要求。

　　声光调制主要是通过声波改变材料的折射率来改变光的传播方向及频率。声光调制器已经被广泛地用来实现脉冲发生器（如 Q 开关），并在光通信及光显示方面实现信号调制。石墨烯[57]及其他二维材料（如 MoS_2[58]）的声学特性引起了越来越多研究者的兴趣，他们认为这些二维材料能够实现声表面波的产生、传播、放大与探测。除此之外，理论上预言，基于石墨烯的周期性衍射光栅可激发表面等离激元[59]，且可通过声表面波来实现对等离激元光的调制。

　　总之，对于光调制器而言，性能提高的关键是要增强光信号处理过程中光与物质相互作用的强度。电光调制属于依赖于电场强度的光学非线性效应，进一步提高其调制效率的方法包括：①采用新型电光材料，如具有高电光系数的聚合物材料、石墨烯等；②亚衍射极限的波导集成结构，如量子阱结构的波导调制器、微环谐振腔结构等；③发现新的物理机制，如纳米结构中声子辅助的电吸收调制；④采用场增强或者态密度增强技术，如表面等离激元辅助增强电光调制[60]。此外，低维半导体结构（如量子点、量子线及二维半导体）因其独特的光子、电子限域特性，将为研究新型光子调控技术开辟全新的领域。

参 考 文 献

[1] Jacobsen R S，Andersen K N，Borel P I，et al. Strained silicon as a new electro-optic material. Nature，2006，441（7090）：199-202.

[2] Soref R A，Bennett B R. Electrooptical effects in silicon. IEEE Journal of Quantum Electronics，1987，QE-23（1）：123-129.

[3] Liu K，Ye C R，Khan S，et al. Review and perspective on ultrafast wavelength-size electro-optic modulators. Laser & Photonics Reviews，2015，9（2）：172-194.

[4] Liu A，Jones R，Liao L，et al. A high-speed silicon optical modulator based on a metal–oxide–semiconductor capacitor. Nature，2004，427（6975）：615-618.

[5] Xu Q，Schmidt B，Pradhan S，et al. Micrometre-scale silicon electro-optic modulator. Nature，2005，435（7040）：325-327.

[6] 沈学础.半导体光谱和光学性质. 2 版. 北京：科学出版社，2002.

[7] Zhang J，Li D，Chen R，et al. Laser cooling of a semiconductor by 40 kelvin. Nature，2013，493：504.

[8] Shan Z，Hu X，Wang X，et al. Phonon-assisted electro-optical switches and logic gates based on semiconductor nanostructures. Advanced Materials，2019，31（33）.

[9] Bastard G，Mendez E E，Chang L L，et al. Variational calculations on a quantum well in an electric field. Physical Review B（Condensed Matter），1983，28（6）：3241-3245.

[10] Arad U，Redmard E，Shamay M，et al. Development of a large high-performance 2-D array of GaAs-AlGaAs multiple quantum-well modulators. IEEE Photonics Technology Letters，2003，15（11）：1531-1533.

[11] Chin-Pang L，Seeds A，Chadha J S，et al. Design，fabrication and characterization of normal-incidence 1.56-mum multiple-quantum-well asymmetric Fabry-Perot modulators for passive picocells. IEICE Transactions on Electronics，2003，E86-C（7）：1281-1289.

[12] Zhang L，Sinsky J，Van Thourhout D，et al. Low-voltage high-speed travelling wave InGaAsP-InP phase modulator. Ieee Photonics Technology Letters，2004，16（8）：1831-1833.

[13] Kuo Y H，Lee Y K，Ge Y S，et al. Strong quantum-confined Stark effect in germanium quantum-well structures on silicon. Nature，2005，437（7063）：1334-1336.

[14] Empedocles S A，Bawendi M G. Quantum-confined stark effect in single CdSe nanocrystallite quantum dots. Science（New York），1997，278（5346）：2114-2117.

[15] Liu Y，Qiu Z，Carvalho A，et al. Gate-tunable giant stark effect in few-layer black phosphorus. Nano Letters，2017，17（3）：1970-1977.

[16] Roch J G，Leisgang N，Froehlicher G，et al. Quantum-confined stark Effect in a MoS_2 monolayer van der Waals heterostructure. Nano Letters，2018，18（2）：1070-1074.

[17] Liu M，Yin X，Ulin-Avila E，et al. A graphene-based broadband optical modulator. Nature，2011，474（7349）：64-67.

[18] Horng J，Chen C F，Geng B，et al. Drude conductivity of Dirac fermions in graphene. Physical Review B，2011，

83 (16).

[19] Ren L, Zhang Q, Yao J, et al. Terahertz and infrared spectroscopy of gated large-area graphene. Nano Letters, 2012, 12 (7): 3711-3715.

[20] Ju L, Geng B, Horng J, et al. Graphene plasmonics for tunable terahertz metamaterials. Nature Nanotechnology, 2011, 6 (10): 630-634.

[21] Grigorenko A N, Polini M, Novoselov K S. Graphene plasmonics. Nature Photonics, 2012, 6 (11): 749-758.

[22] Crassee I, Levallois J, Walter A L, et al. Giant Faraday rotation in single-and multilayer graphene. Nature Physics, 2011, 7 (1): 48-51.

[23] Schmidt R, Arora A, Plechinger G, et al. Magnetic-field-induced rotation of polarized light emission from monolayer WS_2. Physical Review Letters, 2016, 117 (7): 77402.

[24] Guo G, Bi G, Cai C, et al. Effects of external magnetic field and out-of-plane strain on magneto-optical Kerr spectra in CrI_3 monolayer. Journal of Physics-Condensed Matter, 2018, 30 (28).

[25] LeCraw R, Wood D, Dillon Jr J, et al. The optical transparency of yttrium iron garnet in the near infrared. Applied Physics Letters, 1965, 7 (1): 27-28.

[26] Lecraw R. Wide-band infrared magneto-optic modulation. IEEE Transactions on Magnetics, 1966, 2 (3): 304.

[27] Moradi M, Ghanaatshoar M. Cavity enhancement of the magneto-optical Kerr effect of a magnetic cobalt nanowires array. Modern Physics Letters B, 2016, 30 (1): 1550258.

[28] Rice W D, Liu W, Baker T A, et al. Revealing giant internal magnetic fields due to spin fluctuations in magnetically doped colloidal nanocrystals. Nature Nanotechnology, 2015, 11: 137.

[29] Beaulac R, Schneider L, Archer P I, et al. Light-induced spontaneous magnetization in doped colloidal quantum dots. Science, 2009, 325 (5943): 973.

[30] Beaulac R, Archer P I, Ochsenbein S T, et al. Mn^{2+}-doped cdse quantum dots. new inorganic materials for spin-electronics and spin-photonics. Advanced Functional Materials, 2008, 18 (24): 3873-3891.

[31] Bussian D A, Crooker S A, Yin M, et al. Tunable magnetic exchange interactions in manganese-doped inverted core–shell ZnSe–CdSe nanocrystals. Nature Materials, 2009, 8 (1): 35-40.

[32] Archer P I, Santangelo S A, Gamelin D R. Direct observation of sp-d exchange interactions in colloidal Mn^{2+}-and Co^{2+}-doped CdSe quantum dots. Nano Letters, 2007, 7 (4): 1037-1043.

[33] Norris D J, Yao N, Charnock F T, et al. High-quality manganese-doped ZnSe nanocrystals. Nano Letters, 2001, 1 (1): 3-7.

[34] Hoffman D M, Meyer B K, Ekimov A I, et al. Giant internal magnetic fields in Mn doped nanocrystal quantum dots. Solid State Communications, 2000, 114 (10): 547-550.

[35] Seufert J, Bacher G, Scheibner M, et al. Dynamical spin response in semimagnetic quantum dots. Physical Review Letters, 2001, 88 (2): 27402.

[36] Dorozhkin P S, Chernenko A V, Kulakovskii V D, et al. Longitudinal and transverse fluctuations of magnetization of the excitonic magnetic polaron in a semimagnetic single quantum dot. Physical Review B, 2003, 68 (19): 195313.

[37] Hundt A, Puls J, Henneberger F. Spin properties of self-organized diluted $Cd_{1-x}Mn_xSe$ magnetic quantum dots. Physical Review B, 2004, 69 (12): 121309.

[38] Wojnar P, Suffczyński J, Kowalik K, et al. Microluminescence from $Cd_{1-x}Mn_xTe$ magnetic quantum dots containing only a few Mn ions. Physical Review B, 2007, 75 (15): 155301.

[39] Kobak J, Smoleński T, Goryca M, et al. Designing quantum dots for solotronics. Nature Communications, 2014,

5（1）：3191.

[40] Besombes L，Léger Y，Maingault L，et al. Probing the spin state of a single magnetic ion in an individual quantum dot. Physical Review Letters，2004，93（20）：207403.

[41] Bacher G，Maksimov A A，Schömig H，et al. Monitoring statistical magnetic fluctuations on the nanometer scale. Physical Review Letters，2002，89（12）：127201.

[42] Wojnar P，Janik E，Baczewski L T，et al. Giant spin splitting in optically active ZnMnTe/ZnMgTe core/shell nanowires. Nano Letters，2012，12（7）：3404-3409.

[43] Fainblat R，Frohleiks J，Muckel F，et al. Quantum confinement-controlled exchange coupling in manganese（II）-doped cdse two-dimensional quantum well nanoribbons. Nano Letters，2012，12（10）：5311-5317.

[44] Yu J H，Liu X，Kweon K E，et al. Giant Zeeman splitting in nucleation-controlled doped CdSe：Mn^{2+} quantum nanoribbons. Nature Materials，2010，9（1）：47-53.

[45] Schatz P，McCaffery A. The faraday effect. Quarterly Reviews，Chemical Society，1969，23（4）：552-584.

[46] Kerr J. On rotation of the plane of polarization by reflection from the pole of a magnet. Dublin Philosophical Magazine and Journal of Science，1877，3（19）：321-343.

[47] Wheeler R，Dimmock J. Exciton structure and Zeeman effects in cadmium selenide. Physical Review，1962，125（6）：1805.

[48] Gusynin V P，Sharapov S G. Unconventional integer quantum hall effect in graphene. Physical Review Letters，2005，95（14）：146801.

[49] Peres N M R，Guinea F，Castro Neto A H. Electronic properties of disordered two-dimensional carbon. Physical Review B，2006，73（12）：125411.

[50] Novoselov K S，Geim A K，Morozov S，et al. Two-dimensional gas of massless Dirac fermions in graphene. Nature，2005，438（7065）：197.

[51] Zhang Y，Tan Y W，Stormer H L，et al. Experimental observation of the quantum Hall effect and Berry's phase in graphene. Nature，2005，438（7065）：201.

[52] Tong H，Feng D，Li X，Deng L，et al. Room temperature electron spin generation by femtosecond laser pulses in colloidal CdS quantum dot. Materials，2013，6（10）：4523.

[53] Piccione B，Cho C H，van Vugt L K，et al. All-optical active switching in individual semiconductor nanowires. Nature Nanotechnology，2012，7（10）：640-645.

[54] Li W，Chen B，Meng C，et al. Ultrafast all-optical graphene modulator. Nano Letters，2014，14（2）：955-959.

[55] Fischer T，Stoettinger S，Hinze G，et al. Single semiconductor nanocrystals under compressive stress：reversible tuning of the emission energy. Nano Letters，2017，17（3）：1559-1563.

[56] Li Y，Yu J，Chen S，et al. Submicrosecond rearrangeable nonblocking silicon-on-insulator thermo-optic 4×4 switch matrix. Optics Letters，2007，32（6）：603-604.

[57] Thalmeier P，Dora B，Ziegler K. Surface acoustic wave propagation in graphene. Physical Review B，2010，81（4）.

[58] Preciado E，Schuelein F J R，Nguyen A E，et al. Scalable fabrication of a hybrid field-effect and acousto-electric device by direct growth of monolayer MoS_2/LiNbO$_3$. Nature Communications，2015，6.

[59] Farhat M，Guenneau S，Bagci H. Exciting graphene surface plasmon polaritons through light and sound interplay. Physical Review Letters，2013，111（23）.

[60] Haffner C，Chelladurai D，Fedoryshyn Y，et al. Low-loss plasmon-assisted electro-optic modulator. Nature，2018，556（7702）：483.

第9章 低维半导体非线性光学性质及器件

非线性光学是研究材料在强相干光作用下产生的非线性现象及其应用，其在激光技术、光谱学和光学器件等领域有重大的应用。传统的非线性材料一般都是块体材料，满足不了现代科技的小型化和可集成化需求。近年来低维半导体纳米材料与结构在非线性光学领域引起了广泛的关注并取得了一系列重要的研究成果。本章主要介绍低维半导体纳米材料与结构两种典型的非线性光学效应，即饱和吸收效应与倍频效应，以及相关的非线性光学器件。

9.1 饱和吸收效应

超短脉冲激光器在诸多领域具有广阔的应用前景。相比于连续激光器，超短脉冲激光器具有峰值功率大、脉冲能量高、热效应低的特点，可以很好地应用于工业切割、医疗手术等领域；超短脉冲激光器还具有极高的时间和空间分辨率，在科研领域如测量材料荧光寿命、研究载流子动力学及精确成像纳米材料等方面有着深远的意义。更为重要的是，超短脉冲技术还是光通信的实现基础[1]。因此，为了满足实际应用的需求，超短脉冲技术的研究和发展一直以来备受关注。能够实现超短脉冲输出的激光器主要有三种类型：固体激光器、光纤激光器和半导体激光器。

激光器输出超短脉冲的方法主要有调 Q 和锁模两种。其中，利用材料的可饱和吸收性能，基于材料可饱和吸收特性而制作的饱和吸收器件拥有结构紧凑、易于集成、散热性好等优势，因而在实际应用中得到广泛认可，成为当前科学研究的热点[2]。

饱和吸收（saturable absorption）是一种非线性光学过程，通常在高功率光束激发下才会发生，具有这一特性的材料，称为可饱和吸收体（saturable absorber，SA）。一般而言，可饱和吸收体的光学透射率取决于光束激发初始功率，当引入低强度光束时将会引入大的光学损耗，使用高强度光束照射材料一段时间后可造成光吸收饱和，此时可饱和吸收体的光学透射率保持不变，即达到"透明"。可饱和吸收体的特征取决于三个主要参数：调制深度（modulation depth）、饱和光强（saturation intensity）或饱和能量密度（saturation fluence）以及非饱和损耗（nonsaturable losses）。

将材料近似为一个双能级系统，并用稳态双能级速率方程模拟，可以得到材料的吸收系数随光强的关系[3]：

$$\alpha(I) = \frac{\alpha_0}{1 + I/I_{Sat}} + \alpha_{NS} \tag{9-1}$$

其中，α_0 为光强很小时的吸收系数；I 和 I_{Sat} 分别为入射光强和饱和光强。

调制深度可以理解为可饱和吸收体"开"和"关"状态之间的比率，即最小和最大透射率之间的差值。非饱和损耗是一个恒定的线性损失水平，不能饱和。饱和能量密度（或饱和强度）通常定义为达到调制深度一半所需的入射能量密度（或强度）。

9.1.1 量子点中的饱和吸收效应

近年来，量子点纳米材料或结构因其在光电领域的潜在应用而受到了广泛的关注。贵金属量子点如金、银、铂等更是作为饱和吸收体展现了许多在光电器件方向的应用。贵金属量子点中的自由电子受到入射电场的作用后，会产生集体震荡的行为并因此吸收入射光、造成非线性光学的增强，这个行为称为表面等离激元共振（surface plasmon resonance）。当入射超短脉冲激光的频率接近于表面等离激元共振波长时，会耗尽贵金属量子点导带中处于基态的震荡电子，由于较弱的带间跃迁，价带不能及时补充足够的电子，因此出现饱和吸收的现象[4, 5]。在量子点饱和吸收体中，入射光与出射光的关系可以表示为[4, 5]

$$\frac{I_{out}}{I_s} + \ln\left(\frac{I_{out}}{I_s}\right) = \frac{I_{in}}{I_s} + \ln\left(\frac{I_{in}}{I_s}\right) - \alpha_0 L \tag{9-2}$$

其中，I_{in} 和 I_{out} 分别为入射光和出射光的强度；L 为饱和吸收体的厚度。对于式（9-2）并没有分析解，通常需要测量入射与出射的光强来确定饱和强度 I_s。其中确定入射与出射光强的方法有两种：一种是把饱和吸收体放在激光的焦点，变化入射光强分别记录不同的出射强度，这种方法称为非线性透过率（nonlinear transimission）法；另一种方法称为 Z 扫描，通过将饱和吸收体在聚焦的入射光传播方向上移动，改变入射光入射到饱和吸收体上的光斑大小从而改变入射的功率密度来变化入射光强 I_{in}，而此时激光的功率（单脉冲能量）始终不变[6]。图 9-1 为分别利用上述两种方法确定的银量子点中的饱和吸收效应。图 9-1（a）中，利用非线性透过率的方法确定银量子点的饱和吸收效应[5]。含平均直径约 2nm 银量子点的 BK7 玻璃衬底放置于 400nm 飞秒激光的焦点，改变入射光功率的同时记录出射光随入射光功率的变化。可以看出曲线斜率随着光功率的增强而变大，即表明透过率的变化以及饱和吸收效应这一现象的出现。而在 Z 扫描的方法中，含银量子点的 BK7 玻璃衬底在 400nm 飞秒激光的传播方向上来回移动，记录透过率随衬底位置的变化。图 9-1（b）中，在三种不同的激发功率下，都发现银量子点的透过率在激光焦点处（即横坐标零点处）出现一个左右对称的峰，此时激光的功率密度最大，也同样证明了饱和性吸收的产生。

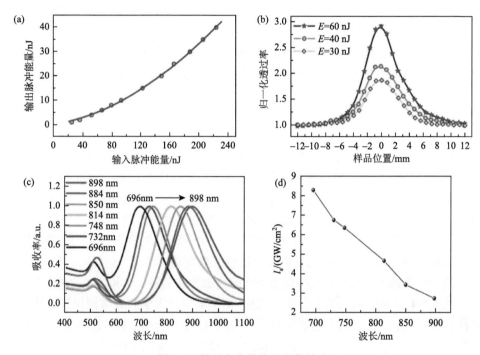

图 9-1　量子点中的饱和吸收效应

（a）非线性透过率法证明银量子点中的饱和吸收效应[5]；（b）Z 扫描的方法证明银量子点中的饱和吸收效应，实心点为实验测量的数据，实线为拟合数据[5]；（c）吸收光谱中不同长径比金纳米棒展现出不同的表面等离激元共振波长[9]；（d）不同长径比的金纳米棒饱和吸收强度随金纳米棒长度增加而减小[9]

　　类似的饱和吸收效应在如银、金、铂等各种贵金属纳米颗粒中均有发现，并且与纳米颗粒的大小以及形状密切相关[7-9]，这是由于它们拥有不同的表面等离激元吸收峰。武汉大学的 Wang 教授课题组制备了直径约（17.2±2.8）nm，长度（62±10）nm 的金纳米棒，他们在吸收光谱的测试中发现，调控不同的金纳米棒长径比可以实现对不同表面等离激元共振波长的调控，表面等离激元共振波长随金纳米棒长度增加而从 696nm 红移到 898nm［图 9-1（c）］[9]。进一步在开孔 Z 因子的测试中，通过调控激发波长共振激发不同长径比的金纳米棒，他们发现所有的纳米棒都展现出饱和性吸收的特点，并且饱和强度随着表面等离激元共振峰的红移而下降［图 9-1（d）］。对于这种饱和吸收阈值随纳米棒长度增加而下降的特点，他们用热电子弛豫的模型进行了解释并通过泵浦探测的手段进行了确认。
首先他们通过泵浦探测测试了不同长度的金纳米棒表面等离激元基态漂白的恢复
时间，并从中提取出来两个寿命分量分别对应于电子-声子的耦合以及声子-声子
的耦合。其中电子-声子耦合的弛豫时间与纳米棒的长径比无关，为 1.1～2ps，而
声子-声子耦合的弛豫时间则随纳米棒的长径比增加而从 41ps 延长至 127ps，因此
会导致整个表面等离激元基态漂白的恢复时间变长。如果考虑一个三能级体系中
表面等离激元存在弛豫过程：①表面等离激元阻尼（damping）产生热电子的时间
约为飞秒量级；②电子-声子弛豫过程的时间约在几皮秒量级；③声子-声子弛豫
的时间约在百皮秒量级。则饱和吸收强度可以由基态的弛豫时间来确定：

$$I_{\mathrm{s}} = \frac{\hbar\omega}{\sigma_0(\tau_1 + \tau_2)} \qquad (9\text{-}3)$$

其中，σ_0 为线性吸收系数；τ_1 和 τ_2 分别为电子-声子的弛豫时间以及声子-声子的
弛豫时间。当纳米棒的长径比增加时，表面等离激元共振红移到更低的能量范围，
带间的阻尼被抑制，因此表面等离激元阻尼的寿命会略微提高。而总的弛豫时间
主要由表面等离激元导致的热电子形成的热交换过程决定。其中电子-声子的弛豫
时间不变而声子-声子的弛豫时间随纳米棒的长径比增加而延长，因此饱和吸收的
阈值降低。理解不同大小、形状的纳米颗粒产生饱和吸收的特点后，控制、优化
并加以利用这一现象可以提高它们的非线性光学特性。

除了金属纳米颗粒可以利用局部表面等离激元共振提高饱和性吸收外，许多半
导体纳米颗粒也同样存在饱和性吸收效应。新加坡国立大学的 Ji 教授课题组通过一
步法合成了 AgInSe$_2$ 三元合金纳米棒[10]，它的直径约 15nm，长径比约 3：1，相比
于块体的结构（$E_{\mathrm{g, bulk}}$ = 1.25eV），AgInSe$_2$ 纳米棒拥有更宽的带隙（$E_{\mathrm{g, NRs}}$ = 1.32eV）。
在开孔 Z 因子的表征中，当激发光的辐照度高于 20GW/cm^2 时，这种三元合金纳
米棒像金属纳米棒一样表现出了明显的饱和性吸收效应。在这种饱和的情况下，
由于激发光能量（1.59eV）高于材料的带隙，大部分的载流子态都被填充，因此
吸收的效应几乎完全被抑制了。同时瞬态透射测量也证明了这种光致漂白的产生。

低维半导体纳米材料相对于块体材料，由于其减小的体积以及增加的比表面
积，展现出独特的物理、化学性质。在半导体纳米颗粒中，有时甚至存在两种对
立效应的完全转化。韩国汉阳大学的 Lee 教授课题组合成了 ZnO 的纳米棒，并且
在 CdS 量子点的修饰下实现了反饱和吸收与饱和吸收的转变[11]。ZnO 半导体材料
拥有较大的激子结合能 60meV，以及宽带隙 3.37eV，它作为一种应用广泛的光电
材料受到了许多关注。同时 ZnO 纳米结构还展现出了很大的非线性光学效应，能
调控这种非线性光学效应可以为未来的非线性光学器件奠定基础。在 Lee 课题组
的研究中，ZnO 纳米棒以及 CdS 修饰的 ZnO 纳米棒如图 9-2（a）和（b）所示。
可以看出 CdS 量子点紧密包裹在了 ZnO 纳米棒的表面，这将极大地改变 ZnO 纳

米棒本征的光学特性。图 9-2（c）和（d）分别展示了两种结构的 Z 扫描曲线。如图所示，纯的 ZnO 纳米棒展现出透过率下降，而 CdS 量子点修饰的 ZnO 纳米棒则在 $Z=0$ 点表现出透过率出现极大值。Z 扫描曲线的结果表明，纯的 ZnO 纳米棒出现了反饱和吸收效应，而 CdS 量子点修饰的 ZnO 纳米棒则存在饱和吸收效应。根据之前 ZnO 的吸收以及荧光光谱的研究，ZnO 纳米棒的非线性吸收是由于存在三光子吸收效应，而 CdS 修饰后由于激发光与 CdS 量子点的激子能级共振，CdS 量子点产生基态漂白效应，阻止了 ZnO 纳米棒对激发光的进一步吸收，因此出现饱和吸收效应。进一步地，该课题组结合 Z 扫描曲线的数据并根据公式

$$T(Z) = \exp(-p(Z)) \sum_{m=0}^{\infty} \frac{(-q(Z))^m}{(m+1)^{3/2}} \qquad (9\text{-}4)$$

计算出了 ZnO 纳米棒的非线性吸收系数 $\beta = 1.0 \times 10^{-6} \mathrm{cm/W}$ 以及 CdS 量子点修饰的 ZnO 纳米棒饱和吸收强度 $I_s = 850 \mathrm{MW/cm^2}$。

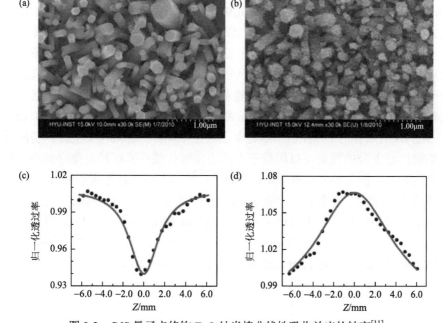

图 9-2　CdS 量子点修饰 ZnO 纳米棒非线性吸收效应的转变[11]

纯 ZnO 纳米棒（a）以及 CdS 量子点修饰 ZnO 纳米棒（b）的扫描电镜图片；飞秒激光 Z 扫描曲线在纯 ZnO 纳米棒中展现出非线性吸收（c），而在 CdS 量子点修饰 ZnO 纳米棒中展现出饱和吸收效应（d）

　　饱和吸收效应除了能直接反映材料的性能，还可以影响材料所处的环境。美国马里兰大学帕克分校的 Waks 教授课题组将 CdSe 量子点耦合到光子晶体纳米腔中，研究发现不仅纳米腔可以提高 CdSe 量子点的自发辐射，同时量子点的饱和

吸收效应也能反过来调控纳米腔的 Q 值[12]。图 9-3（a）和（b）是计算的光子晶体纳米腔电场强度分布以及相应的扫描电镜图像。如图所示，纳米腔由厚 200nm、宽 300nm 的氮化硅（SiN）及一维周期性的气孔构成。同时，纳米腔的晶格常数和气孔的半径从边缘到中心（两边对称分布）分别从 $a = 250$nm 到 $a_0 = 205$nm，$r = 70$nm 到 $r_0 = 55$nm 线性减小[图9-3（a）]。随后含 CdSe 量子点（中心波长 655nm）的水溶液旋涂到纳米腔上，10min 后擦去剩余的液体。用 405nm 的飞秒激光分别激发普通氮化硅衬底上以及纳米腔中的 CdSe 量子点，实验发现普通氮化硅上的量子点展现出较宽且均匀的自发辐射峰（半高宽约 21nm），相对的纳米腔中量子点存在一个与纳米腔中心波长 646.1nm 共振且尖锐的峰。拟合与计算发现，此时纳米腔的品质因子 Q 约为 9900。同时纳米腔中量子点的平均寿命，相对于普通氮化硅衬底上的平均寿命，从 5.74ns 降低到了 1.25ns，这意味着纳米腔中量子点的自发辐射率提高了 4.6 倍。反过来，量子点的饱和吸收现象也可以调控纳米腔的 Q 值。由于饱和吸收现象需要激发光达到一定强度，实验中将激发光功率逐渐从 10nW 增加至 70μW，当达到最大值 70μW 后又逐渐降回初始值，同时观察纳米腔荧光发射光谱半高宽的变化。图 9-3（d）是改变激发光功率时记录的一系列归一化纳米腔的荧光发射光谱，其中绿色的箭头表示纳米腔光谱按激发光功率先增后减的顺序的变化。在增减激发光功率的过程中，该课题组发现纳米腔的光谱随着激发光功率的增加半高宽逐渐变窄并随着功率的减小又逐渐恢复扩宽，且根据光谱的洛伦兹拟合，在激发光功率从 10nW 增加至 70μW 的循环中［图 9-3（e）蓝色空心圈］，纳米腔的 Q 值从 6700 逐渐上升至 10400。这种纳米腔的 Q 值随激发光功率增加而上升的现象可以用量子点的饱和吸收效应来解释，即它减小了腔体内对光的吸收。在激发光功率减小的循环中［图 9-3（e）红色实心圈］，纳米腔的 Q 值不会完全恢复至初始值，而是回到一个略微高的值（约 7400），这是因为量子点在最高的 70μW 功率下出现了光漂白（photo bleaching）的现象，最终使得在低的激发功率下也会有更低的光吸收。如果把量子点作为一个均匀的饱和吸收体，利用纳米腔进行耦合，那么纳米腔的品质因子 Q 可以表达为

$$\frac{1}{Q} = \frac{1}{Q_C} + \frac{1}{Q_{ab}} \frac{1}{1 + P/P_{sat}} \tag{9-5}$$

其中，Q_C 为纯的纳米腔品质因子；Q_{ab} 为在低功率下（量子点未饱和吸收）的品质因子；P 为激发光功率；P_{sat} 为饱和功率。如果把 Q_C，Q_{ab} 以及 P_{sat} 作为参数，通过上式根据激发光功率增加时的变化进行拟合，如图 9-3（e）所示，此时 $Q_C = 10500$，$Q_{ab} = 19600$ 而 $P_{sat} = 2.98$μW。纳米腔荧光发射光谱的强度进一步证明量子点的饱和吸收效应导致了纳米腔光谱的半高宽变化。图 9-3（f）为通过洛伦兹拟合的纳米腔发射光谱随激发功率的变化，可以看出，纳米腔的荧光强度

随激发功率的增加首先线性增强，最终达到饱和（蓝色空心圈）。此时图 9-3（f）中的曲线拟合饱和吸收模型可以用如下公式表示：

$$I_c = \frac{\alpha P}{1 + P / P_{\text{sat}}} \tag{9-6}$$

其中，I_c 为纳米腔的荧光强度；α 为比例常数。如果用式（9-5）中计算的饱和功率 P_{sat} 代入饱和吸收模型，得到的结果非常匹配增加激光功率时获得的实验数据。因此纳米腔的荧光强度以及品质因子 Q 随激发功率的变化再次证明了量子点的饱和吸收效应以及对纳米腔半高宽变化的影响。在激发光功率减小的循环中［图 9-3（e）红色实心圈］，可以观察到纳米腔的荧光发射强度要比同等功率下激发光功率增加时弱，这种不可逆的现象并不会随下一个循环而恢复，反而强度会越来越弱。因此这种现象并不是由迟滞（hysteresis）或者光学双稳性（optical bistability）所导致的，而是同样来源于高的激发功率下量子点的光漂白，这也与纳米腔的品质因子 Q 不会降回到初始值相一致。这种器件结构对未来低阈值的纳米激光器以及室温的全光开关有着潜在价值，同时这种材料性能与所处环境相互影响的现象对利用材料提供了进一步的思考。

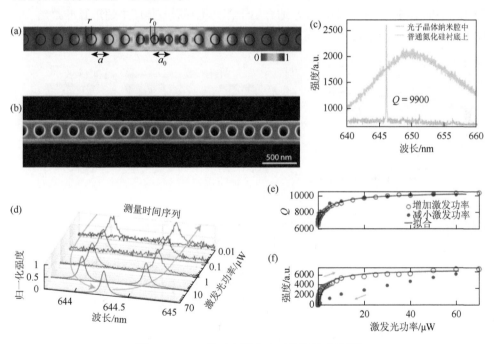

图 9-3　CdSe 量子点耦合光子晶体纳米腔[12]

（a）共振腔模的电场强度 $|E|^2$ 分布；（b）光子晶体纳米腔的扫描电镜图片；（c）室温下 CdSe 量子点在光子晶体纳米腔中与在氮化硅衬底表面的光致发光光谱；不同激发功率下纳米腔的光谱（d）、品质因子 Q（e）及荧光强度（f）的变化

9.1.2　一维纳米线中的饱和吸收效应

自从 2004 年石墨烯展现出量子电子传输特性以来,拥有狄拉克电子光谱的材料（或称为狄拉克材料）受到了广泛的关注[13]。狄拉克准粒子拥有许多新的物理特性,如不存在背散射效应以及存在克莱因隧穿（Klein tunneling）[14]等。拓扑绝缘体是一种新型的狄拉克材料,其中 Bi_2Te_3 纳米线作为一种拥有宽带非线性光学响应的拓扑绝缘体展现出了许多类似石墨烯的性质,其拥有非常窄的带隙（约 0.15eV）、从太赫兹到中红外波段的响应,并且表现出了在通信波段的饱和吸收效应。图 9-4（a）是 Bi_2Te_3 纳米线的线性吸收光谱,从光谱中可以看出 Bi_2Te_3 纳米线展现出了从 500nm 到 2500nm 相对平缓的吸收曲线,因此相比石墨烯更适合作为宽带光学材料。Bi_2Te_3 纳米线的饱和吸收效应可以由图 9-4（b）来解释。Bi_2Te_3 纳米线的带隙约 0.15eV,任何能量高于 0.15eV 的光子都能被吸收激发 Bi_2Te_3 中的价带电子进入导带,因此当激发光强度较弱时 Bi_2Te_3 表现出线性吸收的特点。然而当更强的光照射到 Bi_2Te_3 上时,由于泡利不相容原理,产生的载流子将填充满导带并阻止进一步激发价带中的电子,最终出现光学漂白以及饱和吸收效应[15]。Bi_2Te_3 中的这种饱和吸收效应非常适合用于作为饱和吸收体产生超短脉冲激光[16]。图 9-4（c～e）是 Bi_2Te_3 纳米线用于调 Q 掺镱固体激光器的表征。水热法生长的

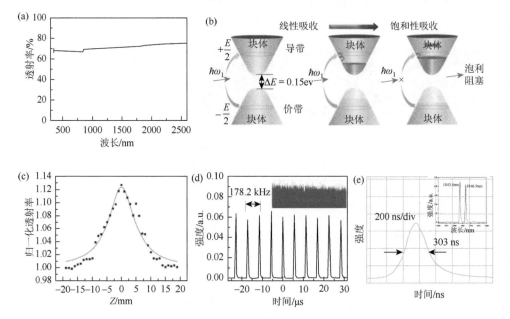

图 9-4　Bi_2Te_3 的纳米线宽带调 Q 固体激光器

（a）Bi_2Te_3 纳米线的线性吸收光谱[15]；（b）解释 Bi_2Te_3 纳米线饱和吸收的原因[15]；（c）Bi_2Te_3 纳米线的开孔 Z 扫描曲线展现出饱和吸收效应[16]；（d,e）Q 值转换激光器脉冲输出序列及对应的脉宽[16]

Bi_2Te_3 纳米线在开孔 Z 扫描的表征下在激光焦点呈现尖锐的峰，证明其优良的饱和吸收特性。通过拟合光学透过率随 Z 轴移动变化的曲线，可得其饱和强度、调制深度以及非饱和损失分别约为 $1.12MW/cm^2$、12.64% 和 2.8%，其中低的非饱和损失有利于产生大功率的脉冲。连续掺镱固体激光器在没有 Bi_2Te_3 纳米线作为饱和吸收体时，阈值功率为 1.04W，当泵浦激光继续增加时，只有类似噪声的脉冲存在。将 Bi_2Te_3 纳米线放入掺镱的固体激光器腔中，它将吸收超过阈值的泵浦激光从而改变光腔内的光学损耗。当吸收泵浦激光增加到 2.03W 时，稳定的 Q 值转换脉冲序列产生，最大输出功率可达 213mW，对应的输出斜率效应为 27.4%。

　　组装各向同性的零维量子点以及一维的纳米材料是通往集成纳米器件应用的重要一步，不同性能的纳米材料结合在一起往往不只能够发挥它们本身的特性，而且会形成独特的混合结构。新加坡国立大学的 Sow 教授课题组将 ZnO 量子点修饰在多量子阱的碳纳米管上，实现了超快的非线性光学转换[17]。碳纳米管是一个独特的一维纳米材料，它拥有良好的硬度与韧性，常常可以用来作为量子点组装的模板与骨架。许多不同的金属量子点如金、铂与半导体纳米颗粒如 CdSe、TiO_2 都能够在碳纳米管上实现自组装。ZnO 修饰多量子阱碳纳米管的生长采用简单的氧化过程，首先在生长排列好的多量子阱碳纳米管薄膜上镀上纯 Zn，在空气中加热样品再冷却后即可得到 ZnO 修饰的样品，此时碳纳米管的骨架保持不变。通过改变最初镀 Zn 的时间，可以得到含不同大小及密度的 ZnO 量子点，图 9-5（b）是镀 Zn 1min 后得到的 ZnO 修饰多量子阱碳纳米管，此时的 ZnO 量子点直径约 19.2nm。随着镀 Zn 的时间延长，得到的 ZnO 量子点将慢慢变大，而间距将逐渐减小，当镀 Zn 的时间为 3min 时几乎所有的 ZnO 量子点都连接起来，当镀 Zn 超过 5min，ZnO 量子点开始团聚。接着用超快的非线性吸收行为来对比表征多量子阱碳纳米管被不同的 ZnO 量子点修饰前后的情况。图 9-5（c）是开孔 Z 因子的扫描结果，不同样品透射光的强度记录成样品位置的函数，可以看出所有的样品都展现出了负的非线性吸收信号，表明都出现了饱和性吸收的行为。然而相比于纯的碳纳米管，镀 Zn 1min 和 3min 的 ZnO/碳纳米管表现出了不同程度的饱和性吸收下降，特别是镀 Zn 3min 的 ZnO/碳纳米管出现明显的透射率减小。对于这种减小，该课题组认为是由于 ZnO 量子点的三光子吸收导致的。ZnO 量子点的带隙约为 $E_g = 3.37eV$，该课题组所用的 780nm 的激发光能量约为 1.59eV，所以三光子的能量 $3 \times 1.59eV$ 可以激发 ZnO 量子点价带中的电子。这种三光子吸收的过程正好与纯碳纳米管的饱和性吸收行为相反，对 ZnO/碳纳米管整体的吸收产生正向的作用，因此镀 Zn 时间越长（即 ZnO 量子点越大、越密），ZnO/碳纳米管透射率越小。因此根据上述现象可以改变 ZnO 量子点的浓度调控 ZnO/碳纳米管混合样品整体的非线性光学响应。最后该课题组通过泵浦探测研究了 ZnO/碳纳米管非线性饱和吸收的恢复时间，从而尝试进一步理解此现象背后的机理。图 9-5（d）是纯的碳纳米管（实线）以及镀 Zn 5min 后 ZnO/碳纳米管（虚线）的瞬态吸收光谱。在不同的泵浦光激发下，两种样品都出现了饱和吸收的特性，这也证明了之前开孔 Z 因子测试的正确性。在最高的泵浦光功率（70.1GW/cm^2）下，大部分的载流子态都被填充满，因此样品对于光的吸收被完全抑制了。在 ZnO/碳纳米管中较强、超快的饱和性吸收行为证明这种样品可以用于构筑饱和吸收器件，其提供了一种简单、廉价的方法来生产无源光器件、周期性放大光学传输系统以及锁模激光器。同时结合 ZnO 量子点的三光子吸收特性，以及碳纳米管的饱和性吸收特点，ZnO/碳纳米管混合样品在未来多功能纳米器件中有着潜在的应用。

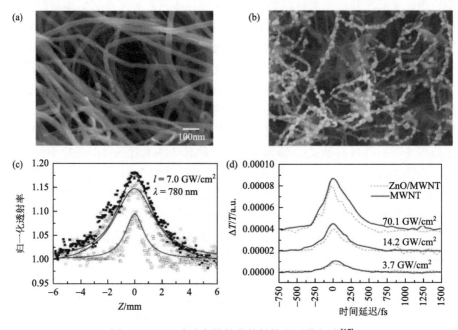

图 9-5 ZnO/碳纳米管的非线性饱和吸收行为[17]

（a）ZnO 量子点修饰碳纳米管生长的多量子阱碳纳米管，以及（b）ZnO 量子点修饰之后的多量子阱碳纳米管 SEM 图片；（c）开孔 Z 因子透射率，实心圆表示纯碳纳米管，空心圆表示生长 1min 时 ZnO 量子点修饰碳纳米管，空心矩形表示生长 5min 时 ZnO 量子点修饰碳纳米管；（d）纯碳纳米管以及生长 5min 时 ZnO/碳纳米管样品中对应的不同泵浦光功率下泵浦探测测得的瞬态吸收光谱

9.1.3 二维材料中的饱和吸收效应

可饱和吸收体具有"双稳态"性质，可以作为非常快速的光学开关插入激光腔。目前，应用在激光技术中的可饱和吸收体通常可以分为两类：人造可饱和吸收体和真实的可饱和吸收体（图 9-6）。真实的可饱和吸收体又分为半导体可饱和

吸收镜（SESAM）和纳米材料可饱和吸收体。目前，市场上最常用的饱和吸收器件是半导体可饱和吸收镜[18]。但是这种器件制作工艺复杂，价格高，且受半导体材料所限，仅在近红外波段性能较好，很难工作在中远红外波段。因此，每个 SESAM 都需要严格按照特定的激光器（在特定的波长下工作）进行设计。这些限制促使激光界寻求具有替代性的新型可饱和吸收体材料。近年来，纳米材料可饱和吸收体领域成为超快激光技术最重要的分支之一。Set 等于 2003 年展示了第一个 CNT 锁模光纤激光器[19]。2009 年，Bao 等首次报道了基于石墨烯的锁模激光器[20]。之后，关于石墨烯及其他二维材料［如拓扑绝缘体（TIs）、过渡金属硫族化合物（TMDs）、黑磷（BP）等］作为可饱和吸收体应用于锁模激光器中的论文和报告数量迅速增长。

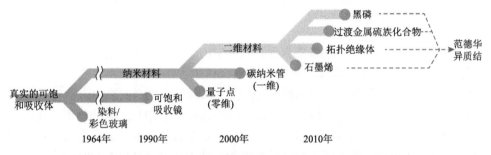

图 9-6　应用于激光器中的不同类型的可饱和吸收体的发现史[21]

　　二维材料的饱和吸收效应以石墨烯为例，如图 9-7 所示[20]。石墨烯具有独特的锥形能带结构，可吸收宽波段能量的光子。初始无光照条件下，电子以玻尔兹曼分布的方式分布在石墨烯的价带和导带上。在特定波长的光照下，石墨烯价带上对应的电子在极短的时间内受激发至导带上，电子分布重新排列，如图 9-7（a）左图所示。当光强较低时，激发的电子会发生弛豫，在极短的时间内（150fs 以内）冷却，重新在能带内形成费米-狄拉克分布。但是，随着激光强度的持续增大，被激发的电子数量显著增加，并且其浓度高于石墨烯在室温下的电子浓度。这些电子-空穴对将会填满石墨烯导带和价带边的能态，根据泡利不相容原理，这些能级上无法容纳更多的电子或空穴，从而阻挡了光的进一步吸收，体现出饱和吸收效应[65]。图 9-7（b）是单层石墨烯中的饱和吸收曲线。截至目前多种方法（如机械剥离法、液相分离法、CVD 法等[21]）制成的石墨烯都被应用于光纤激光器中。通过液相分离法，将石墨烯和聚乙烯醇（PVA）、脱氧胆酸钠（SDC）或十二烷基苯磺酸钠（SDBS）等混合，可形成力学强度很大的透明薄膜。同时利用石墨烯的光学饱和吸收性质和有机聚合物的力学性质，可形成调制深度足够，且力学性质稳定的石墨烯可饱和吸收体。而 CVD 方法制备的石墨烯，层数大致可控，面积大且均匀，转移方便，调制深度也高。

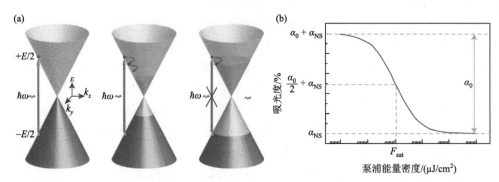

图 9-7 （a）石墨烯的饱和吸收过程示意图，左图为石墨烯吸收入射光，电子从价带跃迁至导带，中图为低光强下被激发的电子实现带内跃迁，重新形成费米–狄拉克分布并通过带内光子散射和电子-空穴复合达到平衡的过程，右图为随着入射光强度增加，被激发的电子和空穴填满石墨烯导带边和价带边的能态，石墨烯对光的吸收达到饱和[20]；（b）石墨烯中吸收度随光强的变化关系

　　将二维材料可饱和吸收体整合到激光腔中的途径有多种，使用最普遍的是三明治结构，即通过湿法转移，或者光驱动沉积的方法将可饱和吸收材料转移到FC/PC 光纤头上，并夹在两个光纤接头之间，从而整合到激光腔中[65]。这种方法制备简单，而且大大缩短了由插入锁模器件造成的腔长增长，有助于形成高重复频率的锁模脉冲光。图 9-8 展示了三明治结构石墨烯锁模器件的制备方法和使用这种锁模器件的激光腔实例。但是，在这种方法中，石墨烯可饱和吸收体是垂直于光路放置的，这要求样品有很高的热损伤阈值，在处理高功率脉冲时，过高的功率很容易将石墨烯击穿。为解决上述问题，科学家们提出了石墨烯耦合到光纤激光腔中的不同方法，包括使用 D 型光纤或者锥形光纤侧面耦合的瞬逝场石墨烯可饱和吸收体、填充了石墨烯的中空光纤可饱和吸收体、光子晶体环绕石墨烯形成瞬逝波锁模的可饱和吸收体以及锥形光纤耦合的可饱和吸收体，如图 9-8（b～e）所示[22, 23, 65]。也可以将材料转移到光纤光栅上，以构建反射式可饱和吸收体，如图 9-8（f）所示。将材料以侧面耦合的方式与受调制光接触的技术增大了光与物质的相互作用，使得激光器的性能有了一定的提高。

　　自 2009 年第一台石墨烯锁模激光器问世以来，很多二维材料，如二维拓扑绝缘体、过渡金属硫化物（MoS_2，WS_2，…）、黑磷都被应用作为锁模器件，并且取得了很好的输出性能。石墨烯具有宽波段和超快电子弛豫的物理特性，因此很适合作为宽波段的锁模材料。二维拓扑绝缘体如 Bi_2Te_3、Bi_2Se_3 等具有和石墨烯类似的宽波段吸收特性，其光调制深度更大，因此很适合和石墨烯复合，形成异质结锁模器件[24]。图 9-9（a）和（b）分别是石墨烯-Bi_2Te_3 异质结锁模激光器的光学谐振腔和输出光谱。光谱中心波长为 1567nm，光谱宽度大于 4nm，显示了良好的输出特性。此外，过渡金属硫化物在由块体向层状材料转变的过程中，其能带结构会逐步从间接带隙转变为直接带隙（单层 MoS_2：1.8eV；单层 WS_2：2.1eV；单层 WSe_2：1.4eV 等）。高强度激光在通过这些直接带隙材料时，激发的电子-空穴对会形成束缚的激子，具有很大的激子束缚能和很强的激子效应，因此在对应的光学带隙处具有优秀的光吸收和电子弛豫特性，适用于可见和近红外波段的锁模脉冲产生。图 9-9（c）和（d）是 MoS_2 在 1μm 锁模激光器中的应用实例[25]。黑磷是一种直接带隙材料，从块体向层状材料转变时，其带隙从 0.3eV 增加到 1.5eV。值得注意的是，3～4 层的二维黑磷的带隙在 0.8eV 左右，对应于光通信领域最常用的波段（1530～1605nm），因此其在该波段的锁模激光器中具有很好的应用价值。如图 9-9（e）和（f）所示，黑磷被应用于 1550nm 锁模激光器中，取得了带宽 9.1nm、脉宽 290fs 的超短脉冲输出[26]。

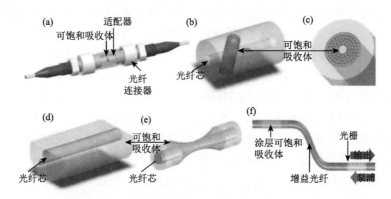

图 9-8　石墨烯可饱和吸收体器件的构建[23]

（a）基于三明治结构的二维材料锁模器件；（b）二维材料注入中空光纤；（c）填充可饱和吸收体的光子晶体光纤；（d）D 型光纤耦合的可饱和吸收器件；（e）拉锥光纤耦合的可饱和吸收器件；（f）饱和吸收体转移在光纤光栅上形成反射式可饱和吸收器件

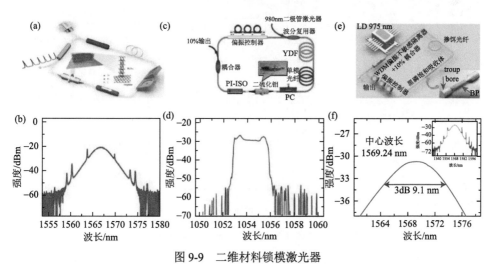

图 9-9　二维材料锁模激光器

（a，b）石墨烯-Bi_2Te_3 锁模激光器及其输出光谱[24]；（c，d）1μm MoS_2 锁模激光器及其输出光谱[25]；（e，f）黑磷锁模激光器及其输出光谱[26]

　　此外，黑磷还是一种各向异性的二维半导体材料。在单层的黑磷中，磷原子与近邻的三个原子由共价键相连接，通常形成两个晶体取向，即 x 方向的 armchair（扶手椅）方向以及 y 方向的 zig-zag（Z 方向）[图 9-10（a）][27]。线偏振分辨的光致发光光谱通过选择性的激发和探测 armchair 以及 Zig-zag 晶向，得到了四个不同的光谱。其中无论激发与探测在什么取向，光谱中心保持在 1.3eV，对应黑磷的激子复合中心。最强的发射出现在激发与探测同时平行于 armchair 方向，而对于 zig-zag 晶向，发射强度只有 armchair 方向的 3%［图 9-10（b）］。黑磷的这种光致发光各向异性的特点来自不同晶向对于激光的吸收不同，同时由于存在饱和吸收的特点，黑磷还非常适合于作为近红外通信波段的偏振锁模激光器。图 9-10（d~f）是芬兰阿尔托大学的 Sun 教授课题组设计的一种基于黑磷的可转换 Q 值高能光纤脉冲激光[28]。作者将机械剥离黑磷置于光纤跳线的尾端，980nm 的激光二极管用于泵浦掺铒光纤增益介质，偏振选择器用于优化脉冲并连接成闭环。10/90 的耦合器用于在腔中提取测试需要的信号光。在最低阈值约 11mW 的泵浦光作用下，连续的激光产生，其中 1100nm 的黑磷拥有最高效的输出。当泵浦功率达到约 53mW 时，40kHz 重复频率、3.1μs 脉宽的脉冲输出达成，此时的单脉冲能量约 18.6nJ。进一步通过在光纤激光器前旋转偏振片检验发现出射的脉冲激光具有高度的线偏振特性（高达 99%），这种高度的偏振来源于黑磷作为饱和性吸收体所具有的各向异性的特征。

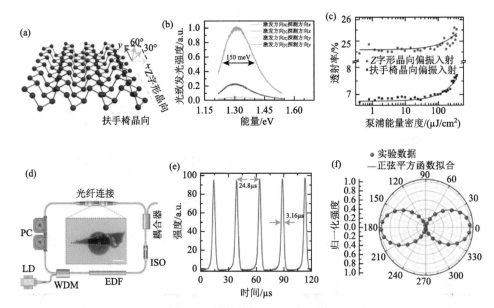

图 9-10　黑磷作为偏振锁模激光器的锁模材料

　　（a）黑磷原子模型，其中包括 x 方向的 Armchair 方向以及 y 方向的 zig-zag（Z 方向）[27]；（b）单层黑磷各向异性的光致发光[27]；（c）黑磷 armchair 方向以及 zig-zag 晶向不同的透射率变化，随着泵浦光功率的增加出现饱和性吸收的现象[28]；（d）基于 1100nm 黑磷的光纤纳米激光器[28]；（e）输出的脉冲序列[28]；（f）输出的偏振特性[28]

　　总之，基于饱和吸收效应的超短脉冲激光器在激光器领域中一直饱受关注，同时也取得了很多重要的进展，尤其是二维材料作为饱和吸收器件的研究成为近些年的研究热点。石墨烯、拓扑绝缘体（TIs）和过渡金属硫族化合物（TMDs）等二维材料已经彻底改变了锁模光纤激光器和固态激光器领域的面貌。特别是石墨烯因其独特的光学性质已经引起了二维纳米材料科学的极速发展，为新型超快激光光源的发展做出了重要贡献。很明显，在未来几年中，对于二维材料光学方面的研究进展将会更快速，研究领域将会更广泛。

9.2　倍频效应及器件

　　二次谐波生成（second harmonic generation）效应起源于材料的二阶非线性光学效应。考虑材料对于施加光场的响应可以表达为极化强度 P（t）作为光场强度 E（t）的函数[3]：

$$P(t)=\varepsilon_0(\chi^{(1)}E(t)+\chi^{(2)}E(t)^2+\chi^{(3)}E(t)^3+\cdots+\chi^{(n)}E(t)^n+\cdots) \tag{9-7}$$

其中，$\chi^{(n)}$ 为 n 阶的非线性光学极化率。对于 $\chi^{(1)}$，描述的是传统的线性光学效应，如反射和吸收。而当光场的强度足够强或非线性光学极化率足够大时，高阶的非线性光学作用变得重要起来，将产生不同于入射光频率的信号。二阶的非线性光学效应包括和频、差频、倍频（二次谐波）以及四波混频等，其中二次谐波效应为吸收两个频率同为 ω 的光子，辐射出一个频率为 2ω 的光子[3]。利用耦合波方程，接下来简单讨论二次谐波过程中满足的相位匹配、相干长度等一些最基本的非线性光学定则。

　　假设入射光场 E_1 的频率为 ω_1，经过长为 L 的非线性介质后，出射倍频光场 E_2 的频率为 ω_2，且为了简化，入射光场与出射光场延 z 方向共线传播，并令 $\omega_1=\omega$，$\omega_2=2\omega$，那么此时出射（入射）光场可以写为

$$E_{2(1)}(z,t) = A_{2(1)}e^{i(k_{2(1)}z-\omega_{2(1)}t)} + c.c. \tag{9-8}$$

其中，$k_{2(1)}$ 为出射（入射）光场波矢；$A_{2(1)}$ 为出射（入射）光场复振幅，是位移 z 的函数。如果只考虑 z 方向的作用，二次谐波的耦合波方程为

$$\frac{dA_2}{dz} = \frac{2id_{eff}\omega_2}{n_2c}A_1^2e^{i\Delta kz} \tag{9-9}$$

其中，n_i 为介质的折射率；$\Delta k = 2k_1-k_2$；$d_{eff}=1/2\chi^{(2)}$，为有效二阶非线性系数。式（9-9）定量地描述了入射光场与出射倍频光场在 z 方向共线传播时产生二次谐波的相互作用与结果。假如此时认为二次谐波的转化效率较低，入射光场只有少部分能量转化给出射的倍频光场，亦即认为入射光场的振幅不变，为常数，那么可以得到出射光场振幅随传播距离的变化情况：

$$A_2(z) = \frac{2\mathrm{i}d_{\mathrm{eff}}\omega_2}{n_2 c}\int_0^L e^{\mathrm{i}\Delta kz}\,dz$$

$$= \frac{2\mathrm{i}d_{\mathrm{eff}}\omega_2}{n_2 c}\frac{e^{\mathrm{i}\Delta kL}-1}{\mathrm{i}\Delta k} \tag{9-10}$$

以及倍频效率：

$$\eta = P_2/P_1 = \frac{2}{n_1^2 n_2 c^3 \varepsilon_0}d_{\mathrm{eff}}^2 \omega_2^2 [P_1/S]L^2 \frac{\sin^2 \Delta kL/2}{(\Delta kL/2)^2} \tag{9-11}$$

其中，P_n 为光功率，与光强 I 存在关系，$P=IS$（S 为光束截面），而光强 I 可以根据振幅 A 获得，$I = 1/2\varepsilon_0 cn|A|^2$。

根据二次谐波的倍频效率［式（9-11）］，可以得到二次谐波产生的相位匹配条件（phase matching condition）。式（9-11）倍频效率中的最后一项 $\dfrac{\sin^2 \Delta kL/2}{(\Delta kL/2)^2}$ 在当 $\Delta k=0$ 时有极大值：

$$\eta_{\max} = P_2/P_1 = \left[\frac{2}{n_1^2 n_2 c^3 \varepsilon_0}d_{\mathrm{eff}}^2 \omega_2^2\right][P_1/S]L^2 \tag{9-12}$$

此时要求 $2k_1 = k_2$，而根据波矢 k 的公式 $k_i = n_i\omega_i/c$ 和相速度的公式 $v_i = c/n_i$，要求：$n_1(\omega_1) = n_2(\omega_2)$，也就是相位匹配的条件为材料在倍频的折射率等于入射基频的折射率。而对于其他的波矢条件，二次谐波的转化效率会迅速衰减。

在相位匹配的条件下，式（9-11）二次谐波的转化效率与入射光场和非线性介质的作用长度 L 的平方成正比。而当 $\Delta k \neq 0$ 时，称为相位失配，此时当 $\Delta kL/2 = n\pi$（其中 n 为 ± 1，± 2，$\cdots$）时，转化效率 η 有最小值 0，而当 $\Delta kL/2 = n\pi/2$（其中 n 为 ± 1，± 3，± 5，$\cdots$）时，η 极大值正比于 $4/(\Delta k)^2$。因此相位失配时，二次谐波的转化效率随非线性介质的作用长度 L 呈震荡趋势，而当转化效率 η 有极大值时的非线性介质长度 $L_c = n\pi/\Delta k$ 称为非线性介质产生二次谐波的相干长度（coherence length）。

另外，二次谐波的效应仅仅能在缺乏中心反演对称的材料中产生。如果材料内部存在中心反演对称，则

$$-P^{(2)}(E) = \varepsilon_0 \chi^{(2)}(-E)(-E) = P^{(2)}(-E) \tag{9-13}$$

此时电极化强度 P 为电场强度 E 的奇函数。因此对于中心对称材料（如本征石墨烯）而言，其二阶非线性极化率一定为零，不存在任何二阶非线性光学效应[29]。尽管在一些特殊条件下（太赫兹波段、波矢匹配），石墨烯也能产生二次谐波[30]，但这里主要讨论材料自身能够产生二次谐波的情况。本节将针对不同的低维半导体纳米材料（量子点、纳米线、二维材料），从材料结构的角度解释二次谐波的效应以及产生的各种应用，最后结合最近研究较多的钙钛矿材料提出一种打破材料对称性产生二次谐波的方法。

9.2.1　量子点中的二次谐波效应及其成像

　　量子点作为一种维度远小于光学衍射极限的纳米材料，对其进行光学研究面临着很大挑战。之前已经有部分工作能够利用荧光和拉曼散射信号探测单个发光分子[31, 32]，同时单纳米颗粒敏感的探测手段也已经应用在研究金属纳米颗粒的线性吸收光谱中[33]。然而由于与生俱来的非常弱的二阶非线性过程，二次谐波的信号很难在单个纳米颗粒中探测到。对于这些非常小的量子点来说，二次谐波的信号主要来自它们形状上打破中心对称导致的电偶极矩的贡献。

　　2010 年，里昂第一大学的 Brevet 教授课题组首次在明胶溶剂中探测到了单分散的金纳米颗粒（直径 150nm）的二次谐波信号[34]。图 9-11（a）是单分散金纳米颗粒在均匀的明胶溶剂中二次谐波强度成像，其中区域 1 和区域 2 分别对应明胶溶剂的背景信号强度与存在单个金纳米颗粒的二次谐波强度。区域 2 的强度突变也证明了成功探测到单个金纳米颗粒的二次谐波信号。为了进一步排除明胶溶剂不均匀性导致信号强度变化的可能，Brevet 教授课题组从图 9-11（a）中分别提取了区域 1 和区域 2 的二次谐波光谱 [图 9-11（b）]。对比两个区域的光谱，在 397nm 存在一个非常狭窄的峰对应于激发光 794nm 的倍频信号，而随着波长的红移而逐渐增强的背景信号则来自明胶溶剂的多光子荧光。在区域 1 与区域 2 中明胶的多光子荧光产生的背景信号强度相同，因此也证明这两个区域的明胶是均匀

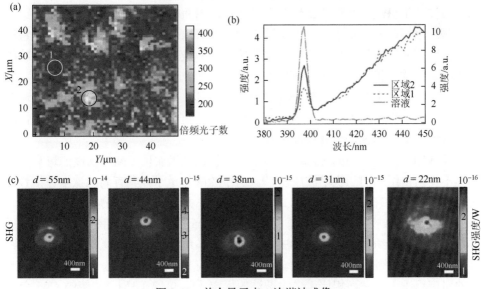

图 9-11　单个量子点二次谐波成像

（a）明胶中单分散的金纳米颗粒成像[34]；（b）对应（a）图中 1 区域以及 2 区域中的二次谐波光谱[34]；（c）不同大小的钛酸钡量子点二次谐波成像[35]

的，明胶的不均匀性不会对区域 2 的二次谐波信号（黑色）突变做出贡献。进一步对比溶液中的金纳米颗粒，宽波段的二次谐波发射光谱不存在背景的荧光信号（蓝色），所以确定观察到的信号来自明胶中单分散的金纳米颗粒。

2013 年，耶拿大学的 Grange 教授课题组进一步研究了小至 22nm 的钛酸钡（BaTiO$_3$）量子点的二次谐波特性[35]。该课题组首先用电子束刻蚀（electron-beam lithography）结合热蒸发技术在石英玻璃上沉积了带有坐标的金网格来定位钛酸钡量子点颗粒，接着钛酸钡量子点的胶体悬浮液沉积到石英玻璃上。不同大小的单个钛酸钡量子点首先通过原子力显微镜（atomic force microscope）确定位置和大小，然后进行二次谐波成像。图 9-11（c）中（从左至右）分别是直径为 55nm、44nm、38nm、31nm 以及 22nm 的钛酸钡量子点二次谐波成像。对应的中心激发功率为 149GW/cm^2、158.5GW/cm^2、158.1GW/cm^2、159.6GW/cm^2 以及 228GW/cm^2，其中最小的 22nm 钛酸钡量子点表现出非常微弱的二次谐波信号，此时石英玻璃的背景信号已经非常明显。作者之前通过理论计算得出量子点的二次谐波强度与体积的平方成正比[36]。对于上述成像的量子点，假设将其考虑成球体，那么二次谐波的强度应该与直径的六次方成正比。通过拟合实验数据，作者最终验证了这一结论。为了进一步验证产生的信号来自二次谐波，作者进行了变功率的测试。对于 55nm、44nm 以及 38nm 较大的量子点来说，收集到信号的强度与激发功率呈平方关系，证明收集到的确实是二次谐波信号。然而对于 31nm 以及 22nm 较小的量子点来说，功率与强度的关系更加接近于线性，这可能说明不同于体相的二次谐波产生机制，在这些钛酸钡量子点中，表面的效应可能开始占据主导。

基于上述研究，量子点中二次谐波的信号可以作为一种微探测的手段来进行生物医学方面的活体成像。拥有二次谐波活性的量子点通常可以作为一种独特的颜色标定，并且相比于荧光的成像手段，二次谐波的成像不会出现荧光闪烁或荧光漂白的现象，更容易跟踪单个标定的分子，且二次谐波的成像在光谱上受环境影响小、峰位窄（通常＜5nm），对于受体细胞、组织或胚胎自身产生荧光的情况更容易通过加入滤色片单独提取信号[37]。

美国加州理工学院的 Scott E. Fraser 教授课题组实现了高对比度的斑马鱼肌营养不良蛋白组织的二次谐波成像[37]。由于钛酸钡量子点具有高二次谐波活性，它在生物体内拥有稳定、较强的二次谐波信号，并且不会对生物活体产生污染，Scott E. Fraser 教授将钛酸钡量子点与传统的 Cy5 抗体相结合［图 9-12（a）］，通过特异性免疫组织染色化学的方法定位到了斑马鱼胚胎中的肌营养不良蛋白组织（即抗原）。钛酸钡二次谐波和传统的 Cy5 免疫荧光都通过免疫染色标定到了肌节中的肌肉组织上，然而相比于二次谐波的标定［图 9-12（d）］，传统的 Cy5 免疫荧光的标定展现出了更明显的背景荧光信号［图 9-12（c）］。这种在二次谐波信号标定中展现出对于生物分子的定向附着性以及更明显衬度的特点，使人们能够更好地监控各种生物靶材的动力学，并且为超灵敏的生物诊断提供了可能。

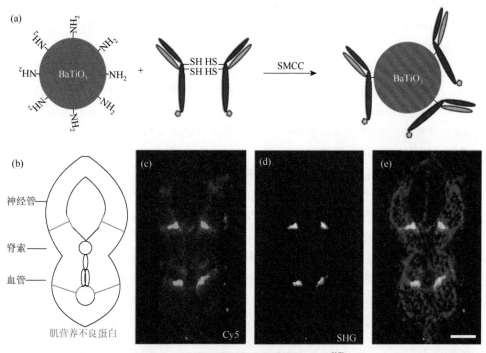

图 9-12　二次谐波微探测免疫特异性[37]

（a）钛酸钡量子点二次谐波微探测结合 Cy5 抗体；（b）斑马鱼的胚胎示意图；（c，d）斑马鱼横向组织切片中 Cy5 免疫荧光（绿色）与钛酸钡二次谐波（白色）成像肌营养不良蛋白；（e）毒伞素（红色）标定整个斑马鱼横向组织切片，标度尺为 30μm

9.2.2　一维纳米线中的二次谐波效应与调制

除了能够作为成像的工具，偏振的二次谐波还能反映材料的晶体结构和晶向信息。偏振的二次谐波遵循公式 $E_{2\omega} = \{d_{ij}\}E_{\omega}^2$，其中 $E_{2\omega}$ 是二次谐波出射的电场方向，$\{d_{ij}\}$ 是材料的二阶非线性系数矩阵，它一般是一个非零张量，E_{ω} 是入射光入射的电场方向[38]。如果考虑一个在三维空间内的样品，上述公式可以展开成

$$\begin{pmatrix} E_{2\omega,x} \\ E_{2\omega,y} \\ E_{2\omega,z} \end{pmatrix} = \{d_{ij}\} \begin{pmatrix} E_{\omega,x}^2 \\ E_{\omega,y}^2 \\ E_{\omega,z}^2 \\ 2E_{\omega,y}E_{\omega,z} \\ 2E_{\omega,z}E_{\omega,x} \\ 2E_{\omega,x}E_{\omega,y} \end{pmatrix} \qquad (9\text{-}14)$$

其中，x，y，z 为晶体的坐标系。通常根据入射的激光偏振方向，结合不同材料的晶体结构（即不同的点群）就可以知道二次谐波的出射方向，同样反过来因为不同的材料拥有特定的晶体结构，其独特的二次谐波偏振也能够反映材料的晶体结构和晶向信息。

一维半导体纳米线展现出了在两个维度上的载流子限域效应。相比于零维量子点，一维半导体纳米线常常表现出与入射激光电磁场作用的各向异性。宾夕法尼亚大学的 Agarwal 教授课题组利用偏振的二次谐波实现了对于 II-VI 族半导体纳米线、纳米带的全光学结构表征[38]。对于不同 c 轴生长取向的纳米线和纳米带，二次谐波表征了不同入射光角度、不同出射方向的偏振。对于最普遍的 c 轴垂直（s）于纳米线长轴［图 9-13（a）］和平行（p）于纳米线长轴［图 9-13（b）］的情况，不管激发光是平行或者垂直于纳米线激发，二次谐波的出射方向总是与 c 轴平行。而旋转激发光的入射角度，平行和垂直于纳米线长轴的方向展现出了不同的二次谐波出射变化。这些变化来自 II-VI 族半导体纳米线、纳米带独特的二阶非线性系数矩阵。通过对比透射电子显微镜（TEM）和选区电子衍射（SAED）的结果，二次谐波的表征更加快捷且对于材料没有损害，对于难以转移进行电子显微镜表征的样品提供了检验的可能。最终该课题组通过实验和计算，得出了一套对于 II-VI 族 mm6 点群的半导体纳米线、纳米带普适的二次谐波偏振检验结果，

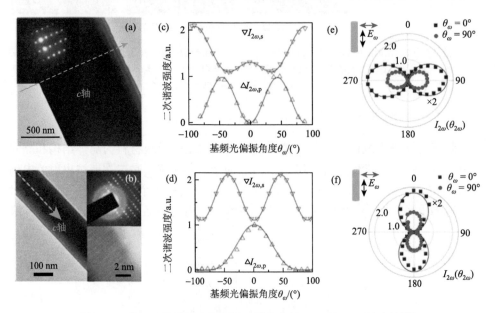

图 9-13   偏振二次谐波表征不同 c 轴取向的 II-VI 族 CdS 纳米线[28]

（a，b）c 轴垂直、平行于纳米线长轴方向的 CdS 纳米线 TEM 图片（插图是对应的选区电子衍射图）；（c，d）垂直（s）和平行（p）方向上二次谐波强度随激发光与纳米线不同作用角度的变化；（e，f）入射光平行、垂直激发纳米线时二次谐波的偏振方向

对于任何未知的 c 轴取向样品都能通过二次谐波偏振来确定 c 轴的晶体取向。二次谐波对于晶体取向的表征，特别适合于纳米结构器件的使用，它进一步加深了材料结构与性能的理解，对更好地运用不同结构的材料有着重要的意义。

此外，数十年的研究证明半导体纳米线可以在光发射、传播、放大、调制方面取得合适的应用，同时许多的半导体纳米线（如 CdS、ZnO、GaAs 等）自身有着打破对称性的特点，这使得它们在通过倍频、和频以及差频等非线性效应转换激光从而得到渴望的频率这一点上，有着天然的优势[39]。然而作为二阶的非线性效应，二次谐波的强度常受限于纳米材料与光场的作用面积以及自身的二阶非线性极化率 $\chi^{(2)}$，这使得纳米线中本征的二次谐波强度相对较弱，难以满足集成芯片上器件的需求。为了解决这个问题，科学家通过电调控以及表面等离激元的思路试图增强纳米线中的二次谐波信号，并且取得了显著的效果。

Agarwal 教授课题组在上述工作中理解 CdS 纳米线、纳米带产生二次谐波随晶体结构的变化趋势之后，进一步利用 CdS 纳米带的晶体结构在电场的作用下调制出了更强的二次谐波信号[40]。材料中的二阶非线性系数 $\chi_{ijk}^{(2)}(2\omega; \omega, \omega, 0)$ 在电场 F 的作用下可以写成 $\chi_{ijk}^{(2)}(2\omega; \omega, \omega, 0) = \chi_{ijk}^{(2)}(2\omega; \omega, \omega, 0) + \chi_{ijk}^{(3)}(2\omega; \omega, \omega, 0)F$，其中 $\chi_{ijk}^{(2)}(2\omega; \omega, \omega, 0)$ 为材料本征的二阶非线性系数，它对应于普遍的二次谐波产生过程，而 $\chi_{ijk}^{(3)}(2\omega; \omega, \omega, 0)F$ 代表电场调制下通过三阶非线性系数产生的二次谐波过程。一般来说因为三阶非线性系数 $\chi_{ijk}^{(3)}$ 相比二阶更小，因此在电场作用下产生的二次谐波强度很弱。Agarwal 教授课题组选择 c 轴垂直于长轴方向的 CdS 纳米带作为调制的材料，这种 CdS 纳米带在之前的研究中表现出当激光平行于纳米带长轴入射时不产生二次谐波信号，因为在这个方向上的二阶非线性系数 d_{11} 与入射光作用产生的二阶矩阵为零，或者可以理解为在这个方向上电子的波函数是反演对称的［如图 9-14（b）中 $E_x^{DC} = 0$的情况］。之后该课题组在 CdS 纳米带两端通过热蒸发分两次制作了金/铝和钛/金的非对称源漏电极，由于不同功函数的金属材料与 CdS 纳米带接触势垒大小不同，源端的电极（即金/铝电极）形成肖特基接触而漏端的电极（即钛/金电极）形成了欧姆接触。在外加电场作用下肖特基接触的一端由于较大的接触势垒产生了更大的分压，最终在电极附近形成了高场域（high field domain），这使得 d_{11} 方向的波函数产生偏移［如图 9-14（b）中 $E_x^{DC} \neq 0$的情况］。最后在 60V 的外加电场调制下，足够强的三阶非线性系数 $\chi_{ijk}^{(3)}(2\omega; \omega, \omega, 0)$ 与电场作用产生了强度超过本征的二次谐波信号［图 9-14（d）］。这种在纳米结构中调制非线性光学信号的能力确保了集成电路中光电器件如光晶体管和调制器的应用。

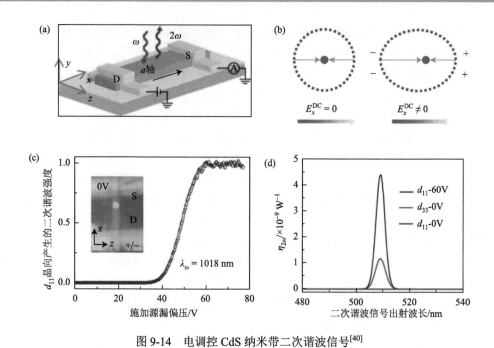

图 9-14 电调控 CdS 纳米带二次谐波信号[40]

（a）CdS 纳米带源漏两端器件，其中纳米带的长轴（x）方向是 CdS 的 a 轴方向，而短轴（z）方向是 CdS 的 c 轴方向；（b）电子波函数对于施加电场的偏移；（c）共振条件下二阶非线性系数 d_{11} 方向的二次谐波强度；（d）不同非线性系数产生二次谐波的强度以及随施加电场的变化

　　另一种增强二次谐波的思路是结合金属中的表面等离激元效应。阿根廷布宜诺斯艾利斯大学的 Andrea V. Bragas 教授课题组通过设计表面等离激元金纳米天线点阵耦合 ZnO 纳米线实现了对于 ZnO 纳米线二次谐波 1700 倍的增强[41]。表面等离激元结构可以限域金属附近的电磁场，使得金属与电介质表面的电场存在局部的增强，同时激发局部或传导的表面等离激元。Andrea V. Bragas 教授设计的是一种由五个金"纳米天线"构成的点阵［图 9-15（a）］，其中"纳米天线"间的沟道仅有 20nm，这种设计不仅使得整体的点阵拥有和激发光 780nm 共振的信号［图 9-15（b）］，同时从 FDTD 模拟结果中可以清楚地看出 780nm 的激发光被限域在了沟道处，使得沟道处的电场存在近 100 倍的增强。当 ZnO 纳米线转移到 3×3 金纳米点阵时，在沟道处的 ZnO 纳米线二次谐波信号对比在点阵旁的 ZnO 纳米线有明显的增强，并且即使对于同一根 ZnO 纳米线，倍频信号增强的效应也仅仅发生在和点阵沟道重合的地方［图 9-15（d）和（e）］。进一步对于 3×3 金纳米点阵中心的纳米线进行表征，沟道处的 ZnO 纳米线比下端不在沟道处的地方，在 780nm 激发共振的情况下最多增强约 1700 倍，这种增强在当时是所有类似结构中最明显的，它源于表面等离激元结构在沟道处对于电场极大的限域作用。

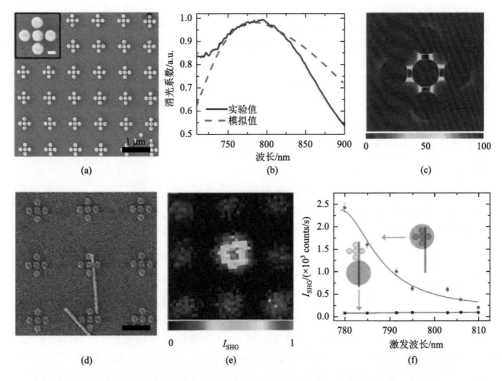

图 9-15　金表面等离激元点阵混合 ZnO 纳米线二次谐波增强[41]

（a）金表面等离激元纳米天线结构的 SEM 微观图像，标度尺为 1μm；（b）模拟和实验测量的金纳米点阵消光光谱；（c）FDTD 模拟金纳米点阵附近 780nm 激发电场分布；（d）转移 ZnO 纳米线到 3×3 金纳米点阵后的 SEM 图像，标度尺为 500nm；（e）图（d）中对应区域的二次谐波强度成像；（f）不同激发波长下同一根 ZnO 纳米线是否在金点阵沟道处的二次谐波对比

9.2.3　二维材料中的二次谐波效应

　　非线性光子-光子相互作用（nonlinear photon-photon interactions）机制在基础科学和光计算等领域具有重要意义，如光子相干性在光计算中的应用、使用交互的光子系统实现量子模拟等[42]。但是光子之间直接耦合作用通常很微弱，需要通过入射光和物质中振荡的激子发生作用，以增强非线性光子耦合。此时就需要构建非线性光学器件，将具有强非线性光学性质的材料和微光学谐振腔相结合，实现入射光在时域和空间域的高度局域化，以增强光和物质的相互作用（light-matter interactions）[43]。要实现非线性光学器件的实际应用，最重要的两个要求分别是工作功率足够低（材料的光学非线性足够强）和调制规模达到芯片规模。然而，这两个要求往往是相互矛盾的。举例来说，使用量子点或者缺陷空位，发射单光子，无疑能产生很强的光学非线性[44, 45]。但是由于它们在空间和谱域上很难做到方向、相位一致，组合这些单量子发射器，实现大规

模光学非线性调制，是不可行的。此时就需要采用更大尺寸规模的光学非线性材料。随后，半导体量子阱由于具有比块状材料更大的光学非线性特性而进入科学家们的视野[46]。将半导体量子阱和分布式布拉格光栅相结合，量子模拟器和光开关设备问世。但是，受刻蚀技术过程中表面粗糙度和表面电子态的限制，半导体量子阱的集成度很难做到更高。另一个备选方案是使用块状半导体材料，如 GaAs 和 GaP 的二阶光学非线性、硅的三阶光学非线性来制备器件。但是，这类材料的光学非线性张量都很小，很难制备高品质因子的器件，来满足实际需求。

二维层状材料的问世给非线性光学器件提供了广泛的材料选择。这类材料的物理性质各不相同，展现了优越的光学和电学性能[47, 48]。而且由于二维材料很薄，具有量子局域效应，从这个角度来说，它们有点类似于半导体量子阱。具体到器件加工方面，二维材料还有着半导体量子阱无法比拟的优势。首先二维材料可以做到单原子层或少数原子层，而半导体量子阱的加工工艺远远达不到这么薄。其次它们的制备方式相对简单，可以通过化学气相沉积的方法生长出大面积二维材料薄膜，而半导体量子阱需要精细复杂的刻蚀，且很难做到很薄。二维材料还可以通过湿法或干法转移的方式，轻易地转移到光学谐振腔、二氧化硅、光纤、波导等衬底表面，大大简化了器件的制备过程。目前，二维材料的非线性光学性质[30, 49-52]，如材料的二阶和三阶非线性极化分量倍频现象，受到广泛研究，相关器件也都已被研制和讨论。

这里以二硫化钼（MoS$_2$）为例[51]，块状二硫化钼是单层 Mo 原子被两层 S 原子夹叠的六方菱形层状结构。每个晶胞都由两个镜像的亚晶格形成，使得固体结构呈中心对称。但是，在单层硫化钼，或者奇数层硫化钼中，晶体结构的中心对称性被破坏。其中过渡金属原子（Mo）的非对称轨道效应造成二硫化钼在矢量空间中具有不平衡的载流子分布，导致了强烈的二阶非线性光响应和二次谐波效应。相反，在偶数层二硫化钼中，由于晶格对称，二次谐波强度很低。图 9-16（a）是单层和多层二硫化钼的光学照片，颜色的深浅表明层数的差别。图 9-16（b）是图（a）虚线三角形中样品的 AFM 表征，通过测试样品的厚度，找到了单层、双层和三层二硫化钼样品，并在图中分别标示出来。图 9-16（c）是该样品对应的二次谐波成像，其选取的区域与图（a）相同。该图清晰地显示出，单层二硫化钼具有最强的二次谐波光强，三层二硫化钼其次，双层及块状二硫化钼的二次谐波强度极低。图 9-16（d）是不同层数二硫化钼的二次谐波的强度对比，单层二硫化钼的发射强度是衬底的近 10000 倍，是双层二硫化钼的约 1000 倍。

尽管在以二硫化钼为代表的少层二维 TMDs 材料中能够探测到较强的二次谐波信号，单层的 TMDs 因为其单原子层薄的特点，与激发光的作用截面十分有限，导致其二阶非线性极化率（$\chi^{(2)}$）较小［单层二硫化钼中约 0.6nm/V[51]，单层

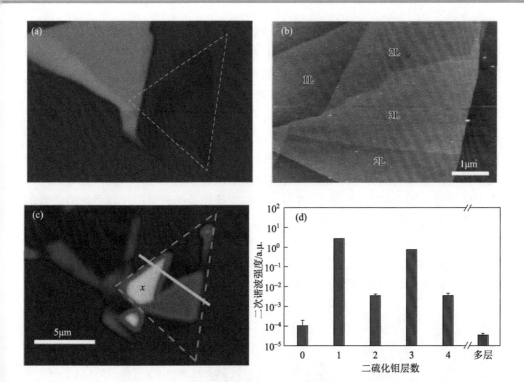

图 9-16　二硫化钼二次谐波产生与层数的对应关系[51]

（a）二硫化钼薄膜的光学照片；（b）图（a）中虚线三角形区域样品的 AFM 照片，图中的 1L、2L、3L 分别指单层、双层、三层二硫化钼；（c）相同位置的二硫化钼薄膜的二次谐波成像照片，颜色越亮的区域代表二次谐波强度越强；（d）不同原子层厚度的二硫化钼样品测得的二次谐波相对强度

二硫化钨（WS$_2$）中约 0.5nm/V[53]]，产生二次谐波信号在应用上依然面临挑战。随着层数的增加，二次谐波的信号虽然也存在于奇数层的 TMDs 中，但由于自身吸收的原因，呈现出二次谐波随层数增加而迅速递减的趋势，强度更低于单层。因此要使二维材料在非线性光学器件中得到应用，还需要能够高效产生二次谐波的二维层状材料。基于打破材料反演对称性这个思路，作者所在课题组可控合成了在形貌结构上产生对称性破缺的螺旋结构二硫化钨[54, 55]，以及在原子堆垛上打破中心对称的 3R 相（3-rhombohedral）二硫化钨、二硒化钨（WSe$_2$）[56]。图 9-17（a）是螺旋二硫化钨的光学图片，螺旋二硫化钨通过高温的化学气相沉积（CVD）方法直接生长在镀有二氧化硅的硅片上。图 9-17（b）是图（a）样品中心处的 AFM 表征，AFM 扫描成像清晰地显示出二硫化钨中心的螺旋结构。这种螺旋结构由独立的单层通过螺位错螺旋生长而来[54]，它不仅使得生长的二硫化钨具有独特的形貌，同时螺位错的引入打破了层与层之间的对称中心，使得螺旋二硫化钨的二次谐波强度随层数递增，中心区域可达单层强度的上万倍［图 9-17（c）］。通过类似

的方法，3R 相结构的二硫化钨、二硒化钨二维原子晶体也被合成出来。通过显微镜观察，这些生长的 3R 相二维层状材料的光学照片与一般的二维材料的无异 [图 9-17（d）]，拥有平整光滑的三角形形貌，但是拥有独特的原子堆垛结构。在这些 3R 相的样品中，每一个原子层都可以看作底层原子层在自己面内的复制与平移，其中每三个原子层为一个周期。相比于传统的二维材料每两层原子层互为镜面对称的结构，这种始终在垂直方向上的不对称特点同样使 3R 相的样品存在随厚度增加而进一步打破对称性的特性，3R 相的二次谐波不再随层数的增长出现奇偶震荡递减的趋势，而是随层数的增加出现叠加的效应，从而产生高效的二次谐波信号。图 9-17（d）是 1～3 层 3R 相二硫化钨的光学图片以及对应层数的二次谐波成像，通过分析不同厚度的 3R 相二硫化钨样品，可以得到二次谐波强度随层数平方增长的关系 [图 9-17（e）]。相比传统的单层二维材料拥有最强的二次谐波信号，这种 3R 相的结构大大提升了二次谐波的产生效率。这些高度打破中心反演对称二维材料的成功合成，使我们离实现高效超薄非线性光学器件的目标又近了一步。

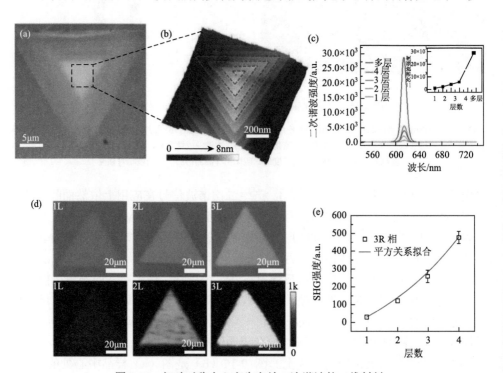

图 9-17 打破对称中心产生高效二次谐波的二维材料

（a）螺旋二硫化钨的光学照片[54]；（b）图（a）中虚线正方形区域内放大的螺旋二硫化钨样品中心 AFM 图片[54]；（c）螺旋二硫化钨的二次谐波强度随层数递增[54]；（d）3R 相二硫化钨的光学图片（上）以及对应的二次谐波强度成像（下），1L，2L，3L 分别指单层、双层和三层的二硫化钨样品[56]；（e）3R 相的二硫化钨的二次谐波强度与层数呈平方关系[56]

　　另外，在二维材料中通过二次谐波偏振的成像则能够更加清晰地呈现出不同的晶界与畴界，使分析大面积的样品更加简单[49]。图 9-18 是通过 CVD 方法外延生长得到的单层二硫化钼的线性和非线性光学表征结果。从样品的光学照片中[图 9-18（a）]能看到一张连续均匀分布的高质量薄膜，无法看出材料的晶向和单晶分布。相反，二次谐波成像［图 9-18（b）］揭示出，该单层样品是多晶结构，晶体尺寸在 20～40μm。这张照片采用的是平行于样品的 y 轴方向的偏振光入射激发。每个晶粒中，二次谐波强度分布均匀，显示这些晶粒是单晶结构。在晶界处，由于不同晶粒产生的二次谐波的偏振方向不同，形成干涉，二次谐波的强度会被衰减。因此，尽管这些晶界只有几个原子的宽度，同样可以在这张图中清晰地看到晶界的位置。更重要的是，该二次谐波照片不但能反映材料的对称性结构，还能实现对这种二维晶体样品的晶格方向的快速成像。如果使用不同偏振方向的线偏振光去激发，叠加构建样品的二次成像相对强度谱，可以得到图 9-18（c）所示的包含了材料的晶粒结构和晶向的完整信息的面扫图像。这是由于二硫化钼是六方晶体结构，具有三重旋转对称性（threefold rotation symmetry），不同晶向的二硫化钼样品产生的二次谐波强度对激发光的偏振方向呈现出每 60° 为一个周期。并且晶体的晶向差值为 30°时，样品的二次谐波强度反差最大。例如，图 9-18（c）中的晶粒 I 和 II 在颜色上没有明显差别，但是在图 9-18（b）中能看到晶界，说明这两个晶粒的方向相反。另外，晶粒 II 和III在图 9-18（b）中差别不大，但是在图 9-18（c）中颜色明显不同，显示晶向角度差在 12°左右。类似地，图 9-18（c）中①区域颜色类似，但是在图 9-18（b）中能观察到明显晶界，说明三个晶粒的晶向角度在 60°左右。图 9-18（c）中②区域的相邻晶粒也都有 30°左右的差异。通过这种二次谐波成像的方法，可以直接观测到样品的晶体结构，获得优化 CVD 生长的合成方法的关键信息。

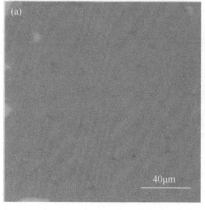
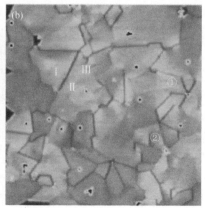

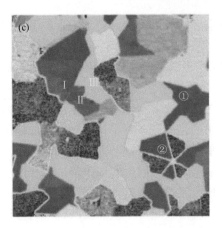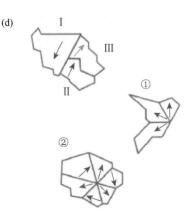

图 9-18　光学表征单层二硫化钼薄膜的晶格特征[49]

（a）CVD 生长的二硫化钼单层薄膜的光学照片；（b）样品在相同位置区域处的二次谐波成像；（c）相同位置处非规则形状的晶粒的晶向图；（d）三个区域的晶格方向的示意图，标度尺为 40μm

此外，基于倍频效应的倍频器件是一种重要的光信号处理器件。以 TMDs 为代表的非中心对称二维材料具有二阶光学非线性张量大、容易整合到硅基光学器件中、不需要考虑晶格匹配问题等优点，很适合构建倍频器件[48, 51, 57]。目前，栅压可控的晶体管（transistor）型和腔体增强型等多种二维材料倍频器件都已被研制[58, 59]。尽管这些材料只有原子级厚度，并且通常和激发光呈倏逝场耦合，但这些二维器件的光学性能可以和传统的基于Ⅲ-Ⅴ族材料的光学器件相提并论，因此具有很好的应用前景。

图 9-19 显示了一种基于单层硒化钨的场效应晶体管型的二维材料倍频器件[58]。图 9-19（a）是器件结构图。机械剥离的硒化钨晶体被转移在 300nm 厚的二氧化硅层的表面，衬底是 n 掺杂的硅。通过对金电极和衬底的背栅加栅压，可以调节器件的工作电压。当入射光波长在 0.83eV 时，器件在 1.66eV 处能产生强烈的二次谐波发射。光转换效率比相同厚度的非线性光学晶体还要高一个数量级。通过调节栅压（从–80V 到 80V），二次谐波的强度和中心波长都会发生显著变化，如图 9-19（b）和（c）所示。栅压接近–40V 时，二次谐波的中心波长在 1.74eV 的位置，随着栅压的增加，中心波长发生红移。这是由于电场的掺杂调节了材料内激子共振的强度，从而改变了二次谐波响应的强度和频率。这种新型的电场可控的二维非线性器件可以很好地与二维 CMOS 芯片结合，构建芯片级的非线性光源和光学芯片。

然而，这种器件的一个明显缺点是，激光垂直激发样品，和样品的接触长度小于 1nm，因此限制了器件的非线性光转换效率，需要高强度的激光去激发器件。光学谐振腔可以限制激光在腔体中来回震荡，从而增强激光与二维材料的接触光程，极大地提高器件的光转换效率，实现器件在低功率下的工作能力。但是，一

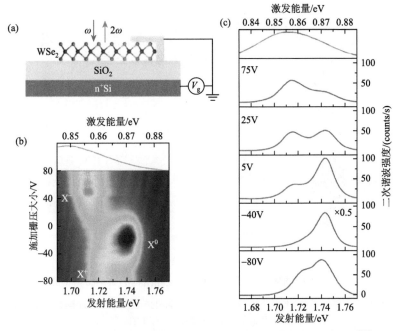

图 9-19　基于单层硒化钨的场效应晶体管型的二维材料倍频器件[58]

（a）器件结构图；（b）二次谐波强度随栅压大小和激发能量的函数关系；（c）不同栅压条件下二次谐波强度光谱

般的光学谐振腔，如光学谐振腔（optical resonators），通常被用于实现二维材料器件的线性光学功能，如荧光增强等，其并不适用于二次谐波激发[60]。原因是这种光学谐振腔只能实现基频激光共振，并不能实现二次谐波的同步共振。因此，科学家们设计了基于二硫化钼的双共振腔倍频器件，如图 9-20 所示[59]。这种器件基于一个电压控制的腔长可调型法布里-珀罗微腔。微腔主要由分布式布拉格反射镜（DBR）、二硫化钼工作物质和生长在氮化硅薄膜上的电压驱动的银镜构成［图 9-20（a）］。通过电磁场计算，他们设计了特定的氮化硅和氧化物层数的 DBR 反射镜和腔体结构，以获得最大的电磁场增强效应［图 9-20（b）］。实验结果表明，腔体共振增强后，器件的二次谐波输出光强提高了 200 倍，如图 9-20（c）所示。

　　为了进一步降低腔体损耗，提高倍频器件的 Q 值，科学家们还探索了其他方法，如使用光子晶体构建谐振腔增强二次谐波效应。光子晶体可以认为是一种特殊的纳米微腔，一维的光子晶体最早可以追溯到 1887 年英国的著名科学家瑞利研究布拉格反射镜时制作的反射涂层（reflective coatings）。1987 年 Yablonovitch 在一篇研究自发辐射的论文中第一次提出了光子晶体的概念。当电磁波入射到光子晶体表面后，光子晶体的周期性结构与入射波长近似，所以会使入射光在光子晶体内部反复反射形成类似"能带"的光学结构，最终能够限域特定波长的光而使其他波长的光通过。目前应用成熟且拥有较大二阶非线性系数 $\chi^{(2)}$ 的传统III-V族

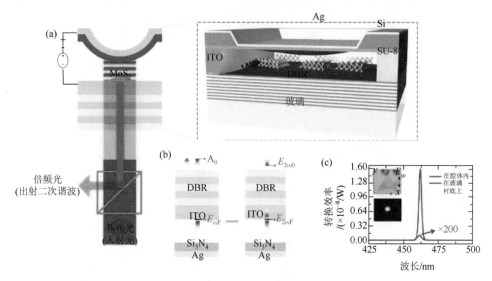

图 9-20　基于单层硒化钨的双频率共振谐振腔结构的二维材料倍频器件[59]

（a）器件结构图；（b）用于增强基频激发光（左）和二次谐波输出光（右）的多层堆叠模型；（c）共振腔和纯二硫化钼样品的二次谐波输出光谱对比

材料与现代的 CMOS 技术并不兼容，III-V族材料高的反射系数使得它们沉积在硅上进一步破坏二次谐波的相位匹配。二维过渡金属硫化物材料集成光子晶体，既能发挥二维材料强烈的范德瓦耳斯结合力的优势，又因为其几个纳米尺度超薄的特点不会影响光子晶体的波导模式及其他功能，使得增强二次谐波有着天然的优势。

　　图 9-21（c）是典型的硅基光子晶体纳米腔形貌图，它在扫描电子显微镜的视野下呈大小不均一的直径为数百纳米的周期性孔状，入射光在这些孔状区域将产生强烈的限域效果。光子晶体的 Q 值通常可以通过测量其反射光谱并计算反射光谱的半高宽获得：$Q=\lambda_{\mathrm{ref}}/\mathrm{FWHM}$。图 9-21（a）是一种光子晶体结合二硒化钨前后的反射光谱，在共振 1557nm 激光激发下，Q 值最高可达 10000。由于二阶非线性过程的增强正比于与 Q^2，利用光子晶体限域入射电场，可提高上百倍的二次谐波转化效率[61]，甚至可以实现连续激光激发二维材料二次谐波[62]。

　　此外，硅基的光子晶体还能产生硅波导，利用波导大范围的传播优势也能增强二次谐波。图 9-21（e，f）是一种利用光子晶体波导结构集成单层二硒化钼增强二次谐波发射的原理图[63]。220nm 的层状非晶硅沉积在硅/二氧化硅的衬底上被加工成特殊的光栅结构，这种光栅结构呈弧形分布，将中心区域包裹成一个圆，机械剥离的二硒化钼随后通过 PDMS 辅助的方法转移到对应的中心区域。利用这种结构，一侧的光栅可以耦合自由空间的入射光形成波导，波导模式的消逝场（evanescent field）激发材料的二次谐波后再被另一侧的光栅导出到自由空间。利用波导模式激发二维材料二次谐波的优势在于相比于激光直接作用在二维材料上，光子晶体波导模式的消逝场可以覆盖整个二维材料，极大地拓宽了二次谐波的产生面积，进一步确保了二次谐波的相位匹配过程，因此使二次谐波的转化效率最大化。

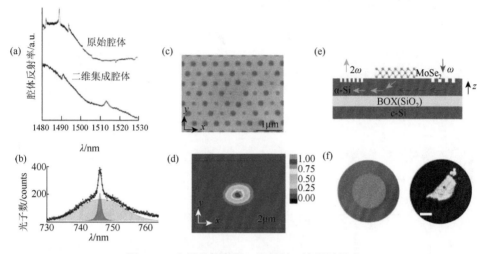

图 9-21　光子晶体增强二维材料二次谐波效应

（a）转移二硒化钨前后光子晶体的反射光谱[61]；（b）二硒化钨/光子晶体集成结构产生的二次谐波光谱[61]；（c）扫描电镜下观察到的光子晶体结构[62]；（d）光子晶体上硒化镓二次谐波成像[62]；（e，f）光子晶体硅波导增强二硒化钼示意图，其中（f）右图为二硒化钼荧光成像[62]

　　二维材料集成硅基工艺的实现让我们看到了它们在实际应用中发展的可能，同时二维材料的优越光学特性和它们结构简单、易于加工、易于整合的特点，也有望推动光计算、光通信等领域的研发和商业化进程。

9.2.4　钙钛矿中的二次谐波效应

　　对于一些自身结构呈中心对称的材料而言，难以在这些材料当中探测到二次谐波信号，但是通过添加一些打破对称性的分子可以使得这些材料出现二阶的非线性效应。钙钛矿材料就是这样，此前仅在天然的铅卤化物钙钛矿薄膜中探测到微弱的表面效应带来的二次谐波信号。天津大学的徐加良教授课题组通过引入 *R*-MPEA 或 *S*-MPEA 有机胺分子作为有机组分进入钙钛矿纳米线中，成功获得了非中心对称的手性晶体结构钙钛矿，并产生了高度有效的二次谐波[64]。图 9-22（a）是有机无机铅卤化物手性钙钛矿分子的化学结构，相比于普通的有机无机钙钛矿，手性分子被添加进这种钙钛矿的骨架中。图 9-22（b）是不同波长下激发产生的二次谐波，可以看出 400nm 之后二次谐波的强度迅速下降，这起源于这个波长下钙钛矿纳米线对于信号吸收的瞬间提高。对于产生的二次谐波，不同取向的激发光展现出了高度的偏振特性 [图 9-22（c）]，这也归因于手性分子的加入。中心对称结构的打破以及高效二次谐波的产生，使得这种新的有机无机手性钙钛矿材料在光参量振荡器、全光开关等光电器件的应用上更进了一步，也为构建其他打破反演对称中心的低维结构提供了思路。

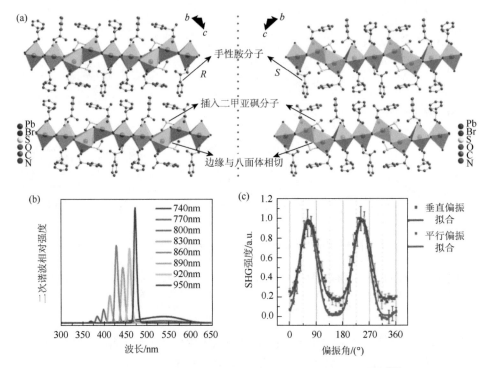

图 9-22　有机无机铅卤化物手性钙钛矿中的二次谐波效应[64]

（a）手性钙钛矿的化学结构；（b）不同波长激发下的二次谐波；（c）不同角度入射光激发下平行与垂直纳米线的二次谐波信号

参 考 文 献

[1] Agrell E，Karlsson M，Chraplyvy A R，et al. Roadmap of optical communications. Journal of Optics，2016，18（6）：063002.

[2] Keller U. Recent developments in compact ultrafast lasers. Nature，2003，424（6950）：831-838.

[3] Boyd R W.Nonlinear Optics .2nd ed.San Diego：Academic Press，2003.

[4] Zheng C，Li W，Chen W Z，et al. Nonlinear optical behavior of silver nanopentagons. Materials Letters，2014，116：1-4.

[5] Ajami A，Husinsky W，Svecova B，et al. Saturable absorption of silver nanoparticles in glass for femtosecond laser pulses at 400 nm. Journal of Non-Crystalline Solids，2015，426：159-163.

[6]   Sheik-Bahae M，Said A A，Wei T H，et al. Sensitive measurement of optical nonlinearities using a single beam. IEEE Journal of Quantum Electronics，1990，26（4）：760-769.

[7]   Khan S A，Senapati D，Senapati T，et al. Size dependent nonlinear optical properties of silver quantum clusters. Chemical Physics Letters，2011，512（1/3）：92-95.

[8]   Dong J Z，Zhang X L，Cao Y A，et al. Shape dependence of nonlinear optical behaviors of gold nanoparticles. Materials Letters，2011，65（17-18）：2665-2668.

[9]   Qiu Y H，Nan F，Zhang Y F，et al. Size-dependent plasmon relaxation dynamics and saturable absorption in gold nanorods. Journal of Physics D-Applied Physics，2016，49（18）：185107.

[10] Elim H I，Ji W，Ng M T，et al. AgInSe$_2$ nanorods: a semiconducting material for saturable absorber. Applied Physics Letters，2007，90（3）：033106.

[11] Lee G J，Lee Y，Lim H，et al. Photoluminescence and nonlinear optical properties of semiconductor nanocomposites consisting of ZnO nanorods and CdS nanodots. Journal of the Korean Physical Society，2011，58（5）：1290-1294.

[12] Gupta S，Waks E. Spontaneous emission enhancement and saturable absorption of colloidal quantum dots coupled to photonic crystal cavity. Optics Express，2013，21（24）：29612-29619.

[13] Berger C，Song Z M，Li T B，et al. Ultrathin epitaxial graphite: 2D electron gas properties and a route toward graphene-based nanoelectronics. Journal of Physical Chemistry B，2004，108（52）：19912-19916.

[14] Allain P E，Fuchs J N. Klein tunneling in graphene: optics with massless electrons. European Physical Journal B，2011，83（3）：301-317.

[15] Chen S Q，Zhao C J，Li Y，et al. Broadband optical and microwave nonlinear response in topological insulator. Optical Materials Express，2014，4（4）：587-596.

[16] Sun Y J，Tu C Y，You Z Y，et al. One-dimensional Bi$_2$Te$_3$ nanowire based broadband saturable absorber for passively Q-switched Yb-doped and Er-doped solid state lasers. Optical Materials Express，2018，8（1）：165-174.

[17] Zhu Y W，Elim H I，Foo Y L，et al. Multiwalled carbon nanotubes beaded with ZnO nanoparticles for ultrafast nonlinear optical switching. Advanced Materials，2006，18（5）：587-592.

[18] Keller U，Weingarten K J，Kartner F X，et al. Semiconductor saturable absorber mirrors（SESAM's）for femtosecond to nanosecond pulse generation in solid-state lasers. IEEE Journal of Selected Topics in Quantum Electronics，1996，2（3）：435-453.

[19] Set S Y，Yaguchi H，Tanaka Y，et al. A noise suppressing saturable absorber at 1550nm based on carbon nanotube technology in optical fiber communication conference. Optical Society of America，2003：3.

[20] Bao Q L，Zhang H，Wang Y，et al. Atomic-layer graphene as a saturable absorber for ultrafast pulsed lasers. Advanced Functional Materials，2009，19（19）：3077-3083.

[21] Woodward R I，Kelleher E J R. 2D saturable absorbers for fibre lasers. Applied Sciences-Basel，2015，5（4）：1440-1456.

[22] Bonaccorso F，Sun Z，Hasan T，et al. Graphene photonics and optoelectronics. Nature Photonics，2010，4（9）：611-622.

[23] Martinez A，Sun Z P. Nanotube and graphene saturable absorbers for fibre lasers. Nature Photonics，2013，7（11）：842-845.

[24] Mu H R，Wang Z T，Yuan J，et al. Graphene-Bi$_2$Te$_3$ heterostructure as saturable absorber for short pulse generation. Acs Photonics，2015，2（7）：832-841.

[25] Zhang H，Lu S B，Zheng J，et al. Molybdenum disulfide（MoS$_2$）as a broadband saturable absorber for ultra-fast

photonics. Optics Express，2014，22（6）：7249-7260.

[26] Chen Y，Chen S Q，Liu J，et al. Sub-300 femtosecond soliton tunable fiber laser with all-anomalous dispersion passively mode locked by black phosphorus. Optics Express，2016，24（12）：13316-13324.

[27] Wang X M，Jones A M，Seyler K L，et al. Highly anisotropic and robust excitons in monolayer black phosphorus. Nature Nanotechnology，2015，10（6）：517-521.

[28] Li D A，Jussila H，Karvonen L，et al. Polarization and thickness dependent absorption properties of black phosphorus：new saturable absorber for ultrafast pulse generation. Scientific Reports，2015，5：15899.

[29] Bao Q L，Loh K P. Graphene photonics，plasmonics，and broadband optoelectronic devices. Acs Nano，2012，6（5）：3677-3694.

[30] Dean J J，van Driel H M. Second harmonic generation from graphene and graphitic films. Applied Physics Letters，2009，95（26）：261910.

[31] Mertz J，Xu C，Webb W W. Single-molecule detection by two-photon-excited fluorescence. Optics Letters，1995，20（24）：2532-2534.

[32] Kneipp K，Yang W，Kneipp H，et al. Single molecule detection using surface-enhanced Raman scattering（SERS）. Physical Review Letters，1997，78（9）：1667-1670.

[33] Muskens O L，Del Fatti N，Vallee F，et al. Single metal nanoparticle absorption spectroscopy and optical characterization. Applied Physics Letters，2006，88（6）：063109.

[34] Butet J，Duboisset J，Bachelier G，et al. Optical second harmonic generation of single metallic nanoparticles embedded in a homogeneous medium. Nano Letters，2010，10（5）：1717-1721.

[35] Kim E，Steinbruuk A，Buscaglia M T，et al. Second-harmonic generation of single BaTiO₃ nanoparticles down to 22 nm diameter. Acs Nano，2013，7（6）：5343-5349.

[36] Hsieh C L，Grange R，Pu Y，et al. Three-dimensional harmonic holographic microcopy using nanoparticles as probes for cell imaging. Optics Express，2009，17（4）：2880-2891.

[37] Pantazis P，Maloney J，Wu D，et al. Second harmonic generating（SHG）nanoprobes for *in vivo* imaging. Proceedings of the National Academy of Sciences of the United States of America，2010，107（33）：14535-14540.

[38] Ren M L，Agarwal R，Liu W J，et al. Crystallographic characterization of II-VI semiconducting nanostructures via optical second harmonic generation. Nano Letters，2015，15（11）：7341-7346.

[39] Yan R X，Gargas D，Yang P D. Nanowire photonics. Nature Photonics，2009，3（10）：569-576.

[40] Ren M L，Berger J S，Liu W J，et al. Strong modulation of second-harmonic generation with very large contrast in semiconducting CdS via high-field domain. Nature Communications，2018，9（1）：186.

[41] Grinblat G，Rahmani M，Cortes E，et al. High-efficiency second harmonic generation from a single hybrid ZnO nanowire/Au plasmonic nano-oligomer. Nano Letters，2014，14（11）：6660-6665.

[42] Hartmann M J，Brandao F，Plenio M B. Quantum many-body phenomena in coupled cavity arrays. Laser & Photonics Reviews，2008，2（6）：527-556.

[43] Britnell L，Ribeiro R M，Eckmann A，et al. Strong light-matter interactions in heterostructures of atomically thin films. Science，2013，340（6138）：1311-1314.

[44] Reinhard A，Volz T，Winger M，et al. Strongly correlated photons on a chip. Nature Photonics，2012，6（2）：93-96.

[45] Faraon A，Fushman I，Englund D，et al. Coherent generation of non-classical light on a chip via photon-induced tunnelling and blockade. Nature Physics，2008，4（11）：859-863.

[46] Carusotto I，Ciuti C. Quantum fluids of light. Reviews of Modern Physics，2013，85（1）：299.

[47]　Wang Q H，Kalantar-Zadeh K，Kis A，et al. Electronics and optoelectronics of two-dimensional transition metal dichalcogenides. Nature Nanotechnology，2012，7（11）：699-712.

[48]　Xia F N，Wang H，Xiao D，et al. Two-dimensional material nanophotonics. Nature Photonics，2014，8（12）：899-907.

[49]　Yin X B，Ye Z L，Chenet D A，et al. Edge nonlinear optics on a MoS_2 atomic monolayer. Science，2014，344（6183）：488-490.

[50]　Hong S Y，Dadap J I，Petrone N，et al. Optical third-harmonic generation in graphene. Physical Review X，2013，3（2）：021014.

[51]　Malard L M，Alencar T V，Barboza A P M，et al. Observation of intense second harmonic generation from MoS_2 atomic crystals. Physical Review B，2013，87（20）：201401.

[52]　Li Y L，Rao Y，Mak K F，et al. Probing symmetry properties of few-layer MoS_2 and h-BN by optical second-harmonic generation. Nano Letters，2013，13（7）：3329-3333.

[53]　Janisch C，Wang Y X，Ma D，et al. Extraordinary second harmonic generation in tungsten disulfide monolayers. Scientific Reports，2014，4：5530.

[54]　Fan X P，Jiang Y，Zhuang X J，et al. Broken symmetry induced strong nonlinear optical effects in spiral WS_2 nanosheets. Acs Nano，2017，11（5）：4892-4898.

[55]　Fan X P，Zhao Y Z，Zheng W H，et al. Controllable growth and formation mechanisms of dislocated WS_2 spirals. Nano Letters，2018，18（6）：3885-3892.

[56]　Zeng Z X S，Sun X X，Zhang D L，et al. Controlled vapor growth and nonlinear optical applications of large-area 3R phase WS_2 and WSe_2 atomic layers. Advanced Functional Materials，2019，29（11）：1806874.

[57]　Mak K F，He K L，Lee C，et al. Tightly bound trions in monolayer MoS_2. Nature Materials，2013，12（3）：207-211.

[58]　Seyler K L，Schaibley J R，Gong P，et al. Electrical control of second-harmonic generation in a WSe_2 monolayer transistor. Nature Nanotechnology，2015，10（5）：407-411.

[59]　Yi F，Ren M L，Reed J C，et al. Optomechanical enhancement of doubly resonant 2D optical nonlinearity. Nano Letters，2016，16（3）：1631-1636.

[60]　Butun S，Tongay S，Aydin K. Enhanced light emission from large-area monolayer MoS_2 using plasmonic nanodisc arrays. Nano Letters，2015，15（4）：2700-2704.

[61]　Fryett T K，Seyler K L，Zheng J J，et al. Silicon photonic crystal cavity enhanced second-harmonic generation from monolayer WSe_2. 2D Materials，2016，4（1）：015031.

[62]　Gan X T，Zhao C Y，Hu S Q，et al. Microwatts continuous-wave pumped second harmonic generation in few- and mono-layer GaSe. Light: Science& Apllication，2018，7（1）：e17060.

[63]　Chen H T，Corboliou V，Solntsev A S，et al. Enhanced second-harmonic generation from two-dimensional $MoSe_2$ on a silicon waveguide. Light: Science& Apllication，2017，6（10）：e17060.

[64]　Yuan C Q，Li X Y，Semin S，et al. Chiral lead halide perovskite nanowires for second-order nonlinear optics. Nano Letters，2018，18（9）：5411-5417.

[65]　李绍娟，甘胜，沐浩然，等. 石墨烯光电子器件的应用研究进展. 新型炭材料，2014，29（5）：329-356.

第10章
纳米尺度光学表征与应用

低维半导体纳米结构，如零维量子点、一维纳米线和二维原子晶体不仅具有独特的几何结构，而且拥有丰富的光电子学性质，在量子通信、集成光电信息等领域有着重要的应用潜力，因此在过去几十年中吸引了科技工作者的广泛关注。人们通过对光与半导体相互作用过程和机理的理解，基于半导体低维材料构建了各类结构功能不同的光电子和量子器件。

与其宏观性质对比，低维材料的微纳尺度光学性质表征，载流子激发、弛豫和复合过程，局域缺陷、应力、边界和界面的影响机理，对于理解其光电性能机理和反馈改进材料制备等方面都起到至关重要的作用。另外，通过操控这些效应也可以调控材料的局域光电性质，实现新型微纳功能器件，扩展低维材料的应用。荧光、拉曼光谱及成像提供了低维材料形态、能带、激发态出射和声子相关的重要表征。目前大部分的研究都是基于传统的光学显微方法，由于受到光学衍射极限的限制，只能获得约半波长的光学分辨率（约几百纳米），因此并不能针对上面关注的低维材料中的纳米尺度光学性质，对激子、载流子等基本激元的微观动力学进行系统完整的表征和研究。

突破光学的衍射极限来研究材料纳米尺度的基本光学性质，深刻理解光与物质的相互作用一直是科学家追求的目标。近些年新发展起来的远场纳米显微镜实现了无接触的高分辨光学成像，在材料和生物系统方面有广泛应用[1]。另外，将扫描探针显微镜与激光光谱学相结合的近场光学显微及光谱技术也实现了光学衍射极限的极大突破，已经广泛应用在多种低维材料的光学性能表征和光学过程机理研究中[2]。通过高分辨光学显微系统、瞬态荧光光谱等时间分辨测量手段，系统研究低维材料纳米尺度性质，对于高质量的材料制备和发展新型器件应用有着非常重要的意义。本章将介绍超衍射极限光学显微方法，低维材料的超分辨光学、光谱成像，低维材料中单光子出射光学特性，最后介绍低维半导体在高分辨成像中的应用。

超衍射极限光学显微方法简介

一般成像系统，如常规的光学显微镜的分辨率由系统的点扩展函数（point spread function，PSF）决定。基于其定义，PSF 描述了理想的点源在此光学系统中的图像。因此，实际中具有一定大小的对象的图像是通过 PSF 与对象的卷积创建的。通过光学衍射理论可以得出光学显微镜的 PSF 和系统的分辨率。基于 Abbe 成像理论，通常焦平面上（横向）的光学分辨率为 $\lambda/(2n\sin\alpha)$，光轴方向（纵向）的光学分辨率为 $\lambda/(n\sin^2\alpha)$，其中 λ 为照明光波长，α 为物方的半孔径角，n 为物方折射率，$n\sin\alpha$ 为数值孔径（numerical aperture，N.A.）。因此在可见光波段，一般可认为光学显微镜的横向分辨极限约为 200nm，纵向分辨极限约为 500nm。根据不同的工作机理，可将突破光学衍射极限的方法分为两大类：近场和远场显微方法。这两种方法各有侧重点，近些年都发展迅猛，在高分辨成像方面都取得了很大的成就。在远场方面，主要是通过缩小显微系统的有效 PSF，或者通过基于单分子的高精度定位方法来实现几十纳米乃至几纳米的光学分辨率。Eric Betzig、Stefan Hell 和 William E. Moerner 教授因对超高分辨纳米显微术（nanoscopy）的贡献获得了 2014 年诺贝尔化学奖。在近场方面，针尖增强显微方法可以达到纳米尺度乃至更高的光学分辨率，可以直接观测亚分子尺度的拉曼光学信号。下面介绍的受激辐射损耗显微术和单分子光学显微术属于远场光学显微方法，使用孔径型或无孔探针的方法属于近场光学显微方法。

10.1.1　受激辐射损耗显微术

受激辐射损耗（stimulated emission depletion，STED）显微镜是利用非线性激发和饱和的方法来缩小激发焦点的大小从而实现超衍射极限的光学分辨率。STED 显微镜的想法是由 Stefan Hell 等在 1994 年提出的[3]。由于 STED 显微镜的开发与在不同材料体系上的成功应用，Stefan Hell 获得 2014 年诺贝尔化学奖。STED 显微镜的原理是使用两束激发光，一束激发分子（材料）使其进入激发态，另一束（STED 光束）则利用受激辐射耗尽激发态的数量。如果激发态高度耗尽，基态饱和，则其荧光率就非常小，即 STED 光束猝灭掉其焦点光斑范围内的分子（材料）荧光。为了产生受激辐射，与激发光束相比，STED 光束的能量要低一些（红移），对于脉冲光束来说也更长（皮秒或纳秒）一些。另外非脉冲的连续激光也可以作为 STED 光束应用在 STED 显微镜中。图 10-1（a）显示了 STED 显微镜的基本工作原理，激发光束使用传统的点（如高斯分布）光束，STED 损耗光束使用圆环（doughnut）状的光束。在空间焦点上将这两个光束高度精确叠加，因为 SETD 光束造成其焦点区域荧光的猝灭，作为叠加的结果就可以获得一个极小的不受衍射极限限制的荧光光斑。因此，基于激发光和损耗光分别对应的 PSF，STED 显微镜的有效 PSF 就远小于常规显微镜。STED 显微镜焦点的大小及横向分辨率可以表示为 $\delta r = \dfrac{\lambda}{2n\sin\theta\sqrt{1+I/I_s}}$，其中 I 是焦点 STED 光束的最大强度，I_s 是饱和强度值，即在此激发强度下其荧光强度降低到约 1/e 数值[4]。如果没有 STED 光束（即 I 为零），则分辨率关系回到常规显微镜 $\delta r = \dfrac{\lambda}{2n\sin\theta}$；如果 $I \gg I_s$，则分母达到极大的数值，因此可以得到很小的 δr 即超高的分辨率。因此 STED 显微镜中的光学分辨率是由材料的饱和强度决定的，越小饱和强度的样品就可以获得越高的光学分辨率。2009 年，Stefan Hell 等通过实验证明了这一点，使用 STED 显微镜在晶体颜色中心获得 5nm 的光学分辨率[5]。

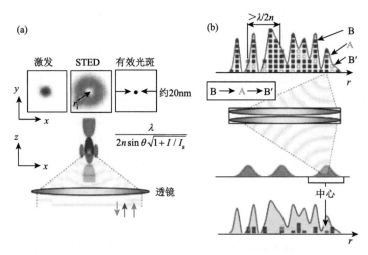

图 10-1 远场高分辨光学显微方法示意图[1]

（a）STED；（b）光敏定位显微术/随机光学重构显微术（PALM/STORM）

10.1.2 单分子光学显微术

光敏定位显微术（photoactivation localization microscopy，PALM）[6]和随机光学重构显微术（stochastic optical reconstruction microscopy，STORM)）[7]是基于时序激发和高精度时序定位单荧光分子的超高分辨光学纳米显微方法。这两种方法都是基于单分子光学性质，因此也都归为单分子光学显微镜。Eric Betzig 基于 PALM 的工作，William E. Moerner 基于单分子光学的研究，获得了 2014 年诺贝尔化学奖。PALM 作为靶向生物物理成像方法，其发展在很大程度上依赖于由新型可控光致变色的荧光蛋白的实现，如可光敏化的绿色荧光蛋白。STORM 的发展是基于同样的机理，最初利用成对的花菁染料（cyanine dye）分子 Cy3-Cy5。

在激发中只有一部分的染料分子被激发，这些分子的位置就可以被精确确定[7]。PALM 和 STORM 方法的核心都是需要有多重复周期的可开启、关闭的光敏分子，通过高精度的定位，这些分子的位置可以重新绘制出来。如图 10-1（b）所示，一个分子被开启（激活），该分子由初始的 B 状态到 A 状态（B→A），而另外一个开启的分子在空间上距离 $\lambda/2n$，通过多次重复激发这个分子（B→A）就可以在探测器上形成一个衍射极限的光斑。虽然获得的光学图像仍然受衍射极限限制，但通过显微镜的已知 PSF 拟合可以给出最可能的荧光分子位置。如果从相同的单个分子检测到大量的光子，这个位置会被更准确地确定。与传统的显微镜分辨率相比，当检测 N 个光子时，分子的中心位置确定精度约为 $\delta r = \dfrac{\lambda}{2n\sin\theta\sqrt{N}}$ [1]。因此，当 N 是一个较大的值时，就可以实现高分辨率成像。在此之后，就需要关闭这一个分子，开启下一个分子进行成像，B→A→B′。因此，PALM 和 STORM 是通过单分子成像定位，单个分子依次进行，后将大量的分子高精度位置汇总在一起得到的。另外，使用特殊荧光基团可以实现不同的出射光波长，实现多色STORM成像。PALM 和 STORM 由于其利用荧光标记分子，可广泛应用在材料、生物细胞及医学研究上。

10.1.3　孔径型近场光学显微方法

　　根据电磁场传播角谱分析，纳米尺度光源在空间传输过程中光学分辨率的损失是由于高频信号只存在于近场中，不能传播到远场。因此实现高分辨光学成像的一个最直接想法就是对材料进行近场成像。1928 年，E. H. Synge 提出了超衍射极限的近场光学显微镜的概念。其发表的《将显微分辨率拓展到超高分辨率的方法》一文中提出希望用一个带有亚波长尺寸小孔的无限大平板导体去靠近样品从而获得超衍射极限的光学信息[8]。但在当时的实验技术和条件下缺乏稳定的相干光源系统、灵敏的探测仪器，要将这样一个小孔和样品的距离稳定控制在半个波长以内是不可能的。随着激光器、高灵敏光子探测器的发展，以及 20 世纪 80 年代初扫描隧道显微镜和原子力显微镜技术的发展，针尖样品间距离可以稳定可靠地控制在纳米尺度上以后，扫描近场显微镜开始迅速发展起来。

　　孔径（aperture）型或有孔型扫描近场光学显微镜（scanning near-field optical microscopy，SNOM，一些文献中也称为 NSOM）是最早发展的一种高分辨显微方法。它所用的探针在尖端有一个直径远小于波长的开孔（亚波长，30～100nm），在很接近样品表面的区域（通常是 10nm 以下）扫描。一般孔径型 SNOM 的探针是由光纤制备的。光纤探针可用激光融拉法或化学腐蚀方法获得，前种方法简单易行但一般形成的探针较长，锥角比较小，造成光学透过率较低，后种方法可以得到较大锥角的探针。裸的光纤探针制备之后，通过金属蒸镀方法形成孔径型探针。

图 10-2（a）和（b）显示了镀铝膜的有孔探针的扫描电镜图像，其中图 10-2（a）中针尖是由离子束刻蚀（FIB）方法制备的，因此尖端孔径较为光滑规整，图 10-2（b）中探针较为粗糙，是直接金属蒸发方法获得的。SNOM 的光学分辨率与其孔径的大小有直接的关系。在孔径型近场光学发展过程中，除光纤外其他类型的有孔探针，如修饰的传统的原子力显微镜探针也有广泛的应用。这些探针在扫描反馈方面可以很好地借鉴原子力显微方法。后面会介绍钟楼式探针在近场光学成像中的应用。

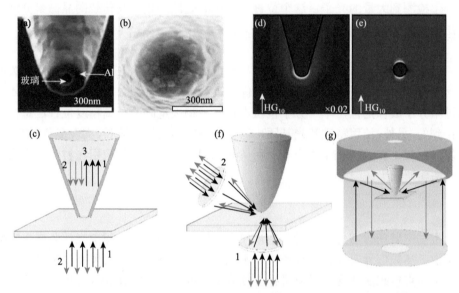

图 10-2   孔径型与无孔型近场高分辨光学显微方法镀铝膜有孔探针[17]

(a) 离子束刻蚀方法制备尖端；(b) 直接金属蒸发方法；(c) 孔径型近场光学显微镜的三种基本工作模式：
1 为收集模式，2 为照明模式，3 为混合模式；(d, e) 金属纳米探针和金属纳米球的近场分布[17]；
(f) 无孔型近场光学显微镜的底部透射式激发收集（1）与侧面激发收集（2）工作模式；(g) 基于抛物镜的激发
收集模式

有孔探针 SNOM 的光路搭配非常灵活，如图 10-2（c）所示，可分为收集模式（collection mode，标记为 1）、照明模式（illumination mode，标记为 2）和混合模式（I-C mode，标记为 3）。收集模式是在远场引入激发光，通过针尖尖端的小孔采集样品表面的近场光信号，再通过光纤导入探测器，从而获得表面高分辨率的光场分布。照明模式中，激发光从另一端耦合入光纤中，通过探针尖端的小孔出射照明样品，在远场用物镜来收集反射或者透射的光信号。混合模式则是综合了以上两种模式。激发光通过探针尖端的小孔照在样品表面，同时也通过这个小孔收集样品表面的光信号。激发光和样品发出的光信号在外光路通过分光镜分开。这种模式激发区域小，同时又具有高的空间分辨率，能够真正做到在针尖附近的原位观察。它的缺点是信号较弱，而且在外光路分光时还要再损失一部分光信号，需要样品具有很高的荧光量子效率和灵敏的检测系统。有孔探针 SNOM 中针尖样品间的距离的反馈控制及扫描模式从最早的 STM 模式、隐失场光强反馈模式，发展到后来广泛应用的探针样品相互作用力反馈模式（包括一般接触模式、非接触模式、剪切力模式和轻敲模式），逐步变得更加灵活，可以应用在多种材料样品体系中。

10.1.4　针尖增强（无孔型）近场光学显微方法

与孔径型 SNOM 相比，针尖增强近场光学显微镜（tip-enhanced near-field optical microscopy）是基于无孔型探针，通常为纳米金属探针的显微方法。在光激发的情况下，由于与光相互作用产生局域的表面等离激元，金属纳米结构可以将光场局限于纳米尺度，从而突破光学衍射极限。例如由两个纳米结构形成的纳米间隙，在该纳米间隙中，实现很强的局域电场增强，从而实现一些光学信号的放大。针尖增强的近场光学显微方法就是基于这一原理。图 10-2（d）和（e）显示了金属纳米探针和金属纳米球在偏振光激发下的近场分布，可以看到在探针的尖端形成很强的局域电磁场。针尖增强近场光学显微镜的重要部件是金属针尖，其具有光学天线（optical antenna）功能，通常可以由电化学方法腐蚀金属线或原子力显微镜针尖镀膜获得。由于其介电系数关系和局域等离激元共振频率，在可见光波段，实验中通常使用金或银探针，在紫外光波段通常使用铝探针。当针尖和样品距离很近形成纳米间隙（nano-gap）时，在偏振平行于针尖（垂直于样品）的光场激发下，产生针尖的局域等离激元和样品的极化耦合，局域在针尖样品纳米间隙中的光场就会被极大增强，各种光学过程，如荧光光谱[9]、拉曼光谱也会被放大[10]，因此这些现象通常也称为针尖增强光致发光（tip-enhanced PL，TEPL）光谱、针尖增强拉曼光谱（tip-enhanced Raman spectroscopy，TERS）。TEPL 和 TERS 都有很强的针尖距离依赖关系。对于荧光来讲，针尖带来的增强与猝灭（quenching）是一个竞争关系，一般认为是随距离的减小而先增强后减小的过程[9]。

在实际实验仪器光路设计中，如图 10-2（f）所示，针尖和样品的光激发与信号收集可以基于倒置光学显微镜从样品底部激发与收集（标记为 1），或正置光学显微镜从样品侧面激发与收集（标记为 2）。样品底部激发需要透明样品，限制了其在非透明样品方面的应用。从样品侧面激发虽然克服了这一困难，但侧面激发在针尖的另一侧形成光学阴影，样品激发不均匀。德国图宾根大学的 Meixner 教授等，设计了基于抛物镜的针尖增强近场光学显微方法，光学信号的激发和收集都通过抛物镜来实现，如图 10-2（g）所示。此系统中光学聚焦是利用抛物镜的反射模式，所以没有色差问题。抛物镜的中心有一个精密的小开孔，光学探针可以通过此小孔逼近光学焦点和样品上。另外，在光激发方面使用径向偏振的柱状矢量光束可以一方面最小化抛物镜上端开口的光损失，另一方面实现金属探针的高效激发。基于抛物镜的针尖增强显微方法由于其设计精巧、光学收集效率高，在室温大气环境下就可以获得很高的光学分辨率，如在 2009 年已经获得了 9nm 的全光谱成像光学分辨率[11]。现在基于抛物镜的针尖增强显微方法也已经扩展到低温和高真空实验环境中。

目前针尖增强近场光学显微方法发展迅速，基于隧道电流反馈，可以实现单分子灵敏度成像，在材料的表征分析等方面有着广泛的应用[2, 12]。另外通过调节纳米结构的形貌和距离，可改变结构的共振频率和局域光场的强度，从而实现纳米尺度的光操纵[13]。当金属纳米结构中纳米间隙的尺度从几纳米缩小到亚纳米或原子尺度时，等离子体系统就会产生量子隧穿效应，从而产生一些新的物理现象[14]。另外，近年来，光激发金属纳米体系产生的热电子，由于在光化学、光电探测、光电能源转换等方面的应用[15, 16]，也受到广泛研究和关注。

10.2　超分辨光学、光谱成像

由于低维半导体材料（量子点、纳米线和二维材料等）特别的尺寸效应，纳米尺度高分辨光电性质的研究对其基本性质的理解和应用非常重要。高分辨光学中基本的研究内容是材料的荧光光谱和拉曼光谱。在低维材料的研究中，传统基于光纤的孔径型近场显微镜的分辨率受到孔径大小的限制，但过小的孔径探针光探测效率较低，要求有高信噪比的信号和高灵敏度的探测系统。因此，在孔径型近场显微成像中，研究者设计了新型的钟楼（campanile）式孔径探针。作为对比，基于无孔针尖（通常是金属针尖）的近场光学方法，由于在针尖样品纳米间隙中产生极大的局域光场[18, 19]，可以实现针尖增强显微光谱与成像以及更高的光学分辨率[12]，也广泛应用在低维材料研究中。

10.2.1　量子点

量子点由于具有分立的能级，是理想的两能级系统，是构成量子通信与量子信息器件的重要基本元件。作为光可控的量子系统，充分理解量子点中激子态的波函数就尤为重要。日本科学技术振兴机构的 K. Matsuda 等利用低温近场成像显微术研究在量子阱中自然形成的量子点的荧光光谱，阐明了量子点中激子的波函数图像[20]。图 10-3(a)显示了样品的构成。在分子束外延生长的 AlAs 和 $Al_{0.3}Ga_{0.7}As$ 层中，制备了宽 5nm 的 GaAs 量子阱。通过在界面的 2min 的打断生长就自然形成了 GaAs 量子点。近场光学显微镜中的针尖是光纤探针，探针的开口是 20nm，在实验中实现了 30nm 的光学分辨率。氦氖激光器（633nm）作为激发光源激发 GaAs 量子点。如图 10-3（a）所示，荧光激发和收集都是通过光纤探针来实现的。

在 9K 低温下，研究者观察到量子点的荧光由激子（标为×）和双激子（标为××）构成，其峰位分别位于 1.602eV 和 1.600eV。激发光功率依赖的荧光强度关系显示激子为线性关系，双激子为二次方关系。图 10-3（b～d）分别给出了单量子点的荧光光谱和其激子与双激子荧光图像。对比图 10-3（c）和（d），双激子的荧光图像总是小于激子的荧光图像，是因为双激子是束缚态，其波函数更局域化。此工作中研究者用近场光学方法成功地在实空间对激子波函数成像使得对量子点中激发态的理解更加深刻，有助于进一步操纵量子点及使其应用在新型的量子器件中。

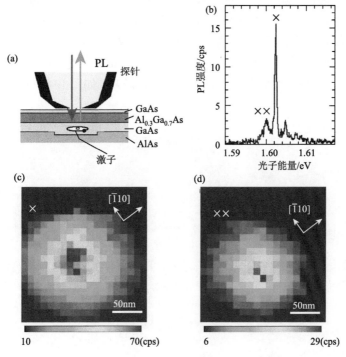

图 10-3　量子点激子波函数近场光学成像[20]

（a）量子点样品的构成及实验方法示意图；（b）量子点低温荧光光谱；（c，d）单量子点的激子和双激子荧光图像

通过改变量子点附近的电磁场环境，可控调节量子点的辐射复合和非辐射复合速率及量子效率，对拓展量子点在量子光学及器件应用有重大意义。瑞士巴塞尔大学的 B. Hecht 等研究了可见光范围单个量子点与蝴蝶结型（bowtie）光学天线的相互作用。选取的量子点是 CdSe/ZnS 核壳结构，荧光出射峰在 585nm。单颗粒研究实验中，量子点单分散在光学载玻片上，并旋涂聚甲基丙烯酸甲酯（PMMA）膜作为固定。实验中用的 bowtie 光学天线，如图 10-4（a）中插图所示，是在原子力显微镜探针（Si_3N_4）的顶点通过聚焦离子刻蚀方法产生。实验中单量子点始终处于激光焦点，量子点和光学探针的相互作用是通过扫描光学探针

来实现的。图 10-4（a，b，d，e，g，h）显示了单量子点的荧光计数图像，其中图 10-4（b，e，h）分别是图 10-4（a，d，g）中方框区域的放大扫描图像。图 10-4（a，b）和图 10-4（d，e）分别是激发光偏振平行和垂直于光学天线的结果。为了与 bowtie 探针的结果做对比，图 10-4（g，h）显示了用全镀 Al 膜的探针得到的量子点的荧光计数图像。图 10-4（c，f，i）显示了三种情况下单量子点的荧光寿命图像。通常荧光计数率（单位时间荧光强度）R 和寿命 τ 可以分别表示为：$R = \zeta\eta\sigma I$，$\tau = (k_r + k_{nr})^{-1}$，其中 I 是激发光光功率密度，ζ 是探测效率，k_r 和 k_{nr} 分别是辐射复合和非辐射复合速率，$\eta = k_r / (k_r + k_{nr})$，是荧光量子效率，$\sigma$ 是吸收截面。根据图 10-4（a～f），当光学天线扫描量子点时，与非辐射复合 k_{nr} 相比，辐射复合 k_r 的增强占主导作用，导致量子点荧光量子效率 η 提高，光致发光增强，而其激发态寿命 τ 降低。这一现象在激发光偏振平行于 bowtie 光学天线的情况下最为明显，但在全镀 Al 探针的情况下却观测到荧光的猝灭，如图 10-4（g～i）所示。

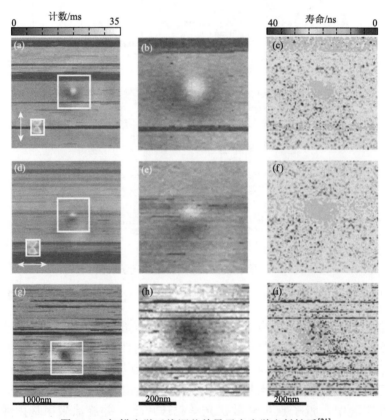

图 10-4　扫描光学天线调节单量子点光学出射性质[21]

（a，b，d，e，g，h）荧光计数图像；（c，f，i）激子寿命图像；平行偏振（a～c）、垂直偏振（d～f）激发；（g～i）全镀 Al 膜的针尖

实验表明，单个量子发射器的弛豫通道可以通过耦合到有效辐射的金属纳米天线来操控，通过 bowtie 光学天线可以提高量子点的荧光量子效率，从而实现超强的发射器（superemitter）。

10.2.2　一维纳米线

由于量子限域效应，纳米线的电子能级和光学能带与其直径有很大的关系。另外，纳米线中的结晶晶相也影响能带与荧光光谱。有报道 CdSe 纳米线中宽的荧光光谱是由交替的纤锌矿和闪锌矿结构造成的。但传统光学显微方法由于受到衍射极限的限制并不能对这些纳米尺度的光谱变化做出直接的指认与分析。

德国慕尼黑大学的 Hartschuh 等利用针尖增强近场光学显微方法研究了 CdSe 纳米线在纳米尺度的荧光和拉曼光谱，观测了纳米线中的局域态对荧光出射的影响[22]。利用近场探针的高限域性，针尖增强近场光学显微方法提高了探测灵敏度并获得了 10nm 的光学分辨率，研究者发现 CdSe 纳米线的荧光强度和能量可以沿着纳米线有显著的变化。图 10-5（a）显示了纳米线的形貌图，包括较细的纳米线。在 CdSe 纳米线不同位置收集的光谱显示了两个非常不同的谱线峰位，如图 10-5（b）所示，一个荧光峰位于约 1.772eV（标记为 1），另一个荧光峰位于 1.880eV（标记为 2）。这两个峰都可以用高斯函数拟合。除了荧光，实验中也观测到声子的拉曼光谱（标记为 R，位于约 1.934eV）。在同一样品区域进行全光谱成像可以得到丰富的光谱信息。图 10-5（c）给出了样品区域两个特征峰的光谱强度图，其中红色和蓝色分别对应荧光峰位 1（低能量）和峰位 2（高能量），显示了细的纳米线具有高能量的荧光峰。样品的拉曼强度图［图 10-5（d）］显示细的纳米线具有更强的拉曼散射。因此，通过针尖增强近场光学方法实现高光谱图像，可以清楚地分辨多个纳米线形成的集束，理解纳米线中的局域态对光学性质和能带的影响。

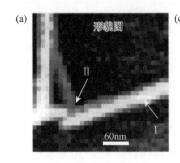
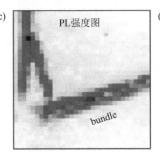
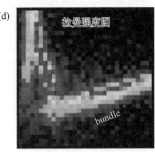

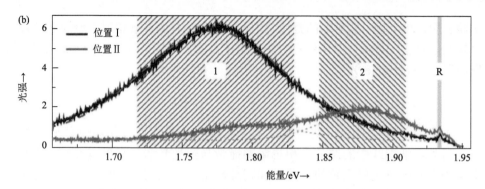

图 10-5　CdSe 纳米线的针尖增强近场光学高光谱成像[22]

（a）形貌图；（b）在图（a）中标记的两个位置的光谱显示了两个 PL 峰，位于约 1.772eV（标记为 1）和 1.880eV（标记为 2），R 标记了拉曼光谱（LO 声子，位于约 1.934eV）；（c）PL 光谱强度图，红色和蓝色分别对应 PL 峰位 1 和峰位 2，显示细的纳米线对应高的 PL 能量（峰位 2）；（d）样品的拉曼图，显示细的纳米线具有更强的拉曼散射

　　孔径型近场光学显微方法也可以在半导体纳米线局域基本光电性质方面进行研究。美国劳伦斯伯克利国家实验室的 A. Weber-Bargioni 等利用基于钟楼式探针的扫描近场光学方法研究 InP 纳米线的纳米尺度光致发光光谱性质，阐明了在纳米线上电荷复合具有非均一性[23]。图 10-6（a）和（b）显示了钟楼式探针的示意图和扫描电镜图。此探针具有二氧化硅的芯和金属的外壳这样特殊的几何构成，由于其外表起名为钟楼式探针。研究者通过有限元方法模拟发现这种针尖可以得到基本上无背景信号的近场增强，而且证明这种探针具有比 bowtie 天线探针和金针尖更高的近场增强效果。

　　在近场光学实验中，样品上局域的光激发和光信号收集可通过探针尖端的约 30nm 的空隙实现，另外利用扫描控制系统可以对样品上每一数据点进行光谱采集，就可以得到样品形貌相关的纳米尺度的光学及光电信息。图 10-6（c）和（d）显示了 InP 纳米线的高分辨 PL 光谱（探测波长 839nm）成像和纳米线的形貌像。通过此高分辨光学图像，可以观察到距离纳米线端部 250～300nm，有 1～2 个 PL 热点（强度极值）。图 10-6（e）给出了沿此纳米线的 11 个位置点的光谱变化。对比纳米线中部的荧光光谱，纳米线的两端那些 PL 热点处的光谱有明显的大约 40～100meV 的蓝移展宽。这种蓝移是由 InP 纳米线中激子与表面的陷阱态的库仑作用造成的。因此观测到的纳米线两端的 PL 热点可能是由于两端较高的陷阱态浓度造成的。由于陷阱态会影响激子扩散和载流子的复合，纳米线中陷阱态的研究和理解对于其光电性质有重要的意义。这种特别设计的钟楼式探针可以兼顾孔径型探针的局域光激发（实现弱远场光学信号背景）和无孔探针等离激元光学信号增强的优点，在低维材料的高分辨光学成像方面有一定的应用前景。

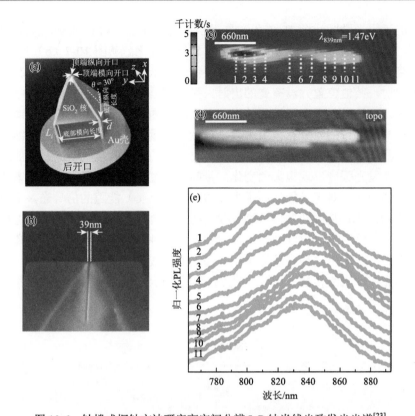

图 10-6　钟楼式探针方法研究高空间分辨 InP 纳米线光致发光光谱[23]

（a，b）钟楼式探针构造示意图和扫描电镜图；（c，d，e）纳米线的高空间分辨光谱图像、形貌像和沿纳米线不同位置得到的光致荧光谱

　　一维半导体纳米结构由于受其径向尺寸限域的光可以有效地沿着纳米结构的轴向传输，因此其能在亚微米尺度上操纵光波，所以具有波导器件的功能。正因为如此，半导体纳米结构的光波导研究成为微纳光子学的重要组成部分。CdS 和 CdSe 是两种非常重要的半导体材料，已经广泛应用在低维半导体微纳光电子器件中。三元 CdS_xSe_{1-x} 合金材料由于其能带可随组分 x 的变化，在 2.44eV（CdS）和 1.72eV（CdSe）之间连续可调，其光致荧光就可基本覆盖整个可见光范围，实现多色光波导。孔径型近场光学显微系统，使用孔径小于 100nm 的光纤探针在样品表面逐点扫描成像，如图 10-7（a）所示，以其超过光学衍射极限的高空间分辨率和在微纳尺度上采集局域光谱的能力，特别适合一维纳米结构光波导现象的研究。

　　图 10-7（b）和（c）分别显示 CdS 和 CdS_xSe_{1-x} 纳米带光波导研究，其中插图是纳米带端部光学出射近场扫描图像。CdS 和 CdS_xSe_{1-x}（$x = 0.65$，0.82，0.86）纳米带在激光的激发下发出很强的带边荧光，都可以在纳米带中传输几百微米的距离，可以在暗场下裸眼观察到波导现象或用一个彩色的 CCD 就可以得到纳米

带波导的远场光学图。图 10-7（c）显示了不同组分 x 下的 CdS_xSe_{1-x} 纳米带的光波导图，其产生的带边荧光从绿色、黄色到红色变化。从图 10-7（b）和（c）中可以看到所制备的纳米带有良好的波导特性，纳米带产生的光致荧光只在纳米带的端部出射，其他位置并没有光的出射。另外很显然，随着光在纳米带中传输距离的增加，带边发射出现了明显的红移。在同样的传播距离下，荧光光谱红移能量的大小与纳米带的组分有很大关系。在近场测量时，扫描探针固定在纳米带的上端部探测局域近场发光光谱，随着激发点位置的改变，收集到的发光曲线的主峰位置以及发光强度出现很大的变化。带间复合过程中的自吸收效应是谱线红移形成的重要因素。对光子能量高于半导体（传播介质）能隙的信号光，半导体纳米线中传输的光，遵循"吸收-发射-再吸收"机制，也就是说光在传输过程中先被介质吸收，然后再以更低的能量发射出来，这种过程伴随着光子能量和信号强度的逐渐下降。利用这种光波导机制，通过纳米线的空间梯度能带设计，可以人为地增强光在纳米线传播过程中的光-材料相互作用，从而有效调控光传播的频率和效率。

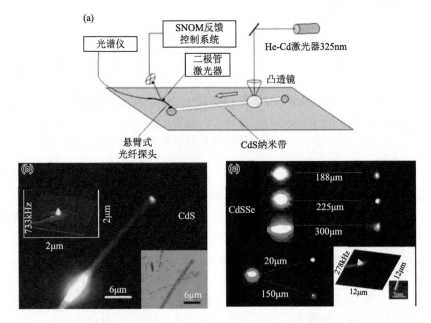

图 10-7 孔径型扫描近场显微方法研究 CdS 和 CdS_xSe_{1-x} 一维纳米结构光波导特性[24, 25]

（a）实验方法示意图；（b）CdS 纳米带光波导，插图为纳米带端部光学出射近场扫描图像；（c）CdS_xSe_{1-x} 纳米带光波导，插图为纳米带端部光学出射近场扫描图像和形貌图

10.2.3　二维过渡金属硫族化合物

近几年来，由于其提供的超衍射极限的光学信息，利用针尖增强近场光学方法研究二维半导体材料，特别是过渡金属硫族化合物二维材料中微纳尺度的激发态、局部晶界、应力效应及其相关的光学性质等受到了关注。

英国国家物理实验室的 Roy 等利用基于原子力显微镜的针尖增强荧光和拉曼光谱成像，在室温大气环境下实现了 20nm 的光学分辨率，研究单层 MoS_2 中基于激子和带电激子（三激子，trion）的荧光的复合过程及材料中局域态和缺陷的影响[26]。

美国伯克利国家实验室的 P. James Schuck 等利用有孔针尖近场光学方法，使用特殊的钟楼式探针，在 60nm 光学分辨率的条件下研究了 CVD 生长的单层 MoS_2 中激子相关的光电特性[27]。如图 10-8（a）所示，在实验中，通过钟楼式探针尖端的纳米尺寸的缝隙来高度限域样品中光学信号的激发和收集，并通过扫描系统在每一个数据点测光谱，最终实现样品的超衍射极限的高空间分辨全光谱成像。对于同一个三角形单层 MoS_2 样品，基于钟楼式探针的近场成像［图 10-8（b）］可以观测到传统的共聚焦显微光谱图像［图 10-8（c）］所不能分辨的纳米尺度下的荧光强度的空间变化。图 10-8（b）展示了三角形样品的内部与边界区域的不同光学特性，也揭示了在纳米尺度上单层 MoS_2 样品中存在明显的光电性质的不一致性。样品的荧光光谱，如图 10-8（d）所示，是由激子（标记为 A，exciton）

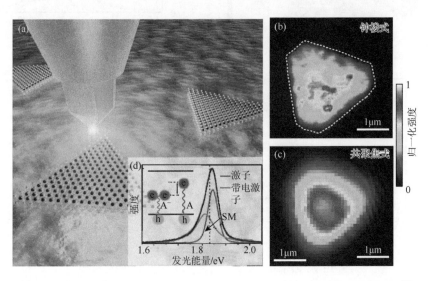

图 10-8　基于钟楼式探针近场光学方法研究单层 MoS_2 的光致荧光光学性质[27]

（a）实验方法示意图，钟楼式探针激发和收集光致荧光信号；（b，c）单层 MoS_2 的高空间分辨光致荧光光谱图像和传统共聚焦光学图像；（d）近场 PL 光谱：谱线包含的两个子峰来源于激子和带电激子

和带电激子（标记为 A⁻，trion）的辐射复合共同构成的。这两部分的峰位分别在 1.84eV 和 1.81eV，在光谱分布上有很大的交叠部分。

光谱成像具有丰富的信息，通过细致的光谱分析可以得到材料中激子和带电激子的数量及能量差别在空间上的分布。因此研究者在感兴趣的样品范围内做了全光谱收集与成像。图 10-9（a）给出了选取小范围区域（0.5μm×4μm）大积分时间下的荧光光谱成像图。图 10-9（b）显示了通过增大积分时间提高信噪比后的典型光谱。通过有效的谱线拟合可以指认光谱中激子和带电激子的贡献。插图提供短积分时间下的光谱作为对比。图 10-9（c）显示了光谱总 PL 强度作为激子和带电激子强度比值的函数，在样品内部及边界的分布。可以发现在样品内部区域，增大的带电激子贡献对应荧光量子效率的减小。图 10-9（d）显示了激子和带电激子的能量差的统计，得到平均能量差约为 36meV。在研究者实验所达到的

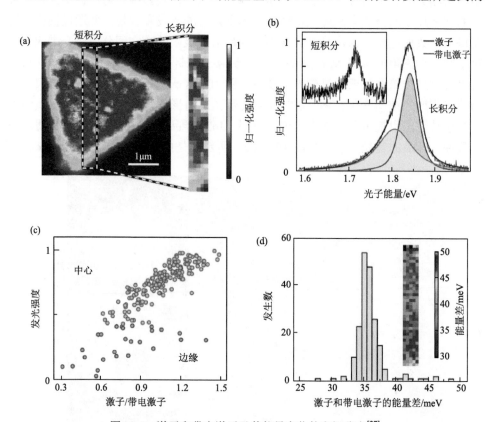

图 10-9　激子和带电激子及其能量变化的空间分布[27]

（a）选取小范围区域大积分时间下的荧光光谱成像图；（b）通过增大积分时间提高信噪比后的典型光谱，插图为短积分时间下的光谱；（c）光谱总 PL 强度作为激子和带电激子强度比值的函数，在样品内部及边界的分布；（d）激子和带电激子的能量差的统计及在样品上的空间分布

60nm 分辨率下，这一能量差在样品上的空间分布是较为均匀的，但在更高光学分辨率下也可能观测到明显的变化。因此通过钟楼式探针近场光学方法可以发现，合成的单层 MoS_2 有两个不同的光电性质区域：内部，局部有序但是微观上不均一，以及意想不到的宽 300nm 的无序边缘区域。此外，晶界被成像足够的分辨率来量化局部激子猝灭现象，主要是硫缺失造成的。这些局域的与样品形貌相关的光学信息是传统衍射极限光学显微镜所不能得到的。

　　美国科罗拉多大学的 Markus B. Raschke 等利用复合模式的针尖增强荧光、拉曼光谱及纳米成像方法研究了单层 WSe_2 中激子出射、扩散长度等特性及与局域晶界和应力的关系[28]。实验中研究者使用倾斜探针的方法实现了平面内的近场光学激发偏振控制，另外，通过原子力显微镜的力反馈可以对样品进行局域的应力控制，研究样品局域应力相关的光学性质的变化。实验中使用的探针是电化学腐蚀方法得到的金探针，通过针尖增强荧光（TEPL）光谱、针尖增强拉曼光谱（TERS）成像实验可以得到 15nm 的光学分辨率。

　　图 10-10（a）显示了单层 WSe_2 的形貌像，其中可以明显观测到成核点区域、孪晶界和晶体边界等。图 10-10（b）和（c）分别显示了沿图 10-10（a）中虚线位置，样品的针尖增强荧光和拉曼光谱。图 10-10（d）显示了典型的从单层 WSe_2 边缘、成核位点和晶体晶面获得的不同 TEPL 光谱。激子峰（标记为×）和可能的双激子峰（标记为××）通过 Voigt 函数拟合指认。通过谱线拟合得到边缘、成核位点和晶面的峰值能量分别为 1.610eV、1.630eV 和 1.606eV。对比样品边界，成核点区域的荧光强度较弱，光谱也有明显的蓝移。这些区域的拉曼光谱除了强度变化外，并没有明显的峰位移动。图 10-10（e）显示了选取光谱范围为 770～805nm 的 TEPL 图像。图 10-10（f）为样品同一区域 TEPL（770～805nm）与蓝移的光谱范围 TEPL（725～760nm）的差别图，可以看出在晶体边缘有 30～80nm 宽的光学信号不均匀区域。为了更清晰阐明这些边界性质，图 10-10（g）给出了从图 10-10（f）导出的边缘上选择的 4 条轮廓线的强度分布，显示了在样品边界不同的荧光强度衰减趋势。此后，研究者利用力反馈机制对样品施加可控的

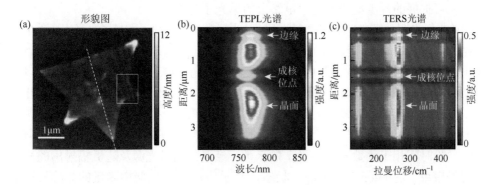

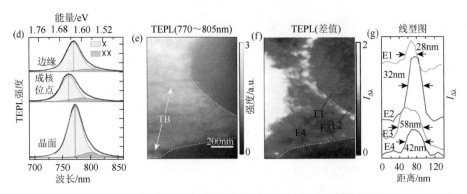

图 10-10　单层 WSe$_2$ 的针尖增强荧光和拉曼光谱研究[28]

（a）形貌图；（b，c）沿图（a）中虚线的针尖增强荧光和拉曼光谱；（d）从边缘、成核位点和晶面获得的不同 TEPL 光谱；（e）TEPL 图像，光谱范围为 770～805nm；（f）光谱差图像；（g）从图（f）导出的边缘上选择的线轮廓强度分布图

应力，清楚地观察到在适度的应力条件下，随着应力的增加 WSe$_2$ 的荧光峰明显地持续蓝移，随着应力的释放荧光出射峰位逐渐恢复到初始状态。在施加大应力的情况下，单层 WSe$_2$ 呈现出不可逆的光谱出射现象。因此也可以使用这种光力纳米探针方法，局域地调节二维材料的能带光谱以及载流子性质。

10.3　单光子出射光学特性

在量子光学和量子技术中稳定高效的单光子发射器起到至关重要的作用。量子通信依赖于可用的光脉冲具有强的光子之间的量子相关性。因此实现"理想"的单光子发射器仍然是一个非常重要且有挑战性的研究方向。到目前已经开发了一些有潜力的材料系统，并且已经从最初的概念性验证实验转变到可性能逐步提升的实际应用中[29]。本节将讨论在低维材料中实现单光子发射器，主要系统包括量子点、固体中的缺陷、二维材料等，研究这些体系中单光子出射光学特性以及应用在可扩展的片上集成和光子电路上的单光子光源。

单光子光源与经典光源相比有着不同的光子学统计规律。在量子光学中一个非常重要的概念是二阶相干函数或关联函数，其定义为：$g^{(2)}(\tau)=\langle I(t)I(t+\tau)\rangle/\langle I(t)^2\rangle$，其中 τ 为延迟时间，$\langle\ \rangle$ 为其中函数的期望值。光源信号的二阶相干函数可以由 Hanbury-Brown-Twiss（HBT）干涉仪测量。如图 10-11（a）所示，实验中光源发出的光子被 50：50 半透半反镜（分束器）等比例分成两束，分别由两个探测器测量，最后由电学信号控制箱来给出两个信号的二阶时间相干函数。图 10-11（b）显示了不同光源的二阶时间相干函数 $g^{(2)}(\tau)$ 为 τ 的函数。经典热辐射光源及随机辐射出的光子呈现"聚束"（photon bunching）状态，即 $g^{(2)}(\tau)>1$，实验中测量的二阶相干函

数可以拟合表示为 $g^{(2)}(\tau)=1+C\cdot e^{-\beta\tau}$，其中 C 是常数，β 是衰减速率。单光子光源出射的单光子呈现非关联的"反聚束"（photon antibunching）状态，即 $g^{(2)}(\tau)<1$，实验中测量的单光子二阶相干函数可以拟合表示为 $g^{(2)}(\tau)=1-C\cdot e^{-\tau/t_d}$，其中 C 是常数，t_d 是荧光寿命相关时间常数。作为对比，相干光源如激光器的二阶相干函数为 $g^{(2)}(\tau)=1$。

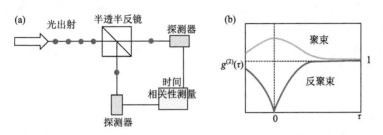

图 10-11　（a）HBT 时间相关测量方法；（b）经典与非经典光源二阶时间相关函数

10.3.1　量子点中的单光子出射特性

美国加利福尼亚大学圣芭芭拉分校的 P. Michler 等在室温下研究了 CdSe/ZnS 量子点的光学性质[30]。在连续激光（488nm）激发下，量子点的共聚焦荧光图像清楚地显示了量子跳跃（blinking）（开/关）现象。通过 Hanbury-Brown-Twiss 干涉仪可以测量 CdSe/ZnS 量子点的光子出射相关性。如图 10-12（a）所示，与量子点团簇相比，单量子点具有非经典的光子 antibunching 性质，证明了其单光子出射性质。此研究不但直接提供一种固态非经典光源，也证明了单量子点像一个人工原子一样，具有分离的非谐振的光谱。而且研究表明，多个量子点团簇的荧光出射并没有相关性。

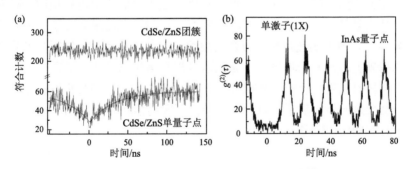

图 10-12　单量子点的单光子出射性质[30, 31]

（a）CdSe/ZnS 团簇和单量子点的光子对分离时间 t 的测量分布 $n(t)$（连续激光激发下），图中线是实验结果的
指数拟合；（b）脉冲激光激发下 InAs 单量子点激子基态（1X）荧光的二阶关联函数 $g^{(2)}$

随着量子点单光子出射性质的发现与研究，构造一种理想的单光子光源，即同时检测到两个或多个光子的概率为零，在量子通信方面就尤为重要。P. Michler 等巧妙设计了样品，用分子束外延（MBE）的方式生长了微米圆盘，其主要由 GaAs 组成，其中包括 InAs 量子点层，微米圆盘的支持柱是 $Al_{0.65}Ga_{0.35}As$ 材料。利用微米圆盘实现的高品质因子的回音壁（whispering gallery mode）模式共振增强量子点的单一激子峰。利用 Hanbury-Brown-Twiss 干涉仪，在脉冲激光激发下，样品显示了单光子出射特性。图 10-12（b）所示为证明产生一系列单光子脉冲的旋转振荡器特性。另外对于光谱隔离的量子点，接近 100%的激发脉冲导致单个光子的发射，产生理想的单光子源。

10.3.2　一维材料中的单光子光源

以高斯模式传播的单光子光源在量子通信及集成光子电路方面非常重要。但由于单量子发射器在材料或光子结构中的位置随机，得到高斯模式的光出射仍然是很大的挑战。一维纳米材料由于其波导特性，可以有效地将光学信号耦合到其波导模式中作为精确的模式控制，另外同时可以实现高度定向的单光子传输。基于此，荷兰代尔夫特理工大学的 Zwiller 等将半导体单量子点嵌入到锥形纳米线波导中，由于发射器确定地定位在波导中，研究者成功实现了远场的高斯线型单光子出射[32]。实验中的样品是通过底部生长的具有超高平滑的锥角的 InP 纳米线，如图 10-13（a）所示，其中包含 InAsP 单量子点。这里很重要的一点是通过定位生长 InAsP 单量子点，可以使研究者在单激发条件下选择单发射器并研究其出射性质。图 10-13（b）和（c）显示了与纳米线垂直和平行偶极矩通过纳米线波段传播到远场的示意图。通过 FDTD 模拟和实验结果，研究者发现垂直偶极矩具有很高的基模波导耦合效率。作为对比，平行偶极矩有很差的基模波导耦合效率。图 10-13（d）给出了低温（5K）下纳米线中单量子点的典型荧光光谱，观察到的单光谱峰是由量子点激子复合造成的。图 10-13（d）中插图是量子点荧光的二阶相关函数 $g^{(2)}$，图中实线是理论拟合结果给出 $g^{(2)} = 0.05$，充分证明了单光子特性。在此基础上，研究者将单光子光源信号耦合到单模光纤中研究其中波导模式和耦合效率。对比直接空间光路耦合，实现了单光子信号 93%的单模光纤耦合效率。这一结果进一步拓展了一维材料中单光子发射器在新兴的光子技术中作为有效单光子光源的应用前景。

10.3.3　二维材料中的单光子出射特性

类石墨烯二维单原子层半导体材料中的局域缺陷态可能有非经典的量子光学性质，可以实现单光子发射器，因此量子光学与二维材料结合开启了新型光量子器件研究的新方向。国际上已有一些课题组在二维 BN[33]和二维过渡金属硫族化合物（如 WSe$_2$）[34-36]中发现非经典单光子出射光学性质，这些研究不但扩展了对二维材料基础性质的理解，也进一步促进了其在量子器件上的应用。

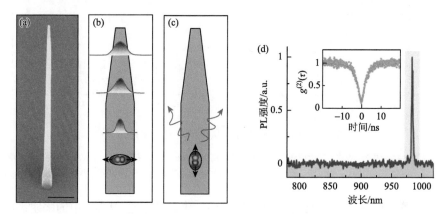

图 10-13　锥角纳米线单光子波导[32]

（a）包含单量子点的锥角纳米线的扫描电镜照片；（b，c）垂直和平行偶极矩在纳米线传播到远场的示意图；
（d）纳米线中单量子点的典型荧光光谱，插图是量子点荧光的二阶相关函数

　　中国科学技术大学的潘建伟教授领导的团队研究了二维单原子层 WSe$_2$ 中缺陷相关的单光子光学性质，发现其具有优于其他单光子系统的光电性质[36]。图 10-14（a）显示了 WSe$_2$ 单原子层中的原子缺陷的荧光光谱。对比强度较弱和线宽较宽（约 10meV）的常规激子荧光峰，这些 WSe$_2$ 单原子层中缺陷束缚的激子峰强度很高，谱线线宽极窄（约 0.1meV）。利用位于 1.719eV 的 PL 谱线，图 10-14（b）显示了 WSe$_2$ 单原子层中 PL 荧光强度图。这些原子缺陷态显示了单光子光学性质，如光学激发饱和、光子 antibunching，成为非经典的单光子发射器。图 10-14（c）和（d）分别显示连续激光激发下和脉冲激光激发下荧光出射的二阶关联函数 $g^{(2)}$ 和光子 antibunching 性质。通过拟合实验数据，连续激光激发下 $g^{(2)}$ 约为 0.14，脉冲激发下 $g^{(2)}$ 约为 0.21，这些结果都充分证明了荧光出射的单光子

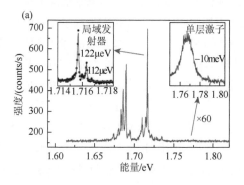

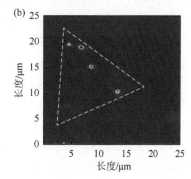

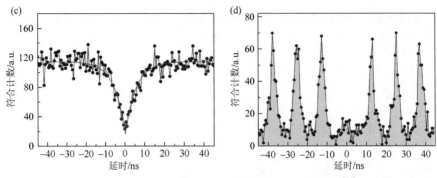

图 10-14　WSe$_2$ 二维单原子层中的单光子出射研究[36]

(a) 局域发射器的 PL 光谱，左边插图为最高荧光峰的高分辨光谱，右边插图为单层 WSe$_2$ 的激子荧光峰；
(b) PL 荧光（位于 1.719eV）强度图；连续激光激发下（c）和脉冲激光激发下（d）荧光出射的 antibunching 性质

特性。另外，研究者通过磁光实验发现这些二维单原子层 WSe$_2$ 中的陷阱态激子具有约为 8.7 的 g 因子，几倍强于单原子层谷激子。这些新型二维材料中的单光子发射器，可以实现有效的光子提取和高集成与扩展性，可方便地与其他的光电器件平台结合，在实际高效光量子信息应用方面有广泛的前景。

10.4 ▶ **低维半导体在高分辨成像中的应用**

　　低维材料，特别是零维和一维材料，由于其特殊的尺寸效应可以与传统的成像系统相结合实现高分辨成像。一维材料，如碳纳米管、半导体纳米线等，由于其特殊的材料和几何尺寸，一方面可以与常规的扫描探针显微镜结合，作为常规探针尖端的新探针来研究材料及生物体系的力学、光学与电学等性质。另外，一维纳米线阵列等可以作为探测器阵列来实现高分辨率的探测器。在零维材料方面，量子点由于其特殊的光学性质，如 blinking、单光子出射特性等，在远场纳米显微方面有着广泛的应用前景。下面主要介绍量子点在高分辨成像方面的应用。

　　目前不同的量子点已经在分子标记及成像上有很多应用。但通常情况下量子点还不能像标准荧光探针一样在 STED 纳米显微镜中应用，主要是因为量子点有较宽的激发光谱，这些谱线可以延展到实验中所需要的 STED 谱线范围，从而减弱了所需要的荧光猝灭，不能获得超高光学分辨率。德国马普学会的 Stefan W. Hell 等发现几种商业上可获得的发红光的量子点可以成功应用在 STED 纳米显微镜中[37]。研究者使用 ZnS 包裹的 CdSe 量子点（QDot705），其发射光谱位于 650～700nm。STED 显微镜中激发光波长 628nm，脉冲宽度 1.2ps，STED 光波长 775nm，脉冲宽度 1.2ns。图 10-15（a）显示量子点（QDot705）在激发光和 STED 光共同作用下的 STED 显微成像，量子点呈现点型亮斑图像。图 10-15（b）显示了同样样品区域，只使用圆环型（doughnut）

形 STED 激光激发的图像。由于 STED 的光斑是圆环形，因此图形中每个量子点或团簇给出了环形图像。因此 STED 图像［图 10-15（a）］减去仅 STED 激光束照射获得的图像［图 10-15（b）］就得到无背景的最终高分辨图像，如图 10-15（c）所示。作为对比，图 10-15（d）显示了同一样品区域的共焦图像。图 10-15（e）和（f）显示了图（c）和（d）中白色方形区域的图像，说明分离量子点图像，不能通过共聚焦成像［图 10-15（f）］分辨出来。图 10-15（g）和（h）显示了 10 个量子点在减去图像［图 10-15（c）］和共聚焦图像［图 10-15（d）］中的平均强度曲线轮廓，实现了光学分辨从共聚焦约 220nm 提高到 STED 约 50nm。图 10-15（i）显示单个量子点的半峰全宽(FWHM)激光功率的函数,拟合曲线显示了数据可以通过所示的 STED

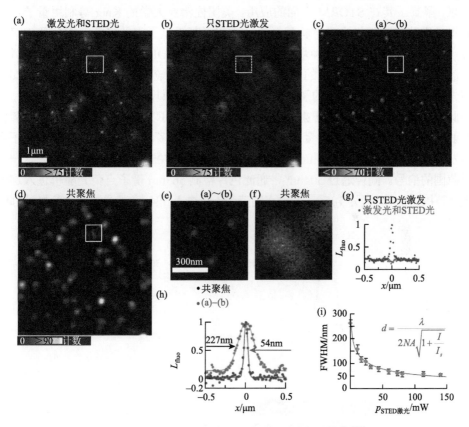

图 10-15　STED 显微镜提高荧光量子点的分辨率[37]

（a）量子点（QDot705）的 STED 显微成像；（b）同样样品区域，只使用圆环形 STED 激光激发的图像；（c）STED 图像（a）减去仅 STED 激光束照射获得的图像（b），得到无背景的最终图像；（d）同一样品区域的共聚焦图像；（e, f）图（c）和图（d）中白色方形区域的图像；（g, h）10 个量子点在减去图像（c）和共聚焦图像（d）中的平均强度曲线轮廓；（i）单个量子点的 FWHM 作为 STED 激光功率的函数,拟合曲线显示了数据可以通过所示的
STED 分辨率公式很好地近似

分辨率公式 $d = \dfrac{\lambda}{2NA\sqrt{1 + I / I_\mathrm{s}}}$ 很好地近似。在此基础上，研究者在单量子点标记的纤维细胞上也实现了 50nm 的光学分辨率。因此，此研究结果表明，单量子点探针具有高稳定性，可以超越经典有机荧光团和荧光蛋白探针，将 STED 纳米显微镜的应用从生物医学拓展到材料研究中。

量子点由于其具有量子跃迁的开/关态，在随机光学重构显微术（STORM）方面也有潜在的应用前景。STORM 要求作为标记的分子处于暗态的时间要远大于明态的时间。但与其他 STORM 中广泛应用的光开关探针相比，量子点处于暗态的时间很短，这样在同一区域中就会有较多的量子点发光而不能被很好地分辨出来，限制了其在 STORM 方面的应用。美国佐治亚大学的 Kner 等利用量子点的异步光谱蓝移与随机光学重构显微镜，实现了基于量子点的多色三维超分辨率成像[38]。图 10-16 给出了这种量子点光出射蓝移及 STORM 应用的机理。在含氧的溶液中，CdSe/ZnS 量子点的荧光发射会随机偏移到较短的波长。这是由于 CdSe 核光氧化而变小，有较强的量子限域效应，出射较原尺寸 CdSe 核短波长的荧光。因此利用带通滤色片在原出射荧光短波长的范围就可以观察个体 QD 的荧光随机发射。图 10-16 显示了两种量子点在 STORM 中作为多色应用方法。705nm 量子点将发出蓝移荧光，通过 625nm 带通滤色片可以探测 705nm 量子点随机进入这一光谱范围的信号。同样通过 504nm 带通滤色片检测 565nm 量子点荧光随机进入这一光谱范围的信号。因为 705nm 量子点的荧光不会进入 504nm 带通滤色片范围，因此，

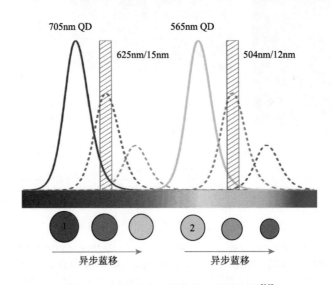

图 10-16 量子点出射蓝移及信号探测[38]

705nm 量子点荧光将蓝移并随机发射在 625nm 带通滤色片区域，但不会到达 504nm 带通滤色片区域，这一区域用来检测 565nm 量子点，因此，两种颜色可以无干扰同时进行检测

两种颜色可以无干扰同时进行检测。与其他 STORM 中应用的多重复周期的光敏单分子荧光相比，量子点蓝移出射荧光后将完全漂白。但由于量子点荧光强度强，也有足够的光子参与成像。

　　基于前面介绍的工作原理，研究者将量子点作为细胞标记成功实现了高分辨 STORM 成像。图 10-17（a）和（b）分别是用 565nm 和 705nm 量子点标记的 HepG2 细胞中微管的 STORM（左）和宽场光学显微（右）图像，清楚地证明了光学分辨率提高。图 10-17（c）和（d）分别显示了图 10-17（a）中方框 1 区域的宽场光学显微和 STORM 图像。图 10-17（e）显示了图 10-17（a）中方框 2 区域的 STORM 图像，其中线标识的微管的横截面强度分布显示在图 10-17（f）中，其半高宽为 38nm。图 10-17（g）显示了图 10-17（b）中方框 3 区域的 STORM 图像，其中线标识的微管的横截面半高宽为 35nm，如图 10-17（h）所示。因此通过将两个短带通滤色片与两个适当的量子点配对，可以同时在两个通道上对单个蓝色量子点进行成像，从而实现高光子计数的多色成像，以及实现高横向和纵向分辨率的三维成像。

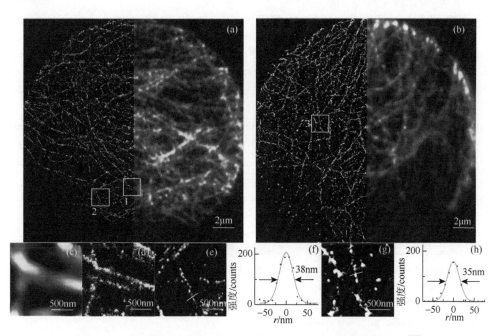

图 10-17　基于量子点的 STORM 图像和宽场光学显微图像的对比[38]

（a，b）用 565nm 和 705nm 量子点标记的 HepG2 细胞中微管的 STORM（左）和宽场光学显微（右）图像；（c，d）图（a）中方框 1 区域的宽场光学显微和 STORM 图像；（e）图（a）中方框 2 区域的 STORM 图像；（f）微管的横截面（图 e）强度分布，半高宽为 38nm；（g）图（b）中方框 3 区域的 STORM 图像；（h）微管的横截面强度分布（图 g），半高宽为 35nm

本章介绍了远场和近场超衍射极限光学显微方法，讨论了其基本工作原理及在低维半导体材料上的应用。低维材料的超分辨光学、光谱成像研究不仅促进了对其基本材料物理性质的理解，也可以反馈其材料制备与调控。低维材料中单光子出射性能的研究促进了其在量子光学及量子器件方面的应用。由于其优异的光学性质，低维材料特别是量子点在超高分辨光学显微方法上也有广泛的应用前景。随着科学技术的发展，高分辨光学显微方法已经从最初的高技术门槛极端技术手段逐渐过渡到常规的实验室测量手段，在低维半导体材料及器件的纳米尺度基本光学性质表征与应用等方面将有更加美好的前景。

参 考 文 献

[1] Hell S W. Far-field optical nanoscopy. Science, 2007, 316 (5828): 1153-1158.

[2] Hartschuh A. Tip-enhanced near-field optical microscopy. Angewandte Chemie-International Edition, 2008, 47 (43): 8178-8191.

[3] Hell S W, Wichmann J. Breaking the diffraction resolution limit by stimulated emission: stimulated-emission-depletion fluorescence microscopy. Optics Letters, 1994, 19 (11): 780-782.

[4] Willig K I, Rizzoli S O, Westphal V, et al. STED microscopy reveals that synaptotagmin remains clustered after synaptic vesicle exocytosis. Nature, 2006, 440 (7086): 935-939.

[5] Rittweger E, Han K Y, Irvine S E, et al. STED microscopy reveals crystal colour centres with nanometric resolution. Nature Photonics, 2009, 3 (3): 144-147.

[6] Betzig E, Patterson G H, Sougrat R, et al. Imaging intracellular fluorescent proteins at nanometer resolution. Science, 2006, 313 (5793): 1642-1645.

[7] Rust M J, Bates M, Zhuang X. Sub-diffraction-limit imaging by stochastic optical reconstruction microscopy (STORM). Nature Methods, 2006, 3 (10): 793-796.

[8] Synge E H. A suggested method for extending microscopic resolution into the ultra-microscopic region. Philosophical Magazine, 1928, 6 (35): 356-362.

[9] Anger P, Bharadwaj P, Novotny L. Enhancement and quenching of single-molecule fluorescence. Physical Review Letters, 2006, 96 (11): 113002.

[10] Pettinger B. Single-molecule surface- and tip-enhanced raman spectroscopy. Molecular Physics, 2010, 108 (16): 2039-2059.

[11] Wang X, Zhang D, Braun K, et al. High-resolution spectroscopic mapping of the chemical contrast from nanometer domains in P3HT: PCBM organic blend films for solar-cell applications. Advanced Functional Materials, 2010, 20 (3): 492-499.

[12] Zhang R, Zhang Y, Dong Z C, et al. Chemical mapping of a single molecule by plasmon-enhanced Raman scattering. Nature, 2013, 498 (7452): 82-86.

[13] Halas N J, Lal S, Chang W S, et al. Plasmons in strongly coupled metallic nanostructures. Chemical Reviews, 2011, 111 (6): 3913-3961.

[14] Zhu W, Esteban R, Borisov A G, et al. Quantum mechanical effects in plasmonic structures with subnanometre gaps. Nature Communications, 2016, 7: 11495.

[15] Clavero C. Plasmon-induced hot-electron generation at nanoparticle/metal-oxide interfaces for photovoltaic and photocatalytic devices. Nature Photonics, 2014, 8 (2): 95-103.

[16] Brongersma M L, Halas N J, Nordlander P. Plasmon-induced hot carrier science and technology. Nature Nanotechnology, 2015, 10 (1): 25-34.

[17] Novotny L, Hecht B. Principles of Nano-Optics. 2nd ed.Cambridge: Cambridge University Press, 2012.

[18] Schuller J A, Barnard E S, Cai W, et al. Plasmonics for extreme light concentration and manipulation. Nature Materials, 2010, 9 (3): 193-204.

[19] Novotny L, van Hulst N. Antennas for light. Nature Photonics, 2011, 5 (2): 83-90.

[20] Matsuda K, Saiki T, Nomura S, et al. Near-field optical mapping of exciton wave functions in a GaAs quantum dot. Physical Review Letters, 2003, 91 (17): 177401.

[21] Farahani J N, Pohl D W, Eisler H J, et al. Single quantum dot coupled to a scanning optical antenna: a tunable superemitter. Physical Review Letters, 2005, 95 (1): 017402.

[22] Böhmler M, Wang Z, Myalitsin A, et al. Optical imaging of CdSe nanowires with nanoscale resolution. Angewandte Chemie, 2011, 50 (48): 11536-11538.

[23] Bao W, Melli M, Caselli N, et al. Mapping local charge recombination heterogeneity by multidimensional nanospectroscopic imaging. Science, 2012, 338 (6112): 1317-1321.

[24] Pan A L, Liu D, Liu R B, et al. Optical waveguide through CdS nanoribbons. Small, 2005, 1 (10): 980-983.

[25] Pan A, Wang X, He P B, et al. Color-changeable optical transport through Se-doped CdS 1D nanostructures. Nano Letters, 2007, 7 (10): 2970-2975.

[26] Su W, Kumar N, Mignuzzi S, et al. Nanoscale mapping of excitonic processes in single-layer MoS_2 using tip-enhanced photoluminescence microscopy. Nanoscale, 2016, 8 (20): 10564-10569.

[27] Bao W, Borys N J, Ko C, et al. Visualizing nanoscale excitonic relaxation properties of disordered edges and grain boundaries in monolayer molybdenum disulfide. Nature Communications, 2015, 6: 7993.

[28] Park K D, Khatib O, Kravtsov V, et al. Hybrid tip-enhanced nanospectroscopy and nanoimaging of monolayer WSe_2 with local strain control. Nano Letters, 2016, 16 (4): 2621-2627.

[29] Aharonovich I, Englund D, Toth M. Solid-state single-photon emitters. Nature Photonics, 2016, 10(10): 631-641.

[30] Michler P, Imamoglu A, Mason M D, et al. Quantum correlation among photons from a single quantum dot at room temperature. Nature, 2000, 406 (6799): 968-970.

[31] Michler P, Kiraz A, Becher C, et al. A quantum dot single-photon turnstile device. Science, 2000, 290 (5500): 2282-2285.

[32] Bulgarini G, Reimer M E, Bouwes Bavinck M, et al. Nanowire waveguides launching single photons in a Gaussian mode for ideal fiber coupling. Nano Letters, 2014, 14 (7): 4102-4106.

[33] Tran T T, Bray K, Ford M J, et al. Quantum emission from hexagonal boron nitride monolayers. Nature Nanotechnology, 2016, 11 (1): 37-41.

[34] Srivastava A, Sidler M, Allain A V, et al. Optically active quantum dots in monolayer WSe_2. Nature Nanotechnology, 2015, 10 (6): 491-496.

[35] Koperski M, Nogajewski K, Arora A, et al. Single photon emitters in exfoliated WSe_2 structures. Nature Nanotechnology, 2015, 10 (6): 503-506.

[36] He Y M, Clark G, Schaibley J R, et al. Single quantum emitters in monolayer semiconductors. Nature Nanotechnology, 2015, 10 (6): 497-502.

[37] Hanne J, Falk H J, Gorlitz F, et al. STED nanoscopy with fluorescent quantum dots. Nature Communications, 2015, 6: 7127.

[38] Xu J, Tehrani K F, Kner P. Multicolor 3D super-resolution imaging by quantum dot stochastic optical reconstruction microscopy. Acs Nano, 2015, 9 (3): 2917-2925.

第11章

基于低维半导体结构集成光子器件与技术

低维半导体集成光子系统因其低功率能耗、高速响应等特性[1]，是未来光电器件小型化与集成化的发展趋势，其对下一代光信息处理、光通信及光传感方面有着深远的意义。随着半导体微纳制备与加工工艺的迅猛发展，低维半导体的光电集成取得了前所未有的进步[2,3]。目前，低维半导体光子集成器件与芯片已超越传统的光发射与光探测应用[4]，在光信息处理[5]、量子计算与仿真等领域有着重要的潜在价值[6,7]。新颖的集成器件结构以及制备工艺是推动这一新兴方向前进的重要驱动力。低维半导体材料由于具有高比表面积、量子限域效应等独特材料特性，成为构筑集成纳米光源、光调制器、光探测器及非线性器件的重要组成单元。随着石墨烯的发现，二维范德瓦耳斯半导体材料为实现低维集成光子系统提供了新的平台。这类材料具有宽光谱范围的光学带隙以及优异的电学输运性质[8-10]。例如，石墨烯（graphene）是一种零带隙的半金属材料，二维过渡金属硫化物（TMDs）和黑磷（Black phosphorus，BP）具有从可见光到近红外谱域的发光，而六方氮化硼（hexagonal boron nitride，h-BN）则是具有优良热稳定性和化学惰性的二维绝缘体。除此之外，近年来不断被发现的新型范德瓦耳斯层状材料在超导、铁电以及铁磁等材料特性方面表现出巨大的潜力[10-13]。这些不同寻常的低维材料性质可以极大地丰富和拓展集成光子系统的功能。更重要的是，由于其独特的范德瓦耳斯力属性，此类二维材料能够与其他低维材料进行集成与整合，从而最大程度地实现集成光电功能[14,15]。

本章主要介绍二维范德瓦耳斯材料与光波导及光子晶体等纳米光学结构集成的光子器件，并将讨论二维半导体材料为纳米光子集成领域带来的新的机遇、挑战以及未来的发展方向。

11.2 纳米光子集成光源

片上光源是集成光子系统的核心元件，具有单原子层厚度且直接带隙的范德瓦耳斯二维材料是构建此类光源的理想选择。不同于传统的在硅衬底上键合形成的Ⅲ-Ⅴ族半导体光源，二维范德瓦耳斯材料能够通过成熟的 COMS 工艺方便地与大规模光子芯片进行整合。更重要的是，由于具有原子级厚度，二维发光材料的介电屏蔽效应得到极大的抑制，从而大幅地增强了光生电子-空穴对的库仑相互作用。由此产生的激子态往往具有高达几百毫电子伏特（meV）的激子束缚能[16]。这一特性对于制备高效率发光器件具有重要意义。尽管具有这些优势，如何进一步提高超薄二维发光材料的辐射光强是实现器件实用化道路上一个需要解决的问题。利用纳米波导及微腔的光场传输和限域效应与二维发光材料相结合为提高材料发光效率提供了有效的途径。

11.2.1 光子晶体微腔集成产生的光–物质相互作用增强

通过改变局域光子态密度及空间光场强度分布，光学微腔能够有效地束缚光子并调控低维半导体材料的发光与吸收性质。Wu 等将单层 WSe$_2$ 转移到人工三孔线性缺陷（L3）的磷化镓（GaP）平面光子晶体微腔上[17]，如图 11-1（a）所示。通过使 WSe$_2$ 发光谱与光子晶体微腔模式重合，观测到高达 60 倍的微腔耦合发光增强［图 11-1（b）和（c）］，并且材料的发光与腔模具有相同的线偏方向。与此类似，不同的研究组利用二维范德瓦耳斯发光材料与分布式布拉格反射器、微盘谐振腔及其他基于 SiN 和 SiO$_2$ 的一维光子晶体微腔相结合[18-22]，如图 11-1（d～f）所示，也观测到了类似的现象。尽管大部分关于微腔发光增强的研究主要集中于弱耦合范畴，也有研究实现了二维材料激子与微腔的强耦合相互作用，并通过基于能量-动量色散的角分辨光谱技术，成功观测到了激子极化激元的形成[23-25]。

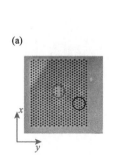

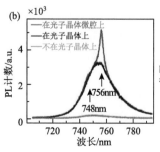

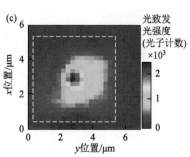

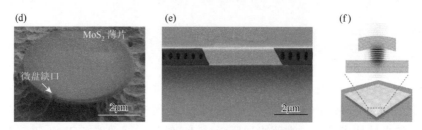

图 11-1 （a）WSe₂ 与线性缺陷光子晶体集成发光器件；（b）图（a）中不同位置测得的荧光谱；
（c）756nm 微腔共振波长下 WSe₂ 在光子晶体上的荧光强度分布；（d）MoS₂ 与微盘集成器件；
（e）WSe₂ 与 SiN 纳米波导微腔集成器件；（f）GaSe 与分布式布拉格发射器微腔

11.2.2 光泵浦微腔集成纳米激光器

　　尽管二维材料与微腔耦合诱导的发光增强效应得到广泛的证实，但由于微腔较低的品质因子（Q），进一步受激激射现象却鲜有报道。因此，通过改善品质因子来弥补二维材料自身有限的增益介质体积是实现低维纳米激光器件的关键。例如，基于 WSe₂ 与 GaP 光子晶体的微腔激光器通过优化制备工艺可以取得约 2500 的品质因子[26]，如图 11-2（a）和（b）所示。此外，由 Si₃N₄/WS₂/HSQ 三明治结构形成的圆盘微腔能够通过回音壁模式提供非常强的光学束缚［图 11-2（c）和（d）］，其品质因子高达约 2604[27]。这些复合集成光子结构具有高模式增益，因此在低温下实现了低功率阈值的激射。通过将 MoS₂ 与 SiO₂ 圆盘微腔结合，研究人员取得了 2600～3000 的高品质因子[28]［图 11-2（e）］，并成功实现了可见光波段的室温激光输出。将二维材料的激射波长推向近红外对于光通信、传感等应用有着重要的意义。目前，已经有研究将 MoTe₂ 集成于品质因子高达 5603 的硅基线性微腔[29]，并在室温下取得波长约为 1132nm 的近红外激射［图 11-2（f～h）］。在上述关于激光器的研究工作中，研究人员观测到了典型的非线性光泵浦-光输出功率依赖关系，因此证实了微腔集成二维激光器件的相干激射输出特性。

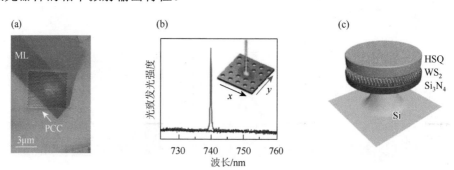

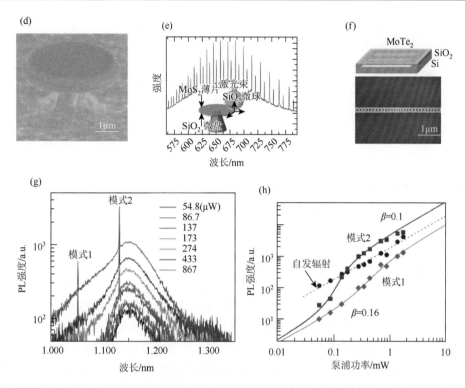

图 11-2　（a）WSe$_2$ 与 GaP 线性缺陷光子晶体微腔集成激光器，其激射模式下的线偏振输出如（b）所示；（c，d）Si$_3$N$_4$/WS$_2$/HSQ 夹层结构的圆盘微腔激光器；（e）MoS$_2$ 与 SiO$_2$ 微盘耦合的微腔激光器；（f）二维 MoTe$_2$ 硅基线性微腔示意图和实物图；（g）光致发光光谱；（h）MoTe$_2$ 与一维 Si 光子晶体微腔耦合的激光器

11.2.3　电泵浦微腔集成光源

　　电泵浦微腔增强的光源对于实际应用有着重要的意义。目前，科研人员已经实现一系列新颖的基于不同器件结构的二维材料发光二极管。早期的研究工作利用二维材料与金属面内接触形成的 Schottky 结或者 p-n 结实现了原子级厚度的电致发光器[30-33]。但是这些器件的外量子效率仅为约 1%，并且发光区域限制在结区附近 1μm 的范围内。Wither 等利用干法转移技术将单层二维发光材料夹置于由石墨烯和氮化硼组成的三明治结构中，制成范德瓦耳斯隧穿二极管[34]。基于该器件结构，他们取得了量子效率高达约 10% 的电泵浦发光，并且光发射区域覆盖整个器件面积。为了进一步提高效率，Liu 等将 GaP 光子晶体平板微腔放置在二维发光二极管上[35]，实现了室温 400% 的发光增强，该电致发光具有 84% 的高线偏振度以及约 1MHz 的调制频率，如图 11-3 所示。更重要的是，这一成果为实现电泵浦微腔集成纳米激光器提供了新的途径。

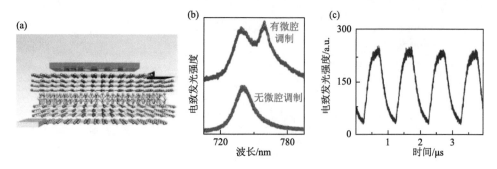

图 11-3　光子晶体微腔增强的电泵浦范德瓦耳斯发光二极管（a），其微腔增强调控的电致光发射（b）及电调制发光（c）

11.3　纳米光子集成光探测器

以石墨烯为代表的二维范德瓦耳斯材料由于具有高载流子迁移率、较强的光吸收系数以及单原子厚度带来的量子限域效应为材料的光响应带来新的特性。因此，基于光伏、光栅压、光电导及光热效应的二维探测器被广泛研究与报道[36-43]。进一步将二维光探测器与光波导和光学微腔集成能够显著改善和提高探测器的光吸收效率及响应灵敏度，同时为未来低维纳米集成光子系统带来新的应用。

11.3.1　微腔集成光探测器

基于石墨烯的光探测器利用光电导或 Schottky 异质结实现光生载流子的分离与收集[44, 45]。然而器件较小的结区面积以及有限的光吸收效率限制了其光响应度。将光学谐振微腔与探测器集成，通过增强光与物质相互作用提高光吸收成为解决这一问题的有效方法。Furchi 与 Engel 等将单层石墨烯嵌入由布拉格反射器或金属反射镜构成的法布里-珀罗微腔中[46, 47]，见图 11-4（a）。通过此类器件结构，光探测器在可见光腔模波长的光响应度提高超过 20 倍。此外，将二维材料光探测器置于光子晶体结构的局域近场光场中可以取得同样的光吸收增强效应。这类集成器件具有平面、紧凑的结构特点。更重要的是，它们能够集成于片上系统实现光互联功能。在近红外光通信波段应用方面，研究人员通过将石墨烯探测器转移至硅基光子晶体微腔上，如图 11-4（b）和（c）所示，实现了 8 倍的光电流增强[48, 49]。总体而言，光子集成光探测器的性能能够通过优化光学微腔的品质因子提高。然而，由于光学微腔具有分立且有限的光谱谐振模式，在设计此类集成光探测器时需要综合考虑和平衡器件的光谱响应带宽以及响应速度等多方面因素。

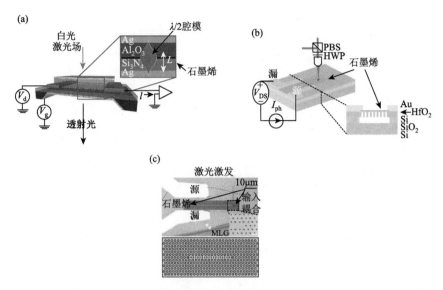

图 11-4　（a）石墨烯与法布里–珀罗微腔集成光探测器；（b，c）石墨烯与 Si 光子晶体耦合光探测器

11.3.2　光波导集成光探测器

利用光波导的近场隐逝波与二维光探测器集成为研制高响应光探测器提供了另一种途径。此类型探测器具有几十至几百毫安每伏的高响应度以及达到约 20GHz 的调制速度与宽广谱响应，能够覆盖整个光纤通信波段[50-52]，如图 11-5（a）和（b）所示。研究人员在此基础上通过优化器件结构和改善 RC 电路响应时间进一步地提高器件的运行带宽。目前，不同的研究团队已报道了工作频率在 40～180GHz 的高频光探测器件[53-56]。这些集成器件通过 CVD 制备的石墨烯材料构建，为未来基于工业晶圆的大规模制备奠定了基础。除石墨烯外，目前少层黑磷也被应用于波导集成的红外光探测器，如图 11-5（c）和（d）所示，并且已具有几百毫安每瓦及 3GHz 频率的响应特性[57]。更重要的是，由于黑磷材料具有直接带隙，因此其器件的暗电流较石墨烯光探测器降低了近三个数量级。这些优异的特性能够有效地抑制探测器的背景噪声并取得更高的灵敏度。

除了利用微腔与波导结构来增强光吸收外，金属纳米结构的表面等离激元效应也可以被用来有效地束缚入射光场从而提高光吸收效率。Jariwala 等将超薄二维范德瓦耳斯材料（<15nm）转移至高反射率的金属平面上，通过二维半导体材料与金属界面发生的光学模式干涉，得到了接近 100%的光吸收效率[58, 59]。其他研究团队利用纳米金属等离激元天线阵列同样在二维材料上实现了大面积的光学束缚与吸收。通过这些新颖的介质及金属纳米光学结构，人们有望获得内量子效率超过 70%，光增益高达 10^5 的大面积二维光电与光伏器件[60, 61]。

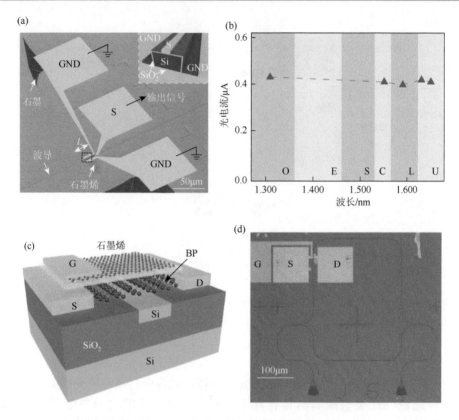

图 11-5 （a，b）基于石墨烯与光波导集成的光探测器以及近红外光电流响应；（c，d）基于黑磷与光波导的集成光探测器

11.4 集成光子非线性器件

　　以 TMDs 为代表的单层二维范德瓦耳斯材料由于内禀的中心反演非对称性，具有较大的二阶非线性系数（$\chi^{(2)}$）[62]，是实现平面非线性光学的理想材料。本节将重点介绍二维材料的非线性光子集成器件。

　　Majumdar 等通过理论计算获得了二维层状材料与纳米微腔集成的有效非线性系数[63]。此后，不同研究组利用布拉格反射器、光子晶体微腔以及波导结构等取得了具有增强效应的光学二倍频输出。如图 11-6（a）所示，Day 等将二维 MoS_2 放置于由 Si_3N_4/SiO_2 构成的布拉格反射器微腔中，利用 800nm 的脉冲激发光成功获得了 10 倍的二倍频增强效应[64]。微腔较低的品质因子（约 20）以及较大的模式体积成为进一步提高倍频增强的限制因素。通过将二维 WSe_2 包覆在硅基光子晶体微腔上 [图 11-6（b）]，Fryett 等利用光通信波段 1550nm 的脉冲激光实现了二倍频增强[65]。在这个器件结构中，当微腔 1490nm 的腔模被共振激发时，强烈的二倍频信号在 745nm 被观测到 [图 11-6 (c)]，并实现了约 100 倍的倍频增强。然而，硅材料本身对信号光的吸收作用以及微腔对倍频波长的共振模式缺失，导致了非线性效应无法进一步提高。针对这一问题的解决方案是利用宽带隙介质材料，如 Si_3N_4 和 SiO_2，设计具有激发光及倍频光双共振的光学微腔。为了提高倍频转换效率，如图 11-6 (d) 所示，研究人员设计了硅波导与二维 $MoSe_2$ 集成的非线性器件[66]。通过优化设计波导横截面，基频入射光与倍频光的波导有效折射率得到匹配，从而极大地提高了二倍频过程中的光学相位匹配条件，这一设计大幅提高了倍频转换效率。此外，另一种加强非线性转换效率的方式是设计对基频光与倍频光都共振的双模光学微腔，图 11-6 (e) 为 Yi 等研制的具有机械可调双模式共振的垂直法布里-珀罗微腔，并在 MoS_2 上实现了高效的倍频转换[67]。该垂直法布里-珀罗腔由一个衬底为布拉格发射器，顶部为感应电容可调的银镜构成。通过银镜的机械位移振动，基频与倍频模式被调到理想的频率。基于这一器件结构和原理，他们在 930nm 的脉冲基频光上取得了高达约 3000 倍的倍频增强效应。基于光学微腔与纳米光子结构局域隐逝近场的增强效应为设计新型高效的非线性器件带来新的思路。由于非线性转换过程对光学相位匹配高度灵敏，目前这一领域的挑战是如何在纳米尺度精准地制备加工倍频器件以最大化地提高倍频效率。对于传统的由非线性材料构成的器件，其内禀光学模式在器件制备后得到固定，任何对材料的图案化加工将彻底地改变其模式从而破坏倍频光学结构。Fryett 等理论研究了在环形微腔上对二维材料进行图案化形貌处理给非线性模式匹配带来的影响[67]，如图 11-6 (f) 和 (g) 所示。研究表明，由于二维材料相较于纳米

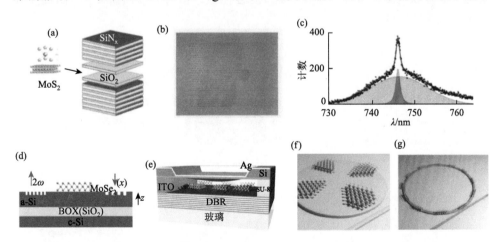

图 11-6　(a) 分布式布拉格反射微腔增强的 MoS_2 非线性二倍频；(b, c) WSe_2 与 Si 光子晶体集成的二倍频转换器及其二倍频输出 (c)；(d) Si 波导增强的 $MoSe_2$ 二倍频；(e) 双模 DBR 微腔增强的 MoS_2 二倍频；(f, g) 通过二维材料图案化实现非线性光学相位匹配

光子结构的超薄厚度，其形貌的改变不会影响与其耦合的微腔结构的光学模式。因此，人们有望在二维材料与纳米光学集成结构中获得近乎理想的非线性相位匹配。

11.5 范德瓦耳斯纳米集成光子器件

前面讨论了大量的基于二维材料与光学微腔及光波导耦合的纳米光子器件。不同于这些集成方式，目前研究领域的另一个热点是直接将二维范德瓦耳斯半导体直接制备成具备光学功能的纳米光子结构。例如，利用 MoS_2 的高折射率光学特性，科研人员通过微纳加工方式制备出具有优异衍射特性的菲涅尔透镜及光栅器件[68] [图 11-7（a～c）]。六方氮化硼（h-BN）具有低损耗的声子极化激元特性，利用该性质可以研制具有高响应的中红外光学超表面[69] [图 11-7（d）]。此外，六方氮化硼具有大量的色心缺陷，是实现室温单光子源的理想载体。如图 11-7（e）所示，通过直接将六方氮化硼薄膜制备成光子晶体微腔，可以在同质材料上实现独特的单光子源-微腔耦合系统，这对于未来的量子信息处理有着重要的意义[70]。最近，人们已实现基于 h-BN 范德瓦耳斯材料的超表面透镜。通过光学相位设计以及利用材料本身的高介电常数，这类超透镜的厚度能够做到光学波长的 1/10 并将聚焦和成像保持在衍射极限，如图 11-7（f～h）所示。更为重要的是，利用二维材料的范德瓦耳斯弱相互作用属性，可以将制备得到的光子器件剥离并转移至其他功能性衬底（如延展与拉伸的柔性衬底）来制备灵活多样的集成器件[71]。尽管范德瓦耳斯纳米集成光子学依然处于起步阶段，但目前该领域所取得的进步展示了其未来广阔的前景。

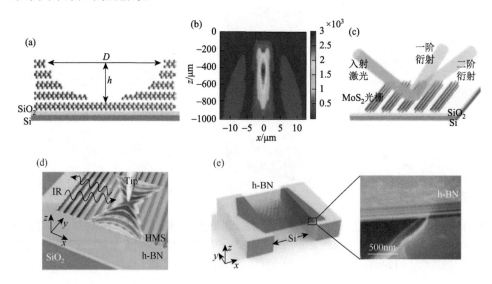

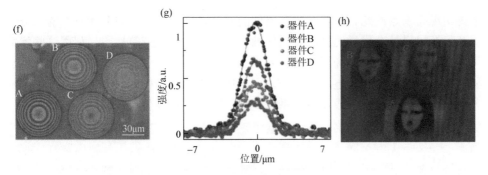

图 11-7　（a）由 MoS$_2$ 构成的微透镜，其焦平面的聚焦光强分布如（b）所示；（c）基于 MoS$_2$ 制备的光栅；（d）具有中红外高响应度的 h-BN 超表面；（e）由 h-BN 加工制备的光子晶体微腔；（f）基于 hBN 的光学超透镜，其聚焦光强分布与光学成像特性如（g）和（h）所示

11.6　前景与挑战

　　范德瓦耳斯材料集成的纳米光子器件是未来光子集成电路的核心组成部分。新型二维材料的不断涌现以及对它们物性研究的不断深入将极大地推动这个方向的发展。例如，二维过渡金属硫化物材料具有独特的谷自旋特性[72]。可以利用光子的自旋角动量将信息存储于不同能谷，以拓展光信息处理的带宽。尽管目前基于二维过渡金属硫化物的自旋发光二极管与光探测器已被广泛报道[73-76]，但它们的室温自旋极化依然有限。解决这个问题的有效途径之一是将谷电子自旋与纳米手性光子学相结合。最近的一些研究已证明了利用谷自旋实现不同手性圆偏光的传播方向[77]。在其他新型范德瓦耳斯材料物性方面，人们发现当材料厚度趋近于单原子极限时，材料将呈现出铁磁、铁电、超导以及相变等新颖性质。这些独特物性将有助于人们实现平面、垂直甚至复合维度的范德瓦耳斯异质结基本单元[78, 79]，从而进一步地构筑具有新结构与工作机理的集成光电子器件与系统。

　　虽然二维范德瓦耳斯集成光子器件有着广阔的前景，但已报道的应用大多停留在单个器件，并且大部分二维材料的制备都是基于机械剥离转移法。大面积生长制备二维器件阵列是使其实用化的重要一步。虽然目前利用化学气相沉积制备晶圆级石墨烯与过渡金属硫化物已取得重要的进步[80, 81]，但在控制单晶质量、减少多晶晶界密度、实现均匀掺杂等方面依然有许多问题有待解决，这些材料因素将直接影响器件的光电性能。因此，实现大规模高质量可重复的二维器件阵列是进一步走向二维集成芯片系统的必经之路。

　　另外，在二维范德瓦耳斯材料的光子集成过程中，光子晶体微腔的质量可能因为材料的多次转移而发生破坏，导致品质因子的下降以及共振波长的偏移。因此，发展一种大规模稳定可靠的转移技术以降低纳米集成过程中带来的损耗，是最终实现高稳定性能、低功耗光电器件的关键之一。此外，许多新发现的二维范德瓦耳斯材料具有优异的光学各向异性、非线性以及相变等性质，利用这些特性可以研制外界电场及磁场调控的纳米光子元件，并将它们通过堆垛方式构筑复合异质结以实现多功能光电集成系统。日益更新的二维材料体系以及丰富的加工制备方法为范德瓦耳斯集成光电子系统提供了广阔的发展前景。

参 考 文 献

[1] Liu K，Sun S，Majumdar A，et al. Fundamental scaling laws in nanophotonics. Scientific Reports，2016，6：37419.

[2] Sun C，Wade M T，Lee Y，et al. Single-chip microprocessor that communicates directly using light. Nature，2015，528（7583）：534.

[3] Atabaki A H，Moazeni S，Pavanello F，et al. Integrating photonics with silicon nanoelectronics for the next generation of systems on a chip. Nature，2018，556（7701）：349.

[4] Nikolova D，Rumley S，Calhoun D，et al. Scaling silicon photonic switch fabrics for data center interconnection networks. Optics Express，2015，23（2）：1159-1175.

[5] Shen Y，Harris N C，Skirlo S，et al. Deep learning with coherent nanophotonic circuits. Nature Photonics，2017，11（7）：441.

[6] Harris N C，Steinbrecher G R，Prabhu M，et al. Quantum transport simulations in a programmable nanophotonic processor. Nature Photonics，2017，11（7）：447.

[7] Wang J，Paesani S，Ding Y，et al. Multidimensional quantum entanglement with large-scale integrated optics. Science，2018，360（6386）：285-291.

[8] Mak K F，Shan J. Photonics and optoelectronics of 2D semiconductor transition metal dichalcogenides. Nature Photonics，2016，10（4）：216.

[9] Xia F，Wang H，Xiao D，et al. Two-dimensional material nanophotonics. Nature Photonics，2014，8（12）：899.

[10] Bhimanapati G R，Lin Z，Meunier V，et al. Recent advances in two-dimensional materials beyond graphene. ACS Nano，2015，9（12）：11509-11539.

[11] Duong D L，Yun S J，Lee Y H. van der Waals layered materials：opportunities and challenges. ACS Nano，2017，11（12）：11803-11830.

[12] Gong C，Li L，Li Z，et al. Discovery of intrinsic ferromagnetism in two-dimensional van der Waals crystals. Nature，2017，546（7657）：265.

[13] Huang B，Clark G，Navarro-Moratalla E，et al. Layer-dependent ferromagnetism in a van der Waals crystal down to the monolayer limit. Nature，2017，546（7657）：270.

[14] Shiue R J，Efetov D K，Grosso G，et al. Active 2D materials for on-chip nanophotonics and quantum optics. Nanophotonics，2017，6（6）：1329-1342.

[15] Brar V W，Sherrott M C，Jariwala D. Emerging photonic architectures in two-dimensional opto-electronics. Chemical Society Reviews，2018，47（17）：6824-6844.

[16] Wang G，Chernikov A，Glazov M M，et al. Colloquium：excitons in atomically thin transition metal dichalcogenides. Reviews of Modern Physics，2018，90（2）：021001.

[17] Wu S，Buckley S，Jones A M，et al. Control of two-dimensional excitonic light emission via photonic crystal. 2D Materials，2014，1（1）：011001.

[18] Gan X，Gao Y，Fai Mak K，et al. Controlling the spontaneous emission rate of monolayer MoS_2 in a photonic

crystal nanocavity. Applied Physics Letters，2013，103（18）：181119.

[19] Schwarz S，Dufferwiel S，Walker P，et al. Two-dimensional metal-chalcogenide films in tunable optical microcavities. Nano Letters，2014，14（12）：7003-7008.

[20] Reed J C，Zhu A Y，Zhu H，et al. Wavelength tunable microdisk cavity light source with a chemically enhanced MoS_2 emitter. Nano Letters，2015，15（3）：1967-1971.

[21] Fryett T K，Chen Y，Whitehead J，et al. Encapsulated silicon nitride nanobeam cavity for hybrid nanophotonics. ACS Photonics，2018，5（6）：2176-2181.

[22] Hammer S，Mangold H M，Nguyen A E，et al. Scalable and transfer-free fabrication of MoS_2/SiO_2 hybrid nanophotonic cavity arrays with quality factors exceeding 4000. Scientific Reports，2017，7（1）：7251.

[23] Liu X，Galfsky T，Sun Z，et al. Strong light–matter coupling in two-dimensional atomic crystals. Nature Photonics，2015，9（1）：30.

[24] Dufferwiel S，Schwarz S，Withers F，et al. Exciton–polaritons in van der Waals heterostructures embedded in tunable microcavities. Nature Communications，2015，6：8579.

[25] Basov D，Fogler M，De Abajo F G. Polaritons in van der Waals materials. Science，2016，354（6309）：aag1992.

[26] Wu S，Buckley S，Schaibley J R，et al. Monolayer semiconductor nanocavity lasers with ultralow thresholds. Nature，2015，520（7545）：69.

[27] Ye Y，Wong Z J，Lu X，et al. Monolayer excitonic laser. Nature Photonics，2015，9（11）：733.

[28] Salehzadeh O，Djavid M，Tran N H，et al. Optically pumped two-dimensional MoS_2 lasers operating at room-temperature. Nano Letters，2015，15（8）：5302-5306.

[29] Li Y，Zhang J，Huang D，et al. Room-temperature continuous-wave lasing from monolayer molybdenum ditelluride integrated with a silicon nanobeam cavity. Nature Nanotechnology，2017，12（10）：987.

[30] Cheng R，Li D，Zhou H，et al. Electroluminescence and photocurrent generation from atomically sharp WSe_2/MoS_2 heterojunction p-n diodes. Nano Letters，2014，14（10）：5590-5597.

[31] Ross J S，Klement P，Jones A M，et al. Electrically tunable excitonic light-emitting diodes based on monolayer WSe_2 p-n junctions. Nature Nanotechnology，2014，9（4）：268.

[32] Pospischil A，Furchi M M，Mueller T. Solar-energy conversion and light emission in an atomic monolayer p-n diode. Nature Nanotechnology，2014，9（4）：257.

[33] Baugher B W，Churchill H O，Yang Y，et al. Optoelectronic devices based on electrically tunable p-n diodes in a monolayer dichalcogenide. Nature Nanotechnology，2014，9（4）：262.

[34] Withers F，Del Pozo-Zamudio O，Mishchenko A，et al. Light-emitting diodes by band-structure engineering in van der Waals heterostructures. Nature Materials，2015，14（3）：301.

[35] Liu C H，Clark G，Fryett T，et al. Nanocavity integrated van der Waals heterostructure light-emitting tunneling diode. Nano Letters，2016，17（1）：200-205.

[36] Xia F，Mueller T，Golizadeh-Mojarad R，et al. Photocurrent imaging and efficient photon detection in a graphene transistor. Nano Letters，2009，9（3）：1039-1044.

[37] Park J，Ahn Y，Ruiz-Vargas C. Imaging of photocurrent generation and collection in single-layer graphene. Nano Letters，2009，9（5）：1742-1746.

[38] Liu C H，Dissanayake N M，Lee S，et al. Evidence for extraction of photoexcited hot carriers from graphene. ACS Nano，2012，6（8）：7172-7176.

[39] Liu C H，Chang Y C，Lee S，et al. Ultrafast lateral photo-Dember effect in graphene induced by nonequilibrium hot carrier dynamics. Nano Letters，2015，15（6）：4234-4239.

[40] Freitag M, Low T, Xia F, et al. Photoconductivity of biased graphene. Nature Photonics, 2013, 7 (1): 53.

[41] Xu X, Gabor N M, Alden J S, et al. Photo-thermoelectric effect at a graphene interface junction. Nano Letters, 2009, 10 (2): 562-566.

[42] Yan J, Kim M H, Elle J A, et al. Dual-gated bilayer graphene hot-electron bolometer. Nature Nanotechnology, 2012, 7 (7): 472.

[43] Liu C H, Chang Y C, Norris T B, et al. Graphene photodetectors with ultra-broadband and high responsivity at room temperature. Nature Nanotechnology, 2014, 9 (4): 273.

[44] Koppens F, Mueller T, Avouris P, et al. Photodetectors based on graphene, other two-dimensional materials and hybrid systems. Nature Nanotechnology, 2014, 9 (10): 780.

[45] Buscema M, Island J O, Groenendijk D J, et al. Photocurrent generation with two-dimensional van der Waals semiconductors. Chemical Society Reviews, 2015, 44 (11): 3691-3718.

[46] Furchi M, Urich A, Pospischil A, et al. Microcavity-integrated graphene photodetector. Nano Letters, 2012, 12 (6): 2773-2777.

[47] Engel M, Steiner M, Lombardo A, et al. Light–matter interaction in a microcavity-controlled graphene transistor. Nature Communications, 2012, 3: 906.

[48] Gan X, Mak K F, Gao Y, et al. Strong enhancement of light-matter interaction in graphene coupled to a photonic crystal nanocavity. Nano Letters, 2012, 12 (11): 5626-5631.

[49] Shiue R J, Gan X, Gao Y, et al. Enhanced photodetection in graphene-integrated photonic crystal cavity. Applied Physics Letters, 2013, 103 (24): 241109.

[50] Wang X, Cheng Z, Xu K, et al. High-responsivity graphene/silicon-heterostructure waveguide photodetectors. Nature Photonics, 2013, 7 (11): 888.

[51] Pospischil A, Humer M, Furchi M M, et al. CMOS-compatible graphene photodetector covering all optical communication bands. Nature Photonics, 2013, 7 (11): 892.

[52] Gan X, Shiue R J, Gao Y, et al. Chip-integrated ultrafast graphene photodetector with high responsivity. Nature Photonics, 2013, 7 (11): 883.

[53] Schall D, Neumaier D, Mohsin M, et al. 50 GBit/s photodetectors based on wafer-scale graphene for integrated silicon photonic communication systems. ACS Photonics, 2014, 1 (9): 781-784.

[54] Shiue R J, Gao Y, Wang Y, et al. High-responsivity graphene–boron nitride photodetector and autocorrelator in a silicon photonic integrated circuit. Nano Letters, 2015, 15 (11): 7288-7293.

[55] Schuler S, Schall D, Neumaier D, et al. Controlled generation of ap–n junction in a waveguide integrated graphene photodetector. Nano Letters, 2016, 16 (11): 7107-7112.

[56] Schall D, Porschatis C, Otto M, et al. Graphene photodetectors with a bandwidth> 76 GHz fabricated in a 6″ wafer process line. Journal of Physics D: Applied Physics, 2017, 50 (12): 124004.

[57] Youngblood N, Chen C, Koester S J, et al. Waveguide-integrated black phosphorus photodetector with high responsivity and low dark current. Nature Photonics, 2015, 9 (4): 247.

[58] Jariwala D, Davoyan A R, Tagliabue G, et al. Near-unity absorption in van der Waals semiconductors for ultrathin optoelectronics. Nano Letters, 2016, 16 (9): 5482-5487.

[59] Jariwala D, Davoyan A R, Wong J, et al. Van der Waals materials for atomically-thin photovoltaics: promise and outlook. ACS Photonics, 2017, 4 (12): 2962-2970.

[60] Wang W, Klots A, Prasai D, et al. Hot electron-based near-infrared photodetection using bilayer MoS_2. Nano Letters, 2015, 15 (11): 7440-7444.

[61]　Wong J, Jariwala D, Tagliabue G, et al. High photovoltaic quantum efficiency in ultrathin van der Waals heterostructures. ACS Nano, 2017, 11 (7): 7230-7240.

[62]　Wang G, Marie X, Gerber I, et al. Giant enhancement of the optical second-harmonic emission of WSe_2 monolayers by laser excitation at exciton resonances. Physical Review Letters, 2015, 114 (9): 097403.

[63]　Majumdar A, Dodson C M, Fryett T K, et al. Hybrid 2D material nanophotonics: a scalable platform for low-power nonlinear and quantum optics. ACS Photonics, 2015, 2 (8): 1160-1166.

[64]　Day J K, Chung M H, Lee Y H, et al. Microcavity enhanced second harmonic generation in 2D MoS_2. Optical Materials Express, 2016, 6 (7): 2360-2365.

[65]　Fryett T K, Seyler K L, Zheng J, et al. Silicon photonic crystal cavity enhanced second-harmonic generation from monolayer WSe_2. 2D Materials, 2016, 4 (1): 015031.

[66]　Chen H, Corboliou V, Solntsev A S, et al. Enhanced second-harmonic generation from two-dimensional $MoSe_2$ on a silicon waveguide. Light Science & Applications, 2017, 6 (10): e17060.

[67]　Yi F, Ren M, Reed J C, et al. Optomechanical enhancement of doubly resonant 2D optical nonlinearity. Nano Letters, 2016, 16 (3): 1631-1636.

[68]　Yang J, Wang Z, Wang F, et al. Atomically thin optical lenses and gratings. Light Science & Applications, 2016, 5 (3): e16046.

[69]　Li P, Dolado I, Alfaro-Mozaz F J, et al. Infrared hyperbolic metasurface based on nanostructured van der Waals materials. Science, 2018, 359 (6378): 892-896.

[70]　Kim S, Fröch J E, Christian J, et al. Photonic crystal cavities from hexagonal boron nitride. Nature Communications, 2018, 9 (1): 2623.

[71]　Liu C H, Zheng J, Colburn S, et al. Ultrathin van der Waals metalenses. Nano Letters, 2018, 18 (11): 6961-6966.

[72]　Xu X, Yao W, Xiao D, et al. Spin and pseudospins in layered transition metal dichalcogenides. Nature Physics, 2014, 10 (5): 343.

[73]　Zhang Y, Oka T, Suzuki R, et al. Electrically switchable chiral light-emitting transistor. Science, 2014, 344 (6185): 725-728.

[74]　Mak K F, McGill K L, Park J, et al. The valley hall effect in MoS_2 transistors. Science, 2014, 344 (6191): 1489-1492.

[75]　Sanchez O L, Ovchinnikov D, Misra S, et al. Valley polarization by spin injection in a light-emitting van der Waals heterojunction. Nano Letters, 2016, 16 (9): 5792-5797.

[76]　Ye Y, Xiao J, Wang H, et al. Electrical generation and control of the valley carriers in a monolayer transition metal dichalcogenide. Nature Nanotechnology, 2016, 11 (7): 598.

[77]　Gong S H, Alpeggiani F, Sciacca B, et al. Nanoscale chiral valley-photon interface through optical spin-orbit coupling. Science, 2018, 359 (6374): 443-447.

[78]　Jariwala D, Marks T J, Hersam M C. Mixed-dimensional van der Waals heterostructures. Nature Materials, 2017, 16 (2): 170.

[79]　Liu Y, Weiss N O, Duan X, et al. Van der Waals heterostructures and devices. Nature Reviews Materials, 2016, 1 (9): 16042.

[80]　Li X, Cai W, An J, et al. Large-area synthesis of high-quality and uniform graphene films on copper foils. Science, 2009, 324 (5932): 1312-1314.

[81]　Kang K, Xie S, Huang L, et al. High-mobility three-atom-thick semiconducting films with wafer-scale homogeneity. Nature, 2015, 520 (7549): 656.

关键词索引